国防科技图书出版基金

微分求积升阶谱有限元方法

Differential Quadrature Hierarchical Finite Element Method

刘波 伍洋 邢誉峰 著

国防工业出版社

·北京·

图书在版编目（CIP）数据

微分求积升阶谱有限元方法/刘波，伍洋，邢誉峰
著．—北京：国防工业出版社，2019.11
ISBN 978-7-118-11930-5

Ⅰ.①微…　Ⅱ.①刘…　②伍…　③邢…　Ⅲ.①有限元
法　Ⅳ.①O241.82

中国版本图书馆 CIP 数据核字（2019）第 205962 号

※

国防工业出版社出版发行
（北京市海淀区紫竹院南路 23 号　邮政编码 100048）
三河市腾飞印务有限公司印刷
新华书店经售

*

开本 710×1000　1/16　印张 22¼　字数 392 千字
2019 年 11 月第 1 版第 1 次印刷　印数 1—1500 册　定价 148.00 元

（本书如有印装错误，我社负责调换）

国防书店：（010）88540777　　　发行邮购：（010）88540776
发行传真：（010）88540755　　　发行业务：（010）88540717

致 读 者

本书由中央军委装备发展部**国防科技图书出版基金**资助出版。

为了促进国防科技和武器装备发展，加强社会主义物质文明和精神文明建设，培养优秀科技人才，确保国防科技优秀图书的出版，原国防科工委于1988年初决定每年拨出专款，设立国防科技图书出版基金，成立评审委员会，扶持、审定出版国防科技优秀图书。这是一项具有深远意义的创举。

国防科技图书出版基金资助的对象是：

1. 在国防科学技术领域中，学术水平高，内容有创见，在学科上居领先地位的基础科学理论图书；在工程技术理论方面有突破的应用科学专著。

2. 学术思想新颖、内容具体、实用，对国防科技和武器装备发展具有较大推动作用的专著；密切结合国防现代化和武器装备现代化需要的高新技术内容的专著。

3. 有重要发展前景和有重大开拓使用价值，密切结合国防现代化和武器装备现代化需要的新工艺、新材料内容的专著。

4. 填补目前我国科技领域空白并具有军事应用前景的薄弱学科和边缘学科的科技图书。

国防科技图书出版基金评审委员会在中央军委装备发展部的领导下开展工作，负责掌握出版基金的使用方向，评审受理的图书选题，决定资助的图书选题和资助金额，以及决定中断或取消资助等。经评审给予资助的图书，由中央军委装备发展部国防工业出版社出版发行。

国防科技和武器装备发展已经取得了举世瞩目的成就。国防科技图书承担着记载和弘扬这些成就，积累和传播科技知识的使命。开展好评审工作，使有限的基金发挥出巨大的效能，需要不断摸索、认真总结和及时改进，更需要国防科技和武器装备建设战线广大科技工作者、专家、教授、以及社会各界朋友的热情支持。

让我们携起手来，为祖国昌盛、科技腾飞、出版繁荣而共同奋斗！

国防科技图书出版基金
评审委员会

国防科技图书出版基金
第七届评审委员会组成人员

前　言

　　有限元方法自 20 世纪 60 年代正式提出以来便以其有效性和通用性得到工程、科研人员的普遍重视，并广泛应用于各类工程领域。传统有限元技术主要通过加密网格来提高精度（h-型），该方法以其简单有效、数值特性良好已经成为各大商用软件的主流方法，经过多年的发展以及工程问题的检验，其相关技术已日趋成熟。然而，传统有限元方法在实际应用中通常会出现收敛速度较慢、复杂模型前处理困难以及难以实现自适应分析等困难，据统计工程分析中 80% 以上的时间用于前处理，这些问题已经成为传统有限元方法发展的瓶颈。伴随传统低阶有限元方法技术的发展，通过提高多项式的阶次来提高精度（p-型）的高阶有限元方法也在发展，由于该方法采用很少的自由度即可得到很高精度的结果，因此得到工程、科研人员的广泛研究。Babuška 等从理论上证明了 p-方法具有比 h-方法更好的收敛特性，在合适的网格下甚至能达到指数收敛速度。研究表明高阶方法对网格奇异和各种闭锁问题不敏感。如果在自由度安排上，p 阶单元矩阵是 $p+1$ 阶单元矩阵的一个子阵，则称为升阶谱有限元方法。Zienkiewicz 在 20 世纪 70 年代提出了升阶谱有限元方法的概念，该方法以其易于实现自适应分析的特点而得到认可，并在 20 世纪七八十年代得到迅速发展。其中，我国学者诸德超教授的研究工作对升阶谱单元的构造做出了突出贡献，其对目前升阶谱方法中广泛采用的正交基函数的构造做出了重要贡献。Babuška 等在 1989 年创建了 ESRD 公司并发布了第一套 p-型单元程序 StressCheck。值得指出的是，高阶方法对单元的几何精度提出了更高的要求，同时由于数值稳定性等问题，使得升阶谱有限元方法的应用远没有常规有限元方法普及。

　　20 世纪 80 年代，Bellman 等提出了微分求积方法来求解微分方程的初边值问题。90 年代 Bert 等将微分求积方法引入到结构分析中，应用表明该方法不仅计算精度高，同时还具有计算量小的特性，因此受到广泛关注。其高精度主要是因为采用了基于非均匀分布结点的全局插值函数。最初的微分求积方法由于采用强形式的计算格式，使得该方法在边界条件的处理、单元的组装上存在困难。微分求积方法非均匀结点的应用对降低结构矩阵的条件数具有良好作用，但在处理不规则区域的高阶导数时还是容易出现数值计算困难。邢誉峰和刘波把微分求积方法和微分方程的弱形式相结合，提出了微分求积有限元方法，有效降低了导数阶次，并使得其在边界条件施加和单元组装方面与常规有限元方法一样，解决了微分求积方法的上述难题。该方法最具有特点的地方是把微分求积结点取为高斯-洛巴托积分点，使得在充分利用微分求积方法高精度特性的同时离散了势能泛函并尽可能地减少了计算量。微分求积有限元方法在计算过程中表现出计算精度高、计算量小等特点。但由于微分求积有限元方法采用拉格朗日函数的张量积形式作为二维和三维问题的基函数，从而使得局部的网格加密会引起全局网格的变化、链接不同自由度的单元以及构造采用非均匀分布结点的三角形单元变得困难。

受到诸德超教授的专著《升阶谱有限元方法》的启发，本书作者刘波在2008年左右就开始了针对升阶谱方法的研究。为了克服微分求积有限元方法和升阶谱有限元方法的不足，刘波将两种方法结合起来提出微分求积升阶谱有限元方法。微分求积升阶谱有限元方法是在升阶谱有限元方法的基础上在单元的边界上配置了微分求积结点，同时在单元矩阵的计算等方面结合了微分求积有限元方法的一些思想。微分求积升阶谱有限元方法继承了升阶谱有限元方法自适应的特点，但这种单元更接近固定界面模态综合方法，即在单元边界上有一定数量的结点，在单元内部只需一定数量的固定界面模态即可得到很高精度的结果，但微分求积升阶谱有限元方法不需要做模态分析。微分求积升阶谱有限元方法对微分求积方法和升阶谱有限元方法也有进一步的发展，主要体现在三角形和四面体单元的构造、C^1 单元的构造以及正交多项式数值稳定性问题的克服等，这对于推动微分求积方法和升阶谱有限元方法的普及也是有意义的。诸德超教授的《升阶谱有限元方法》主要介绍一维单元、二维矩形和正六面体单元，而且二维和三维结构主要是理论介绍，应用实例很少或没有，而且存在的数值稳定性问题也没有解决。本书则涵盖了所有常见类型的单元，如曲边三角、任意四面体单元等，对于二维结构不但有 C^0 单元还有 C^1 单元，正交多项式的数值稳定性问题也克服了。除此之外，本书还初步探讨了高阶方法在非线性问题中的应用及高阶网格生成问题，解决这两个问题对各类高阶方法走向实用或普及有重要意义，特别高阶网格生成是目前制约高阶方法发展的瓶颈难题。

对于非线性力学问题来说，其有限元离散后的方程一般是关于未知变量的非线性方程组，因而一般需要采用迭代格式来求解。其中方程组的未知变量个数将对求解的计算量有显著影响。如前面所述，高阶 p-型有限元方法的快速收敛特性使其可以采用相对较少的自由度来达到较高精度的计算结果。因此，相对于传统 h-型有限元方法，p-型有限元方法在非线性问题求解的效率上具有独特的优势。本书简要介绍了升阶谱方法在梁、板和实体结构的几何非线性（大变形）和材料非线性（弹塑性）问题方面的一些研究成果。研究表明：升阶谱方法除了需要的自由度数少、精度高的优点外，还有升阶谱单元采用三维单元模拟薄壁结构比 h-型单元采用二维单元模拟的效率都高，而且可以避免低阶单元存在的各种数值问题；采用升阶谱单元可以给出比 h-型单元更精细的应力和应变等结果。

尽管在高阶数值方法方面多年来一直有广泛、深入的研究，特别是要想充分发挥高阶方法的优势必须采用高阶网格，但在高阶网格生成方面的研究却相对较少。值得欣慰的是这方面的研究近些年在增加，说明高阶网格生成的重要性和意义正逐渐被认可。生成高阶网格有两种方法：①直接法，采用经典网格生成算法直接生成所需高阶网格；②间接法，首先生成一阶（直边）网格然后曲边化并根据是否存在无效单元进行矫正。间接法从已知的线性网格出发，难以与 CAD 模型交换信息，因此本书重点介绍直接法。直接法又可以分为两类：①直接在建几何模型的时候就建成高阶网格模型；②高阶方法与网格生成算法和 CAD 建模理论结合直接生成高阶网格。第一种方法对于简单的几何模型来说比较方便，实际上许多高阶网格方面的文献都是这样做的。对于复杂的几何模型，第一种方法就不方便了或者会很复杂，采用第二种方法较为现实。第二种方法与 CAD 建模理论密切相关，因此本书还介绍了曲线、曲面理论以及 CAD 的核心技术——曲面求交算法。

近些年等几何分析概念发展迅速，产生了广泛的影响，其核心思想与等参单元类似，但采用 CAD 建模所用的 NURBS 作为基函数，目标是实现几何精确，避免 CAD 模型转换成 CAE 模型（即网格生成）过程中大量的时间投入及出现各种困难。借鉴等几何分析的思想，微分求积升阶谱有限元方法通过引入 CAD 建模中的 NURBS 建模技术来建立单元的几何模型，从而实现 CAD 模型与有限元计算模型之间的精确转化。但微分求积升阶谱有限元方法在等几何分析的基础上还有进一步的发展。等几何分析采用 NURBS 作为基函数，由于 NURBS 基函数的张量积特性使得计算三角形、四面体等单元时存在奇异，而且局部加密会引起全局网格的变化，由于 NURBS 基函数的非插值特性使得施加非齐次边界条件比较困难。而微分求积升阶谱有限元方法仍然保留边界上形函数的插值特性，能较好地避免等几何分析的上述困难，同时还能实现几何精确。这对未来实现高精度计算，缩短前处理周期，提高分析效率，实现 CAD 与 CAE 无缝融合具有重要的研究意义。

本书作者刘波在研究高阶方法之前做了大量解析方法方面的研究，还与邢誉峰教授一起出版了专著《板壳自由振动的精确解》。后来因为发现解析方法十分复杂而且只能求解非常简单的模型，因此转向高阶单元方面的研究。选择高阶单元作为研究方向是因为高阶单元具有许多解析解的特点：精度非常高，可以只用一个单元或少数几个单元求解问题，等等。在研究高阶单元的过程中也用到了一些解析解的技巧，如分离变量、递推等，这些技巧对于提高高阶单元的计算效率、克服其数值稳定性问题都是有意义的，读者要留意这些技巧。

有一点必须承认的是，虽然高阶方法与常规的低阶方法相比有许多优点，但目前还难以普及，高阶方法存在的主要困难是：①高阶方法远比低阶方法复杂，高阶方法的优越性能只有在精巧的理论和技巧下才能展现出来，当然这些优点是低阶方法难以企及的，或必须付出很大的计算量和人力投入代价才能达到类似的效果；②软件开发耗费资金、人力巨大，在高阶方法和高阶网格生成技术不够成熟的前提下，高阶方法的普及更是难上加难。但正是由于高阶方法及高阶网格生成与数学、计算机科学、计算机图形学、计算几何学、各工程科学和自然科学的深度交叉，使得高阶方法的研究更能深刻地带动各学科的发展和社会进步，因此这方面再大的投入都是值得的。本书内容虽然浅显，但希望能引起学术界和工程界对高阶方法的重视，起到抛砖引玉的作用。

本书在内容上分为以下章节。

第一章对与本书内容相关的各种数值方法的研究背景做了详细介绍，特别是对有限元方法、微分求积方法以及升阶谱有限元方法的历史与现状的介绍尤为详细，此外还简要介绍了高阶网格生成方面的研究背景。

第二章主要讨论了一维结构，包括拉压杆、扭轴、直梁、剪切梁的微分求积升阶谱单元的构造。这方面的研究基本成熟了，为了使本书内容系统和完整将其包含进来，本章部分内容来自诸德超教授的专著《升阶谱有限元方法》。

第三章则主要讨论了二维平面单元的构造，其中详细介绍了四边形单元以及三角形单元的构造方法，同时还给出了静力分析以及自由振动分析的相关算例，包括平面应力问题、平面应变问题等。

第四章给出了剪切梁单元的构造方法，同时还包括静力分析和自由振动分析的相关算例，其中不仅包括各向同性板的分析，同时还给出了复合材料叠层板的静力分析以及黏弹性叠层板的自由振动分析。

第五章主要研究了 C^1 类薄板单元的构造。该章依次介绍了薄板的基本理论、四边形单元的构造、三角形单元的构造，同时还包含了大量自由振动问题的分析算例。

第六章给出了叠层壳结构的微分求积升阶谱单元的构造。其中包括了壳体的基本理论，以及单元格式推导，同时给出了叠层板及单层、叠层圆柱壳、圆锥壳以及球壳的静力学和动力分析算例。

第七章主要介绍了三维微分求积升阶谱单元的构造，依次包括六面体单元、三棱柱单元以及四面体单元的构造，同时包含了对各向同性材料、各向异性材料的静力、动力分析实例。

第八章介绍了升阶谱方法在梁、板和实体结构的几何非线性（大变形）和材料非线性（弹塑性）问题方面的一些研究成果。

第九章针对高阶网格生成技术做了初步探讨，重点介绍了直接法生成高阶网格需要的曲线、曲面理论以及 CAD 的核心技术——曲面求交算法，并初步探讨高阶网格生成的一些关键技术和近些年的进展。

附录 A 给出了正交多项式的一些性质和计算方法，本书广泛用到正交多项式，因此对这方面知识的了解有助于理解本书的内容。

附录 B 给出了高阶方法的一些常见问题解答，希望打消一些同行对高阶单元的疑虑，更清楚高阶单元的适应范围，从而更从容、更放心地使用和推广高阶单元。

本书内容系统地包含了从一维到三维单元的构造，详细介绍了多种单元的构造思想，同时还包含大量的计算实例，因此可作为计算力学及相关领域的学者和工程技术人员的参考书籍，也可以作为高校研究生或高年级本科生的教材。作者希望本书能够起到抛砖引玉的作用，吸引更多工程技术和科研人员的研究兴趣，进而推动高阶方法的发展。

本书主要内容是刘波和他的博士、硕士研究生近 5 年的研究成果，全书由刘波主持撰写，伍洋撰写了本书的初稿并对全书做了两次全面校核和修改，赵亮和卢帅参加了第三章、第四章、第六章和第七章部分内容的撰写，最后刘波对全书每个章节做了多次全面校核和修正，并增加了部分章节。笔者在此特别感谢邢誉峰教授对全书撰写工作的支持和指导，刘翠云对全书的文字校核，自然科学基金（项目批准号：11402015，11772031）对本书研究工作的资助，以及国防科技图书出版基金对本书出版的资助。本书从开始撰写到完稿历经 2 年多，全书不断修改完善力求内容正确无误，限于作者的水平和时间，书中难免有不妥之处，恳请读者指正。

刘波

2018 年 11 月

目 录

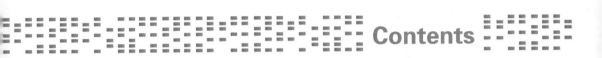 Contents

Chapter 5   The differential quadrature hierarchical finite element method for thin plates   112

Chapter 6   The differential quadrature hierarchical finite element method for shells   154

XXII

升阶谱有限元方法具有很多解析解的特性,因此一些学者将其称为半解析数值方法[1]。微分求积升阶谱有限元方法[2, 3]是在微分求积有限元方法[4, 5]的基础上与升阶谱有限元方法[6]结合而被提出的,而微分求积有限元方法则是刘波在研究解析方法[7-18]的过程中被微分求积方法的高精度所吸引并经深入研究提出的。因此微分求积升阶谱有限元方法从提出起就是希望得到一种具有解析解的精度,同时又能解决复杂工程问题的数值方法,经过 10 年左右的发展,这个初衷已基本实现,本书就是这些研究成果的汇总。本章主要介绍与微分求积升阶谱有限元方法密切相关的有限元方法、升阶谱方法、微分求积方法的历史和现状,在此基础上介绍了近些年在微分求积有限元方法和微分求积升阶谱有限元方法方面的一些成果及相关背景。微分求积升阶谱有限元方法在线性分析中的问题已基本解决,其在非线性分析中的应用以及高阶网格生成技术还有待进一步发展,这方面已经有一些研究成果,因此本章对相关背景做简要介绍,本书中也包含相关章节做详细介绍。

1.1 微分求积升阶谱有限元方法的研究背景

实际工程问题往往通过一组控制微分方程和相应的定解条件(边界条件、初始条件)来描述。通常来说,只有少量几何形状、边界条件比较简单的问题能够求得解析解,实际问题往往几何形状复杂、方程的阶次较高、边界条件复杂、存在非线性等,求得问题的解析解十分困难甚至是不可能的,因而求微分方程的数值解便成为工程应用中的一个重要研究内容。20 世纪 60 年代初随着计算机的不断应用,有限元方法被提出并迅速发展,计算力学逐渐发展为力学中的一个独立学科分支,各种计算力学方法不断被提出(表 1-1),极大地促进了科技发展和社会进步,如今数值计算已经与理论分析和实验并列为三大基本研究方法。

表 1-1　微分方程数值方法

年份	方　　　法
1915	伽辽金方法（Galerkin Method）
1928	最小二乘方法（Method of Least Squares）
1937	配点法（Collocation Method）
1950	有限差分方法（Finite Difference Method）
1956	加权残量法（Method of Weighted Residuals）
1960	有限单元方法（Finite Element Method）
1969	谱方法（Spectral Methods）
1971	微分求积方法（Differential Quadrature Method）
1973	非连续伽辽金方法（Discontinuous Galerkin Method）
1978	微分容积法（Differential Cubature Method）
1984	谱单元法（Spectral Element Method）
1991	广义微分求积法（Generalized Differential Quadrature Method）
1994	无单元伽辽金方法（Element Free Garlerkin Method）
1994	求积单元法（Quadrature Element Method）
1998	无网格局部彼得罗夫-伽辽金方法（Meshless Local Petrov-Galerkin Method）
1999	离散奇异卷积方法（Discrete Singular Convolution Method）
2001	区域自由离散方法（Domain-Free discretization Method）
2003	移动最小二乘微分求积方法（Moving Least Squares Differential Quadrature Method）
2003	状态空间微分求积法（State-Space-Based Differential Quadrature Method）
2004	样条微分求积方法（Spline-Based Differential Quadrature Method）
2005	等几何分析（Isogeometric Analysis）
2006	增量微分求积方法（Incremental Differential Quadrature Method）
2008	微分求积 Trefftz 方法（Differential Quadrature Trefftz Method）
2010	混合里兹-微分求积法（Mixed Ritz-DQ Method）
2011	径向基函数有限差分法（Radial Basis Functions Finite Differences Method）

　　常规位移有限元方法[19]采用低阶多项式,通过加密网格来提高求解的精度。随着单元数量的增加,单元的最大尺寸 h 相应地会减小,因此通常被称为 h-型有限元[20]。与此相反,高阶有限元的网格保持不变,而是通过增加单元内的形函数的阶次 p 来改善精度,通常被称为 p-型有限元[20]。如果在自由度安排上,低阶 p-型有限元的形函数是高阶 p-型有限元形函数的一个子集,则称为升阶谱有限元[20-22]。与常规的 h-型有限元相比,升阶谱有限元有很多优点:

　　（1）升阶谱有限元划分网格简单而且只需划分一次网格,然后通过提高单元的阶次来得到收敛的结果[23],简单的结构可以只用一个单元来模拟[20],对于复杂结构可以使用很少数目的单元来模拟,因此可以极大地简化前处理这一长期以来制约有限元应用的瓶颈问题[23-25]。

（2）刚度矩阵、质量矩阵和载荷向量具有"嵌入"特性,即它们是同一问题更高阶升阶谱有限元的相应矩阵或向量的子阵或子向量。这样,在升阶过程中,在原有矩阵的基础上扩充新的行和列即可得到新的矩阵方程[20, 22]。这一特性使得升阶谱有限元易于获得自适应计算的误差指标[26, 27]。

（3）链接不同阶次的单元不再困难,因此可以根据需要只增加部分单元的自由度数[20]。

（4）升阶谱有限元可以用远少于 h-型有限元的结点得到足够精度的结果[20, 28-30],这一特性在非线性有限元分析中尤其重要[29]。

显然升阶谱有限元方法比常规 h-型有限元方法优越,但由于历史因素和自身的原因,升阶谱有限元的应用却远不如常规的位移有限元那样普遍[6]。升阶谱有限元采用高阶甚至很高阶的正交多项式作为附加自由度的基底函数,从而将出现数值稳定性问题,尤其在不规则域的数值稳定性问题难以克服[6, 22, 31-33]。目前已经被商业软件(如 MSC. Nastran)采用的是在 h-型网格基础上适当升阶的升阶谱元[24, 34, 35]。升阶谱有限元的前处理简单等优势只有在阶次较高的时候才能体现出来。如果把升阶谱有限元存在的问题解决了,升阶谱有限元未来在一些应用中可以发挥重要的价值并替代常规有限元方法。

在高阶方法的研究方面,微分求积有限单元方法[4, 5]也取得一些成功。微分求积有限单元方法的不足之处是它是一种拉格朗日单元,而且在构造三角形单元等方面也存在困难[36, 37]。因此有必要把微分求积有限单元方法、升阶谱方法等结合起来找到一种新方法,既可以改善升阶谱元计算单元矩阵的精度和效率,又可以克服升阶谱元中的计算问题,而且可以突破微分求积有限元方法的局限。这一新的方法被命名为微分求积升阶谱有限元方法。近些年,刘波在自然科学基金、北京航空航天大学人才项目等经费的支持下针对微分求积升阶谱方法做了系统研究,构造的四边形、三角形、四面体、三棱柱、六面体等一系列单元[2, 3, 38-41],基本上解决了升阶谱方法存在的关键难题,这本专著主要是这一系列工作的总结。

1.2　有限元方法的发展历史与现状

有限元方法(Finite Element Method)或有限元分析(Finite Element Analysis)

作为一种应用广泛的数值计算方法,其思想最早可以追溯到古人的"化整为零""化圆为直"的做法。我国古代数学家刘徽采用割圆法来计算圆的周长实际上与有限元方法的离散逼近思想是一致的;18世纪末,瑞士数学家、力学家欧拉在创立变分法的同时就曾使用与现代有限元方法相似的方法求解了杆的平衡问题。在缺乏强有力的数值计算工具的时代,人们难以克服该方法计算量大的困难,因而未能得到重视。

1870年,英国科学家Rayleigh采用假想的"试函数"来求解复杂的微分方程;1909年,Ritz将其发展成为完善的数值近似方法,为现代有限元方法打下坚实基础。20世纪40年代,由于航空事业的飞速发展,设计师需要对飞机结构进行精确的设计和计算,便逐渐在工程中产生了矩阵力学分析方法;1943年,Courant发表了第一篇使用三角形区域的多项式函数来求解扭转问题的论文[42];1956年,波音公司的Turner在分析飞机结构时系统研究了离散杆、梁、三角形单元刚度表达式[19];1960年,Clough在处理平面弹性问题,第一次提出并使用了"有限元方法"的名称[43,44];1960年,德国的Argyris出版了第一本关于结构分析中的能量原理和矩阵方法的书[45],为后续的有限元研究奠定了重要的基础;1967年,Zienkiewicz和Cheung出版了第一本有关有限元分析的专著 *The Finite Element Method in Structural and Continuum Mechanics*[46],该书的最新版本为2013年出版的第7版[47],其内容已由最初的一册增加到了两册,这表明有限元方法在理论和应用上都在与时俱进。

我国学者对有限元方法的发展也做出了重大贡献。我国著名数学家冯康院士早在20世纪60年代就独立地并先于西方奠定了有限元分析收敛性的理论基础。在有限元的理论基础之一的变分原理上,胡海昌于1954年提出了三类变量广义变分原理[48],钱伟长最先研究了拉格朗日乘子法与广义变分原理之间的关系[49],钱令希在20世纪50年代研究了余能原理[50]。此外,田宗漱与卞学鐄还研究了多变量变分原理[51],这些理论为研究多变量高精度杂交元提供了理论基础。

有限元方法按照收敛格式的不同主要可分为三类:第一类有限元方法称为h-型有限元;第二类有限元方法称为p-型有限元方法,由于该方法中一般使用的单元阶次较高,因而也被称为高阶有限元方法;第三类有限元方法则是这两种的结合形式,称为hp-型有限元方法,该方法在计算过程中往往同时调整结构计算的网格尺寸以及单元的阶次来提高计算结果的精度。低阶有限元方法目前在工程应用中无疑占有统治地位,其原因主要有:从历史上讲,低阶有限元方法的起步几乎与有限元方法起步是一致的,最早Courant所使用的三角形单元就是一种最简单的线性单元,因此低阶单元的发展起步早,进而其技术发展也日趋成熟;从计算上讲,低阶单元的形函数一般为低阶插值多项式,在计算上不会遇到数值稳定性问题,数值积分的计算量小,结构矩阵一般为稀疏的带状矩阵,这对代数方程的求解无疑是十分有利的。一般的商业有限元分析软件,如ANSYS、NASTRAN等主要采用低阶单元进行分析。

虽然传统有限元方法在工程应用上取得了巨大的成就,然而其本身仍然存在一些不足。如计算结果收敛速度较慢,对于复杂问题,计算精度十分依赖于网格质量的好坏。这使得传统有限元方法需要以强大的前处理技术作为其分析基础,进而降低其计算效率。据统计,工程有限元分析中约80%以上的时间用于网格相关的几何操作[52],这在大型工程问题中及虚拟产品开发等现代制造技术中是十分不利的。此外,对于一些问题的分析,低阶单元在计算过程中容易出现"自锁"现象,其计算结果并不随着网格的加密而得到改进,进而导致出现错误的分析结果。

1.3 升阶谱有限元方法的发展历史与现状

在有限元方法的发展过程中,另外一种广泛研究的方法则是 p-方法,其中典型的是升阶谱方法。虽然该方法并未像传统 h-型有限元方法那样得到广泛应用,但其独特的优势一直吸引着科研、工程人员的兴趣。如前所述 p-方法在计算结果的改进过程中能保持网格划分不变,通过增加附加自由度、提高单元阶次来改进计算结果。Babuška 等[53]的理论研究以及相关领域的应用表明,p-型有限元方法具有比传统有限元方法更快的收敛速度,在适当的网格下甚至能达到指数收敛速度。一些学者认为,随着未来工程问题的复杂程度越来越高,高阶方法将是未来有限元方法发展的主流[54]。

作为实施 p-收敛过程的一种有效方法,Zienkiewicz 等在 1970 年提出了升阶谱有限元的概念[21],后来又做了进一步阐述[26]。升阶谱有限元方法在升阶过程中只需要在原有矩阵方程的基础上扩充新的行和列,即可得到新的矩阵方程,因此可以充分利用原有的计算结果作为出发点,经过迭代求取扩大后矩阵方程的新结果。从计算的角度看,这显然是一个十分有用的特性,不仅可以在实施 p-收敛过程中的总计算量大为节省,又可为编制自适应分析程序提供极为有利的条件。

尽管升阶谱有限元在应用上具有诸多优点,然而由于历史原因和其本身存在的数值计算问题[55, 56]使得该方法一直发展缓慢。在实施 p-收敛的过程中有时要用到高阶甚至很高阶的多项式函数作为附加自由度的形函数,这使得对高阶多项式函数积分将远不如低阶多项式那样容易。West 等[57]指出,由于浮点运算导致的舍入误差将在实际运算中限制升阶谱基函数的最高阶次,误差主要是由高阶正交多项式的系数数值跨度广而造成的,对于一维问题,多项式的阶次应不高于 24 次,对于二维问题则不能高于 14 次,而三维问题则一般不高于 8 次。

为克服数值稳定性问题,大多数学者选择从符号计算的角度进行处理[58-62]。然而符号运算的计算效率一般较低,因此难以用于大型计算问题。此外,一些学者还提出了基于三角函数的升阶谱有限元方法[23, 63]。这类方法在计算过程中,形函数的数值积分不会出现高阶多项式那样的数值计算困难,而且对于自由振动问题的计算具有较高的计算精度,但是由于三角函数为非多项式函数,其数值积分往往需要更多的积分点才能保证计算精度,如 Houmat[64]在曲边三角形单元的数值积分中将积分点的数目取为阶次的 3 倍,这显然远远高于多项式的数值积分所需的积分点数目,因此这种基于三角函数的升阶谱有限元方法在复杂问题的求解上可能还有待进一步研究。我国学者诸德超[6]从正交多项式的性质出发,给出了一类单元结构矩阵的积分显式,并研究了各类升阶谱形函数的结构矩阵的性质,其研究结果从根本上解决了高阶形函数的数值计算问题。值得指出的是,这种显式积分公式并不适用于任意四边形单元以及曲边单元的分析。曲边单元的应用对于实现计算模型的几何精确是十分必要的,而且在实际应用中形状各异,因此无法对各类单元给出一个统一的积分显式,因此升阶谱单元的进一步发展还有赖于对稳定性良好的数值计算方法的研究。

关于升阶谱方法的论文大多数集中在一维单元或矩形域、六面体域,但三角形和四面体单元分别是二维和三维空间最容易生成的网格,绝大多数商业自动网格生成程序生成的主要是三角形和四面体网格,因此这两类升阶谱单元也十分重要。三角形和四面体域的升阶谱单元不能通过一维升阶谱函数的张量积得到,必须采用其他方法。Rossow 等[65]在 1978 年采用幂级数构造了三角形升阶谱单元。Carnevali 等[66]在 1993 年采用积分勒让德(Legendre)多项式推导了三角形上的正交多项式,Webb 等[31]在 1995 年采用雅可比多项式构造了三角形上的正交多项式,并由此改善了三角形升阶谱单元的数值稳定性。Webb 等[67, 68]在 1999 年又进一步发展了该方法并将其推广到四面体单元。固体力学中的升阶谱方法与流体力学中的谱单元方法十分类似[69, 70],Webb 等[31]所给的三角形上正交多项式的推导方法与文献[70]的方法是类似的。Adjerid 等[71]对 Carnevali 等[66]以及 Szabó 等[72]的基函数加以正交化得到三角形和四面体上新的基函数。三角形和四面体单元主要的困难是单元组装和边界条件施加,这是因为所采用的基函数具有奇偶性,没有明确物理意义[31]。

相对于 C^0 单元来说 C^1 单元要复杂得多,即使低阶 C^1 单元至今仍然存在不少困难,但研究 C^1 单元还是有必要的,如基于 Kirchhoff 理论的薄壁结构必须采用 C^1 单元,虽然可以采用 C^0 理论模拟薄壁结构,但存在剪切闭锁问题而且计算量比 C^1 单元要大得多。因此研究简单、实用的 C^1 单元还是很有必要的。对于升阶谱 C^1 单元,近年的代表成果是 Ferreira 等[73]的工作,早期的 C^1 升阶谱单元比较少见,基于埃尔米特(Hermite)多项式的 p-型 C^1 单元比较多见[74-76]。对于 C^1 升阶谱单元,单元组装和边界条件施加比 C^0 升阶谱单元要更复杂。

1.4　微分求积方法的发展历史与现状

微分求积方法由 Bellman 等[77]在 1971 年首次提出。该方法的主要思想类似于传统的数值积分方法,通过对函数在各结点的函数值加权和来近似求得函数的微分。具体来说,微分求积方法将函数在一点的导数值近似为函数在整个求解域上各个网格点的函数值的加权和。以一元函数的一阶导数为例,函数 $f(x)$ 在一点 x_i 的导数值可以近似为

$$f'(x_i) \approx \sum_{j=1}^{n} w_{ij} f(x_j) \qquad (1.1)$$

式中:w_{ij} 为权系数;x_i 为结点 $i=1,2,\cdots,n$。从式(1.1)中可以看到微分求积方法的格式十分简单,而实际上该方法正是以公式简单、使用方便、计算量少、精度高等优点吸引了相关学者对其在工程中应用的研究热潮。

在微分求积方法的发展过程中,首先关心的问题就是如何确定权系数,这也是微分求积方法的关键点。Bellman 和他的同事提出了两种方法来确定一阶导数的权系数[78]。第一种方法是通过求解一个代数方程组来求得权系数,该方法的优点是对于结点位置的选择没有要求,但随着结点数的增多,代数方程组的性质呈现病态,因而在实际使用中结点的数目往往不超过 13;第二种方法则直接由一组简单的代数公式给出权系数,但该方法的结点必须选为变换的勒让德多项式的根。早期的文献中[77-84]主要还是依赖于 Bellman 等给出的这两种方法来确定权系数,其中第一种方法在网格点的选择上更加自由因而得到广泛的使用,然而随着结点数的增多,这种方法在计算权系数时的矩阵呈现病态,使其不适合求解大量结点情况下的系数矩阵。

    针对 Bellman 的第一种方法,Civan[84]指出了代数方程出现病态的原因是由于系数矩阵为范德蒙德(Vandermonde)矩阵,因而在结点增多时出现病态。由于范德蒙德矩阵在其他工程领域也有广泛的应用,因而其相关算法也得到了广泛的研究,比较典型的一种方法是由 Björck 和 Pereyra[85]给出,称为 BP 算法。将 BP 算法应用到微分求积方法权系数的求解上可以将计算的结点提高到31 个左右。为进一步改进权系数矩阵的计算效率,Quan 和 Chang[86, 87]以拉格朗日插值多项式为试函数,得到一种计算一、二阶导数的权系数的显式公式,这种方法能方便地得到任意结点分布下的权系数。此外,Shu 和Richards[88, 89]利用线性空间理论和函数逼近理论说明了采用同一多项式空间中不同的多项式基求得的权系数是相同的,并以此分别采用拉格朗日插值基和幂级数基得到了前两阶导数的权系数表达式的显式形式,同时给出了高阶导数权系数的迭代格式。以上这些方法本质上是通过多项式基来计算微分求积方法的权系数,因此又被称为多项式微分求积法(Polynomial-Based Differential Quadrature)。与此对应的还有另一种微分求积方法,即傅里叶微分求积方法(Fourier Differential Quadrature),或调和微分求积方法。在这类方法中,微分求积的权系数是通过傅里叶基函数来得到的[90]。一般而言,当采用相同结点时,调和微分求积法的求解精度不如微分求积法,但调和微分求积法对诸如板的自由振动或屈曲问题比多项式微分求积法要优越。

    微分求积法另外一个关键技术就是结点的选取,这直接关系到微分求积方法在给定结点处的离散精度。Sherbourne 和 Pandey[91]在用微分求积法分析复合材料层合板稳定性问题时发现,这类问题对结点的选取很敏感,均匀结点有时给出不收敛的解,虽然他们拼凑了一组非均匀结点,也未能彻底解决这一问题。Wang 等[92]在分析平行四边形板的稳定性和自由振动时也遇到了同样的情况。基于微分求积法与混合配点法的相似性,用切比雪夫(Chebyshev)多项式的根作为结点坐标,是寻求结点分布规律的有益尝试。由于微分求积法必须包括两个端点(一维问题),因此用切比雪夫多项式在[-1, 1]区间的极值点作为结点[93, 94],很好地解决了非均匀结点的选取问题。应用研究表明切比雪夫-高斯-洛巴托(Chebyshev-Gauss-Lobatto)结点无论在计算精度还是收敛速度上都具有明显的优势。

    由于最初的微分求积方法的未知结点参数只包含场变量的函数值,这种格式对于施加狄利克雷边界条件是比较容易的,而在处理更高阶的边界条件,如板、梁的边界条件时则显得不够方便。为解决这个困难,Bert 提出了 δ-方法[95-97],该方法将距离边界 δ(小量)的点也作为边界点,这样使得每个边界上有两个边界点,每个边界点施加一个边界条件,这种方法在处理固支边界条件时精度较好,而对于二维问题的角点条件则不易处理。此外,对于不同的边界条件,求解的精度对 δ 的依赖较大,不便于统一处理。实际上,可以采用方程替代的办法,即将离边界最近的内点方程用另一个边界条件来代替[98-100],这种做法具有两个优点:一是边界条件得以精确满足,从而提高了求解的精度;二是靠近边界点的内点与边界点的距离不受 δ 的限制,给编程带来很大方便。从理论上讲只要方程组线性无关且总数和未知数总数相同,就可得到唯一确定解,因此一个边界条件可以用来替代任意内点的方程,但理论和实践都证明边界点和邻近边界的内点对应的方程的误差较大,用边界条件替代离边界最近的内点方程可以取得最佳效果。第三种方法则是 Wang 等[101]提出的权系数矩阵修改法。这种方法在结点较少时也能获得较高的求解精度,但是该方法不利于处理不规则域上的边界条件,此外对于自由边界条件的处理也存在困难。最后一种方法则通过将边界上的转角或高阶导数作为独立变量结合相应的插值基函数(如拉格朗日基函数、埃尔米特基函数)重新构建微分求积的权系数矩阵[102, 103],这种方法不仅能方便精确地施加边界条件,而且形式统一,因而在实际问题中也得到了广泛的应用。传统微分求积方法对于边界条件施加方法的总结可以参考文献[104]。

微分求积法自 1987 年被首次用于简单结构元件的静动力分析后,已得到很大的发展,先后被用于分析各类结构元件的静力学、稳定性和自由振动问题,包括线性和非线性分析。分析过的各类元件有杆、梁、板、旋转壳等。杆和梁元件涉及等截面和变截面,梁元件包括了直梁和曲梁;板元件分别为平面应力板和弯曲板,弯曲板的形状有矩形、平行四边形、圆形、环形、扇形等,涉及薄板、中厚板和变厚度板,材料包括各向同性和各向异性;旋转壳包括柱壳和圆锥壳[105, 106]。由于用微分求积法分析问题时所建立的离散方程组的方程数一般不超过 30,求解计算量小,而且精度高,这使得该方法用于非线性问题分析具有独到的优势[98, 99]。用微分求积法将非线性方程离散得到的代数方程组,可用熟知的非线性方程求解方法(如牛顿-拉弗森(Newton-Raphson)法)进行求解,在解法上不存在什么困难,结果收敛也很快。

传统的微分求积方法在应用中主要存在以下几个困难:①它仅适用于分析规则结构元件的力学问题,对于形状为不规则单连通域的问题,虽然可用与等参有限元类似的办法,将其变换为规则形状后再用微分求积法进行求解[107],但其收敛性有待深入研究;②对于定义在多连通域的问题、有几何不连续(如厚度突变)或载荷不连续(如集中载荷作用)的问题,以及边界约束情况不连续的问题,微分求积法则无法求解。为解决传统微分求积方法的局限性,Striz 等于

1994 年提出了求积单元方法(Quadrature Element Method)[108]并用该方法分析了平面刚架的静力问题。求积单元方法在单元边界处理上采用了传统的 δ 方法,由于刚架结构中杆或梁元件的长度各异,离散的单元长度不同,δ 的取法对不同单元无法统一,而且其取值依赖于所求的问题,在分析刚架结构静力问题时产生了困难,加之 δ 法对解的精度也有影响,因而求积单元方法难以被推广应用。Wang 等[103]针对求积单元方法的缺点,提出了微分求积单元法(Differential Quadrature Element Method),其要点是边界上的自由度数与边界条件相同,与有限单元法类似,运用位移型的微分求积单元法建立结构方程时,在单元连接点处是建立该点的力的平衡方程,物理概念非常清楚。在单元叠加时,仅需对单元边界点的方程进行坐标变换,单元内部结点的方程则可保持不变。

与经典的有限元方法相比,微分求积单元法的独特之处主要在于每个单元内部微分方程的近似形式。传统有限元方法采用的是弱形式,而求积单元法则在每个单元内部采用强形式。因此,一些学者称这种求解格式为强形式有限元(Strong Formulation Finite Element)[109, 110]。这类方法在应用上虽然克服了传统微分求积方法在复杂几何域内应用困难的问题,而且在一定程度上克服了传统有限元方法应力不连续的缺点,然而,由于采用了强形式,单元的协调性条件不仅需要考虑位移的连续性而且需要静力连续,这显然不利于单元的组装。对于复杂几何域,由于引入了区域映射函数,使得控制方程转换到自然坐标系下时过于复杂,这种情况对于高阶微分方程尤其明显,而且容易出现数值稳定性问题[111]。除此之外,对于不同的问题,需要针对各自的控制方程来进行离散,通用性显然不如传统有限元方法。微分求积单元在每个单元内部仍然采用张量积形式的近似函数,这样使得自由度的配置将随着单元连续性条件传播,不利于自由分配,进而在实现自适应分析上灵活性不够。传统的微分求积方法主要用于矩形域、六面体域,其在三角形域的应用有一些研究[112],由于在三角形域采用的是均匀分布结点,因此存在数值稳定性问题[37],而且这种采用均匀分布结点的三角形单元也不便于与采用非均匀分布结点的四边形单元组装。因此,微分求积方法及基于强形式的微分求积单元方法还有待进一步的研究。

1.5　微分求积有限元方法

与强形式微分求积单元方法对应的是弱形式求积单元方法或微分求积有限元方法。2009 年,邢誉峰和刘波将微分求积方法与传统有限元方法相结合,针对薄板自由振动(C^1)问题提出了微分求积有限元方法(Differential

Quadrature Finite Element Method)[4]。钟宏志等[113]在 2009 年针对平面弹性
(C^0)问题提出弱形式求积单元方法(Weak Form Quadrature Element Method)。
通过对各种形状的板在多种边界条件下的计算应用表明,微分求积有限元方法
不仅解决了传统微分求积方法对于复杂计算域的应用难题,而且具有高阶有限
元方法收敛快、精度高的特点。文献[5]对微分求积有限元方法做了系统的介
绍,包括从一维到三维张量积区域的微分求积有限单元矩阵的构造方法,文
献[114,115]通过埃尔米特和拉格朗日函数的组合进一步对文献[4]的 C^1
问题做了改进,文献[116]对弱形式微分求积单元方法做了系统的综述。微
分求积有限元方法与传统高阶有限元方法类似,但对于基函数的选择与经典
拉格朗日单元相比主要在于结点的配置上存在差异——把微分求积结点取
作了高斯-洛巴托积分点,这样既提高了计算效率又减少了额外的插值计算,
同时通过微分求积方法来直接离散近似函数在积分点的导数值。这样不仅
解决了传统高阶多项式的计算问题,而且用非均匀结点计算得到的结构矩阵
的数值特性良好。

1.6 微分求积升阶谱有限元方法

针对升阶谱有限元方法在基函数阶次较高时容易出现数值稳定性问题、主
要用于规则区域等局限,刘波等将微分求积方法与升阶谱有限元方法结合,提
出了微分求积升阶谱有限元方法(Differential Quadrature Hierarchical Finite Ele-
ment Method)[2, 3, 40, 41]。研究表明升阶谱方法中的数值稳定性问题主要是因
为大多数文献中采用了正交多项式的级数表达式,如果采用正交多项式的递推
公式则不会出现数值稳定性问题。尽管 Szabó 和 Babuška[72]很早就采用了正交
多项式的递推公式,也许是由于人们使用常规低阶有限元形成的习惯,文献中
一直采用的是正交多项式的泰勒(Taylor)级数公式,使得即使采用符号计算最
高阶次也只能达到 45 阶[20, 23, 30-33, 63, 117, 118]。除此之外,应用升阶谱方法还
需要注意如下两点:①正交多项式及其导数都可以通过递推公式得到,这会显
著减少计算量,而且可以克服计算高阶多项式时的数值稳定性问题;②尽可能
利用基函数的分离变量形式,这也会显著减少计算量。升阶谱方法由于采用正
交多项式作为基函数,在单元边界上附加自由度时会给单元的组装和边界条件
的施加带来不便,这是因为正交多项式没有明确的物理意义而且具有奇偶性。
为了克服这个问题,微分求积升阶谱有限元方法用混合函数和拉格朗日函数在
单元边界上配置了微分求积结点。微分求积升阶谱有限元方法在单元边界与

单元内部自由度的配置完全自由,因而方便与各种形状的单元进行连接,克服了张量积形式单元局部升阶会引起全局传播的缺点,从而可以用于自适应分析,如图1-1所示。

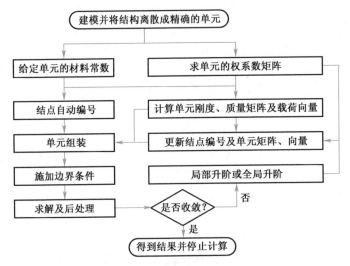

图1-1 微分求积升阶谱有限元方法自适应分析流程图

在四边形单元[2, 3, 40, 41]的基础上,刘波等进一步研究了三角形、四面体、三棱柱等微分求积升阶谱单元[39],这些成果最近才发表[119],为了系统性在本书中仍然做了详细介绍。这些单元内部正交多项式的推导方法与文献[31, 70]的方法类似,即首先采用收缩坐标系(Collapsed Coordinate Systems)[70, 120]把三角形区域变换到四边形区域、把四面体和三棱柱区域变换到六面体区域,然后利用雅可比多项式得到对应区域上的正交多项式。在研究三角形、四面体等区域上的微分求积升阶谱单元的过程中逐渐发现,构造单元边界上的插值函数时采用正交多项式比采用混合函数和拉格朗日函数的方法更简单而且效率更高,由于正交多项式通过递推公式计算效率非常高,即使再求一个插值矩阵的逆,计算效率仍然比采用拉格朗日函数的方法高[119]。

微分求积方法在构造三角形、四面体等单元方面存在的困难实际上跟所取的结点和基函数有关。对于一维问题,研究表明最优结点是高斯-洛巴托(Gauss-Lobatto)点[69],矩形、六面体区域采用高斯-洛巴托点的张量积即可。在三角形、四面体区域却没有这么简单,这些区域上的高斯-洛巴托点称为费克特(Fekete)点[121]。费克特点要求对应区域上各点的拉格朗日函数在该点处取极大值且该极值等于1,一维高斯-洛巴托点满足该条件;三角形和四面体区域上的拉格朗日函数是通过广义范德蒙行列式构造的[122],求解由对各点拉格朗

12

日函数取极值得到的非线性方程组的计算量非常大[121]，因此不少学者尝试通过几何变换等方法探索计算费克特点的解析公式[123-128]。刘波等[119]利用等边三角形面积坐标的对称性，给出把一维高斯-洛巴托点变换到三角形、四面体上的方法，研究表明三角形、四面体边上的费克特点就是一维高斯-洛巴托点，由此构造的三角形、四面体单元与四边形、三棱柱等单元组装的时候会更方便。刘波等[119]构造的三角形、四面体等微分求积单元不再要求各边的结点数目相关，即可以实现自由度的局部加密，因此这种方法也可以称为升阶谱微分求积方法。

对于 p-型 C^1 单元主要难点是 C^1 连续条件的满足[4, 59, 114, 115, 129-132]，此外还有网格局部加密的困难[4, 114, 115, 129-131]。文献[73]所给的升阶谱 C^1 单元并没有讨论单元组装、边界条件施加等问题，本书作者尝试过该论文的方法，直接组装边界上的升阶谱形函数效果并不好。针对这些问题，本书作者利用混合函数插值和埃尔米特函数构造了三角形和四边形单元边界上的 C^1 插值，利用文献[31]的方法构造了满足 C^1 连续条件的三角形内部的正交多项式，并且构造了三角形和四边形 C^1 单元边界上的最优结点分布，即高斯-雅可比（Gauss-Jacobi）结点。研究表明，对于 C^1 单元需要注意如下两点：①单元边界上关于转角自由度和挠度自由度的阶次是不同的，因此单元边界上转角自由度多于挠度自由度才会收敛较好；②单元顶点采用 6 自由度收敛性会比较好，4 自由度的 p-型 C^1 单元可能存在不稳定。除此之外，C^0 升阶谱单元提高计算效率的技巧对于 C^1 升阶谱单元也是适用的。

综上所述，微分求积升阶谱方法克服了传统有限元方法、升阶谱方法和微分求积方法存在的困难和不足，综合了这些方法优点，形成一套完整、完善的系统，因此有良好的发展前景。

1.7　基于升阶谱方法的非线性有限元分析

高阶单元在线性固体力学分析中的计算效率和精度是得到公认的[72]。相比低阶单元，高阶单元具有指数收敛的速度，而且对网格奇异、各种闭锁问题不敏感[47]。升阶谱方法在线性分析方面的文献很多，在几何非线性方面的应用也有一定数量[20, 60, 133, 134]，由于升阶谱方法需要的自由度数远少于常规 h-型有限元方法，因此在非线性迭代计算中可以显著减少计算量[134]。升阶谱方法在弹塑性模拟方面的文献不是很多[20, 72, 135, 136]，但这些研究均认为高阶方法在非线性分析中很有优势。Düster 等[135]以薄壁结构的弹塑性问题为例对比了

h-型和 p-型有限元,发现 p-型单元采用三维单元模拟薄壁结构比 h-型单元采用二维单元模拟的效率都高,而且可以避免低阶单元存在的各种数值问题。Ribeiro 和 Heijden[136]采用升阶谱方法研究了梁结构的几何非线性和弹塑性变形,发现采用 p-型单元比 h-型单元需要的自由度数更少,可以更精细地给出应力和应变的结果。

1.8 高阶网格生成技术初探

采用高阶单元进行分析需要采用高阶网格,网格的精度对分析的精度起着关键性的作用[137]。在高阶网格的表示方面,一些文献采用混合函数方法[3, 41, 107, 138],该方法可以精确表示平面模型,对于曲面和实体模型则是近似的。近些年随着等几何分析[52, 139]的发展,非均匀有理 B 样条(Non-Uniform Rational B-Spline,NURBS)[140]受到广泛关注。NURBS 是国际上计算机辅助设计(CAD)领域的行业标准,因此采用 NURBS 表示几何模型有很大优势。由于在 CAD 建模的过程中 NURBS 曲面经常会被裁剪,裁剪后的曲面不再是简单的矩形、三角形域,做有限元分析需要先做网格生成。尽管对于很多固体力学分析网格生成并不难,然而对于复杂几何模型来说这一过程的计算量很大、很难完全实现自动化、容易出现有问题的网格,常常需要用户手动改进网格[141]。据统计,工程设计中 80%以上的时间被投入到这一几何转换过程[139],真正用于计算的时间所占比例非常小。对于高效率的虚拟产品开发(VPD)来说,这一几何转换过程已成为一个苛刻的瓶颈[141-145]。因此工业中无论以设计为导向还是以分析为导向的群体,都迫切需要二者之间几何模型的无缝衔接[142, 146-148]。等几何分析[52, 139]的概念正是在这一背景下提出来的,但关于裁剪曲面的等几何分析目前仍在发展中,还不够成熟[149]。对于高阶有限元来说,解决前处理这一瓶颈问题需要建模与网格生成一体化实现,这对于解决裁剪曲面的等几何分析存在的困难也是值得借鉴的[52, 139]。

网格生成最简单、常用的方法是参数映射法。NURBS 曲面是参数曲面,参数域是单位区域,利用参数域与几何域的关系,可迅速通过参数域生成网格,然后映射到几何域得到网格。这一方法的不足之处是容易出现奇异的网格,因此常常通过几何域与参数域的插值关系来生成质量更好的网格。在 CAD 系统中几何模型一般用边界表示(B-Rep)模型表示,这是裁剪曲面的国际标准表示方式。对于裁剪曲面的网格生成,可以首先用参数映射法生成未裁剪的各张曲面的网格,然后利用裁剪曲线对单元进行裁剪,最后对边界上的畸形单元进行处理。在处理裁剪曲面时需要注意相邻曲面之间的匹配问题,这会给有限元分析中单元的组装带来方便。这样生成的网格一般是线性的低阶网格,为了提高单元的精度需要在单元边界上插入结点。

尽管在高阶数值方法方面多年来一直有广泛、深入的研究,特别是要想充分发挥高阶方法的优势必须采用高阶网格,但在高阶网格生成方面的研究却相对较少,这已成为阻碍高阶方法发展的瓶颈问题[150, 151]。到目前为止,高阶网格生成方面的研究主要集中在生成满足主流数值方法(如有限元方法、有限差分方法)的曲边网格(与 CAD 模型边界曲率吻合)。

生成高阶网格有两种方法[150]。①直接法。采用经典网格生成算法直接生成所需高阶网格。②间接法。首先生成一阶(直边)网格然后曲边化并根据是否存在无效单元进行矫正。两种方法实际上是相关的,因为都需要检测和矫正无效网格。高阶网格检测和矫正的复杂度与计算量远远高于低阶方法,但是高阶网格的曲边特性主要集中在模型的边界。采用第二种方法可以充分利用现有的技术,因此大多数学者不采用直接法而是采用间接法[152-155]。但间接法从已知的线性网格出发,难以与 CAD 模型交换信息,因此两种方法还需要相互借鉴。

直接法又可以分为:①直接在建几何模型的时候就建成高阶网格模型;②高阶方法和网格生成算法与 CAD 建模理论结合直接生成高阶网格。第一种方法对于简单的几何模型来说比较方便,实际上许多高阶网格方面的文献都是这样做的。对于复杂的几何模型,第一种方法就不方便了或者会很复杂。在建 CAD 模型的过程中经常需要布尔运算等操作,因此实际的 CAD 模型包含大量的裁剪曲面,裁剪后的模型在 CAD 系统中一般采用边界表示模型保存。因此对于更一般的模型,采用第二种方法较为现实。

间接法的挑战是如何逼近边界并处理好与内部单元的关系,如果处理不好单元的质量可能较差,甚至可能出现自相交,后一种情况一旦出现,随后的分析计算将无法进行。间接法也可以分为:①把网格看作实体,通过变形实体来逼近模型边界曲率;②给网格构造一个能量泛函,然后通过非线性优化方法最小化泛函来得到一个有效网格。

1.9 小 结

本章对与本书内容相关的研究背景做了详细介绍,特别是对有限元方法、微分求积方法以及升阶谱有限元方法的历史与现状的介绍尤为详细,这些方法都曾经甚至现在仍然对工程实践或科学研究发挥着重要作用。总的来说,高阶单元似乎代表着一种趋势,各种新的数值模拟方法或多或少带有高阶单元的特色。虽然高阶单元仍然存在一些困难,但高阶方法一直在发展,如弱形式微分求积方法、等几何分析都具有高阶单元的特色。微分求积升阶谱有限元方法主要吸取了升阶谱有限元方法的优点,同时借鉴了微分求积方法、等几何分析的一些技巧或思路,主要目的是为了使升阶谱方法用起来更方便、功能更强大一些。同时,微分求积升阶谱有限元方法在单元形函数的构造与计算等方面也对升阶谱有限元方法有所发展。本章在介绍研究背景的同时,也对微分求积升阶谱有限元方法的这些特点做了详细介绍。高阶方法在非线性问题中的应用及高阶网格生成方面的研究目前还不多,这方面也是值得继续探索的,本书在这些方面也做了一些初步的探索,因此本章对与此相关的研究成果也做了介绍。

第二章

一维结构微分求积升阶谱有限元

拉压杆、扭轴以及弯曲梁是典型的一维结构元件,被广泛应用于各类工程结构当中。本章将给出一维结构的微分求积升阶谱单元的构造,其中依次包括微分求积方法的基本理论,升阶谱有限元方法的概念,以及微分求积升阶谱单元的构造。一维微分求积升阶谱单元的构造在形式上相对简单,与升阶谱方法的区别不大,读者可以借此充分认识微分求积升阶谱有限元方法的基本思想。为了更好地理解微分求积升阶谱有限元方法,本章对二维微分求积升阶谱有限元方法做简要介绍。

2.1 微分求积升阶谱有限元方法

2.1.1 微分求积方法

考虑定义在区间 $[a, b]$ 上的一元函数 $f(x)$,并给定区间上的一组离散点 $[a=x_1, x_2, \cdots, x_M=b]$,根据微分求积方法,函数在各离散点处的各阶导数值可以由函数在各点的函数值的加权线性和来表示:

$$f^{(n)}(x_i) \approx \sum_{j=1}^{M} A_{ij}^{(n)} f(x_j), \quad i = 1, 2, \cdots, M \tag{2.1}$$

式中:$A_{ij}^{(n)}$ 为对应结点 x_i 的 n 阶导数的权系数。

计算权系数的一种简单的方法是由 Bellman 给出,即选择一组幂函数为试函数:

$$g_k = x^{k-1}, \quad k = 1, 2, \cdots, M \tag{2.2}$$

对于每个结点 $x_i(i=1,2,\cdots,M)$,将式(2.1)中 f 用 g_k 代替得

$$g_k^{(n)}(x_i) = \sum_{j=1}^{M} A_{ij}^{(n)} g_k(x_j), \quad k = 1, 2, \cdots, M \tag{2.3}$$

或写成矩阵形式

$$\begin{bmatrix} 1 & 1 & \cdots & 1 \\ x_1 & x_2 & \cdots & x_M \\ \vdots & \vdots & & \vdots \\ x_1^{M-1} & x_2^{M-1} & \cdots & x_M^{M-1} \end{bmatrix} \begin{bmatrix} A_{i1}^{(n)} \\ A_{i2}^{(n)} \\ \vdots \\ A_{iM}^{(n)} \end{bmatrix} = \begin{bmatrix} g_{1i} \\ g_{2i} \\ \vdots \\ g_{Mi} \end{bmatrix} \quad (2.4)$$

其中 $g_{ki} = g_k^{(n)}(x_i) = (k-1)(k-2)(k-n) x_i^{k-n-1}$，这样即可求得一组系数 $A_{ik}^{(n)}$（$k = 1,2,\cdots,M$）。依次对所有结点应用式（2.4）则可求得所有的权系数 $A_{ij}^{(n)}$。由于式（2.4）中的范德蒙德系数，矩阵随着结点的增多而出现病态，因而在结点较多时一般不使用该方法。

另一种计算权系数的方法则采用拉格朗日插值基函数作为试函数来计算权系数，其中拉格朗日插值基函数定义为

$$l_i(x) = \frac{\phi(x)}{(x - x_i) \phi'(x_i)}, \quad i = 1,2,\cdots,M; \quad \phi(x) = \prod_{i=1}^{M} (x - x_i) \quad (2.5)$$

并具有性质

$$l_i(x_j) = \delta_{ij} \quad (2.6)$$

以一阶导数为例，将式（2.5）依次代入式（2.3）并取 $n = 1$，易求得一阶导数的权系数为

$$A_{ij}^{(1)} = l_j'(x_i) = \begin{cases} \dfrac{\phi'(x_i)}{(x_i - x_j) \phi'(x_j)}, & i \neq j \\ \displaystyle\sum_{j=1, j\neq i}^{M} \dfrac{1}{(x_i - x_j)}, & i = j \end{cases}; \quad \phi'(x_i) = \prod_{k=1, k\neq i}^{M} (x_i - x_k)$$

$$(2.7)$$

值得指出的是，由式（2.2）与式（2.5）所给多项式基的前 $M-1$ 次多项式构成的线性空间中的两组相互等价的基底，可以证明由它们所得到的权系数是完全相同的，因此由式（2.3）中第一式可得

$$\sum_{j=1}^{M} A_{ij}^{(1)} = 0 \quad (2.8)$$

这表明式（2.7）中，当 $i=j$ 时我们有另一个更直接的计算权系数的方法，即

$$A_{ii}^{(1)} = -\sum_{j=1, j\neq i}^{M} A_{ij}^{(1)} \quad (2.9)$$

以上这一显式方法在计算权系数时对结点个数以及结点分布不敏感，因而成为一种广泛采用的计算方法。

将式（2.1）记为矩阵形式为

$$f^{(n)} = A^{(n)} f \tag{2.10}$$

其中

$$f^{(n)} = \begin{bmatrix} f^{(n)}(x_1) \\ f^{(n)}(x_2) \\ \vdots \\ f^{(n)}(x_M) \end{bmatrix}, \quad A^{(n)} = \begin{bmatrix} A_{11}^{(n)} & A_{12}^{(n)} & \cdots & A_{1M}^{(n)} \\ A_{21}^{(n)} & A_{22}^{(n)} & \cdots & A_{2M}^{(n)} \\ \vdots & \vdots & \vdots & \vdots \\ A_{M1}^{(n)} & A_{M1}^{(n)} & \cdots & A_{MM}^{(n)} \end{bmatrix}, \quad f = \begin{bmatrix} f(x_1) \\ f(x_2) \\ \vdots \\ f(x_M) \end{bmatrix}$$

$$\tag{2.11}$$

通过迭代公式:

$$A^{(n)} = A^{(1)} A^{(n-1)} \tag{2.12}$$

我们可以方便地求得第 n 阶导数的权系数矩阵 $A^{(n)}$。由于直接采用矩阵相乘的计算量较大,下面给出另外一种迭代公式:

$$A_{ij}^{(n)} = l_j^{(n)}(x_i) = \begin{cases} n\left(A_{ii}^{(n-1)} A_{ij}^{(1)} - \dfrac{A_{ij}^{(n-1)}}{x_i - x_j}\right), & i \neq j \\ -\displaystyle\sum_{k=1, k\neq i}^{M} A_{ik}^{(n)}, & i = j \end{cases} \tag{2.13}$$

实际上从插值近似的角度也可以得到相同的权系数,给定结点向量 $[a = x_1, x_2, \cdots, x_M = b]$,构造拉格朗日插值近似函数为

$$f(x) \approx \tilde{f}(x) = \sum_{j=1}^{M} l_j(x) f(x_j) \tag{2.14}$$

那么 $f(x)$ 在 x_i 处的导数可以近似为

$$f^{(n)}(x_i) \approx \tilde{f}^{(n)}(x_i) = \sum_{j=1}^{M} l_j^{(n)}(x_i) f(x_j) \tag{2.15}$$

即可得权系数的表达式为

$$A_{ij}^{(n)} = l_j^{(n)}(x_i) \tag{2.16}$$

可以看到,式(2.16)与式(2.13)给出的权系数是一致的。下面我们将采用这种方法构造多元函数的微分求积格式。

对于二维情形,经典的微分求积格式只适用于矩形定义域。考虑定义在矩形域 $[a, b] \times [c, d]$ 上的函数 $f(x, y)$,其结点如图 2-1 所示。其拉格朗日插值近似函数可表示为

$$f(x, y) \approx \sum_{i=1}^{M} \sum_{j=1}^{N} f(x_i, y_j) l_i(x) l_j(y) \tag{2.17}$$

记 $f_{ij} = f(x_i, y_j)$,那么 f 在点 (x_i, y_j) 的导数值可以近似为

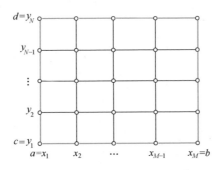

图 2-1 二维微分求积结点分布

$$
\begin{cases}
\left.\dfrac{\partial^r f(x,y)}{\partial x^r}\right|_{ij} \approx \displaystyle\sum_{m=1}^{M}\sum_{n=1}^{N} f_{mn} l_m^{(r)}(x_i)\, l_n(y_j) = \displaystyle\sum_{m=1}^{M} f_{mj} l_m^{(r)}(x_i) \\[3mm]
\left.\dfrac{\partial^s f(x,y)}{\partial y^s}\right|_{ij} \approx \displaystyle\sum_{m=1}^{M}\sum_{n=1}^{N} f_{mn} l_m(x_i)\, l_n^{(s)}(y_j) = \displaystyle\sum_{n=1}^{N} f_{in} l_n^{(s)}(y_j) \qquad (2.18)\\[3mm]
\left.\dfrac{\partial^{r+s} f(x,y)}{\partial x^r \partial y^s}\right|_{ij} \approx \displaystyle\sum_{m=1}^{M}\sum_{n=1}^{N} f_{mn} l_m^{(r)}(x_i)\, l_n^{(s)}(y_j)
\end{cases}
$$

记

$$
A_{im}^{(r)} = l_m^{(r)}(x_i)\,, \quad B_{jn}^{(s)} = l_n^{(s)}(y_j) \qquad (2.19)
$$

式(2.18)可表示为

$$
\begin{cases}
\left.\dfrac{\partial^r f(x,y)}{\partial x^r}\right|_{ij} \approx \displaystyle\sum_{m=1}^{M} A_{im}^{(r)} f_{mj} \\[3mm]
\left.\dfrac{\partial^s f(x,y)}{\partial y^s}\right|_{ij} \approx \displaystyle\sum_{n=1}^{N} B_{jn}^{(s)} f_{in} \qquad (2.20)\\[3mm]
\left.\dfrac{\partial^{r+s} f(x,y)}{\partial x^r \partial y^s}\right|_{ij} \approx \displaystyle\sum_{m=1}^{M}\sum_{n=1}^{N} A_{im}^{(r)} B_{jn}^{(s)} f_{mn}
\end{cases}
$$

其中权系数的计算与一维情况相同,类似的方法可以得到更高维情形的微分求积格式。

在微分求积方法中,结点分布直接影响着微分求积方法结果的精度。通常来说,均匀结点由于其构造简单,自然是一种方便的选择,例如[0,1]上的 N 个均匀分布结点可直接由下式给出:

$$
x_i = \frac{j-1}{N-1}, \quad j = 1,2,\cdots,N \qquad (2.21)
$$

然而随着结点的增多,均匀结点的计算结果往往发生退化现象,这主要是由于均匀结点的插值精度非常不稳定。因此,实际计算过程中往往采用非均匀结

点,其中广泛采用的一种结点是高斯–洛巴托–切比雪夫(Gauss–Lobatto–Chebyshev)结点,其表达式为

$$x_j = \frac{1}{2}\left[1 - \cos\left(\frac{j-1}{N-1}\right)\pi\right], \quad j = 1, 2, \cdots, N \quad (2.22)$$

实践表明,使用该结点得到微分求积结果精度较高,而且不易发生退化现象。以 $\sin(\pi x)$ 为例,图 2-2 给出了均匀结点和高斯–洛巴托–切比雪夫结点的一阶导数插值误差的对比。从图中可以看出:相同数目的结点,高斯–洛巴托–切比雪夫结点的插值精度要比均匀结点高;随着结点数目增多,均匀结点的插值精度在区间的两端出现退化,而高斯–洛巴托–切比雪夫结点的插值精度则进一步得到提高。

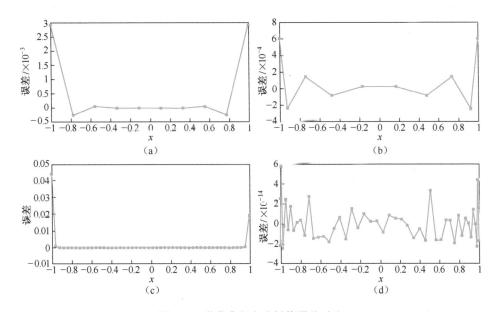

图 2-2 微分求积方法插值误差对比

(a) 10 个均布结点;(b) 10 个高斯–洛巴托–切比雪夫结点;
(c) 50 个均布结点;(d) 50 个高斯–洛巴托–切比雪夫结点。

2.1.2 升阶谱有限元方法

如绪论中所述,传统的 h–型有限元方法的收敛速度一般来说要低于 p–型单元,而且当计算网格重新加密时,单元矩阵一般都需要重新计算,因而将增加计算成本。另外,一般的高阶单元虽然可以升高阶次,但是随着阶次的改变,单元的形函数也将改变,因而单元矩阵也需要重新计算。然而,对于自适应分析来说,人们希望先采用较少自由度得到一个初步结果,然后根据误差来判断是

否需要进一步提高计算精度。因此,在进一步计算的过程中,如果上一步计算的单元矩阵还能继续利用,这将有效降低计算成本、提高效率。升阶谱有限元方法为实现这一特性提供了可能。

在升阶谱有限元方法中,n 阶单元的近似函数可以表示为

$$\tilde{u}_{(n)} = \sum_{i=1}^{n} N_i u_i = \boldsymbol{N}_{(n)}^{\mathrm{T}} \boldsymbol{u}_{(n)} \tag{2.23}$$

式中:N_i 为升阶谱形函数,下标"(n)"代表单元阶次。考虑如下线性问题:

$$\begin{cases} \Omega: L(u) + q = 0 \\ \Gamma: B(u) = 0 \end{cases} \tag{2.24}$$

式中:L 为线性算子;Ω 为域内;Γ 为边界。其等效积分形式为

$$\int_{\Omega} v(L(u) + q) \,\mathrm{d}\Omega + \int_{\Gamma} \bar{v} B(u) \,\mathrm{d}\Gamma = 0 \tag{2.25}$$

式中:v、$\bar{v}$ 为任意函数。基于等效积分形式,利用伽辽金方法可将式(2.25)离散为

$$\int_{\Omega} \boldsymbol{N}_{(n)} (L(\boldsymbol{N}_{(n)}^{\mathrm{T}} \boldsymbol{u}_{(n)}) + q) \,\mathrm{d}\Omega + \int_{\Gamma} \boldsymbol{N}_{(n)} B(\boldsymbol{N}_{(n)}^{\mathrm{T}} \boldsymbol{u}_{(n)}) \,\mathrm{d}\Gamma = 0 \tag{2.26}$$

积分得到

$$\boldsymbol{K}_{(n)} \boldsymbol{u}_{(n)} = \boldsymbol{f}_{(n)} \tag{2.27}$$

式中:下标"(n)"表示由 n 阶单元生成的单元矩阵。在升阶谱有限元中,低阶单元的形函数是高阶单元形函数的子集(即所谓嵌套特性),因此,当单元阶次升高到 $n+m$ 次时,单元近似函数可以表示为

$$\tilde{u}_{(n+m)} = \boldsymbol{N}_{(n+m)}^{\mathrm{T}} \boldsymbol{u}_{(n+m)} \tag{2.28}$$

其中

$$\boldsymbol{N}_{(n+m)}^{\mathrm{T}} = [N_{(n)}, N_{n+1}, \cdots, N_{n+m}]^{\mathrm{T}} \tag{2.29}$$

利用伽辽金法离散得

$$\boldsymbol{K}_{(n+m)} \boldsymbol{u}_{(n+m)} = \boldsymbol{f}_{(n+m)} \tag{2.30}$$

其中

$$\boldsymbol{K}_{(n+m)} = \begin{bmatrix} \boldsymbol{K}_{(n)} & \boldsymbol{K}_{(n,m)} \\ \boldsymbol{K}_{(m,n)} & \boldsymbol{K}_{(m)} \end{bmatrix}, \quad \boldsymbol{u}_{(n+m)} = \begin{bmatrix} \boldsymbol{u}_{(n)} \\ \boldsymbol{u}_{(m)} \end{bmatrix}, \quad \boldsymbol{f}_{(n+m)} = \begin{bmatrix} \boldsymbol{f}_{(n)} \\ \boldsymbol{f}_{(m)} \end{bmatrix} \tag{2.31}$$

可以看到,原来的单元矩阵已经嵌入到了新的单元矩阵中,这样这部分数据可以继续保留而避免了重复计算。值得指出的是,通常来说矩阵 $\boldsymbol{K}_{(n)}$ 并不是稀疏带状矩阵,然而,这种缺点可以通过选择适当的基函数来得到解决。升阶谱形函数的构造方式多种多样,一般来说,为了得到更好的数值特性,往往需要阶谱形函数之间满足一定的正交性,因而正交多项式以其独特的优势被广泛地应用

于阶谱单元的构造中。

图 2-3 给出了一维 C^0 型升阶谱基函数与拉格朗日基函数的对比,可以看出:升阶谱基函数一般由端点插值的基函数以及满足端点值为 0 的"帽子"函数(或"气泡"函数)构成,这些基函数满足单元阶次升高时的嵌套特性;而拉格朗日基函数则不具备嵌套特性,其基函数在单元结点满足配点性质。二维 C^0 型单元的升阶谱形函数如图 2-4 所示,其中包括顶点形函数、边形函数以及面函

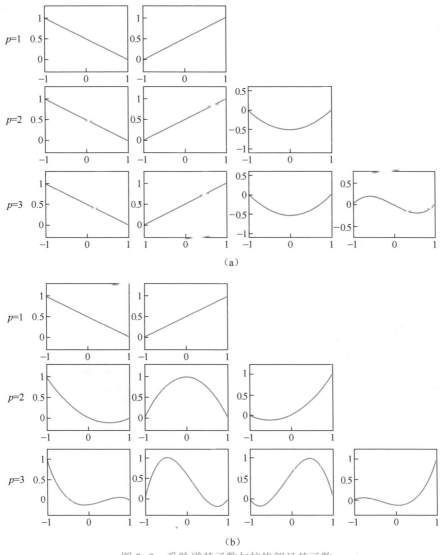

图 2-3　升阶谱基函数与拉格朗日基函数

(a)升阶谱基函数;(b)拉格朗日基函数。

数("帽子"函数,或"气泡"函数,下文将不予区分)。其中顶点形函数满足插值
特性,而边形函数则不具有插值性质、面函数满足在边界处为0。

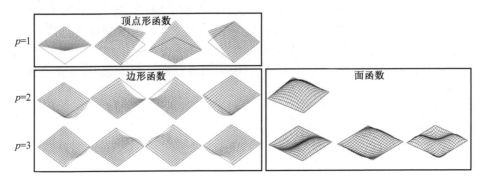

图 2-4　二维升阶谱单元基函数

2.1.3　微分求积升阶谱有限元方法

从前面的分析可以看出,由于升阶谱单元的边形函数不具有插值特性,因
而给非齐次边界条件的施加带来困难。此外,在单元组装时也需要注意边形函
数的奇偶性问题:如果单元在边界上几何参数化方向不一致(图 2-5(a)),那么
相应形函数在阶次为奇数时其组装必须采取相反的符号,否则单元将违反 C^0
连续性要求(图 2-5(b))。因此,在有限元程序中需要记录单元的参数化方向,
进而使程序的编写更加复杂。此外,对于 C^1 单元,尤其是曲边 C^1 单元的情形,
基于正交多项式的非插值基函数更加难以满足 C^1 协调性要求。

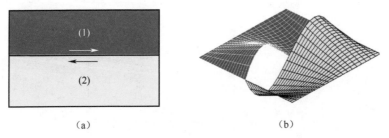

(a)　　　　　　　　　　　(b)

图 2-5　C^0 单元组装的协调性问题

(a)单元参数化方向相反;(b)奇数阶次的形函数组装。

因此,在本书介绍的单元中,单元边界形函数将主要采用配点型插值基函
数(图 2-6),这样将不仅有利于单元边界条件的施加,同时也使得单元组装更
加方便。在第五章中读者将会发现,这种做法使得曲边 C^1 单元的构造变得更
加容易。此外,考虑到面函数不影响单元的协调性,因此它们仍然保留在单元

形函数中。这样使得单元的结构矩阵仍然具有部分嵌套特性。值得注意的是，由于单元边界上一般为拉格朗日插值多项式，其插值结点的选择对单元的数值性质(如矩阵的条件数等)具有显著影响。由于龙格现象，传统的均匀结点在单元阶次较高时一般会导致病态的矩阵，而且此时非齐次边界条件也不能直接施加在结点上。因此，对于 C^0 问题来说，一般采用非均匀分布的高斯-洛巴托结点来代替均匀结点。如图 2-7 所示为基于不同结点的拉格朗日插值基函数，可以看到均匀结点的插值基函数在区间两端存在较大的波动，而且随着结点数目的增加(10~15)而显著变大，而基于高斯-洛巴托结点的插值多项式则仍然保持稳定的变换范围，且各基函数在其对应的结点处取到最大值。这种性质使得高斯-洛巴托结点的插值是稳定的，即插值精度随着结点数的增多而相应提高。这种优势不仅有利于改善单元矩阵的数值特性，而且使得非齐次边界条件在较大单元的边界上仍然可以直接施加在结点上，而且精度非常高。此外，稳定的插值特性也是高斯-洛巴托结点在传统微分求积方法中广泛应用的重要原因。

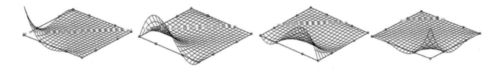

图 2-6　边界插值形函数

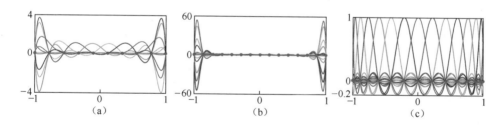

图 2-7　拉格朗日插值基函数

(a) 10 个均布结点；(b) 15 个均布结点；(c) 15 个高斯-洛巴托结点。

传统多项式微分求积方法实际上可以看成基于拉格朗日插值近似法来得到其权系数矩阵。而在微分求积升阶谱有限元方法中，单元的近似函数将仍然采用边界插值基函数以及内部升阶谱面函数的形式构造，如一维问题，近似函数在参数区间 $\xi \in [-1, 1]$ 上表示为

$$f[x(\xi)] \approx \frac{1-\xi}{2} f\left[x(\xi_1)\right] + \frac{1+\xi}{2} f\left[x(\xi_2)\right] + \sum_{m=1}^{H_\xi} \varphi_m(\xi) a_m \quad (2.32)$$

其中 $\xi_1 = -1, \xi_2 = 1, H_\xi$ 为"帽子"函数 φ_m 的个数, a_m 为广义结点变量。"帽子"函数通常采用如下勒让德多项式的积分形式:

$$\varphi_m(\xi) = \int_{-1}^{\xi} L_m(\xi)\, \mathrm{d}\xi = \frac{(\xi^2 - 1)}{m(m+1)} \frac{\mathrm{d}L_m(\xi)}{\mathrm{d}\xi}, \quad \xi \in [-1,1], \quad m = 1,2,\cdots$$

$$(2.33)$$

式中: L_m 为 m 次勒让德正交多项式。

对于二维问题,如函数 $f[x(\xi,\eta), y(\xi,\eta)]$,微分求积升阶谱方法的近似函数可设为

$$f[x(\xi,\eta), y(\xi,\eta)] \approx \sum_{k=1}^{K} S_k(\xi,\eta) f_k + \sum_{m=1}^{H_\xi} \sum_{n=1}^{H_\eta} \varphi_m(\xi) \varphi_n(\eta) a_{mn} \quad (2.34)$$

式中: $S_k(\,\cdot\,)$ 为边界上的插值型 Serendipity 形函数; $\varphi_m(\xi)\varphi_n(\eta)$ 为张量积形面函数,由式(2.33)定义。形函数的具体形式将在后续章节中给出。

基于式(2.32)或式(2.34)所示近似函数,可以方便地得到微分求积升阶谱有限元方法的基本格式。以二维问题为例,由式(2.34)所示近似函数,函数 $f[x(\xi,\eta), y(\xi,\eta)]$ 在给定结点 (ξ_i, η_j) 的一阶偏导数可以近似为

$$\begin{cases} \left(\dfrac{\partial f}{\partial \xi}\right)_{ij} = \displaystyle\sum_{k=1}^{K} \dfrac{\partial S_k(\xi_i, \eta_j)}{\partial \xi} + \sum_{m=1}^{H_\xi} \sum_{n=1}^{H_\eta} L_m(\xi)\, \varphi_n(\eta)\, a_{mn} \\[3mm] \left(\dfrac{\partial f}{\partial \eta}\right)_{ij} = \displaystyle\sum_{k=1}^{K} \dfrac{\partial S_k(\xi_i, \eta_j)}{\partial \eta} + \sum_{m=1}^{H_\xi} \sum_{n=1}^{H_\eta} \varphi_m(\xi)\, L_n(\eta)\, a_{mn} \end{cases}$$

$$(2.35)$$

利用链式法则可以得到函数 $f(x,y)$ 在参数坐标 (ξ_i, η_j) 的对应点 (x_i, y_j) 处关于 x-y 坐标的偏导数为

$$\begin{cases} \left(\dfrac{\partial f}{\partial x}\right)_{ij} = \dfrac{1}{|\boldsymbol{J}|_{ij}} \left[\left(\dfrac{\partial y}{\partial \eta}\right)_{ij} \left(\dfrac{\partial f}{\partial \xi}\right)_{ij} - \left(\dfrac{\partial y}{\partial \xi}\right)_{ij} \left(\dfrac{\partial f}{\partial \eta}\right)_{ij} \right] \\[4mm] \left(\dfrac{\partial f}{\partial y}\right)_{ij} = \dfrac{1}{|\boldsymbol{J}|_{ij}} \left[\left(\dfrac{\partial x}{\partial \xi}\right)_{ij} \left(\dfrac{\partial f}{\partial \eta}\right)_{ij} - \left(\dfrac{\partial x}{\partial \eta}\right)_{ij} \left(\dfrac{\partial f}{\partial \xi}\right)_{ij} \right] \end{cases}$$

$$(2.36)$$

其中 $|\boldsymbol{J}|$ 为雅克比行列式,即

$$|\boldsymbol{J}| = \frac{\partial x}{\partial \xi} \frac{\partial y}{\partial \eta} - \frac{\partial y}{\partial \xi} \frac{\partial x}{\partial \eta} \quad (2.37)$$

定义如下列向量 $\boldsymbol{f}$ 和 $\overline{\boldsymbol{f}}$:

$$\begin{cases} \boldsymbol{f}^{\mathrm{T}} = \{ f_1 \quad f_2 \cdots f_K \quad a_{11} \cdots a_{H_\xi 1} \cdots a_{H_\xi H_\eta} \} \\[2mm] \overline{\boldsymbol{f}}^{\mathrm{T}} = \{ f_{11} \cdots f_{N_\xi 1} \quad f_{12} \cdots f_{N_\xi 2} \cdots f_{1 N_\eta} \cdots f_{N_\xi N_\eta} \} \end{cases} \quad (2.38)$$

其中 $f_{ij} = f[x(\xi_i, \eta_j), y(\xi_i, \eta_j)]$,由式(2.34)有

$$f[x(\xi,\eta),y(\xi,\eta)] \approx N^{\mathrm{T}}f \qquad (2.39)$$

其中

$$N^{\mathrm{T}} = [S_1(\xi,\eta),\cdots,S_K(\xi,\eta),\varphi_1(\xi)\varphi_1(\eta),\cdots,\varphi_{H_\xi}(\xi)\varphi_{H_\eta}(\eta)]$$

$$(2.40)$$

因此有

$$\overline{f} \approx Gf \qquad (2.41)$$

其中

$$G = [N(\xi_1,\eta_1),N(\xi_2,\eta_1),\cdots,N(\xi_{N_\xi},\eta_{N_\eta})]^{\mathrm{T}} \qquad (2.42)$$

由式(2.36)可以得到

$$\begin{cases} \overline{f}_x \approx Af \\ \overline{f}_y \approx Bf \end{cases} \qquad (2.43)$$

其中

$$A = [N_x(\xi_1,\eta_1),N_x(\xi_2,\eta_1),\cdots,N_x(\xi_{N_\xi},\eta_{N_\eta})]^{\mathrm{T}}$$

$$N_x(\xi_i,\eta_j) = \frac{1}{|J|_{ij}}\left[\left(\frac{\partial y}{\partial \eta}\right)_{ij}N_\xi(\xi_i,\eta_j) - \left(\frac{\partial y}{\partial \xi}\right)_{ij}N_\eta(\xi_i,\eta_j)\right] \qquad (2.44)$$

同理可得到 B 矩阵。与传统微分求积方法类似,式(2.43)实际上给出了基于升阶谱基函数的微分求积基本格式,因此称这种方法为微分求积升阶谱方法(DQHM)。对于更高阶微分情形可以借用相应的链式法则得到。与传统广义微分求积方法一样,微分求积升阶谱方法也可以直接应用在强形式微分方程的离散,而对于弱形式的有限元方法来说,微分求积升阶谱方法则主要用于得到其积分点的函数值以及导数值,这样结合高斯-洛巴托或高斯积分方法,可以将有限元势能泛函进行离散,这便是微分求积升阶谱有限元方法(DQHFEM)的基本思想。显然,除了在数值离散方面的特点外,微分求积升阶谱有限元方法在本质上是一种 p-型有限元方法,因此它具有 p-型单元的诸多优点,如收敛速度快、精度高、前处理简单,以及对板、壳、体单元中的闭锁现象不敏感等。在本书的后续章节中我们将针对各种常用的力学结构构造相应的单元列式,而在本章的剩余内容中,我们将介绍一维杆、梁结构的微分求积升阶谱单元构造。

2.2 拉压杆

拉压杆是最简单的结构受力元件,例如桁架的杆件和平面薄壁板件中的筋条等。在结构力学理论中,拉压杆是指横截面积尺寸远远小于纵向尺寸的细长平直杆件,它只承受纵向载荷的作用。因此可以假设拉压杆只发生纵向伸缩变形而不发生横向弯曲变形,并可假设原先垂直于杆件中心线的剖面在杆件受载变形后仍然保持为垂直于中心线的平面,且剖面形状不变。对于特别短而粗的杆件,应采用三维弹性力学的方法进行分析。

杆的平衡可以由控制微分方程的形式来给出,也可以用变分原理来描述。固体力学问题可以表示为多种变分原理的形式,这取决于选择何种变量作为自变函数。在位移有限元中广泛采用的变分原理为最小总势能变分原理。针对图 2-8 所示的杆,其总势能泛函为

$$\varPi = \int_0^L \left[\frac{1}{2} EA \left(\frac{\mathrm{d}u}{\mathrm{d}x} \right)^2 - fu \right] \mathrm{d}x - \sum_{i=1}^n \overline{F}_i u_{x_i} \qquad (2.45)$$

式中:$\overline{F}_i$ 为集中载荷;f 为分布载荷;L 为杆长。

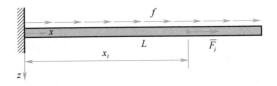

图 2-8 一维杆

对于一维问题,在自然坐标系下升阶谱单元的试函数为

$$\tilde{u}(\xi) = u_1 \phi_1(\xi) + u_2 \phi_2(\xi) + \sum_{i=3}^N a_i \phi_i(\xi), \quad \xi = \frac{2x - L}{L} \qquad (2.46)$$

其中 ϕ_1、ϕ_2 为线性杆单元的形函数,即一次拉格朗日插值函数,ϕ_i 为气泡函数 $i \geqslant 3$,其表达式分别如下:

$$\phi_1 = \frac{1 - \xi}{2}, \quad \phi_2 = \frac{\xi + 1}{2}$$

$$\phi_{k+2} = \int_{-1}^{\xi} P_k(\xi) \, \mathrm{d}\xi = \frac{\xi^2 - 1}{k(k+1)} \frac{\mathrm{d}P_k}{\mathrm{d}\xi}, \quad k = 1, 2, \cdots \qquad (2.47)$$

式中:$P_k(\xi)$ 为 k 次勒让德正交多项式。由拉格朗日基函数的插值特性我们不难得到,u_1 和 u_2 对应单元两端的位移,而其余对应于气泡函数的广义结点变量则不具备明显的物理意义,但是这些系数不影响单元在两端的位移,这使得边界条件以及单元间协调性条件的施加可以由前两个自由度来完成。

由于实际使用的升阶谱形函数往往需要升高到较高阶次,因此在形成单元矩阵的过程中高阶多项式的计算一般需要格外注意。下面将介绍两种方法:第

一种为传统的显式表达方法,其中单元矩阵的每一项均由解析表达式积分得到;第二种则为微分求积升阶谱有限元方法,其中单元矩阵的各元素将采用高斯-洛巴托积分的形式得到。在微分求积升阶谱方法中一般采用高斯-洛巴托积分而非高斯积分,前者需要的积分点比后者略多,但由于包含了边界点,会给后处理带来方便。

2.2.1 单元矩阵的显式表达

这里将结合前面推导的微分求积升阶谱法则和势能泛函得到单元矩阵及向量,记杆单元的广义结点向量及形函数向量为

$$\boldsymbol{u}^{\mathrm{T}} = [u_1, u_2, a_3, \cdots, a_n], \quad \boldsymbol{N}^{\mathrm{T}} = [\phi_1, \phi_2, \cdots, \phi_n] \tag{2.48}$$

将式(2.46)代入势能泛函式(2.45)得

$$\varPi = \frac{1}{2}\boldsymbol{u}^{\mathrm{T}}\boldsymbol{K}\boldsymbol{u} - \boldsymbol{u}^{\mathrm{T}}\boldsymbol{F}$$

$$\boldsymbol{K} = \int_0^l EA \frac{\mathrm{d}\boldsymbol{N}}{\mathrm{d}x} \frac{\mathrm{d}\boldsymbol{N}^{\mathrm{T}}}{\mathrm{d}x}\mathrm{d}x, \quad \boldsymbol{F} = \int_0^L f\boldsymbol{N}\mathrm{d}x + \sum_{i=1}^n \bar{F}_i \boldsymbol{N}(x_i) \tag{2.49}$$

注意到

$$\boldsymbol{K}_{ij} = \int_0^L EA \frac{\mathrm{d}\phi_i}{\mathrm{d}x} \frac{\mathrm{d}\phi_j}{\mathrm{d}x}\mathrm{d}x = \frac{2EA}{L}\int_{-1}^1 \frac{\mathrm{d}\phi_i}{\mathrm{d}\xi} \frac{\mathrm{d}\phi_j}{\mathrm{d}\xi}\mathrm{d}\xi \tag{2.50}$$

利用勒让德多项式的正交性

$$\int_{-1}^1 L_i L_j = \frac{2}{2i+1}\delta_{ij} \tag{2.51}$$

刚度矩阵可显式表示为

$$\boldsymbol{K} = \frac{EA}{L}\begin{bmatrix} 1 & -1 & & & & \\ -1 & 1 & & & & \\ & & \frac{4}{3} & & & \\ & & & \frac{4}{5} & & \\ \text{对} & \text{称} & & & \ddots & \\ & & & & & \frac{4}{2n-3} \end{bmatrix} \tag{2.52}$$

对于动力学问题,质量矩阵可以由下式得到

$$\boldsymbol{M} = \int_0^L \rho A \boldsymbol{N} \boldsymbol{N}^{\mathrm{T}} \mathrm{d}x \qquad (2.53)$$

其中

$$\boldsymbol{M}_{ij} = \int_0^L \rho A \phi_i \phi_j \mathrm{d}x = \frac{\rho A L}{2} \int_{-1}^1 \phi_i \phi_j \mathrm{d}\xi \qquad (2.24)$$

注意到 ϕ_i、ϕ_j 不是完全正交的,下面可以证明其部分正交性仍可使得质量矩阵呈稀疏带状矩阵。

首先考虑 $\phi_m \phi_n$,$m \ne n$,$m \geq 3$ 且 $n \geq 3$,则

$$\int_{-1}^1 \phi_m \phi_n \mathrm{d}\xi = \frac{1}{(m-2)(m-1)(n-2)(n-1)} \int_{-1}^1 (\xi^2 - 1)^2 \frac{\mathrm{d}L_{m-2}}{\mathrm{d}\xi} \frac{\mathrm{d}L_{n-2}}{\mathrm{d}\xi} \mathrm{d}\xi$$

$$(2.55)$$

利用勒让德多项式的递推性质,有

$$(x^2 - 1) \frac{\mathrm{d}L_n}{\mathrm{d}x} = nxL_n - nL_{n-1}$$

$$(2.56)$$

$$xL_n - L_{n-1} = \frac{n+1}{2n+1}(L_{n+1} - L_{n-1})$$

不难得到

$$\int_{-1}^1 \phi_m \phi_n \mathrm{d}\xi = \begin{cases} \dfrac{2}{(2m-1)(2m-3)(2m-5)}, & m = n \\[3mm] -\dfrac{1}{(2m+1)(2m-1)(2m-3)}, & n = m+2 \\[3mm] -\dfrac{1}{(2n+1)(2n-1)(2n-3)}, & m = n+2 \\[3mm] 0, & \text{其他} \end{cases} \quad, \quad m,n \geq 3$$

$$(2.57)$$

对于 $m = 1,\ 2$,$n \geq 3$ 有

$$\int_{-1}^1 \phi_1 \phi_n \mathrm{d}\xi = \begin{cases} -\dfrac{1}{3}, & n = 3 \\[3mm] \dfrac{1}{15}, & n = 4 \\[3mm] 0, & n > 4 \end{cases} \quad, \quad \int_{-1}^1 \phi_2 \phi_n \mathrm{d}\xi = \begin{cases} -\dfrac{1}{3}, & n = 3 \\[3mm] -\dfrac{1}{15}, & n = 4 \\[3mm] 0, & n > 4 \end{cases} \qquad (2.58)$$

因此质量矩阵具有如下形式:

$$M = \frac{\rho AL}{2} \begin{bmatrix} \frac{2}{3} & \frac{1}{3} & -\frac{1}{3} & \frac{1}{15} & & & & \\ & \frac{2}{3} & -\frac{1}{3} & -\frac{1}{15} & & & & \\ \hline & & \frac{2}{5\times3\times1} & 0 & -\frac{1}{7\times5\times3} & & & \\ & & & \frac{2}{7\times5\times3} & 0 & -\frac{1}{9\times7\times5} & & \\ & & & & \frac{2}{9\times7\times5} & 0 & \ddots & \\ \text{对 称} & & & & & \frac{2}{11\times9\times7} & \ddots & I_{n-2,n} \\ & & & & & & \ddots & 0 \\ & & & & & & & I_{nn} \end{bmatrix}$$

$$(2.59)$$

其中

$$I_{nn} = \frac{2}{(2n-1)(2n-3)(2n-5)}, \quad I_{n-2,n} = -\frac{1}{(2n-3)(2n-5)(2n-7)}$$

$$(2.60)$$

对于强度为 f 的均布载荷,其对应的载荷矩阵为

$$F^{\mathrm{T}} = fL \begin{bmatrix} \frac{1}{2} & \frac{1}{2} & \frac{1}{3} & 0 & \cdots & 0 \end{bmatrix} \quad (2.61)$$

从以上单元矩阵可以看到,低阶单元的单元矩阵是高阶单元对应矩阵的子矩阵,这意味着当阶次升高时,可以利用低阶单元的计算数据来形成新的代数方程,从而节省计算量。此外,正交多项式的应用让阶谱单元的刚度矩阵、质量矩阵为稀疏带状矩阵,这将有利于矩阵的代数求解。

2.2.2 微分求积升阶谱杆单元

在微分求积升阶谱有限元方法中高斯-洛巴扎积分方法将用来进行数值离散。设 $\xi_i, i=1,2,\cdots,N_x$ 为积分点,根据微分求积升阶谱方法,$\tilde{u}(\xi)$ 在积分点的函数值以及导数值可以记为

$$\tilde{u} = Gu, u_\xi = D_\xi u \quad (2.62)$$

其中

$$\tilde{\boldsymbol{u}}^{\mathrm{T}} = [\tilde{u}(\xi_1), \cdots, \tilde{u}(\xi_{N_x})], \quad \boldsymbol{u}_\xi^{\mathrm{T}} = [\tilde{u}'_\xi(\xi_1), \cdots, \tilde{u}'_\xi(\xi_{N_x})], \quad \boldsymbol{u}^{\mathrm{T}} = [u_1, u_2, a_3, \cdots, a_n],$$

$$\boldsymbol{G} = [\phi_{ij}]_{N_x \times n}, \quad \phi_{ij} = \phi_j(\xi_i), \quad \boldsymbol{D}_\xi = [\phi_{ij}^{(1)}]_{N_x \times n}, \quad \phi_{ij}^{(1)} = \frac{\mathrm{d}\phi_j(\xi_i)}{\mathrm{d}\xi}$$

$$(2.63)$$

值得注意的是,在式(2.63)中计算气泡函数的函数值以及导数值时通常利用勒让德正交多项式的递推性质(见附录 A)来计算,相对于传统基于幂级数叠加形式的计算方法,这种方法不仅计算效率更高而且能有效避免高阶多项式数值计算的困难。由链式法则

$$\frac{\mathrm{d}u}{\mathrm{d}x} = \frac{2}{L}\frac{\mathrm{d}u}{\mathrm{d}\xi}, \quad \mathrm{d}x = \frac{L}{2}\mathrm{d}\xi \tag{2.64}$$

得

$$\boldsymbol{u}_x = \boldsymbol{D}_x \boldsymbol{u} = \frac{2}{L}\boldsymbol{D}_\xi \boldsymbol{u}$$

$$(2.65)$$

$$\boldsymbol{u}_x^{\mathrm{T}} = [\tilde{u}'_x(\xi_1), \tilde{u}'_x(\xi_2), \cdots, \tilde{u}'_x(\xi_{N_x})]$$

那么质量矩阵,刚度矩阵和载荷向量可以离散为

$$\boldsymbol{M} = \boldsymbol{G}^{\mathrm{T}}\boldsymbol{I}\boldsymbol{G}, \quad \boldsymbol{I} = \rho A C$$

$$\boldsymbol{K} = \boldsymbol{D}_x^{\mathrm{T}}\boldsymbol{H}\boldsymbol{D}_x, \quad \boldsymbol{H} = EAC$$

$$\boldsymbol{f}^{\mathrm{T}} = [f_1, f_2, \cdots, f_{N_x}] \times C, \quad f_i = f(\xi_i) \tag{2.66}$$

$$\boldsymbol{C} = \frac{L}{2}\mathrm{diag}\{C_1, C_2, \cdots, C_{N_x}\}$$

式中:C_i 为高斯-洛巴托积分权系数,$i = 1, 2, \cdots, N_x$。如图 2-9 所示是用微分

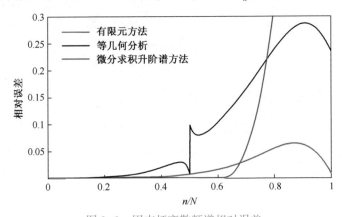

图 2-9　固支杆离散频谱相对误差

微分求积升阶谱方法与等几何分析、有限元方法
的二次单元对比,其中 n 是频率阶次,N 是总的频率数

求积升阶谱方法求得的固支杆离散频谱的相对误差与等几何分析和有限元方法对比,可见微分求积升阶谱方法在整个频域有 60% 的频率具有很高的精度。对于一维问题微分求积升阶谱方法与常规升阶谱方法没有本质上的区别,微分求积升阶谱有限元方法的主要优势体现在二维和三维问题中。

2.3 扭　轴

扭轴是传递扭矩的结构元件,它在旋转机械中占有十分重要的地位。本节讨论的扭轴是指其只承受扭矩、横剖面尺寸远小于纵向尺寸的细长柱体。假设在扭矩作用下,轴的各个剖面发生相对转动,但仍然保持为平面且外廓形状不变。实际上,只有圆形(包括圆管)剖面和少数剖面形状特殊的柱体在扭转时才不会发生剖面翘曲现象。考虑翘曲的柱体扭转问题称为圣维南扭转问题,一般采用三维弹性力学的方法来计算。

考虑图 2-10 所示扭轴,根据上述假设,扭轴在分布扭矩 t 作用下的平衡微分方程为

$$\frac{d}{dx}\left(GJ\frac{d\theta}{dx}\right) + t = 0 \tag{2.67}$$

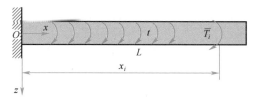

图 2-10　扭轴

式中:θ 为转角;GJ 为扭转刚度;G 为剪切模量;J 为极惯性矩;t 为分布扭矩。

由于轴的方程与拉压杆的方程类似,我们不难得到该扭轴的势能泛函为

$$\Pi = \int_0^L \left(\frac{1}{2}GJ\left(\frac{d\theta}{dx}\right)^2 - t\theta\right)dx - \sum_{i=1}^n \bar{T}_i \theta_{x_i} \tag{2.68}$$

可以看到,扭轴的势能泛函与拉压杆的势能泛函在形式上是一致的,因此其升阶谱单元的构造也是类似的,在此不再赘述。

2.4 欧 拉 梁

欧拉梁是指横剖面尺寸远小于纵向尺寸的细长平直柱体,主要承受垂直于

中心线的横向载荷作用并发生弯曲变形,也可以承受弯矩。欧拉梁可以承受不同方向的横向载荷,但一般来说存在两个主弯曲平面。主弯曲平面内的变形互不耦合,因此可把各个方向的横向载荷分解成两个主弯曲面内的载荷分别求解,然后再把两种结果叠加起来。为简单起见,这里只讨论欧拉梁在一个主弯曲平面内的弯曲变形问题。

欧拉梁理论是材料力学的主要内容之一,它建立在著名的平剖面假设基础之上,即认为变形前垂直于梁中心线的剖面,变形后仍为平面且仍然垂直于中心线,因此不存在剪切变形。该假设对于细长梁而言,精度可以满足大多数工程问题的需求,因此这种梁理论也称为工程梁理论。伯努利-欧拉假设认为长梁的曲率与弯矩成比例,由于工程梁理论中包含平面假设和伯努利-欧拉假设,故工程梁理论也称为伯努利-欧拉梁理论,简称欧拉梁理论。考虑剪切变形的梁理论将在 2.5 节介绍。

如图 2-11 所示的梁的总势能泛函可写为

$$\Pi = \int_0^L \left[\frac{1}{2} EI \left(\frac{\mathrm{d}^2 w}{\mathrm{d}x^2} \right)^2 - qw \right] \mathrm{d}x - \sum_{i=1}^{n_1} \bar{Q}_i w_{x_i} - \sum_{i=1}^{n_2} \bar{M}_i \left. \frac{\mathrm{d}w}{\mathrm{d}x} \right|_{x_i} \quad (2.69)$$

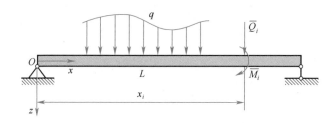

图 2-11　简支梁

自然坐标系下升阶谱梁单元的试函数为

$$\tilde{w}(\xi) = w_1 \phi_1 + \frac{\mathrm{d}w_1}{\mathrm{d}x} \phi_2 + w_2 \phi_3 + \frac{\mathrm{d}w_2}{\mathrm{d}x} \phi_4 + \sum_{i=5}^{n} a_i \phi_i \quad (2.70)$$

其中前 4 个基函数为三次梁单元的插值基函数,即三次埃尔米特插值函数,其余的高次气泡函数则采用勒让德多项式的二次积分形式,其表达式分别为

$$\phi_1 = \frac{1}{4} (2 - 3\xi + \xi^3)$$

$$\phi_2 = \frac{L}{8} (1 - \xi - \xi^2 + \xi^3)$$

$$\phi_3 = \frac{1}{4} (2 + 3\xi - \xi^3)$$

$$\phi_4 = \frac{L}{8}(-1-\xi+\xi^2+\xi^3)$$

$$\phi_{k+3} = \int_{-1}^{\xi}\int_{-1}^{\xi} P_k \mathrm{d}\xi \mathrm{d}\xi = \frac{(\xi^2-1)^2}{(k-1)k(k+1)(k+2)}\frac{\mathrm{d}^2 P_k}{\mathrm{d}\xi^2}, \quad k=2,3,\cdots$$

$$(2.71)$$

图 2-12 分别给出了 $L=2$ 时的埃尔米特形函数和气泡函数图形。可以看到,埃尔米特基函数具有插值特性,而气泡函数在单元的两端的函数值以及一阶导数均为 0。这表明前 4 个自由度可以用来施加单元的边界条件以及协调性条件,而气泡函数对应的自由度则不会影响单元的边界条件以及单元间的协调性。

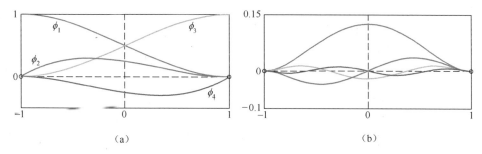

（a）   （b）

图 2-12　梁的升阶谱形函数

（a）埃尔米特形函数；（b）气泡函数。

2.4.1　单元矩阵的显式表达

梁单元矩阵的推导过程与杆单元矩阵的推导过程类似,因此这里仅给出结果。利用式（2.69）~式（2.71）,梁单元的应变能、动能、外力功可以离散为

$$U = \frac{1}{2}\boldsymbol{w}^{\mathrm{T}}\boldsymbol{K}\boldsymbol{w}, \quad T = \frac{1}{2}\boldsymbol{w}^{\mathrm{T}}\boldsymbol{M}\boldsymbol{w}, \quad P = \boldsymbol{w}^{\mathrm{T}}\boldsymbol{F} \tag{2.72}$$

其中刚度矩阵、质量矩阵、载荷向量为

$$\boldsymbol{K} = \int_0^L EI \frac{\mathrm{d}^2 \boldsymbol{N}}{dx^2}\frac{\mathrm{d}^2 \boldsymbol{N}^{\mathrm{T}}}{dx^2}\mathrm{d}x, \quad \boldsymbol{M} = \int_0^L \rho A \boldsymbol{N}\boldsymbol{N}^{\mathrm{T}}\mathrm{d}x$$

$$\boldsymbol{F} = \int_0^L q\boldsymbol{N}\mathrm{d}x + \sum_{i=1}^{n_1}\overline{Q}_i\boldsymbol{N}(x_i) + \sum_{i=1}^{n_2}\overline{M}_i\frac{\mathrm{d}\boldsymbol{N}}{\mathrm{d}x}\bigg|_{x_i} \tag{2.73}$$

下式给出了刚度矩阵与质量矩阵的具体形式,它们都是稀疏带状矩阵,具体推导过程与前文杆单元类似。

$$K = \frac{EI}{L^3}\begin{bmatrix} 12 & 6L & -12 & 6L & & & & & \\ & 4L^2 & -6L & 2L^2 & & & & & \\ & & 12 & -6L & & & & & \\ & & & 4L^2 & & & & & \\ & & & & \frac{16}{5} & & & & \\ & & & & & \frac{16}{5} & & & \\ 对 & & 称 & & & & \ddots & & \\ & & & & & & & \frac{16}{2n-5} \end{bmatrix} \quad (2.74)$$

$$M = \frac{\rho AL}{420}\begin{bmatrix} 156 & 22L & 54 & -13L & 14 & -\frac{8}{3} & 0 & \frac{2}{33} & \\ & 4L^2 & 13L & -3L & 3L & -\frac{L}{3} & -\frac{L}{9} & \frac{L}{33} & \\ & & 156 & -22L & 14 & \frac{8}{3} & 0 & -\frac{2}{33} & \\ & & & 4L^2 & -3L & -\frac{L}{3} & \frac{L}{9} & \frac{L}{33} & \\ & & & & \frac{8}{3} & 0 & -\frac{16}{99} & 0 & \frac{4}{429} & 0 \\ & & & & & \frac{8}{33} & 0 & -\frac{16}{429} & 0 & I_{n-4,n} \\ 对 & & 称 & & & & \frac{8}{143} & 0 & -\frac{16}{1287} & 0 \\ & & & & & & & \ddots & 0 & I_{n-2,n} \\ & & & & & & & & \ddots & 0 \\ & & & & & & & & & I_{n,n} \end{bmatrix} \quad (2.75)$$

其中

$$I_{n-4,n} = \frac{420(2n-15)!!}{(2n-5)!!}, I_{n-2,n} = \frac{-1680(2n-13)!!}{(2n-3)!!}, I_{n,n} = \frac{2520(2n-11)!!}{(2n-1)!!}$$

$$(2.76)$$

2.4.2 基于高次埃尔米特插值的梁单元

在 2.4.1 节介绍了升阶谱梁单元,而实际上还可以根据埃尔米特插值基函数来构造高阶梁单元。这时梁单元的挠度在自然坐标系下可以表示为

$$\tilde{w}(\xi) = h_1^{(1)}(\xi)\, w'(-1) + h_N^{(1)}(\xi)\, w'(1) + \sum_{j=1}^{N} h_j(\xi)\, w(\xi_j) \quad (2.77)$$

其中

$$h_1^{(1)}(\xi) = \frac{1-\xi^2}{2}L_1(\xi)\ ; \quad h_1(\xi) = (c_1\xi + c_2)\frac{1-\xi}{2}L_1(\xi)$$

$$h_N^{(1)}(\xi) = \frac{\xi^2-1}{2}L_N(\xi)\ ; \quad h_N(\xi) = (c_3\xi + c_4)\frac{1+\xi}{2}L_N(\xi)$$

$$h_j(\xi) = \frac{1-\xi^2}{1-\xi_j^2}L_j(\xi)\ , \quad j = 2,\ 3,\cdots,\ N-1;\quad L_j(\xi) = \prod_{k=1,\ k\neq j}^{N}\frac{\xi-\xi_k}{\xi_j-\xi_k}$$

$$(2.78)$$

分别为单元两端以及内部埃尔米特插值基函数,带上标"(1)"的基函数为与端点一次导数相关的基函数。图 2-13(a)给出了 $N=15$ 时,均匀结点对应的埃尔米特插值基函数图形。与前文均匀结点的拉格朗日插值类似,基函数在区间两端出现了强烈的波动现象,同时计算表明均匀结点在单元阶次较高时一般会导致病态的单元矩阵,因此单元内部一般采用非均匀结点。而对于 C^1 型埃尔米特插值,其对应的非均匀结点将不再是高斯-洛巴托点。然而我们可以采用类似的方式得到埃尔米特插值的非均匀结点。为此,令中间结点对应的埃尔米特基函数在结点处取最大值

$$\max h_j(\xi) = h_j(\xi_j) = 1, \qquad j = 2,\ 3,\cdots,\ N-1 \quad (2.79)$$

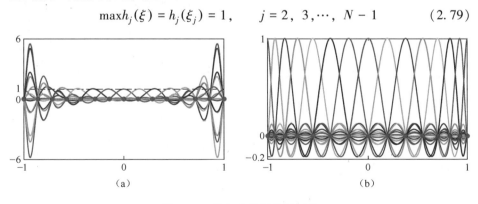

图 2-13　埃尔米特插值基函数

(a) 15 个均匀结点;(b) 15 个高斯–雅可比(3,3)点。

式(2.79)等价于如下 $N-2$ 个非线性方程：

$$g_j(\xi) = \frac{\mathrm{d}h_j(\xi_j)}{\mathrm{d}\xi} = \frac{2\xi_j}{\xi_j^2 - 1} + \frac{\mathrm{d}L_j(\xi_j)}{\mathrm{d}\xi} = 0; \tag{2.80}$$

$$\xi = [\xi_2, \xi_3, \cdots, \xi_{N-1}], \quad j = 2, 3, \cdots, N-1$$

通过牛顿–拉弗森迭代方法可以得到一组非均匀结点。结果表明这些结点是雅可比多项式 $J_{N-2}^{(3,3)}(\xi)$ 的 0 点，因此称为高斯–雅可比–（3，3）点。基于该非均匀结点的插值函数如图 2–13（b）所示，从图中我们可以看到，各个基函数均具有插值特性，且在结点处取得最大值。

为得到梁的单元矩阵，同样可以利用微分求积方法与高斯–洛巴托积分法进行离散。设 $\xi_i(i=1,2,\cdots,N_x)$ 为 N_x 个积分点，记 $h_0 = h_1^{(1)}$，$h_{N+1} = h_N^{(1)}$，以及

$$\tilde{\boldsymbol{w}}^{\mathrm{T}} = [\tilde{w}(\xi_1), \quad \tilde{w}(\xi_2), \cdots, w(\xi_{N_x})], \quad \tilde{\boldsymbol{w}}_x''^{\mathrm{T}} = [\tilde{w}_x''(\xi_1), \tilde{w}_x''(\xi_2), \cdots, \tilde{w}_x''(\xi_{N_x})],$$

$$\boldsymbol{w}^{\mathrm{T}} = [\tilde{w}_0, \tilde{w}_1, \cdots, \tilde{w}_{N+1}], \quad \boldsymbol{G} = [H_{ij}]_{N_x \times (N+2)}, H_{ij} = h_{j-1}(\xi_i)$$

$$\boldsymbol{D}_\xi^{(2)} = [H_{ij}^{(2)}]_{N_x \times (N+2)}, \quad H_{ij}^{(2)} = \frac{\mathrm{d}^2 h_{j-1}(\xi_i)}{\mathrm{d}\xi^2}, \boldsymbol{D}_x^{(2)} = \frac{4}{L^2}\boldsymbol{D}_\xi^{(2)} \tag{2.81}$$

那么

$$\tilde{\boldsymbol{w}}^T = \boldsymbol{G}\boldsymbol{w}, \quad \tilde{\boldsymbol{w}}_x''^T = \boldsymbol{D}_x^{(2)}\boldsymbol{w} \tag{2.82}$$

从而，刚度矩阵、质量矩阵和载荷向量可以离散为

$$\boldsymbol{K} = EI\boldsymbol{D}_x^{(2)\,\mathrm{T}}\boldsymbol{C}\boldsymbol{D}_x^{(2)}$$

$$\boldsymbol{M} = \rho A\boldsymbol{G}^{\mathrm{T}}\boldsymbol{C}\boldsymbol{G}$$

$$\boldsymbol{q}^{\mathrm{T}} = [q_1, q_2\cdots, q_{N_x}] \times \boldsymbol{C}, \quad q_i = q(\xi_i) \tag{2.83}$$

式中 $\boldsymbol{C}$ 矩阵的定义与式(2.66)相同。显然，如果式(2.77)中 $N=2$，那么上述单元将退化为传统三次梁单元。

2.4.3 微分求积升阶谱梁单元

根据式(2.70)，梁的升阶谱试函数为

$$\tilde{w}(\xi) = w_1\phi_1 + \frac{\mathrm{d}w_1}{\mathrm{d}x}\phi_2 + w_2\phi_3 + \frac{\mathrm{d}w_2}{\mathrm{d}x}\phi_4 + \sum_{i=5}^n a_i\phi_i \tag{2.84}$$

其中 ϕ_i 的定义如前所述，记

$$\tilde{\boldsymbol{w}}^{\mathrm{T}} = [\tilde{w}(\xi_1), \tilde{w}(\xi_2), \cdots, \tilde{w}(\xi_{N_x})], \quad \tilde{\boldsymbol{w}}_x''^{\mathrm{T}} = [\tilde{w}_x''(\xi_1), \tilde{w}_x''(\xi_2), \cdots, \tilde{w}_x''(\xi_{N_x})]$$

$$\boldsymbol{w}^{\mathrm{T}} = [w_1, w_{1x}', w_2, w_{2x}', a_5, \cdots, a_n], \quad \boldsymbol{G} = [\phi_{ij}]_{N_x \times n}, \quad \phi_{ij} = \phi_j(\xi_i)$$

$$D_\xi^{(2)} = \left[\phi_{ij}^{(2)}\right]_{N_x \times n}, \quad \phi_{ij}^{(2)} = \frac{\mathrm{d}\phi_j(\xi_i)}{\mathrm{d}\xi}, \quad D_x^{(2)} = \frac{2}{L^2}D_\xi^{(2)} \tag{2.85}$$

由高斯-洛巴托积分法可将刚度矩阵、质量矩阵和载荷向量离散为

$$K = EID_x^{(2)\mathrm{T}}CD_x^{(2)}$$

$$M = \rho AG^\mathrm{T}CG$$

$$q^\mathrm{T} = [q_1, q_2, \cdots, q_{N_x}] \times C, \quad q_i = q(\xi_i) \tag{2.86}$$

其基本过程与 2.4.2 节相似,只是基函数发生了改变。同样需要注意的是在计算升阶谱形函数时最好采用勒让德多项式的迭代公式。图 2-14 是升阶谱方法计算的简支欧拉梁离散频谱相对误差与三次有限元方法对比,可见升阶谱方法仍然有 60% 频率具有很高的精度。表 2-1 是升阶谱方法与离散奇异卷积方法[156]计算的简支欧拉梁的高阶无量纲频率参数对比,可见恰当的计算正交多项式,升阶谱方法的阶次可以非常高,即数值稳定性问题完全是可以克服的。

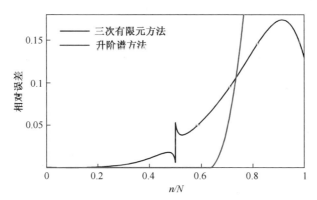

图 2-14　简支欧拉梁离散频谱相对误差:升阶谱方法
与三次有限元方法对比, 其中 n 是频率阶次,N 是总的频率数

表 2-1　升阶谱方法(HFEM)与离散奇异卷积(DSC)方法计算的简支欧拉梁的高阶
无量纲频率参数 $\Omega = \omega \, (L/100\pi)^2 \sqrt{\rho S/EI}$ 对比

频率 序号	自　由　度　数							
	1001		2001		3001		4001	
	HFEM	DSC[156]	HFEM	DSC[156]	HFEM	DSC[156]	HFEM	DSC[156]
500	25.0000	25.0002	25.0000	25.0000	25.0000	25.0000	25.0000	25.0000
1000	—	—	100.000	100.001	100.000	100.000	100.000	100.000
2000	—	—	—	—	410.976	401.206	400.000	400.004

2.5 剪切梁

欧拉梁理论可以用于处理工程中有关梁的大部分静动力学问题,然而如果梁的长度较短,或者梁的实际长度虽然很长,但其有效长度却很短,例如铁路路轨在列车车轮集中力的作用下的接触问题,梁的高阶固有振动或波传播等问题,利用欧拉梁理论将得不到满意的结果。对于这类问题,用铁木辛柯在 1932 年提出的剪切梁理论(或铁木辛柯梁理论)可以大幅度提高结果的精度。

与欧拉梁相比,铁木辛柯梁理论仍然采用平剖面假设,但放松了剖面始终垂直于梁挠度曲线的假设,因此剖面转角不再与挠度曲线的一阶导数相等,即梁可以发生剪切变形。如图 2-15 所示为剪切梁示意图,根据假设,它具有两个广义位移,即挠度 w 以及剖面的转角 φ。

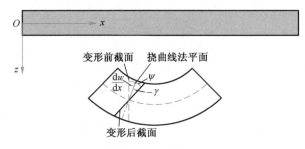

图 2-15 剪切梁

梁的位移可用转角与挠度表示为

$$\begin{cases} u(x,z) = -z\psi(x) \\ w(x,z) = w(x) \end{cases} \tag{2.87}$$

从而应变可以表示为

$$\varepsilon_x = -z\frac{\mathrm{d}\psi}{\mathrm{d}x}, \quad \varepsilon_z = 0$$

$$\gamma_{zx} = \frac{\mathrm{d}w}{\mathrm{d}x} - \psi \tag{2.88}$$

以及应力

$$\sigma_x = E\varepsilon_x, \quad \sigma_z \neq 0$$

$$\tau_{xz} = kG\gamma \tag{2.89}$$

根据微元体平衡易得平衡方程为

$$\begin{cases} \dfrac{\mathrm{d}}{\mathrm{d}x}\left[kGA\left(\dfrac{\mathrm{d}w}{\mathrm{d}x}-\psi\right)\right] + q = 0 \\[4mm] \dfrac{\mathrm{d}}{\mathrm{d}x}\left(EI\dfrac{\mathrm{d}\psi}{\mathrm{d}x}\right) + kGA\left(\dfrac{\mathrm{d}w}{\mathrm{d}x}-\psi\right) + m = 0 \end{cases} \qquad (2.90)$$

式中:q 和 m 分别为与挠度和转角对应的广义载荷。

描述剪切梁的静平衡问题同样可以利用最小总势能原理来描述。考虑图 2-16 所示剪切梁,其总势能泛函为

$$\Pi = \int_0^L \frac{1}{2}EI\left(\frac{\mathrm{d}\psi}{\mathrm{d}x}\right)^2 \mathrm{d}x + \int_0^L \frac{1}{2}kGA\left(\frac{\mathrm{d}w}{\mathrm{d}x}-\psi\right)^2 \mathrm{d}x - \int_0^L qw\mathrm{d}x - \int_0^L m\psi\mathrm{d}x -$$

$$\sum_{i=1}^{n_1}\overline{Q}_i w_{x_i} - \sum_{i=1}^{n_2}\overline{M}_i\psi_{x_i} \qquad (2.91)$$

由于场变量的最高次导数为一次,因此对单元的连续性要求为 C^0 连续,这与拉压杆和扭轴的情况类似,因而它们的有限元构造方法具有相似性。

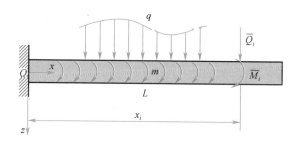

图 2-16　承受分布载荷的梁

对于剪切梁,w 为常数代表梁的刚体平移,$\mathrm{d}w/\mathrm{d}x = \psi$ 代表刚体转动,$\mathrm{d}w/\mathrm{d}x$ 和 ψ 皆为常数但不相等代表纯剪切变形,而 $\mathrm{d}^2w/\mathrm{d}x^2 = \mathrm{d}\psi/\mathrm{d}x$ 为常数代表纯弯曲变形。由此观之,把挠度 w 取为二次多项式,而把转角取为线性多项式可以构造出最简单的剪切梁单元。这种单元能够保证相邻单元在公共结点处的挠度和转角的连续性,随着网格细化,一般情况下其结果也收敛到理论解。但当剪切刚度越来越大时,这种单元将与三次欧拉梁单元相抵触。为了能得到适用于各种剪切刚度的梁单元,w 至少要取三次多项式,而 ψ 的阶次比 w 低一阶。用埃尔米特插值方法可以得到挠度与转角的试函数为

$$w(x) = w_1\phi_1 + \frac{\mathrm{d}w_1}{\mathrm{d}x}\phi_1 + w_2\phi_3 + \frac{\mathrm{d}w_2}{\mathrm{d}x}\phi_4$$

$$\psi(x) = \frac{1}{2}(\xi-1)\xi\psi_1 + \frac{1}{2}(\xi+1)\xi\psi_2 + (1-\xi^2)\psi_3 \qquad (2.92)$$

其中 ϕ_1、ϕ_2、ϕ_3、ϕ_4 为三次埃尔米特插值基函数,转角 ψ 的试函数与二次杆单元的试函数是一致的。在式(2.92)中,w_1、w_2、ψ_1、ψ_2 与保证单元间 C^0 连续性有关,因而被称为外部结点参数,其余参数则对单元间的位移协调条件没有影响,故属于内部结点参数。因此,单元的结点位移向量可分块排列为

$$\boldsymbol{w}^{\mathrm{T}} = \begin{bmatrix} w_1 & \psi_1 & w_2 & \psi_2 & \vline & \dfrac{\mathrm{d}w_1}{\mathrm{d}x} & \dfrac{\mathrm{d}w_2}{\mathrm{d}x} & \psi_3 \end{bmatrix} \tag{2.93}$$

用式(2.92)离散势能泛函,可以得到相应的单元刚度矩阵

$$\boldsymbol{K} = \begin{bmatrix} \boldsymbol{K}_{ee} & \boldsymbol{K}_{ei} \\ \boldsymbol{K}_{ie} & \boldsymbol{K}_{ii} \end{bmatrix} \tag{2.94}$$

式中:e 为对应外部结点参数;i 为对应内部结点参数。对于长度为 L 的均匀梁单元,子矩阵为对称

$$\boldsymbol{K}_{ee} = \frac{kGA}{180L} \begin{bmatrix} 216 & 18L & -216 & 18L \\ & (24+35S)L^2 & -18L & (-6+5S)L^2 \\ & & 216 & -18L \\ 对称 & & & (24+35S)L^2 \end{bmatrix} \tag{2.95}$$

$$\boldsymbol{K}_{ei} = \boldsymbol{K}_{ie}^{\mathrm{T}} = \frac{kGA}{180L} \begin{bmatrix} 18L & 18L & 144L \\ -21L^2 & 9L^2 & (12-40S)L^2 \\ -18L & -18L & -144L \\ 9L^2 & -21L^2 & (12-40S)L^2 \end{bmatrix} \tag{2.96}$$

$$\boldsymbol{K}_{ii} = \frac{kGA}{180L} \begin{bmatrix} 24L^2 & -6L^2 & 12L^2 \\ & 24L^2 & 12L^2 \\ 对称 & & (96+80S)L^2 \end{bmatrix} \tag{2.97}$$

其中

$$S = \frac{12EI}{kGAL^2} \tag{2.98}$$

将挠度 w 和转角 ψ 假设成式(2.92)是位移有限元法中的常规做法,但这种做法并不唯一。在升阶谱有限元法中,可以把位移和转角分别设为

$$w = w_1 \frac{1-\xi}{2} + w_2 \frac{1+\xi}{2} + w_3 \frac{\xi^2-1}{2} + w_4 \frac{(\xi^3-\xi)}{2}$$

$$\psi = \psi_1 \frac{1-\xi}{2} + \psi_2 \frac{1+\xi}{2} + \psi_3 \frac{\xi^2-1}{2} \tag{2.99}$$

其中 w_1、w_2、ψ_1、ψ_2 对应单元两端挠度和转角,用来保证单元间的协调条件。与一维升阶谱杆单元类似,增加基函数配置可以方便构造更高阶的梁单元。

下面构造弱形式微分求积剪切梁单元及微分求积升阶谱梁单元。由于剪切梁单元属于 C^0 型单元,因此,对于弱形式微分求积方法,我们可以直接设其位移函数为

$$\begin{bmatrix} w(\xi) \\ \psi(\xi) \end{bmatrix} = \sum_{i=1}^{N_x} \begin{bmatrix} w_i \\ \psi_i \end{bmatrix} L_i(\xi) \tag{2.100}$$

式中:L_i 为拉格朗日基函数,其结点为定义在参考区间 $[-1,1]$ 上的 N_x 个高斯–洛巴托点。这里为简便起见,转角和挠度采用了相同的阶次。记

$$\boldsymbol{w}^{\mathrm{T}} = [w_1, w_2, \cdots, w_{N_x}], \boldsymbol{\psi}^{\mathrm{T}} = [\psi_1, \psi_2, \cdots, \psi_{N_x}], w_i = w(\xi_i), \psi_i = \psi(\xi_i), \boldsymbol{u} = \begin{bmatrix} \boldsymbol{w} \\ \boldsymbol{\psi} \end{bmatrix}$$

$$\boldsymbol{w}_x^{\mathrm{T}} = [w_x'(\xi_1), w_x'(\xi_2), \cdots, w_x'(\xi_{N_x})], \boldsymbol{\psi}_x^{\mathrm{T}} = [\psi_x'(\xi_1), \psi'_x(\xi_2), \cdots, \psi'_x(\xi_{N_x})]$$

$$\boldsymbol{w}_x = \boldsymbol{D}\boldsymbol{w}, \boldsymbol{\psi}_x = \boldsymbol{D}\boldsymbol{\psi}$$

$$\tag{2.101}$$

则由式(2.91),刚度矩阵载荷向量可以离散为

$$\begin{cases} \boldsymbol{K} = \begin{bmatrix} \kappa GA\boldsymbol{D}^{\mathrm{T}}\boldsymbol{C}\boldsymbol{D} & -\kappa GA\boldsymbol{D}^{\mathrm{T}}\boldsymbol{C} \\ -\kappa GA\boldsymbol{C}\boldsymbol{D} & (EI\boldsymbol{D}^{\mathrm{T}}\boldsymbol{C}\boldsymbol{D} + \kappa GA\boldsymbol{C}) \end{bmatrix} \\ \boldsymbol{O} = \begin{bmatrix} \boldsymbol{C}\boldsymbol{q} \\ \boldsymbol{C}\boldsymbol{m} \end{bmatrix} \end{cases} \tag{2.102}$$

另外,剪切梁的动能可以由平移和转动两部分构成,其动能系数为

$$T_0 = \frac{1}{2}\int_0^L (\rho A w^2 + \rho I \psi^2)\,\mathrm{d}x = \frac{1}{2}[\boldsymbol{w}^{\mathrm{T}}, \boldsymbol{\psi}^{\mathrm{T}}] \begin{bmatrix} \rho A\boldsymbol{C} & \\ & \rho I\boldsymbol{C} \end{bmatrix} \begin{bmatrix} \boldsymbol{w} \\ \boldsymbol{\psi} \end{bmatrix} \tag{2.103}$$

式中:I 为绕 z 轴的转动惯量,故质量矩阵为

$$\boldsymbol{M} = \rho \begin{bmatrix} A\boldsymbol{C} & \\ & I\boldsymbol{C} \end{bmatrix} \tag{2.104}$$

对于微分积升阶谱有限元方法,剪切梁与杆单元的位移场是类似,即式(2.62)同样适用于剪切梁。微分求积升阶谱方法的刚度矩阵、质量矩阵与载荷列向量与式(2.102)和式(2.104)类似,结果如下:

$$\begin{cases} \boldsymbol{K} = \begin{bmatrix} \kappa GA\boldsymbol{D}_x^{\mathrm{T}}\boldsymbol{C}\boldsymbol{D}_x & -\kappa GA\boldsymbol{D}_x^{\mathrm{T}}\boldsymbol{C}\boldsymbol{G} \\ \kappa GA\boldsymbol{G}^{\mathrm{T}}\boldsymbol{C}\boldsymbol{D}_x & (EI\boldsymbol{D}_x^{\mathrm{T}}\boldsymbol{C}\boldsymbol{D}_x + \kappa GA\boldsymbol{G}^{\mathrm{T}}\boldsymbol{C}\boldsymbol{G}) \end{bmatrix} \\ \boldsymbol{M} = \rho \begin{bmatrix} A\boldsymbol{G}^{\mathrm{T}}\boldsymbol{C}\boldsymbol{G} & \\ & I\boldsymbol{G}^{\mathrm{T}}\boldsymbol{C}\boldsymbol{G} \end{bmatrix}, \boldsymbol{Q} = \begin{bmatrix} \boldsymbol{G}^{\mathrm{T}}\boldsymbol{C}\boldsymbol{q} \\ \boldsymbol{G}^{\mathrm{T}}\boldsymbol{C}\boldsymbol{m} \end{bmatrix} \end{cases} \tag{2.105}$$

得到刚度、质量矩阵和载荷向量之后,各种结构的动力学或静力学问题的求解方法基本上是一样的。

2.6 小　结

　　本章从一维微分求积方法与升阶谱有限元方法出发,分别介绍了二者的基本原理,然后介绍了微分求积升阶谱有限元方法的基本思想。可以看出,微分求积方法是有结点的概念的,因此用起来物理意义比较明确,单元组装和边界条件施加也比较直接,但并不简便,因为微分求积方法采用的是强形式。升阶谱有限元方法可以局部升阶,采用的也是弱形式,但用起来也不太方便,主要因为形函数的物理意义不明确。微分求积升阶谱有限元方法给单元边界上配置上了微分求积结点,内部仍然采用正交多项式升阶谱基函数,因此在性能上综合了二者的优势。在此基础上,本章介绍拉压杆、扭轴、欧拉梁、剪切梁的微分求积升阶谱有限元方法,由于升阶谱方法本身有顶点插值形函数,因此一维的微分求积升阶谱有限元方法与升阶谱有限元方法的差别不大,唯一的区别是在微分求积升阶谱有限元方法中,求导数的方法在形式上与微分求积方法类似。在本章 2.1.3 节简要介绍了二维微分求积升阶谱有限元方法,可以看出其与升阶谱方法还是有明显区别的。本章还通过算例验证了微分求积升阶谱方法的高精度特性。

第三章

平面问题的微分求积升阶谱有限元

本章将介绍平面问题单元的构造。首先给出了平面弹性力学问题的基本方程及其变分形式,其次依次介绍了四边形及三角形微分求积升阶谱单元的构造,其中详细介绍了单元形函数以及几何模型的构造方法,最后给出了静力学和动力学分析的算例,其中包括了两类基本平面问题静力及面内振动问题分析,同时对比了 NURBS 单元以及混合函数单元的计算特性。

3.1　平面弹性力学问题

任何一个弹性体都是空间物体,一般外力都是空间力系,因此,严格来说,任何一个实际的弹性力学问题都是空间问题。但是,如果所考察的弹性体具有某种特殊的形状,并且承受的是某种特殊的外力,就可以把空间问题简化为平面问题。这种简化将大大减少计算的工作量,同时所得到的结果仍然能满足工程需求。

第一种平面问题是平面应力问题。其基本假设为:①结构形状为等厚度薄板;②板的侧面承受不随厚度变化的面力,同时体力平行于板面且不沿厚度变化;③材料性质与厚度无关。其受力示意图如图 3-1 所示。根据假设可以得到

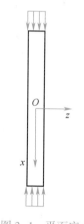

图 3-1　平面应力

$$\sigma_z = \tau_{xz} = \tau_{yz} = 0 \tag{3.1}$$

于是应力、应变关系可以简化为

$$\begin{bmatrix} \sigma_x \\ \sigma_y \\ \tau_{xy} \end{bmatrix} = \frac{E}{1-v^2} \begin{bmatrix} 1 & v & \\ v & 1 & \\ & & (1-v)/2 \end{bmatrix} \begin{bmatrix} \varepsilon_x \\ \varepsilon_y \\ \gamma_{xy} \end{bmatrix} \text{ 或 } \boldsymbol{\sigma} = \boldsymbol{D}\boldsymbol{\varepsilon} \tag{3.2}$$

式中:E 为弹性模量;v 为泊松比。虽然板的厚度方向的应力为 0,但由于两个表面自由,因此厚度方向的正应变不等于 0,根据三维应力-应变关系可得

$$\varepsilon_z = -\frac{v}{E}(\sigma_x + \sigma_y) \tag{3.3}$$

平面应力问题常见于仅受面内载荷的薄板等结构。

第二种平面问题为平面应变问题。如图3-2所示,平面应变问题的基本假设有:①结构一般为很长的柱形体;②在柱体受到平行于横截面而且不沿长度变化的面力,体力平行于横截面且不沿长度变化;③材料性质与厚度无关。从而应力、应变和位移分量都只是坐标 x、y 的函数,而与 z 坐标无关。根据假设可得

$$\varepsilon_z = \gamma_{yz} = \gamma_{xz} = 0 \tag{3.4}$$

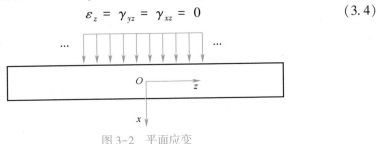

图 3-2 平面应变

进而易得其应力-应变关系为

$$\begin{bmatrix} \sigma_x \\ \sigma_y \\ \gamma_{xy} \end{bmatrix} = \frac{E(1-v)}{(1+v)(1-2v)} \begin{bmatrix} 1 & \frac{v}{1-v} & 0 \\ \frac{v}{1-v} & 1 & 0 \\ 0 & 0 & \frac{1-2v}{2} \end{bmatrix} \begin{bmatrix} \varepsilon_x \\ \varepsilon_y \\ \gamma \end{bmatrix} \tag{3.5}$$

注意到虽然 z 方向的应变为0,但 z 方向的正应力却不为0,根据三维应力-应变方程有

$$\sigma_z = \frac{Ev}{(1+v)(1-2v)}(\varepsilon_x + \varepsilon_y) \tag{3.6}$$

值得指出的是,将式(3.2)中的 E 换成 $E/(1-v^2)$,将 v 换成 $v/(1-v)$,便得到式(3.5)。反过来,将式(3.5)中的 E 换成 $E(1+2v)/(1+v)^2$,将 v 换成 $v/(1+v)$ 则得到式(3.2)。两种平面问题的平衡方程和几何方程是完全相同的,只是物理方程不同;并且只需经过弹性常数的上述置换,平面应力问题的解答就可以互相转换,于是平面应力问题与平面应变问题具有相同类型的单元。

下面通过最小势能变分原理推导平面问题的平衡方程和自然边界条件。在平面弹性力学中,存在两个独立的位移函数,如取板面为 x-y 平面,则它们就是沿 x 方向的位移函数 $u(x,y)$ 和沿 y 方向的位移函数 $v(x,y)$。利用位移应变关系,可得到应变向量为

$$\varepsilon = \begin{bmatrix} \varepsilon_x \\ \varepsilon_y \\ \gamma_{xy} \end{bmatrix} = \begin{bmatrix} \dfrac{\partial}{\partial x} & 0 \\ 0 & \dfrac{\partial}{\partial y} \\ \dfrac{\partial}{\partial y} & \dfrac{\partial}{\partial x} \end{bmatrix} \begin{bmatrix} u \\ v \end{bmatrix} \tag{3.7}$$

由于弹性力学问题的求解与板的厚度无关，故可假设板的厚度为一个单位值。对于图 3-3 所示的平板，把 u、v 取为自变函数，则板的总势能泛函为

$$\Pi = \iint_{\Omega} (U - f_x u - f_y v)\, \mathrm{d}A - \int_{B_\sigma} p_x u + p_y v \mathrm{d}s \tag{3.8}$$

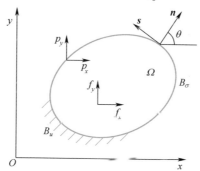

图 3-3 平面应力状态的薄板

式中：Ω 为板所占的区域；B_σ 为板的自由边界；B_u 为固定边界；f_x、f_y 为作用在域内的单位面积的外载荷沿坐标轴方向的分量；p_x、p_y 为作用在边界上单位长度的外载荷沿坐标轴方向的分量；U 为单位面积的应变能密度，其表达式为

$$U = \frac{1}{2}\boldsymbol{\sigma}^{\mathrm{T}}\boldsymbol{\varepsilon} = \frac{1}{2}\boldsymbol{\varepsilon}^{\mathrm{T}}\boldsymbol{D}\boldsymbol{\varepsilon} \tag{3.9}$$

总势能泛函的一阶变分为

$$\delta\Pi = \iint_A \delta U - f_x \delta u - f_y \delta v \mathrm{d}A - \int_{B_\sigma} p_x \delta u + p_y \delta v \mathrm{d}s \tag{3.10}$$

其中

$$\delta U = \boldsymbol{\varepsilon}^{\mathrm{T}}\boldsymbol{D}\delta\boldsymbol{\varepsilon} = \sigma_x \frac{\partial \delta u}{\partial x} + \sigma_y \frac{\partial \delta v}{\partial y} + \tau\left(\frac{\partial \delta u}{\partial y} + \frac{\partial \delta u}{\partial x}\right) \tag{3.11}$$

经过分部积分式(3.10)变为

$$\delta\Pi = -\iint_A \left[\left(\frac{\partial \sigma_x}{\partial x} + \frac{\partial \tau}{\partial y} + f_x\right)\delta u + \left(\frac{\partial \sigma_y}{\partial y} + \frac{\partial \tau}{\partial x} + f_y\right)\delta v\right]\mathrm{d}A -$$

$$\int_{B_\sigma} (p_x \delta u + p_y \delta v)\,\mathrm{d}s + \int_{B_\sigma + B_u} \left[(\sigma_x n_x + \tau n_y)\,\delta u + (\sigma_y n_y + \tau n_x)\,\delta v\right]\mathrm{d}s \tag{3.12}$$

式中：n_x，n_y 为外法线的方向余弦，由于在固定边界上有 $\delta u = \delta v = 0$，因此式(3.12)可化为

$$\delta \Pi = - \iint_A \left[\left(\frac{\partial \sigma_x}{\partial x} + \frac{\partial \tau}{\partial y} + f_x \right) \delta u + \left(\frac{\partial \sigma_y}{\partial y} + \frac{\partial \tau}{\partial x} + f_y \right) \delta v \right] \mathrm{d}A +$$

$$\int_{B_\sigma} \left[\left(\sigma_x n_x + \tau n_y - p_x \right) \delta u + \left(\sigma_y n_y + \tau n_x - p_y \right) \delta v \right] \mathrm{d}s \quad (3.13)$$

由变分驻值条件,可得平面问题的平衡方程和边界条件

$$\begin{cases} \dfrac{\partial \sigma_x}{\partial x} + \dfrac{\partial \tau}{\partial y} + f_x = 0 \\ \dfrac{\partial \sigma_y}{\partial y} + \dfrac{\partial \tau}{\partial x} + f_y = 0 \end{cases} \quad (3.14)$$

$$\begin{cases} \sigma_x n_x + \tau n_y = p_x \\ \sigma_y n_y + \tau n_x = p_y \end{cases} \quad (3.15)$$

引入动能系数

$$T_0 = \frac{1}{2} \iint_A \rho (u^2 + v^2) \, \mathrm{d}A \quad (3.16)$$

式中：ρ 为单位面积的质量密度。通过瑞利商变分可以分析板的面内固有振动问题,即

$$\omega^2 = \mathrm{st} \frac{\iint_A U \mathrm{d}A}{T_0} \quad (3.17)$$

式中：ω 为板的面内振动固有频率。由于平面问题的势能泛函中包含的未知位移函数导数的最高阶次为一次,因此,其有限元试函数必须满足 C^0 连续性条件,下面将给出四边形以及三角形微分求积升阶谱单元的构造。

3.2 四边形单元

3.2.1 几何映射

全局坐标系下的一般曲边单元一般通过自然坐标系下的母单元映射得到,如图 3-4 所示。传统的映射方法一般采用的是等参变换,该方法将单元的几何映射函数用相同数目的结点参数及单元的插值形函数来表示,即

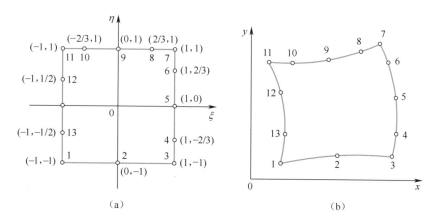

图 3-4 四边形单元结点配置

（a）自然坐标系下单元的参考域；（b）全局坐标系下单元的几何域。

$$\begin{cases} x = \sum_{i=1}^{m} x_i N_i(\xi, \eta) \\ y = \sum_{i=1}^{m} y_i N_i(\xi, \eta) \end{cases} \tag{3.18}$$

式中：N_i 为单元的形函数；x_i、y_i 分别为第 i 个插值点的笛卡儿坐标；m 为插值点个数。常用的插值基函数为 Serendipity 插值基函数。由于等参变换在单元边界上采用多项式插值的方式逼近单元的边界曲线，这种方法一般不能精确表示所有曲线边界，如常见的圆锥曲线，因此这种映射往往存在一定的几何误差。

另外一种比较常用的几何映射方法是混合函数方法。该方法通过给定区域边界曲线，利用超限插值的方法构造混合函数来实现单元的几何映射。对于图 3-4 所示单元，给定单元边界曲线

$$\begin{cases} x = x_i(\xi), \ y = y_i(\xi), & -1 \leqslant \xi \leqslant 1, \quad i = 1, 3 \\ x = x_i(\eta), \ y = y_i(\eta), & -1 \leqslant \eta \leqslant 1, \quad i = 2, 4 \end{cases} \tag{3.19}$$

式中 i 代表边的编号。那么满足边界映射条件的混合函数为

$$x(\xi, \eta) - \frac{1-\eta}{2} x_1(\xi) + \frac{1+\xi}{2} x_2(\eta) + \frac{1+\eta}{2} x_3(\xi) + \frac{1-\xi}{2} x_4(\eta) -$$

$$\frac{(1-\xi)(1-\eta)}{4} X_A - \frac{(1+\xi)(1-\eta)}{4} X_B - \frac{(1+\xi)(1+\eta)}{4} X_C - \frac{(1-\xi)(1+\eta)}{4} X_D$$

$$\tag{3.20}$$

$$y(\xi,\eta) = \frac{1-\eta}{2}y_1(\xi) + \frac{1+\xi}{2}y_2(\eta) + \frac{1+\eta}{2}y_3(\xi) + \frac{1-\xi}{2}y_4(\eta) -$$

$$\frac{(1-\xi)(1-\eta)}{4}Y_A - \frac{(1+\xi)(1-\eta)}{4}Y_B - \frac{(1+\xi)(1+\eta)}{4}Y_C - \frac{(1-\xi)(1+\eta)}{4}Y_D$$

$$(3.21)$$

式中:X_A、X_B、X_C、X_D 代表单元的 4 个角点的横坐标;而 Y_A、Y_B、Y_C、Y_D 则代表单元 4 个角点的纵坐标。可以看到,混合函数映射对于单元边界曲线是精确满足的,因此其精度一般要比等参变换要高。然而,混合函数方法一般需要给出边界曲线的解析表达式,因此在实际应用中不如等参映射方法简单。此外,上述混合函数插值构造单元几何一般只适合于平面单元(包括后续章节中的薄板、剪切板单元)的构造,对于壳单元来说,精确的几何模型不仅需要在边界上精确吻合,而且单元内部也需要与壳面贴合,这也给上述混合函数的应用带来困难。为解决这个问题,并与 CAD 模型的一般技术接轨,本书将在后面介绍利用 NURBS 参数曲面来实现单元几何形状映射。

3.2.2 形函数

微分求积升阶谱四边形单元在形函数的构造上主要包含单元边界形函数和内部升阶谱形函数。传统的升阶谱单元在单元边界上采用一维升阶谱形函数构造的 Serendipity 形函数,这种做法通常难以处理非齐次边界条件的情形,因此在实际应用中存在缺陷。对于本章介绍的微分求积升阶谱单元,单元间只需要满足 C^0 连续性条件,因此单元边界上将采用基于非均匀分布高斯-洛巴托结点的 Serendipity 形函数,而单元内部则采用张量积形式面函数。因此场变量 u 在自然坐标系内可以近似为

$$u[x(\xi,\eta),y(\xi,\eta)] = \sum_{k=1}^{K}S_k(\xi,\eta)u_k + \sum_{m=1}^{H_\xi}\sum_{n=1}^{H_\eta}\varphi_m(\xi)\varphi_n(\eta)a_{mn} \quad (3.22)$$

式中:K 为边界点个数;S_k 为边界上的插值形函数;H_ξ、H_η 为升阶谱形函数的个数,φ_m 由式(2.33)定义。下面给出形函数的具体表达式。

1. 单元边界

角点$(-1,-1)$处

$$S_1 = \frac{1-\eta}{2}L_1^M(\xi) + \frac{1-\xi}{2}L_1^N(\eta) - \frac{(1-\xi)(1-\eta)}{4} \qquad (3.23)$$

边$(\eta=-1)$内

$$S_i = \frac{1-\eta}{2}L_i^M(\xi), \quad i = 2,3,\cdots,M-1 \qquad (3.24)$$

其中,M 为边 $\eta=-1$ 上的结点数,N 为边($\xi=-1$)上的结点数,L_i^M 为基于该边上的结点构造的拉格朗日多项式,其表达式为

$$L_i^M(\xi) = \prod_{j=1,j\neq i}^{M} \frac{\xi - \xi_j}{\xi_i - \xi_j} \qquad (3.25)$$

其余边界结点对应的形函数的构造与之相似。图 3-5(a)、(b)分别给出了 $M=3$,$N=5$,$P=5$,$Q=4$(P 为边 $\eta=1$ 上的结点数,Q 为边 $\xi=-1$ 上的结点数)时的一个角点形函数以及一个边内形函数。可以看到它们均满足结点插值性质,进而有利于施加边界条件以及单元组装。

2. 单元内部

单元内部面函数将采用如下张量积形式:

$$S_{m,n} = \varphi_m(\xi)\,\varphi_n(\eta) \qquad (3.26)$$

其中 φ_m、φ_n 的定义见 2.1.3 节。图 3-5(c)、(d)分别给出了 $S_{1,1}$、$S_{2,1}$ 的图像。可以看到它们均满足单元边界上取值为 0 的特征,因此不影响单元间的协调性。

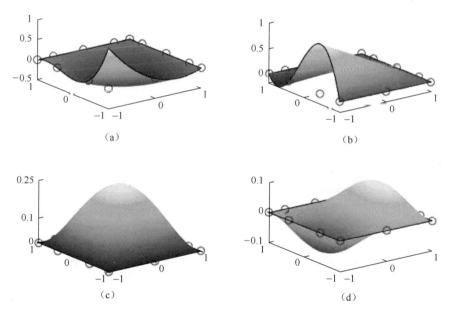

图 3-5 四边形单元形函数
(a) S_1;(b) S_{13};(c) $S_{1,1}$;(d) $S_{2,1}$。

3.2.3 有限元离散

本书将根据前面的单元形函数、势能泛函得到单元矩阵和向量。由

式(3.8)知,平面应力问题的势能泛函为

$$\Pi = \iint_A \left(\frac{1}{2} \sigma^T \varepsilon - f_x u - f_y v \right) \mathrm{d}A - \int_{B_\sigma} p_x u + p_y v \mathrm{d}s \tag{3.27}$$

单元内部的近似位移场为

$$\begin{cases} \tilde{u}(\xi,\eta) = \sum_{k=1}^{K} S_k(\xi,\eta) u_k + \sum_{m=1}^{H_\xi} \sum_{n=1}^{H_\eta} \varphi_m(\xi) \varphi_n(\eta) a_{mn} \\ \tilde{v}(\xi,\eta) = \sum_{k=1}^{K} S_k(\xi,\eta) v_k + \sum_{m=1}^{H_\xi} \sum_{n=1}^{H_\eta} \varphi_m(\xi) \varphi_n(\eta) b_{mn} \end{cases} \tag{3.28}$$

记

$$\begin{cases} \boldsymbol{u}^T = \{ u_1 \quad u_2 \quad \cdots \quad u_K \quad a_{11} \quad \cdots \quad a_{H_\xi 1} \quad \cdots \quad a_{H_\xi H_\eta} \} \\ \boldsymbol{v}^T = \{ v_1 \quad v_2 \quad \cdots \quad v_K \quad b_{11} \quad \cdots \quad b_{H_\xi 1} \quad \cdots \quad b_{H_\xi H_\eta} \} \end{cases} \tag{3.29}$$

$$\boldsymbol{N}^T = \begin{bmatrix} S_1(\xi,\eta) & \cdots & S_K(\xi,\eta) & \varphi_1(\xi)\varphi_1(\eta) & \cdots & \varphi_{H_\xi}(\xi)\varphi_{H_\eta}(\eta) \end{bmatrix} \tag{3.30}$$

那么式(3.28)可简写为

$$\begin{cases} \tilde{u}(\xi,\eta) = \boldsymbol{N}^T \boldsymbol{u} \\ \tilde{v}(\xi,\eta) = \boldsymbol{N}^T \boldsymbol{v} \end{cases} \tag{3.31}$$

下面将利用高斯-洛巴托积分来离散势能泛函。设在自然坐标系下的积分点为 (ξ_i,η_j), $i = 1,2,\cdots,N_\xi$, $j = 1,2,\cdots,N_\eta$,并记试函数 $\tilde{u},\tilde{v}$ 在积分点的取值为

$$\begin{cases} \overline{\boldsymbol{u}}^T = [\tilde{u}_{11}, \cdots, \tilde{u}_{N_\xi 1}, \cdots, \tilde{u}_{1N_\eta}, \cdots, \tilde{u}_{N_\xi N_\eta}] \\ \overline{\boldsymbol{v}}^T = [\tilde{v}_{11}, \cdots, \tilde{v}_{N_\xi 1}, \cdots, \tilde{v}_{1N_\eta}, \cdots, \tilde{v}_{N_\xi N_\eta}] \end{cases} \tag{3.32}$$

且有

$$\overline{\boldsymbol{U}} = \begin{bmatrix} \overline{\boldsymbol{u}} \\ \overline{\boldsymbol{v}} \end{bmatrix} = \begin{bmatrix} \boldsymbol{G} & \boldsymbol{0} \\ \boldsymbol{0} & \boldsymbol{G} \end{bmatrix} \begin{bmatrix} \boldsymbol{u} \\ \boldsymbol{v} \end{bmatrix} = \overline{\boldsymbol{G}} \boldsymbol{U} \tag{3.33}$$

其中

$$\boldsymbol{G} = [\boldsymbol{N}(\xi_1,\eta_1), \boldsymbol{N}(\xi_2,\eta_1), \cdots, \boldsymbol{N}(\xi_{N_\xi},\eta_{N_\eta})]^T \tag{3.34}$$

根据微分求积升阶谱方法,可以得到应变在积分点的取值

$$\overline{\varepsilon} = \begin{bmatrix} \varepsilon_x \\ \varepsilon_y \\ \gamma_{xy} \end{bmatrix} = \begin{bmatrix} A^{(1)} & 0 \\ 0 & B^{(1)} \\ B^{(1)} & A^{(1)} \end{bmatrix} \begin{bmatrix} u \\ v \end{bmatrix} = HU \qquad (3.35)$$

式中:$A^{(1)}$、$B^{(1)}$ 分别为函数对 x、y 的一阶偏导数的系数矩阵。应变分量 ε_x 被离散为

$$\varepsilon_x^{\mathrm{T}} = \{ \varepsilon_{x,11} \quad \cdots \quad \varepsilon_{x,N_x1} \quad \varepsilon_{x,12} \quad \cdots \quad \varepsilon_{x,N_\xi2} \quad \cdots \quad \varepsilon_{x,1N_\eta} \quad \cdots \quad \varepsilon_{x,N_\xi N_\eta} \}$$

$$(3.36)$$

其余应变向量类似。

根据势能泛函式(3.27)和应变的离散式(3.35),由高斯-洛巴托积分有

$$\Pi = \frac{1}{2}U^{\mathrm{T}}H^{\mathrm{T}}DHU - U^{\mathrm{T}}F \qquad (3.37)$$

其中

$$D = \frac{Eh}{1-v^2}\begin{bmatrix} C & vC & 0 \\ vC & C & 0 \\ 0 & 0 & (1-v)/2C \end{bmatrix} \qquad (3.38)$$

$$C = \mathrm{diag}\begin{pmatrix} C_1 & C_2 & \cdots & C_{N_\eta} \end{pmatrix}$$

$$C_j = C_j^y \mathrm{diag}\begin{pmatrix} |J|_{1j}C_1^x & \cdots & |J|_{N_\xi j}C_{N_\xi}^x \end{pmatrix} \qquad (3.39)$$

那么刚度矩阵为

$$K = H^{\mathrm{T}}DH \qquad (3.40)$$

对于分布载荷,载荷列向量可以表示为

$$F = \overline{G}^{\mathrm{T}}\overline{C}\,\overline{f}, \quad \overline{C} = \mathrm{diag}(C,C), \quad \overline{f}^{\mathrm{T}} = [f_x^{\mathrm{T}}, \quad f_y^{\mathrm{T}}]$$

$$f_x^{\mathrm{T}} = [f_{x,11},\cdots,f_{x,N_\xi1},\cdots,f_{x,1N_\eta},\cdots,f_{x,N_\xi N_\eta}]$$

$$f_y^{\mathrm{T}} = [f_{y,11},\cdots,f_{y,N_\xi1},\cdots,f_{y,1N_\eta},\cdots,f_{y,N_\xi N_\eta}] \qquad (3.41)$$

对于边界上的载荷也可根据相应的数值积分得到类似的载荷向量,在此不再赘述。

对于动力学问题,单元的动能系数为

$$T_0 = \frac{1}{2}\int_A \rho h(u^2 + v^2)\,\mathrm{d}A = \frac{1}{2}U^{\mathrm{T}}MU \qquad (3.42)$$

其中质量矩阵为

$$M = \rho h\begin{bmatrix} G^{\mathrm{T}}CG & 0 \\ 0 & G^{\mathrm{T}}CG \end{bmatrix} \qquad (3.43)$$

以上给出了平面应力问题的单元结构矩阵,对于平面应变问题,如前所述只需替换相关材料常数即可。

3.3　三角形单元

3.3.1　几何映射

如图 3-6 所示为一曲边三角形单元,其中 3 条边的编号依次为 S_1、S_2、S_3,设 3 条曲边对应的参数曲线为

$$\begin{cases} x = x_1(\xi)\,, & y = y_1(\xi)\,, \quad 0 \leq \xi \leq 1 \\ x = x_i(\eta)\,, & y = y_i(\eta)\,, \quad 0 \leq \eta \leq 1\,, \quad i = 2,3 \end{cases} \tag{3.44}$$

那么根据混合函数方法,由面积坐标 ξ-η 到笛卡儿坐标 x-y 的映射函数为

$$\begin{cases} x(\xi,\eta) = \dfrac{1 - \xi - \eta}{1 - \xi} x_1(\xi) + \dfrac{\xi}{1 - \eta} x_2(\eta) + \dfrac{1 - \xi - \eta}{1 - \eta} x_3(\eta) - \\ \qquad\qquad (1 - \xi - \eta) X_1 - \dfrac{\xi(1 - \xi - \eta)}{1 - \xi} X_2 \\ y(\xi,\eta) = \dfrac{1 - \xi - \eta}{1 - \xi} y_1(\xi) + \dfrac{\xi}{1 - \eta} y_2(\eta) + \dfrac{1 - \xi - \eta}{1 - \eta} y_3(\eta) - \\ \qquad\qquad (1 - \xi - \eta) Y_1 - \dfrac{\xi(1 - \xi - \eta)}{1 - \xi} Y_2 \end{cases} \tag{3.45}$$

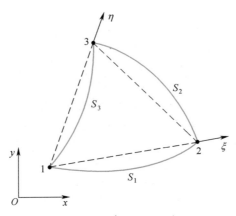

图 3-6　曲边三角形单元

其中 X_i、Y_i 分别为对应顶点的笛卡儿坐标。其对于面积坐标的一阶偏导数为

$$\begin{cases} \dfrac{\partial x(\xi,\eta)}{\partial \xi} = \dfrac{1-\xi-\eta}{1-\xi}\dfrac{\mathrm{d}x_1(\xi)}{\mathrm{d}\xi} + \dfrac{x_2(\eta)-x_3(\eta)}{1-\eta} + \dfrac{\eta\left[X_2-x_1(\xi)\right]}{(1-\xi)^2} + X_1 - X_2 \\ \dfrac{\partial x(\xi,\eta)}{\partial \eta} = \dfrac{\xi}{1-\eta}\dfrac{\partial x_2(\eta)}{\partial \eta} + \dfrac{1-\xi-\eta}{1-\eta}\dfrac{\partial x_3(\eta)}{\partial \eta} + \dfrac{\xi X_2-x_1(\xi)}{1-\xi} + \end{cases}$$

$$\dfrac{\xi\left[x_2(\eta)-x_3(\eta)\right]}{(1-\eta)^2} + X_1 \tag{3.46}$$

笛卡儿坐标 $y(\xi,\eta)$ 关于参数坐标的偏导数与该式类似。

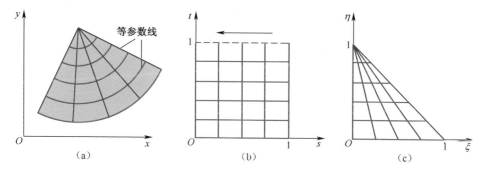

图 3-7 坐标变换

（a）NURBS 表示的三角形，（b）NURBS 参数域；（c）面积坐标。

对于 NURBS（参见第九章）表示的三角形单元，由于其参数域仍然是矩形域 $[0,1]\times[0,1]$（图 3-7（b）），与三角形单元的面积坐标参数域（图 3-7（c））不吻合，因此在使用时需要引入坐标变换。如图 3-7（a）所示，为一个 NURBS 曲边三角形面，其参数域如图 3-7（b）所示，为将其转换到面积坐标（图 3-7（c）），因此引入如下坐标变换：

$$\xi = (1-t)s, \quad \eta = t \tag{3.47}$$

其逆变换为

$$s = \dfrac{\xi}{1-\eta}, \quad t = \eta \tag{3.48}$$

那么对于给定的 NURBS 曲面 $\boldsymbol{r}(s,t) = \{x(s,t), y(s,t), z(s,t)\}^{\mathrm{T}}$，其关于面积坐标的导数可以由下式计算：

$$\begin{cases} \dfrac{\partial \boldsymbol{r}(s,t)}{\partial \xi} = \dfrac{\partial \boldsymbol{r}}{\partial s}\dfrac{\partial s}{\partial \xi} = \dfrac{1}{1-\eta}\dfrac{\partial \boldsymbol{r}}{\partial s} \\ \dfrac{\partial \boldsymbol{r}(s,t)}{\partial \eta} = \dfrac{\partial \boldsymbol{r}}{\partial s}\dfrac{\partial s}{\partial \eta} + \dfrac{\partial \boldsymbol{r}}{\partial t} = \dfrac{\xi}{(1-\eta)^2}\dfrac{\partial \boldsymbol{r}}{\partial s} + \dfrac{\partial \boldsymbol{r}}{\partial t} \end{cases} \tag{3.49}$$

由于 NURBS 的参数域转化为面积坐标时，其参数域的一条边在自然坐标系下汇聚成了一点,例如图 3-7 所示 $t=1$ 边,因此在点$(\xi,\eta)=(0,1)$处存在奇异性,从而不能直接通过链式法则式(3.49)求得点$(\xi,\eta)=(0,1)$处的偏导数。观察图 3-7 可以发现,虽然从 x-y 坐标系到 s-t 坐标系、从 s-t 坐标系到 ξ-η 坐标系的变换都是存在奇异性的,然而从 x-y 坐标系到 ξ-η 坐标系的变换却并不存在奇异性。为此,可以绕过 s-t 坐标系,直接通过从 x-y 坐标系到 ξ-η 坐标系的坐标变换来求得其在点$(\xi,\eta)=(0,1)$处关于 ξ, η 的偏导数。可以证明,$\boldsymbol{r}(s,t)$在点$(\xi,\eta)=(0,1)$的偏导数可以直接由过该点的两条边界的插值曲面 $\tilde{\boldsymbol{r}}$ 在该点的偏导数来确定,即

$$\tilde{\boldsymbol{r}}(\xi,\eta)=\frac{1-\xi-\eta}{1-\eta}\boldsymbol{r}(0,t)+\frac{\xi}{1-\eta}\boldsymbol{r}(1,t)=\frac{1-\xi-\eta}{1-\eta}\boldsymbol{r}_1(\eta)+\frac{\xi}{1-\eta}\boldsymbol{r}_2(\eta)$$

$$(3.50)$$

通过求导并取极限可以得到点$(\xi,\eta)=(0,1)$处的导数值为

$$\begin{cases}\dfrac{\partial\tilde{\boldsymbol{r}}(0,1)}{\partial\xi}=\dfrac{\partial\boldsymbol{r}(0,1)}{\partial\xi}=\boldsymbol{r}'_{1,\eta}(1)-\boldsymbol{r}'_{2,\eta}(1)\\[4mm]\dfrac{\partial\tilde{\boldsymbol{r}}(0,1)}{\partial\eta}=\dfrac{\partial\boldsymbol{r}(0,1)}{\partial\eta}=\boldsymbol{r}'_{1,\eta}(1)\end{cases}$$

$$(3.51)$$

这说明在汇聚点处笛卡儿坐标对参数坐标的导数,可以通过边界曲线对参数坐标的导数得到。

3.3.2 形函数

三角形单元的形函数构造同样可以按照几何映射的方式来构造。如图3-8所示,在三角形单元的三条边上分别布置了 M、P、N 个高斯-洛巴托结点。根据混合函数方法,三角形单元在边界上的形函数如下。

角点:

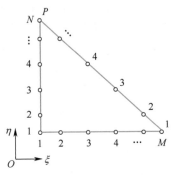

图 3-8　单元结点分布

$$\begin{cases} S_1(\xi,\eta) = \dfrac{1-\xi-\eta}{1-\xi}L_1^M(\xi) + \dfrac{1-\xi-\eta}{1-\eta}L_1^N(\eta) - (1-\xi-\eta) \\[3mm] S_2(\xi,\eta) = \dfrac{1-\xi-\eta}{1-\xi}L_M^M(\xi) + \dfrac{\xi}{1-\eta}L_1^P(\eta) - \dfrac{\xi(1-\xi-\eta)}{1-\xi} \\[3mm] S_3(\xi,\eta) = \dfrac{\xi}{1-\eta}L_P^P(\eta) + \dfrac{1-\xi-\eta}{1-\eta}L_N^N(\eta) \end{cases} \qquad (3.52)$$

边内：

$$\begin{cases} S_{1i}(\xi,\eta) = \dfrac{1-\xi-\eta}{1-\xi}L_i^M(\xi), \quad i=2,3,\cdots,M-1 \\[3mm] S_{2j}(\xi,\eta) = \dfrac{\xi}{1-\eta}L_j^P(\eta), \quad j=2,3,\cdots,P-1 \\[3mm] S_{3j}(\xi,\eta) = \dfrac{1-\xi-\eta}{1-\eta}L_j^N(\eta), \quad j=2,3,\cdots,N-1 \end{cases} \qquad (3.53)$$

其中

$$L_i^M(\xi) = \prod_{j=1,j\neq i}^{M} \frac{\xi-\xi_j}{\xi_i-\xi_j} \qquad (3.54)$$

形函数对坐标的偏导数计算与式(3.46)类似。图3-9分别给出了一个角点形函数和 个边形函数的图形。

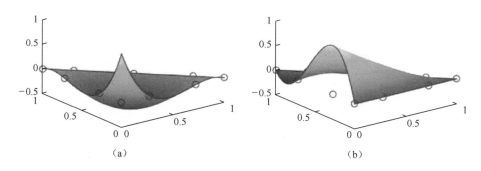

| (a) | (b) |

图3-9 边界形函数

(a) 角点形函数；(b) 边形函数。

对于三角形单元内部，可以采用文献[31]给出的基于雅可比正交多项式构造的面函数，这里对该构造方法做简要介绍。雅可比多项式的详细定义请参照附录A，其递推公式为

$$a_{1n}P_{n+1}^{(\alpha,\beta)}(\xi) = (a_{2n} + a_{3n}\xi) P_n^{(\alpha,\beta)}(\xi) - a_{4n}P_{n-1}^{(\alpha,\beta)}(\xi), \alpha > -1, \beta > -1$$

$$P_0^{(\alpha,\beta)}(\xi) = 1, \quad P_1^{(\alpha,\beta)}(\xi) = \frac{1}{2}[\alpha - \beta + (\alpha + \beta + 2)\xi]$$

$$(3.55)$$

其中

$$\begin{cases} a_{1n} = 2(n+1)(n+\alpha+\beta+1)(2n+\alpha+\beta) \\ a_{2n} = (2n+\alpha+\beta+1)(\alpha^2-\beta^2) \\ a_{3n} = (2n+\alpha+\beta)(2n+\alpha+\beta+1)(2n+\alpha+\beta+2) \\ a_{4n} = 2(n+\alpha)(n+\beta)(2n+\alpha+\beta+2) \end{cases} \quad (3.56)$$

其正交性为

$$\int_{-1}^{1} (1-\xi)^\alpha (1+\xi)^\beta P_m^{(\alpha,\beta)}(\xi) P_n^{(\alpha,\beta)}(\xi)$$

$$= \delta_{mn} \frac{2^{\alpha+\beta+1}}{2n+\alpha+\beta+1} \frac{\Gamma(n+\alpha+1)\Gamma(n+\beta+1)}{n! \; \Gamma(n+\alpha+\beta+1)} \quad (3.57)$$

下面将从雅可比多项式出发来构造三角形域上的正交面函数。为此引入如下坐标变换：

$$\xi = \frac{(1+s)(1-t)}{4}, \quad \eta = \frac{(1+s)(1+t)}{4} \quad (3.58)$$

其逆变换为

$$s = 2(\xi+\eta) - 1, \quad t = \frac{\eta-\xi}{\eta+\xi} \quad (3.59)$$

这样可将三角形区域 A 映射到方形区域 D，如图 3-10 所示。

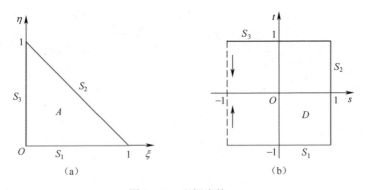

图 3-10　坐标变换

(a)单位三角形区域；(b)单位四边形区域。

由于面函数满足三角形边界函数值为 0，因此面函数可以设为

$$F_{ij}(\xi,\eta) = (1 - \xi - \eta)\xi\eta H_{ij}(s,t) \qquad (3.60)$$

其中 H_{ij} 为待定多项式函数,通过面函数的如下正交性条件确定:

$$\int_A F_{ij} F_{mn} \mathrm{d}A = \int_{-1}^1 \int_{-1}^1 \frac{(1-s)^2(1+s)^5(1-t)^2(1+t)^2}{2^{13}} H_{ij}(s,t) H_{mn}(s,t)\, \mathrm{d}s\mathrm{d}t$$

$$= \delta_{im}\delta_{jn} C_{ij} \qquad (3.61)$$

式中:δ_{im}、δ_{in} 为克罗内克符号;C_{ij} 为常数。根据式(3.57)可确定 H_{ij} 具有如下形式:

$$H_{ij}(s,t) = \left[(1-s)^a(1+s)^b J_i^{(2+2a,\ 2b+5)}(s)\right] \cdot$$

$$\left[(1-t)^c(1+t)^d J_j^{(2+2c,\ 2+2d)}(t)\right] \qquad (3.62)$$

式中:a、b、c、d 为待定常数;J 为雅可比多项式。为使得面函数为非有理多项式形式,需要消去式(3.62)中由变量 t 引入的 $\xi+\eta$ 分母项。由式(3.59)知 $\xi+\eta = (s+1)/2$,因此可在式(3.62)中令 $b=j$,这样便可消去有理项。而其他常数可以取为 $a=c=d=0$,这样式(3.62))可以简化为

$$H_{ij}(s,t) = (1+s)^j J_i^{(2,\ 2j+5)}(s) J_j^{(2,2)}(t), \quad i,j = 0,1,\cdots \qquad (3.63)$$

将式(3.63)代入式(3.60),并注意到 F_{ij} 的阶次 i 和 j 存在关系 $p=i+j+3$ 或 $j=p-3-i$,那么 F_{ij} 可以按阶次改写为

$$F_{pi}(\xi,\eta) = \xi\eta(1-\xi-\eta)(\xi+\eta)^j J_i^{(2,2j+5)}(2(\xi+\eta)-1) J_j^{(2,2)}\left(\frac{\eta-\xi}{\xi+\eta}\right),$$

$$p \geq 3, \quad 0 \leq i \leq p-3$$

$$(3.64)$$

注意式(3.64)中由于整个式子的常数项系数不影响其正交性,因此取值为 1。其前几阶形函数的图形如图 3-11 所示。虽然式(3.64)实质上没有有理项,但在形式上有,因此需要恰当处理避免计算雅可比多项式中分母项,这是可以通过适当的变化雅可比多项式的递推公式计算的。

3.3.3 有限元离散

三角形单元的离散与四边形单元是类似的,其主要差别在位移场及其积分。对于平面问题,设三角形单元内位移场为

$$u[x(\xi,\eta),y(\xi,\eta)] = \sum_{k=1}^{N_b} S_k(\xi,\eta) u_k + \sum_{i=0}^{N_s} \sum_{p=0}^{N_t} F_{pi}(\xi,\eta) a_{pi} \qquad (3.65)$$

式中:$N_b = (M+N+P-3)$ 为边界上的结点总数;N_s 和 N_t 为 s 和 t(或 ξ 和 η)方向的基函数个数;$S_k(\xi,\eta)$ 为边界上的形函数;u_k 为第 k 个结点上的位移;a_{pi} 为升阶谱形函数的系数。定义如下向量:

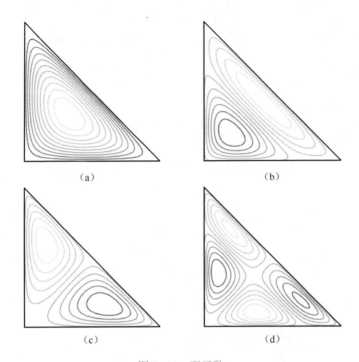

（a）　　　　　　　　　　（b）

（c）　　　　　　　　　　（d）

图 3-11　面函数

（a）F_{00}；（b）F_{01}；（c）F_{10}；（d）F_{11}。

$$\boldsymbol{u} = [u_1 \cdots u_{N_b} a_{11} \cdots a_{N_s 1} \cdots a_{N_s N_t}]^{\mathrm{T}} \tag{3.66}$$

$$\boldsymbol{S} = [S_1(\xi,\eta) \cdots S_{N_b}(\xi,\eta) \ F_{11}(\xi,\eta) \cdots F_{N_s 1}(\xi,\eta) \cdots F_{N_s N_t}(\xi,\eta)]^{\mathrm{T}} \tag{3.67}$$

那么式(3.65)可以表示为

$$u[x(\xi,\eta),y(\xi,\eta)] = \boldsymbol{S}^{\mathrm{T}}\boldsymbol{u} \tag{3.68}$$

三角形区域上的高斯-洛巴托积分为

$$\int_0^1 \int_0^{1-\eta} f(\xi,\eta)\,\mathrm{d}\xi\mathrm{d}\eta = \sum_{i=1}^{N_\xi}\sum_{j=1}^{N_\eta} C_i^\xi C_j^{\eta *} f(\xi_i^*,\eta_j) \tag{3.69}$$

其中

$$\xi_i^* = (1-\eta_j)\xi_i, \quad C_j^{\eta *} = (1-\eta_j) C_j^\eta \tag{3.70}$$

这里 ξ_i、C_i^ξ、η_j、C_j^η 分别是为区间[0, 1]上的积分点和权系数,两个方向上的积分点的个数可取为 $N_\xi = \max[M, N_s+N_t+2]+2$,$N_\eta = \max[N, P, N_s+N_t+2]+2$。定义如下矩阵:

$$\overline{\boldsymbol{u}} = [u(\xi_1^*,\eta_1) \cdots u(\xi_{N_\xi}^*,\eta_1) \cdots u(\xi_{N_\xi}^*,\eta_{N_\eta})]^{\mathrm{T}} \tag{3.71}$$

$$\overline{\boldsymbol{G}}^{\mathrm{T}} = [\boldsymbol{S}(\xi_1^*,\eta_1) \cdots \boldsymbol{S}(\xi_{N_\xi}^*,\eta_1) \cdots \boldsymbol{S}(\xi_{N_\xi}^*,\eta_{N_\eta})] \tag{3.72}$$

则有

$$\overline{u} = Gu \tag{3.73}$$

由微分的链式法则可得

$$\left(\frac{\partial u}{\partial x}\right)_{ij} = \frac{1}{|J|_{ij}}\left[\left(\frac{\partial y}{\partial \eta}\right)_{ij} S_{\xi}^{\mathrm{T}}(\xi_i^*, \eta_j) - \left(\frac{\partial y}{\partial \xi}\right)_{ij} S_{\eta}^{\mathrm{T}}(\xi_i^*, \eta_j)\right] u \tag{3.74}$$

$$\left(\frac{\partial u}{\partial y}\right)_{ij} = \frac{1}{|J|_{ij}}\left[\left(\frac{\partial x}{\partial \xi}\right)_{ij} S_{\eta}^{\mathrm{T}}(\xi_i^*, \eta_j) - \left(\frac{\partial x}{\partial \eta}\right)_{ij} S_{\xi}^{\mathrm{T}}(\xi_i^*, \eta_j)\right] u \tag{3.75}$$

其中

$$|J| = \frac{\partial x}{\partial \xi}\frac{\partial y}{\partial \eta} - \frac{\partial y}{\partial \xi}\frac{\partial x}{\partial \eta} \tag{3.76}$$

定义向量

$$\begin{cases} \overline{u}_x = [u_x(\xi_1^*, \eta_1) \cdots u_x(\xi_{N_\xi}^*, \eta_1) \cdots u_x(\xi_{N_\xi}^*, \eta_{N_\eta})]^{\mathrm{T}} \\ \overline{u}_y = [u_y(\xi_1^*, \eta_1) \cdots u_y(\xi_{N_\xi}^*, \eta_1) \cdots u_y(\xi_{N_\xi}^*, \eta_{N_\eta})]^{\mathrm{T}} \end{cases} \tag{3.77}$$

进而有

$$\overline{u}_x = G_x u, \quad \overline{u}_y = G_y u \tag{3.78}$$

那么式(3.7)可以离散为

$$\begin{bmatrix} \varepsilon_x \\ \varepsilon_y \\ \varepsilon_{xy} \end{bmatrix} = \begin{bmatrix} G_x & 0 \\ 0 & G_y \\ G_y & G_x \end{bmatrix} \begin{bmatrix} u \\ v \end{bmatrix} \tag{3.79}$$

或

$$\varepsilon = HU \tag{3.80}$$

定义如下权系数矩阵:

$$\overline{C} = [C_1^{\mathrm{T}} C_2^{\mathrm{T}} \cdots C_{N_\eta}^{\mathrm{T}}]$$
$$C_j^{\mathrm{T}} = C_j^{\eta *}[|J|_{1j}C_1^\xi \ |J|_{2j}C_2^\xi \cdots |J|_{N_\xi,j}C_{N_\xi}^\xi]$$
$$C = \mathrm{diag}(\overline{C}) \tag{3.81}$$

那么三角形单元的刚度矩阵 K、质量矩阵 M 以及载荷向量 F 分别为

$$K = H^{\mathrm{T}}\overline{D}H$$

$$M = \rho h \begin{bmatrix} G^{\mathrm{T}}CG & 0 \\ 0 & G^{\mathrm{T}}CG \end{bmatrix}$$

$$F = \tilde{G}^{\mathrm{T}}\tilde{C}\tilde{f}, \quad \tilde{C} = \mathrm{diag}(C \ C), \quad \tilde{G} = \mathrm{diag}(G, G)$$

$$\tilde{f}^{\mathrm{T}} = [f_x^{\mathrm{T}}, \ f_y^{\mathrm{T}}]$$

$$\boldsymbol{f}_x = [\, f_x(\xi_1^*, \eta_1) \cdots f_x(\xi_{N_\xi}^*, \eta_1) \cdots f_x(\xi_{N_\xi}^*, \eta_{N_\eta}) \,]^{\mathrm{T}}$$

$$\boldsymbol{f}_y = [\, f_y(\xi_1^*, \eta_1) \cdots f_y(\xi_{N_\xi}^*, \eta_1) \cdots f_y(\xi_{N_\xi}^*, \eta_{N_\eta}) \,]^{\mathrm{T}} \tag{3.82}$$

得到单元矩阵、向量之后,三角形单元与四边形单元的计算基本上是一样。

3.4 算　例

3.4.1　平面静力学问题

如图 3-12 所示为一承受均布压力的厚壁圆筒,内半径为 a,外半径为 b,所受内压力为 p_1、外压力为 p_2。显然,该算例属于平面应变问题,且其应力分布是轴对称的。参考一般弹性力学教材可以得到该问题的精确解为

$$\begin{cases} \sigma_r = \dfrac{a^2 b^2 (p_2 - p_1)}{b^2 - a^2} \dfrac{1}{r^2} + \dfrac{a^2 p_1 - b^2 p_2}{b^2 - a^2} \\[3mm] \sigma_\theta = -\dfrac{a^2 b^2 (p_2 - p_1)}{b^2 - a^2} \dfrac{1}{r^2} + \dfrac{a^2 p_1 - b^2 p_2}{b^2 - a^2} \end{cases} \tag{3.83}$$

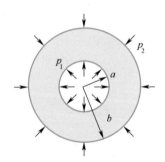

图 3-12　均布力作用下的厚壁圆筒

进而可以得到圆筒的轴向位移为

$$u_r = \frac{1 + \mu}{E} \left[-\frac{a^2 b^2 (p_2 - p_1)}{b^2 - a^2} \frac{1}{r} + (1 - 2\mu) \frac{a^2 p_1 - b^2 p_2}{b^2 - a^2} r \right] \tag{3.84}$$

式中:μ 为泊松比;E 为弹性模量。取 $a = 0.5$,$b = 1.0$,$p_1 = -100\text{Pa}$,$p_2 = 10\text{Pa}$,$E = 72\text{GPa}$,$v = 0.3$。考虑到问题的对称性,因而只分析 1/4 圆环,并且只用一个单元模拟,其中边界上和单元内部基函数的个数均为 25 个。应力、位移的精确解以及 DQHFEM 数值解的相对误差分别如图 3-13、图 3-14 所示。从图中可以看到,DQHFEM 数值解在整个域内的相对误差均非常小,由于微分的影响,应力

误差略比位移误差大一个数量级。

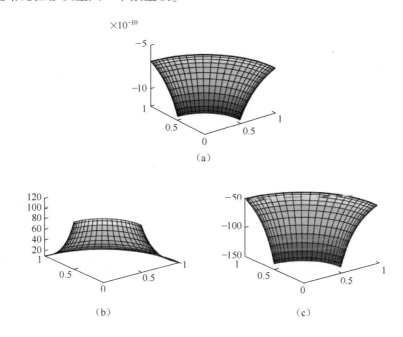

图 3-13　厚壁圆筒 1/4 截面上位移和应力的精确解
(a)u_r；(b)σ_r；(c)σ_θ。

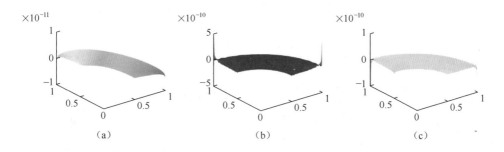

图 3-14　厚壁圆筒微分求积升阶谱有限元解的相对误差
(a)相对误差 u_r；(b)相对误差 σ_r；(c)相对误差 σ_θ。

　　第二个算例为图 3-15 所示的两边受均布拉力作用的矩形薄板,板的中部开有半径为 a 的小孔。该问题属于平面应力问题,其基于远场拉伸载荷假设的近似解为

$$\begin{cases} \sigma_r = \dfrac{\sigma}{2}\left(1 - \dfrac{a^2}{r^2}\right) + \dfrac{\sigma}{2}\left(1 - \dfrac{4a^2}{r^2} + \dfrac{3a^4}{r^4}\right)\cos2\theta \\[3mm] \sigma_\theta = \dfrac{\sigma}{2}\left(1 + \dfrac{a^2}{r^2}\right) - \dfrac{\sigma}{2}\left(1 + \dfrac{3a^4}{r^4}\right)\cos2\theta \\[3mm] \sigma_{r\theta} = -\dfrac{\sigma}{2}\left(1 + \dfrac{2a^2}{r^2} - \dfrac{3a^4}{r^4}\right)\sin2\theta \end{cases} \qquad (3.85)$$

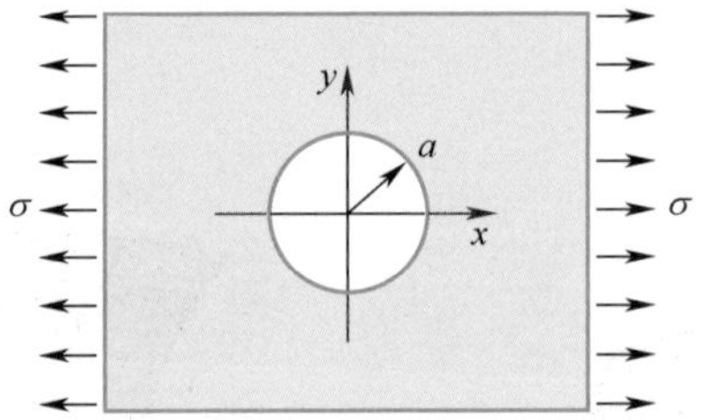

图 3-15　两端受均布载荷的穿孔矩形薄板

对于微分求积升阶谱有限元方法解,板的尺寸取为边长为 2 的正方形板,孔半径 $a=0.3$,均布拉应力 $\sigma_1=100\mathrm{Pa}$,泊松比 $\upsilon=0.3$。由于问题的对称性,因此只需分析板的 1/4 部分。对于径向应力 σ_r ,图 3-16 给出了用两个单元计算的微分求积升阶谱有限元方法数值解与解析解的对比。可以看到基于远场拉应力假设的解析解的结果要比微分求积升阶谱有限元方法的数值结果小,此外,从图 3-16(b) 中可以看到应力 σ_r 在点 $(1,0)$ 的数值为 100,这表明微分求积升阶谱有限元方法数值解能较高精度地满足应力边界条件。图 3-17 是微分求积升阶谱有限元方法的 Mises 应力与解析解的对比。

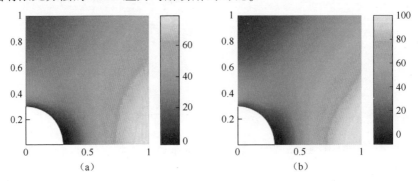

图 3-16　轴向应力 σ_r 分布图

(a)解析解;(b)微分求积升阶谱有限元解。

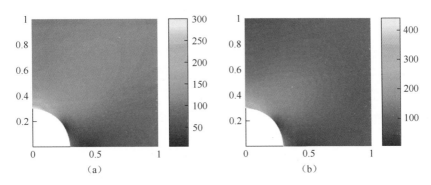

图 3-17　Mises 应力分布图

(a)解析解;(b)DQHFEM 数值解。

　　在接下来的算例中,微分求积升阶谱有限元方法将被应用于双尺度问题的模拟。如图 3-18 所示为钛合金 TC18 的金相结构图,可以看到该材料由晶粒和晶界构成。根据相关文献,晶界的模量一般为晶粒的 70%~80%,因而整个材料可以看成一种复合材料。首先生成如图 3-19(a)所示的矩形网格,然后给网格的各结点坐标加一个随机数,即可得到图 3-19(b)所示的与图 3-18 接近的金相结构代表体积单元,而且每个晶界、晶粒只需一个单元(图 3-20)。如图 3-21 所示受单向均布载荷的单位方板用来确定该晶粒结构的杨氏模量,显然,载荷除以受拉方向的平均应变(位移)就是该晶粒结构的杨氏模量。取晶粒的杨氏模量为 $E=260GPa$,晶界的杨氏模量为其 70%,取泊松比为 $\nu=0.28$,取均布载荷为 100Pa,图 3-22 为该代表体积单元内的应力分布,由受拉截面的位移可得该代表体积单元的杨氏模量为 $E_a=245.4GPa=0.9438E$。根据混合法则可得

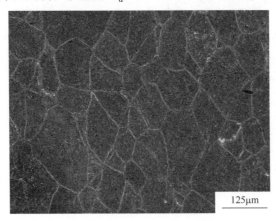

图 3-18　钛合金 TC18 的金相结构

65

$$E_a = \frac{A_G}{A_G + A_{GB}} E_G + \frac{A_{GB}}{A_G + A_{GB}} E_{GB} \tag{3.86}$$

式中:E_G 和 E_{GB} 分别代表晶粒和晶界的杨氏模量,由此可得 $E_a = 246.6\text{GPa} = 0.9484E$,这与本书微分求积升阶谱有限元方法计算的结果是接近的,即验证了其正确性。值得注意的是,本书晶界也只采用了一个单元,对于常规有限元方法来说,晶界这样的单元是可能出现奇异的,而本书的方法仍然可以得到正确的结果。

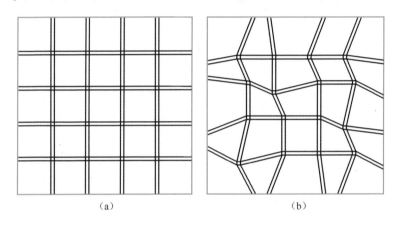

(a)　　　　　　　　　　　(b)

图 3-19　金相结构有限元网格生成方法

(a)矩形网格;(b)给矩形网格的各结点坐标上加上一个随机数,从而生成一个随机网格。

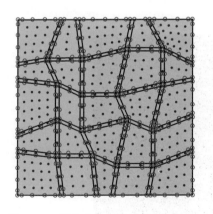

图 3-20　微分求积升阶谱有限元网格

(图中○为单元边界结点,·为单元内部结点)

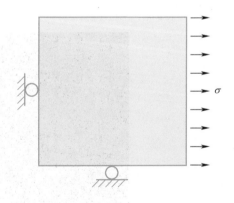

图 3-21　单位方板受单向均布拉伸载荷

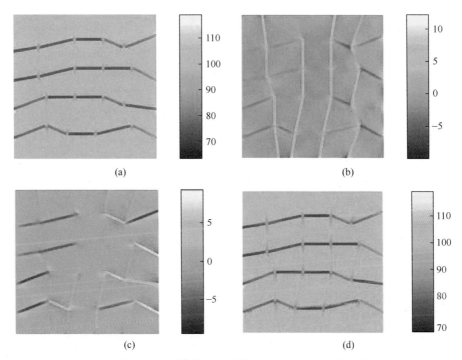

图 3-22　单位方形晶粒代表体积单元受均布拉伸载荷的应力分布
(a)σ_x；(b) σ_y；(c)σ_{xy}；(d) Mises 应力。

3.4.2　面内自由振动分析

本小节将微分求积升阶谱有限元方法应用于各向同性薄板在不同的边界条件下的面内自由振动问题并考察其计算精度及收敛性。板面内振动的边界条件如表 3-1 所列，其中简支边界条件存在 S1 和 S2 两种不同情况，表中 s 和 n 分布代表切向和法向。

表 3-1　板面内振动的边界条件

固支（C）	自由（F）	简　　支	
		S1	S2
$u=v=0$	$\sigma_n=\tau_s=0$	$\sigma_n=u_s=0$	$u_n=\tau_s=0$

表 3-2 给出了两种边界条件下用一个四边形单元得到的微分求积升阶谱有限元数值解以及其他参考解，S1 和 S2 代表两种简支边界，C 代表固支边界，F 代表自由边界，频率参数定义为 $\Omega=(\omega a/\pi)\sqrt{\rho/G}$ ，其中 a 是板的边长，ω 为圆

频率,ρ 为密度,G 为剪切弹性模量。从表中可以看到,只需少量结点微分求积升阶谱有限元方法就能快速收敛到精确解附近(至少精确到 5 位有效数字)。对于 S1–S1–S1–S1 板,当结点取值为(N_e,N_h)=(13,10)的时候,微分求积升阶谱有限元方法的精度已经非常接近精确解但不完全与精确解相同,这主要是由于板的角点位于两个简支边界的交点上,因而实际上是固支边界,这种情况可以通过增加结点数来得到改善。值得指出的是,如果在角点处直接施加固支边界条件,当结点配置为(N_e,N_h)=(10,8)时,微分求积升阶谱有限元方法的结果就能很好地收敛到精确解。

表 3-2　正方形板的前 8 阶频率参数 $\Omega = (\omega a/\pi)\sqrt{\rho/G}$

边界条件	(N_e,N_h)	模态序列							
		1	2	3	4	5	6	7	8
S1–S1–S1–S1	(10,8)	0.9995	0.9995	1.4142	1.9980	2.0000	2.2353	2.2353	2.3897
	(13,10)	0.9999	0.9999	1.4142	1.9996	2.0000	2.2358	2.2360	2.3902
	(10,8)[①]	1.0000	1.0000	1.4142	2.0000	2.0000	2.2361	2.2361	2.3905
	(25,20)	1.0000	1.0000	1.4142	2.0000	2.0000	2.2361	2.2361	2.3905
	精确解[13]	1	1	1.4142	2	2	2.2361	2.2361	2.3905
S1–C–S2–F	(5,3)	0.8600	0.9468	1.4309	1.7482	2.2306	2.4229	2.4897	2.7977
	(8,3)	0.8600	0.9468	1.4276	1.7421	2.2273	2.3529	2.3627	2.7935
	(10,3)	0.8600	0.9468	1.4276	1.7421	2.2273	2.3529	2.3626	2.7935
	(10,5)	0.8600	0.9468	1.4258	1.7420	2.2193	2.2978	2.3610	2.7525
	(10,8)	0.8600	0.9468	1.4258	1.7420	2.2193	2.2967	2.3610	2.7517
	(25,20)	0.8600	0.9468	1.4258	1.7420	2.2193	2.2967	2.3610	2.7517
	精确解[13]	0.8600	0.9468	1.4258	1.7420	2.2193	2.2967	2.3610	2.7517
①角点固支约束									

为进一步考察微分求积升阶谱有限元方法在整个频域上的收敛性,图 3-23 给出了多种数值方法求解四边简支方板的频率相对误差分布图。板的弹性模量 $E=71\mathrm{GPa}$,密度 $\rho=2700\mathrm{kg/m^3}$,泊松比 $v=0.3$。微分求积升阶谱有限元方法的结点配置为(N_e,N_h)=(30,28),有限元解由 ANSYS 计算得到,采用的单元类型为 SHELL181 四边形单元,单元的边长为 1/30m。从图 3-23(a)中可以看到,对于前 80% 的频率,微分求积升阶谱有限元方法结果的精度要比有限元方法结果的精度高;对于前 20% 的频率(图 3-23(b)),微分求积升阶谱有限元方法在精度上明显高于 ANSYS 结果和 NURBS 等几何分析结果。同时注意到图中 DQHFEM* 代表角点边界条件未经过处理的微分求积升阶谱有限元方法计算结果,可以看到 DQHFEM* 的结果与 DQHFEM(微分求积升阶谱有限元方法)的计算结果几乎重合,这说明角点边界条件对频率的全局精度的影响可以

忽略不计。最后图 3-23(c)给出了通过网格加密后的微分求积升阶谱有限元方法结果,网格尺寸为 6×6,每个单元内部的结点配置为$(N_e, N_h) = (6, 4)$。可以看到,通过网格加密,DQHFEM 的全局误差明显得到改善。

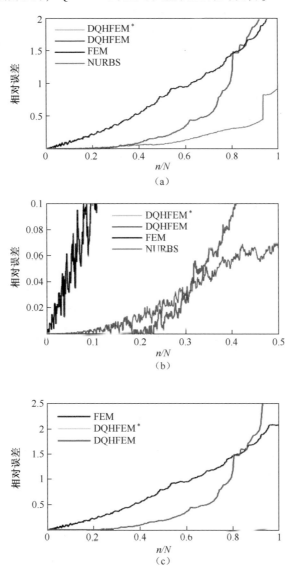

图 3-23   S1-S1-S1-S1 方板频率相对误差对比

表 3-3 给出了一开口扇形板(图 3-24)的微分求积升阶谱有限元解以及相应的精确解和基于三角级数的 p-型有限元解。板的边界条件为内圆弧边固支,

外圆弧边自由,两个径向边界为简支(S_2)。其中 ξ 方向以及内部自由度相同,并用 N_ξ 表示,η 方向的自由度用 N_η 表示。可以看到,当(N_ξ,N_η)=(6,12)时,微分求积升阶谱有限元结果与精确解相比至少收敛到了 4 位有效数字,除第 8 阶频率以外,所有计算结果均最终与精确解以及 p-型有限元方法(p-FEM)结果吻合良好。由于所引用的参考文献中并未给出精确解的来源,因此笔者认为第 8 阶频率的精确解可能存在笔误。

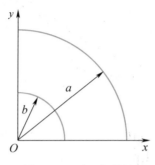

图 3-24　开口扇形板

表 3-4 给出了固支圆板(图 3-25)的微分求积升阶谱有限元结果,圆板的半径为 0.5m,厚度为 5mm,材料常数为 $E = 70\text{GPa}$,$\rho = 2700\text{kg}/\text{m}^3$,$\upsilon = 0.33$。可以看到,在表中考虑的有效位数字范围内,当结点配置为(N_e,N_h)=(16,14)时,微分求积升阶谱有限元结果已经具有良好的收敛性了,而且与精确解以及 p-型有限元方法数值解吻合良好。

表 3-3　S2-C-S2-F 开口扇形板的前 10 阶频率参数

$$\Omega = \omega\sqrt{\rho/G}, \upsilon = 0.3, a = 1, b = 0.5$$

(N_ξ,N_η)	模 态 序 列									
	1	2	3	4	5	6	7	8	9	10
(3,6)	3.809	5.381	5.406	5.513	7.206	7.757	10.561	10.9722	11.283	13.454
(4,8)	3.806	5.372	5.381	5.512	6.899	7.751	8.913	10.5345	10.812	11.665
(5,10)	3.806	5.371	5.381	5.512	6.886	7.749	8.674	10.5279	10.650	10.807
(6,12)	3.806	5.371	5.381	5.512	6.885	7.749	8.664	10.5267	10.528	10.807
(7,14)	3.806	5.371	5.381	5.512	6.885	7.749	8.664	10.5205	10.528	10.807
(15,30)	3.806	5.371	5.381	5.512	6.885	7.749	8.664	10.5205	10.528	10.807
精确解[64]	3.806	5.371	5.381	5.512	6.885	7.749	8.664	10.525	10.528	10.807
p-FEM[64]	3.806	5.372	5.381	5.512	6.887	7.750	8.667	10.525	10.529	10.808

表 3-4 固支圆板的前 9 阶频率 $\gamma=(\omega a/\pi)\sqrt{\rho/G}$

(N_e,N_h)	模 态 序 列								
	1	2	3	4	5	6	7	8	9
(10,8)	3361.7	3834.9	5219.5	5384.1	6625.6	6774.6	6946.4	7035.9	8181.60
(13,10)	3361.7	3834.9	5219.4	5382.9	6625.6	6764.2	6938.8	7021.8	8132.94
(16,14)	3361.7	3834.9	5219.4	5382.9	6625.6	6763.8	6938.5	7021.3	8130.48
(25,20)	3361.7	3834.9	5219.4	5382.9	6625.6	6763.8	6938.5	7021.3	8130.48
精确解[157]	3362	3835	5219	5383	6626	6764	6939	7021	8130
FEM[157]	3363.6	3836.4	5217.5	5380.5	6624	6749.3	6929	7019.3	8093

下面考虑菱形板的自由振动,其几何尺寸如图 3-26 所示。表 3-5 给出了其在两种边界条件下对应于不同夹角 α 的前 6 阶频率参数。其中 CCCC 代表四边固支,CFCF 代表一对边固支另一对边自由。整个板用一个四边形单元模拟,其中计算样本点为 $(N_e,N_h)=(20,25)$。通过与文献[158]中谱配点法的结果对比可以看到,在大部分情况下微分求积升阶谱有限元方法的计算结果在所考虑的有效数字位数之内基本完全相同。而在边界条件为 CFCF、角度 $\alpha=60°$ 时,两种方法能保持至少 3 位有效数字相同。

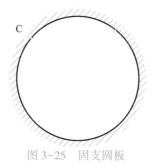

图 3-25 固支圆板

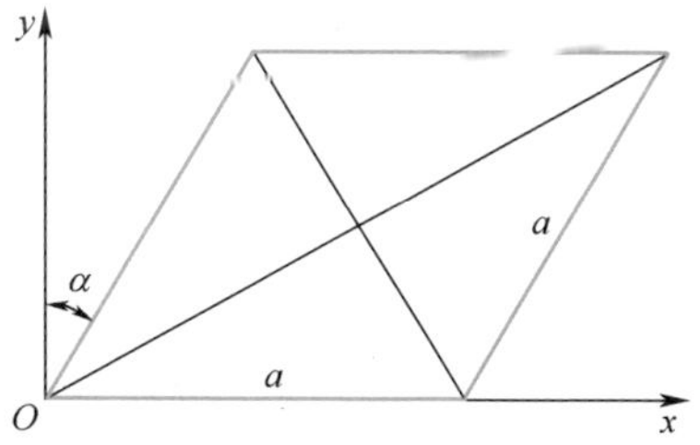

图 3-26 菱形板

表 3-5 不同夹角下菱形板在 CCCC 与 CFCF 边界
条件下的前 6 阶频率参数 $\Omega=\omega a\sqrt{\rho/G}$,$\mu=0.3$

边界条件	模态序列	$\alpha=0°$		$\alpha=30.0°$		$\alpha=60.0°$	
		DQHFEM	谱配点法[158]	DQHFEM	谱配点法[158]	DQHFEM	谱配点法[158]
CCCC	1	3.7269	3.7269	3.8498	3.8498	5.5368	5.5368
	2	3.7269	3.7269	4.4856	4.4856	7.5135	7.5134
	3	4.4395	4.4395	5.0125	5.0125	7.5420	7.5420
	4	5.4361	5.4361	5.6950	5.6950	8.0486	8.0486
	5	6.1415	6.1415	6.5249	6.5249	9.3357	9.3357
	6	6.1790	6.1790	6.7838	6.7838	9.5452	9.5452

（续）

边界条件	模态序列	$\alpha = 0°$		$\alpha = 30.0°$		$\alpha = 60.0°$	
		DQHFEM	谱配点法[158]	DQHFEM	谱配点法[158]	DQHFEM	谱配点法[158]
CFCF	1	1.7748	1.7747	1.9968	1.9965	3.1393	3.1361
	2	3.1635	3.1635	3.4586	3.4586	4.9110	4.9110
	3	3.2711	3.2711	3.5192	3.5191	4.9655	4.9654
	4	3.5125	3.5125	3.8485	3.8485	5.1433	5.1440
	5	3.9238	3.9238	4.3172	4.3170	5.9058	5.9043
	6	4.0908	4.0908	4.3554	4.3553	6.4792	6.4774

　　图 3-27 为一中心开孔四边自由的方板，由于几何形状以及边界条件的对称性，因而只需分析其 1/4 对称部分，计算的网格划分如图 3-28 所示。前 10 阶对称-对称模态以及对称-反对称模态的频率参数如表 3-6 所列。前 4 阶对称-对称模态如图 3-29(a)、(b)、(c)、(d)所示。对于对称-对称模态，位移变量 u、v 是分别关于 x、y 的偶函数，而在对称-反对称模态中，u 是关于 x 的偶函数，v 则是关于 y 的奇函数。从表 3-6 可以看到，当 $(N_e, N_h) = (12, 10)$ 时，各阶频率都能收敛到 5 位有效数字。

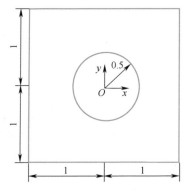

图 3-27　中心开孔的方板

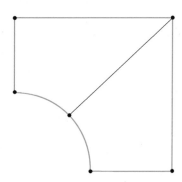

图 3-28　1/4 结构的网格划分

表 3-6　中心开孔方板的前 10 阶对称-对称模态和

对称-反对称模态的频率参 $\Omega = \omega\sqrt{\rho/G}$，$\upsilon = 0.3$

(N_e, N_h)	模 态 序 列									
	1	2	3	4	5	6	7	8	9	10
	对称-对称模态									
(5,6)	0.0000	0.9220	3.2337	4.4344	4.6215	5.6997	6.2583	7.0118	7.0829	8.5128

（续）

(N_e, N_h)	模 态 序 列									
	1	2	3	4	5	6	7	8	9	10
	对称-对称模态									
(8,6)	0.0000	0.9215	3.2312	4.4262	4.6201	5.6806	6.1842	6.9940	7.0093	8.4452
(10,8)	0.0000	0.9215	3.2311	4.4261	4.6201	5.6805	6.1841	6.9935	7.0093	8.4450
(12,10)	0.0000	0.9215	3.2311	4.4261	4.6201	5.6805	6.1841	6.9934	7.0093	8.4450
(18,16)	0.0000	0.9215	3.2311	4.4261	4.6201	5.6805	6.1841	6.9934	7.0093	8.4450
p-FEM[64]	0.003	0.922	3.233	4.427	4.620	5.682	6.187	7.000	7.010	8.448
	对称-反对称模态									
(5,6)	2.0483	2.2723	4.2939	5.0010	5.4476	6.5981	7.2555	7.8318	8.3722	8.9076
(8,6)	2.0476	2.2711	4.2898	4.9964	5.4196	6.5160	7.2213	7.8087	8.1745	8.7333
(10,8)	2.0476	2.2711	4.2897	4.9963	5.4196	6.5158	7.2211	7.8085	8.1729	8.7317
(18,16)	2.0476	2.2711	4.2897	4.9963	5.4196	6.5158	7.2211	7.8085	8.1729	8.7317
p-FEM[64]	2.049	2.272	4.292	4.998	5.421	6.521	7.223	7.810	8.180	8.735

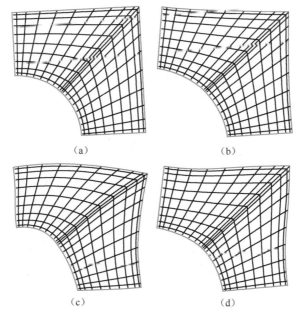

（a）　　　　　　　　　　　　　（b）

（c）　　　　　　　　　　　　　（d）

图 3-29　开孔方板的前 4 阶对称-对称模态

（a）第一阶模态；（b）第二阶模态；（c）第三阶模态；（d）第四阶模态。

如图 3-30 为一个耳片,其左端为固支边界,其余边界自由,由于对称性,因而只考虑其 1/2 部(图 3-31),其对称轴上的边界条件为 S1 型简支边界。尺寸参数 $a = 70\text{mm}$,厚度为 6mm,杨氏模量 $E = 195\text{GPa}$,密度 $\rho = 7722.7\text{kg/m}^3$,泊松比 $v = 0.28$。微分求积升阶谱有限元方法以及 ANSYS(SHELL181)计算结果如表 3-7 所列。从表中可看到,当结点数目 $(N_e, N_h) = (12, 10)$ 时,微分求积升阶谱有限元结果就能收敛到 5 位有效数字,相当于有限元网格尺寸 $l = 6\text{mm}$ 的计算结果。当 ANSYS 网格尺寸非常小时($l = 2\text{mm}$),其计算结果才收敛到 4 位有效数字,这相当于 DQHFEM 中 $(N_e, N_h) = (35, 30)$ 的情形。可见微分求积升阶谱有限元方法比常规低阶有限元的计算效率要高。

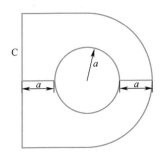

图 3-30　直耳片

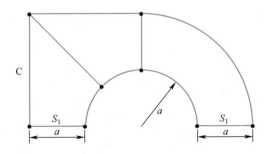

图 3-31　1/2 直耳片的网格划分

表 3-7　各向同性耳片前 8 阶固有频率　　　　　　（Hz）

(N_e, N_h)	模 态 序 列							
	1	2	3	4	5	6	7	8
(6,2)	1647.53	5598.25	6644.62	10770.0	13155.3	15827.3	18742.3	20778.3
(7,5)	1642.70	5579.00	6617.81	10596.5	13131.9	15375.1	18652.2	20105.7
(9,5)	1642.61	5577.88	6616.74	10585.2	13129.8	15315.9	18633.1	19917.3
(10,8)	1642.48	5577.61	6616.24	10583.8	13129.6	15311.9	18631.2	19900.3
(12,10)	1642.46	5577.56	6616.15	10583.5	13129.5	15311.5	18631.0	19898.9
(15,15)	1642.44	5577.53	6616.09	10583.4	13129.5	15311.4	18631.0	19898.8
(35,30)	1642.43	5577.50	6616.05	10583.3	13129.5	15311.3	18631.0	19898.8
ANSYS ($l = 10\text{mm}$)	1641.6	5577.9	6631.1	10626.0	13166.0	15408.0	18716.0	20062.0
ANSYS ($l = 6\text{mm}$)	1641.4	5572.7	6623.8	10598.0	13144.0	15339.0	18663.0	19947.0
ANSYS ($l = 4\text{mm}$)	1641.4	5571.2	6621.8	10590.0	13138.0	15318.0	18648.0	19913.0
ANSYS ($l = 2\text{mm}$)	1641.4	5570.3	6620.8	10585.0	13134.0	15306.0	18639.0	19893.0
ANSYS ($l = 1\text{mm}$)	1641.4	5570.0	6621.0	10585.0	13133.0	15304.0	18637.0	19888.0

图 3-32 为一扭臂的示意图,其中右端内圆孔的边界为固支边界,其余各边自由,几何尺寸为 $r_1 = 0.1\text{m}$,$r_2 = r_3 = 0.2\text{m}$,$r_4 = 0.3\text{m}$,$a = 1\text{m}$,厚度为 10mm,材料

常数与上例相同,网格划分如图 3-33 所示。表 3-8 给出了该算例的微分求积升阶谱有限元解以及 ANSYS 采用 SHELL181 单元的数值解。从表中的计算结果可知,当 $l=10\text{mm}$ 时,ANSYS 的结果相当于 $(N_e,N_h)=(10,8)$。其中微分求积升阶谱有限元结果可以达到 5 位或 6 位有效数字收敛,而 ANSYS 的结果则只有 3 位或 4 位有效数字收敛。此外,由 $(N_e,N_h)=(6,2)$ 时的结果可以看到,当单元边界上使用一定数目的结点后,内部只需要少量的附加自由度微分求积升阶谱有限元方法就能达到较高的精度。

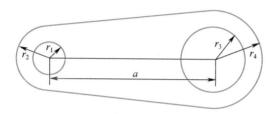

图 3-32　扭臂及其尺寸

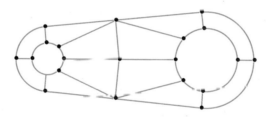

图 3-33　网格划分

表 3-8　扭转臂的前 8 阶固有频率 　　　　　　　　　（Hz）

(N_e,N_h)	模 态 序 列							
	1	2	3	4	5	6	7	8
(6,2)	403.365	1280.69	1399.45	2427.55	2641.34	3130.89	3983.26	4301.92
(7,5)	402.986	1275.27	1398.02	2408.11	2618.54	3118.82	3972.47	4255.70
(9,5)	402.976	1275.07	1397.99	2407.45	2617.96	3118.52	3972.29	4255.25
(10,8)	402.962	1274.87	1397.95	2407.01	2617.31	3118.33	3972.11	4254.41
(12,10)	402.961	1274.87	1397.95	2407.00	2617.30	3118.32	3972.10	4254.39
(15,15)	402.961	1274.86	1397.95	2407.00	2617.29	3118.32	3972.10	4254.38
(35,30)	402.961	1274.86	1397.95	2407.00	2617.29	3118.32	3972.10	4254.38
ANSYS ($l=15\text{mm}$)	403.17	1276.1	1398.8	2410.3	2617.8	3122.6	3975.0	4265.1
ANSYS ($l=10\text{mm}$)	403.26	1275.8	1398.8	2409.4	2615.1	3120.8	3973.0	4261.4
ANSYS ($l=5\text{mm}$)	403.29	1275.6	1398.8	2408.7	2615.1	3119.4	3972.2	4258.5

3.4.3 三角形单元算例

下面将利用三角形单元来计算各向同性板的面内自由振动,进而考察其计算特性。如图 3-34 所示为一半径为 R 的扇形板,其两条径向边的边界条件为 S2 型简支边界,圆弧边界为自由边界条件。在几何映射上采用了前文所述的两种方法,即混合函数方法以及 NURBS 曲面表示法,而在物理域则分别采用了前文介绍的三角形域内的升阶谱形函数以及基于坐标转换的四边形单元的升阶谱形函数。表 3-9 给出了相关计算结果,同时还给出了精确解和基于其他 p-方法的数值解用于对比。在结点配置上,两条径向边界上配置相同数目(P)的结点,由于圆弧边界要比径向边界长,因此在圆弧边界上将配置 2 倍于径向边界的结点,此外,为简便起见,单元内部的升阶谱形函数的阶次都完备到 P 阶。从表中可以看到,无论采用混合函数方法还是 NURBS 曲面表示法作为几何映射,其计算都能快速地收敛。这表明三角形微分求积升阶谱单元在计算过程中具有较高的精度。而基于四边形微分求积升阶谱有限元通过参数变换得到的计算结果要比三角形微分求积升阶谱有限元精度稍差,但仍然具有较快的收敛性。

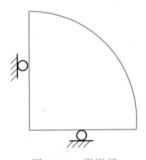

图 3-34　扇形板

表 3-9　S2-S2-F 扇形板的前 10 阶频率参数 $\Omega=\omega\sqrt{\rho/G}$,$\upsilon=0.3$,$R=1\mathrm{m}$

P	模态序列									
	1	2	3	4	5	6	7	8	9	10
基于混合函数映射的升阶谱三角形单元										
2	2.445	3.528	4.540	5.843	—	—	—	—	—	—
3	2.348	3.465	4.253	4.835	7.376	7.588	8.330	8.945	9.374	—
4	2.346	3.463	4.247	4.701	6.819	7.473	7.683	8.853	9.134	9.414

（续）

P	模 态 序 列									
	1	2	3	4	5	6	7	8	9	10
5	2.346	3.463	4.245	4.690	6.713	7.447	7.660	8.804	8.834	9.113
6	2.346	3.463	4.245	4.689	6.698	7.439	7.642	8.663	8.796	9.110
7	2.346	3.463	4.245	4.689	6.696	7.439	7.642	8.630	8.795	9.110
8	2.346	3.463	4.245	4.689	6.695	7.439	7.642	8.622	8.795	9.110
9	2.346	3.463	4.245	4.689	6.695	7.439	7.642	8.620	8.795	9.110
15	2.346	3.463	4.245	4.689	6.695	7.439	7.642	8.620	8.795	9.110
20	2.346	3.463	4.245	4.689	6.695	7.439	7.642	8.620	8.795	9.110
NURBS 升阶谱三角形单元										
2	2.450	3.529	4.562	5.868	—	—	—	—	—	—
3	2.349	3.465	4.254	4.840	7.40	7.594	8.330	8.957	9.368	—
4	2.346	3.463	4.248	4.702	6.841	7.475	7.681	8.843	9.133	9.423
5	2.346	3.463	4.245	4.690	6.718	7.448	7.661	8.804	8.867	9.114
6	2.346	3.463	4.245	4.689	6.699	7.439	7.642	8.676	8.796	9.110
7	2.346	3.463	4.245	4.689	6.696	7.439	7.642	8.633	8.795	9.110
8	2.346	3.463	4.245	4.689	6.696	7.439	7.642	8.623	8.795	9.110
9	2.346	3.463	4.245	4.689	6.695	7.439	7.642	8.620	8.795	9.110
15	2.346	3.463	4.245	4.689	6.695	7.439	7.642	8.620	8.795	9.110
20	2.346	3.463	4.245	4.689	6.695	7.439	7.642	8.620	8.795	9.110
基于混合函数映射的升阶谱四边形单元										
2	2.454	3.536	4.739	5.983	—	—	—	—	—	—
3	2.350	3.465	4.258	4.914	7.796	8.098	8.514	9.385	9.782	—
4	2.346	3.463	4.249	4.728	7.161	7.478	7.701	8.859	9.143	10.741
5	2.346	3.463	4.245	4.695	6.813	7.454	7.667	8.829	9.113	9.500
6	2.346	3.463	4.245	4.690	6.731	7.440	7.643	8.796	8.932	9.110
7	2.346	3.463	4.245	4.689	6.701	7.439	7.642	8.736	8.795	9.110
8	2.346	3.463	4.245	4.689	6.697	7.439	7.642	8.646	8.795	9.110
9	2.346	3.463	4.245	4.689	6.696	7.439	7.642	8.628	8.795	9.110
10	2.346	3.463	4.245	4.689	6.695	7.439	7.642	8.621	8.795	9.110
11	2.346	3.463	4.245	4.689	6.695	7.439	7.642	8.620	8.795	9.110
15	2.346	3.463	4.245	4.689	6.695	7.439	7.642	8.620	8.795	9.110
20	2.346	3.463	4.245	4.689	6.695	7.439	7.642	8.620	8.795	9.110
精确解[64]	2.346	3.463	4.245	4.689	6.695	7.439	7.642	8.620	8.795	9.110
p-FEM[64]	2.346	3.463	4.245	4.689	6.695	7.439	7.642	8.620	8.795	9.110

为进一步验证三角形微分求积升阶谱有限单元组装的收敛特性,下面采用三个单元来计算开口扇形板的面内振动问题,如图 3-35 所示。开口圆环在内圆弧边界上为固支边界条件,外圆弧边界自由,两个径向边界为 S2 简支边界条件,每个单元的边界上都采用相同的自由度 P,内部升阶谱基函数完备到 $P-1$ 次。三角形 DQHFEM 的计算结果如表 3-10 所列,此表中还给出了基于三角函数的 p-型曲边三角形单元数值解以及精确解。从表中可以看到,三角形微分求积升阶谱有限单元组装下仍然具有良好的收敛性。

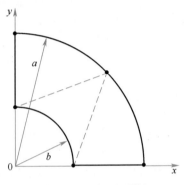

图 3-35　开口扇形板

表 3-10　S2-C-S2-F 扇形板的前 10 阶频率参数

$$\Omega = \omega\sqrt{\rho/G}, \upsilon = 0.3, a = 1\mathrm{m}, b = 0.5\mathrm{m}$$

P	模 态 序 列									
	1	2	3	4	5	6	7	8	9	10
3	4.034	5.452	5.686	6.251	8.712	9.762	12.354	12.910	13.719	17.330
4	3.828	5.383	5.545	5.596	7.440	7.941	11.348	11.639	11.869	15.024
5	3.809	5.381	5.403	5.516	7.011	7.787	9.037	10.614	10.944	11.940
6	3.807	5.375	5.381	5.512	6.903	7.752	8.748	10.551	10.766	10.863
7	3.806	5.373	5.381	5.512	6.889	7.750	8.673	10.530	10.573	10.811
8	3.806	5.372	5.381	5.512	6.887	7.749	8.667	10.526	10.528	10.808
9	3.806	5.371	5.381	5.512	6.886	7.749	8.665	10.522	10.528	10.807
10	3.806	5.371	5.381	5.512	6.886	7.749	8.664	10.521	10.528	10.807
11	3.806	5.371	5.381	5.512	6.885	7.749	8.664	10.520	10.528	10.807
14	3.806	5.371	5.381	5.512	6.885	7.749	8.664	10.520	10.528	10.807
精确解[64]	3.806	5.371	5.381	5.512	6.885	7.749	8.664	10.525	10.528	10.807
p-FEM[157]	3.806	5.372	5.381	5.512	6.887	7.750	8.667	10.525	10.529	10.808

如图 3-36 所示,下面将用 3 个三角形单元来离散前面(图 3-27)所考虑过的开孔方板的自由振动问题。各单元边界上的结点数目 M、N、P 均取相同值,单元内部的升阶谱形函数的阶次为 $P-1$。表 3-11 给出了三角形微分求积升阶谱有限元方法得到的前 10 阶反对称-反对称模态对应的频率参数,以及文献[64] 中给出的 p-型有限元解和本文所给 ANSYS 计算结果。其中 ANSYS 仍然使用的是 SHELL181 单元,单元尺寸用 l 表示。计算结果再次表明三角形单元具有良好的收敛特性。

表 3-11　中心开孔方板的前 10 阶反对称-反对称模态频率参数 $\Omega=\omega\sqrt{\rho/G}$

P	模态序列									
	1	2	3	4	5	6	7	8	9	10
3	1.214	2.042	2.550	4.222	7.164	7.588	8.219	9.064	10.194	11.269
4	0.997	2.011	2.486	3.854	5.525	6.701	7.094	8.354	9.266	9.930
5	0.951	2.006	2.479	3.619	5.184	6.013	6.877	8.140	8.452	9.017
6	0.942	2.005	2.478	3.566	5.090	5.891	6.822	7.826	8.106	8.716
7	0.940	2.005	2.478	3.542	5.080	5.859	6.811	7.705	8.083	8.562
8	0.939	2.005	2.478	3.533	5.071	5.850	6.802	7.650	8.077	8.536
9	0.939	2.005	2.478	3.531	5.068	5.849	6.799	7.632	8.072	8.514
10	0.939	2.005	2.478	3.530	5.067	5.849	6.798	7.628	8.072	8.510
11	0.939	2.005	2.478	3.530	5.067	5.849	6.798	7.627	8.071	8.509
12	0.939	2.005	2.478	3.530	5.067	5.849	6.798	7.627	8.071	8.509
13	0.939	2.005	2.478	3.530	5.067	5.849	6.798	7.627	8.071	8.508
14	0.939	2.005	2.478	3.530	5.067	5.849	6.798	7.627	8.071	8.508
ANSYS ($l=10$mm)	0.939	2.005	2.478	3.531	5.068	5.851	6.799	7.632	8.074	8.512
ANSYS ($l=8$mm)	0.939	2.005	2.478	3.531	5.068	5.850	6.799	7.630	8.073	8.511
ANSYS ($l=6$mm)	0.939	2.005	2.478	3.530	5.068	5.850	6.798	7.629	8.072	8.510
ANSYS ($l=4$mm)	0.939	2.005	2.478	3.530	5.067	5.850	6.798	7.628	8.072	8.509
p-FEM[64]	0.940	2.005	2.478	3.534	5.070	5.853	6.799	7.638	8.073	8.512

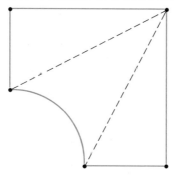

图 3-36　四边自由圆孔方板的三角形单元网格

最后一个算例为一具有不规则开孔的方板,其几何尺寸以及边界条件如图 3-37 所示。板的边长 $a=1\text{m}$,泊松比 $v=0.3$,整个结构被划分为 4 个微分求积升阶谱三角形单元,单元各边界上采用相同的结点数目 P,内部升阶谱形函数的阶次完备到 $P-1$ 阶。表 3-12 给出了微分求积升阶谱三角形单元的计算结果以及 ANSYS 的计算结果,ANSYS 的单元类型与前面相同。从表中可以看到,当单元边界结点数目 $P=10$ 时(相当于 ANSYS 单元尺寸为 $l=10\text{mm}$),微分求积升阶谱有限元方法的计算结果已经达到 3 位有效数字收敛,而 ANSYS 在非常密的网格下($l=1\text{mm}$)仍然少于 3 位有效数字收敛。

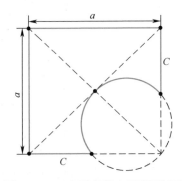

图 3-37　正方形板带有不规则圆孔

表 3-12　不规则开孔的方板的前 10 阶频率参数 $\Omega=\omega\sqrt{\rho/G}$

P	模 态 序 列									
	1	2	3	4	5	6	7	8	9	10
3	2.473	2.576	3.640	6.941	7.847	8.947	10.678	11.457	14.303	14.747
4	2.366	2.425	3.272	5.770	7.200	7.407	7.826	9.108	10.815	11.991
5	2.348	2.382	3.127	5.386	6.775	7.164	7.226	8.519	9.994	10.360
6	2.338	2.371	3.098	5.252	6.568	6.973	7.159	8.460	9.323	10.156
7	2.333	2.369	3.081	5.213	6.534	6.905	7.144	8.402	8.982	10.120
8	2.331	2.368	3.077	5.199	6.520	6.891	7.137	8.391	8.895	10.105
9	2.330	2.368	3.076	5.194	6.516	6.889	7.134	8.388	8.875	10.071
10	2.330	2.368	3.076	5.192	6.515	6.888	7.133	8.387	8.871	10.060
11	2.330	2.368	3.075	5.192	6.514	6.888	7.133	8.386	8.869	10.056
12	2.330	2.368	3.075	5.191	6.514	6.888	7.132	8.386	8.868	10.055
13	2.330	2.368	3.075	5.191	6.514	6.888	7.132	8.385	8.868	10.055

（续）

P	模态序列									
	1	2	3	4	5	6	7	8	9	10
14	2.330	2.368	3.075	5.191	6.514	6.888	7.132	8.385	8.868	10.054
ANSYS($l=10$mm)	2.344	2.385	3.129	5.379	6.810	7.218	7.324	8.636	9.760	10.563
ANSYS($l=5$mm)	2.334	2.372	3.092	5.243	6.594	6.961	7.185	8.459	9.088	10.225
ANSYS($l=3$mm)	2.331	2.369	3.083	5.214	6.547	6.915	7.151	8.412	8.950	10.136
ANSYS($l=2$mm)	2.331	2.369	3.080	5.203	6.530	6.902	7.141	8.397	8.910	10.106
ANSYS($l=1$mm)	2.330	2.368	3.079	5.199	6.523	6.895	7.136	8.390	8.888	10.078

3.5 小　结

　　本章从弹性力学平面问题的基本方程、变分原理出发,在此基础上详细介绍了四边形和三角形微分求积升阶谱有限元方法的几何映射、形函数构造和有限元离散,最后通过静力学和面内振动问题测试了两种单元的性能。本章中的单元边界上的插值形函数是通过混合函数方法和拉格朗日插值函数构造,这种方法比较便于理解,计算效率其实并不高,改进的方法会在本书第七章中介绍。本章通过一系列算例证明以下两点:①微分求积升阶谱有限元方法克服了单元阶次的限制,即在计算过程中可以任意升阶,这样在自适应分析中就不必顾忌单元的数值稳定性了;②微分求积升阶谱有限元方法对网格奇异不敏感,即使单元存在奇异,甚至单元尺寸有量级差异时,仍然可以得到正确的结果。

第四章

剪切板的微分求积升阶谱有限元

剪切板的基本理论是剪切梁的二维推广,其单元类型与平面问题一样属于 C^0 型单元,只是独立位移变量有所增加。剪切板适用于中等厚度的板,因此也称为中厚板。由于只考虑了位移的一阶展开,因此又称为一阶剪切变形板理论。该理论由 Mindlin 首先提出,因此也称为 Mindlin 板理论。与薄板理论相比,剪切板理论仅要求 C^0 连续,比需要 C^1 连续的薄板理论简单许多,因此在工程上有广泛的应用,但剪切板理论可能存在剪切闭锁,因此在应用中需要注意。与常规的低阶有限元相比,升阶谱方法对剪切闭锁不敏感,因此在应用中是有优势的。本章首先介绍了剪切板的基本方程及其变分形式,然后给出剪切板单元的推导过程,最后给出了相关算例,包括静力分析以及自由振动分析。其中,静力分析部分还给出了基于剪切板理论的叠层复合材料板的分析算例,同时动力学部分给出黏弹性叠层板的自由振动分析。

4.1 基本方程

这里首先给出各向同性剪切板的基本方程。如图 4-1 所示,取板的中面为 x-y 平面,那么剪切板内任意一点的位移可以由 3 个广义位移表示为

$$\begin{cases} u(x,y,z) = -z\theta_x(x,y) \\ v(x,y,z) = -z\theta_y(x,y) \\ w(x,y,z) = w(x,y) \end{cases} \tag{4.1}$$

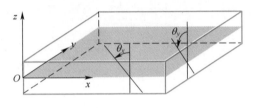

图 4-1　剪切板

式中:θ_x、θ_y 分别表示中面法线在 x-z 平面和 y-z 平面的转角;w 为中面挠度,这

82

3 个广义位移均只与 x、y 坐标有关。因此可以得到剪切板的几何方程为

$$\begin{Bmatrix} \varepsilon_x \\ \varepsilon_y \\ \gamma_{xy} \\ \gamma_{yz} \\ \gamma_{zx} \end{Bmatrix} = - \begin{bmatrix} z\partial/\partial x & 0 & 0 \\ 0 & z\partial/\partial y & 0 \\ z\partial/\partial y & z\partial/\partial x & 0 \\ 0 & 1 & -\partial/\partial y \\ 1 & 0 & -\partial/\partial x \end{bmatrix} \begin{Bmatrix} \theta_x \\ \theta_y \\ w \end{Bmatrix} \qquad (4.2)$$

各向同性剪切板的应力-应变关系为

$$\begin{Bmatrix} \sigma_x \\ \sigma_y \\ \tau_{xy} \\ \tau_{yz} \\ \tau_{zx} \end{Bmatrix} = \frac{E}{1-\upsilon^2} \begin{bmatrix} 1 & \upsilon & 0 & 0 & 0 \\ \upsilon & 1 & 0 & 0 & 0 \\ 0 & 0 & \upsilon_1 & 0 & 0 \\ 0 & 0 & 0 & \kappa\upsilon_1 & 0 \\ 0 & 0 & 0 & 0 & \kappa\upsilon_1 \end{bmatrix} \begin{Bmatrix} \varepsilon_x \\ \varepsilon_y \\ \gamma_{xy} \\ \gamma_{yz} \\ \gamma_{zx} \end{Bmatrix} \qquad (4.3)$$

式中:υ 为泊松比;E 为弹性模量,$\upsilon_1 = (1-\upsilon)/2$;$\kappa$ 为剪切修正系数,对于各向同性单层板通常取 $\kappa = 5/6$,也有人用 $\kappa = \pi^2/12$。由前面 3 式可得剪切板的势能泛函为

$$\varPi = \frac{1}{2} \iiint_V \boldsymbol{\varepsilon}^{\mathrm{T}} \boldsymbol{\sigma} \mathrm{d}v - \iint_S \boldsymbol{u}^{\mathrm{T}} \boldsymbol{P} \mathrm{d}s \qquad (4.4)$$

其中:$\boldsymbol{P} = [m_x, \ m_y, \ q]^{\mathrm{T}}$,$m_x$、$m_y$ 分别为 x-z 平面和 y-z 平面的分布弯矩,q 为横向分布力。板的动能为

$$T = \frac{1}{2} \iiint_V \rho \dot{\boldsymbol{u}}^{\mathrm{T}} \dot{\boldsymbol{u}} \mathrm{d}v \qquad (4.5)$$

将式(4.4)的第一项沿 z 轴方向积分进一步可得

$$\varPi = \frac{1}{2} \iint_s \bar{\boldsymbol{\varepsilon}}^{\mathrm{T}} \boldsymbol{D} \bar{\boldsymbol{\varepsilon}} \mathrm{d}s - \iint_S \boldsymbol{u}^{\mathrm{T}} \boldsymbol{P} \mathrm{d}s \qquad (4.6)$$

其中

$$\bar{\boldsymbol{\varepsilon}} = \begin{Bmatrix} \bar{\varepsilon}_x \\ \bar{\varepsilon}_y \\ \bar{\gamma}_{xy} \\ \bar{\gamma}_{yz} \\ \bar{\gamma}_{zx} \end{Bmatrix} = - \begin{bmatrix} \partial/\partial x & 0 & 0 \\ 0 & \partial/\partial y & 0 \\ \partial/\partial y & \partial/\partial x & 0 \\ 0 & 1 & -\partial/\partial y \\ 1 & 0 & -\partial/\partial x \end{bmatrix} \begin{Bmatrix} \theta_x \\ \theta_y \\ w \end{Bmatrix} \qquad (4.7)$$

$$\boldsymbol{D} = \begin{bmatrix} D_{11} & D_{12} & 0 & 0 & 0 \\ D_{12} & D_{22} & 0 & 0 & 0 \\ 0 & 0 & D_{66} & 0 & 0 \\ 0 & 0 & 0 & C_{44} & 0 \\ 0 & 0 & 0 & 0 & C_{55} \end{bmatrix} \tag{4.8}$$

$$D_{11} = D_{22} = \frac{Eh^3}{12(1-v^2)}, \quad D_{12} = vD_{11}, \quad D_{66} = \frac{Gh^3}{12}, \quad C_{44} = C_{55} = \kappa Gh$$

式(4.6)在形式上适用于各种类型的材料的单层板,对于不同材料其中的刚度系数矩阵 $\boldsymbol{D}$ 是不同的。得到式(4.6)后,用位移函数对其进行离散,即可得到有限单元矩阵。

4.2　剪切板单元

由于剪切板的势能泛函中 w、θ_x、θ_y 的最高阶导数都是一阶的,因此与平面单元一样,剪切板单元也属于 C^0 类单元,其构造方法与平面问题类似。剪切板中有 3 个位移参数,即挠度 w、转角 θ_x 和 θ_y,其近似位移场可设为

$$\begin{bmatrix} w(x,y) \\ \theta_x(x,y) \\ \theta_y(x,y) \end{bmatrix} = \sum_{k=1}^{K} S_k(\xi,\eta) \begin{bmatrix} w_k \\ \theta_{x,k} \\ \theta_{y,k} \end{bmatrix} + \sum_{m=1}^{H_\xi} \sum_{n=1}^{H_\eta} \varphi_m(\xi)\varphi_n(\eta) \begin{bmatrix} a_{mn} \\ b_{mn} \\ c_{mn} \end{bmatrix} \tag{4.9}$$

记

$$\begin{cases} \boldsymbol{N}^{\mathrm{T}} = [S_1(\xi,\eta) \cdots S_K(\xi,\eta) \, \varphi_1(\xi)\varphi_1(\eta) \cdots \varphi_{H_\xi}(\xi)\varphi_{H_\eta}(\eta)] \\ \boldsymbol{w}^{\mathrm{T}} = [w_1, w_2, \cdots, w_K, a_{11}, \cdots, a_{H_\xi H_\eta}], \\ \boldsymbol{\theta}_x^{\mathrm{T}} = [\theta_{x1}, \theta_{x2}, \cdots, \theta_{xK}, b_{11}, \cdots, b_{H_\xi H_\eta}] \\ \boldsymbol{\theta}_y^{\mathrm{T}} = [\theta_{y1}, \theta_{y2}, \cdots, \theta_{yK}, c_{11}, \cdots, c_{H_\xi H_\eta}] \end{cases} \tag{4.10}$$

通过计算形函数在积分点 (ξ_i, η_j),$i=1,2,\cdots,N_\xi$,$j=1,2,\cdots,N_\eta$ 上的函数值及导数值,可以定义如下矩阵:

$$\begin{cases} \boldsymbol{G} = [\boldsymbol{N}(\xi_1,\eta_1), \boldsymbol{N}(\xi_2,\eta_1), \cdots, \boldsymbol{N}(\xi_{N_\xi}, \eta_{N_\eta})]^{\mathrm{T}} \\ \boldsymbol{A} = [\boldsymbol{N}'_x(\xi_1,\eta_1), \boldsymbol{N}'_x(\xi_2,\eta_1), \cdots, \boldsymbol{N}'_x(\xi_{N_\xi}, \eta_{N_\eta})]^{\mathrm{T}} \\ \boldsymbol{B} = [\boldsymbol{N}'_y(\xi_1,\eta_1), \boldsymbol{N}'_y(\xi_2,\eta_1), \cdots, \boldsymbol{N}'_y(\xi_{N_\xi}, \eta_{N_\eta})]^{\mathrm{T}} \end{cases} \tag{4.11}$$

那么式(4.7)可以离散为

84

$$\left\{\begin{matrix} \overline{\varepsilon}_x \\ \overline{\varepsilon}_y \\ \overline{\gamma}_{xy} \\ \overline{\gamma}_{yz} \\ \overline{\gamma}_{zx} \end{matrix}\right\} = -\begin{bmatrix} A & 0 & 0 \\ 0 & B & 0 \\ B & A & 0 \\ 0 & G & -B \\ G & 0 & -A \end{bmatrix}\left\{\begin{matrix} \boldsymbol{\theta}_x \\ \boldsymbol{\theta}_y \\ \boldsymbol{w} \end{matrix}\right\} \tag{4.12}$$

或记为

$$\boldsymbol{\varepsilon} = \boldsymbol{HU} \tag{4.13}$$

进一步势能泛函可以离散为

$$\Pi = \frac{1}{2}\boldsymbol{U}^{\mathrm{T}}\boldsymbol{H}^{\mathrm{T}}\overline{\boldsymbol{D}}\boldsymbol{HU} - \boldsymbol{U}^{\mathrm{T}}\begin{bmatrix} \boldsymbol{G}^{\mathrm{T}}\boldsymbol{Cm}_x \\ \boldsymbol{G}^{\mathrm{T}}\boldsymbol{Cm}_y \\ \boldsymbol{G}^{\mathrm{T}}\boldsymbol{Cq} \end{bmatrix} \tag{4.14}$$

其中

$$\overline{\boldsymbol{D}} = \begin{bmatrix} D_{11}\boldsymbol{C} & D_{12}\boldsymbol{C} & 0 & 0 & 0 \\ D_{12}\boldsymbol{C} & D_{22}\boldsymbol{C} & 0 & 0 & 0 \\ 0 & 0 & D_{66}\boldsymbol{C} & 0 & 0 \\ 0 & 0 & 0 & C_{44}\boldsymbol{C} & 0 \\ 0 & 0 & 0 & 0 & C_{55}\boldsymbol{C} \end{bmatrix} \tag{4.15}$$

其中 $\boldsymbol{C}$ 的定义与式(3.39)一致。那么刚度矩阵和载荷向量为

$$\boldsymbol{K} = \boldsymbol{H}^{\mathrm{T}}\overline{\boldsymbol{D}}\boldsymbol{H}, \quad \boldsymbol{F} = \begin{bmatrix} \boldsymbol{G}^{\mathrm{T}}\boldsymbol{Cm}_x \\ \boldsymbol{G}^{\mathrm{T}}\boldsymbol{Cm}_y \\ \boldsymbol{G}^{\mathrm{T}}\boldsymbol{Cq} \end{bmatrix} \tag{4.16}$$

将动能式(4.5)离散可以得到剪切板的质量矩阵为

$$\boldsymbol{M} = \rho\begin{bmatrix} J\boldsymbol{G}^{\mathrm{T}}\boldsymbol{CG} & 0 & 0 \\ 0 & J\boldsymbol{G}^{\mathrm{T}}\boldsymbol{CG} & 0 \\ 0 & 0 & h\boldsymbol{G}^{\mathrm{T}}\boldsymbol{CG} \end{bmatrix} \tag{4.17}$$

得到单元矩阵和向量后,其余的计算方法与常规有限元方法基本上是一样的。

4.3 复合材料叠层板单元

在 4.2 节给出了单层剪切(Mindlin)板单元的构造,对于复合材料叠层板,一种简单的做法是将每一层用单层 Mindlin 板来代替,同时在层间满足位移连续性。实际上这种做法属于一种最简单的 Layerwise 叠层板模型(见文献[159])。下面将详细介绍其 DQHFEM 单元列式。

　　图 4-2 为叠层板的位移模式图,由于每一层都是基于一阶剪切变形假设,且层与层之间满足位移连续性条件,因此第 k 层的位移可以表示为

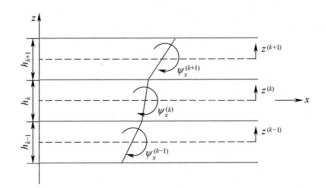

图 4-2　叠层板的位移模式

$$\begin{cases} u^{(k)}(x,y,z) = u_0^{(k)}(x,y) + z^{(k)}\psi_x^{(k)} \\ v^{(k)}(x,y,z) = v_0^{(k)}(x,y) + z^{(k)}\psi_y^{(k)} \\ w^{(k)}(x,y,z) = w(x,y) \end{cases} \qquad (4.18)$$

式中:u_0、v_0 为第 k 层板中面的位移。由于位移 u 和 v 需要层间连续性,因此有

$$\begin{cases} u_0^{(k+1)}(x,y) = u_0^{(k)}(x,y) + \dfrac{h_k}{2}\psi_x^{(k)} + \dfrac{h_{k+1}}{2}\psi_x^{(k+1)} \\ v_0^{(k+1)}(x,y) = v_0^{(k)}(x,y) + \dfrac{h_k}{2}\psi_y^{(k)} + \dfrac{h_{k+1}}{2}\psi_y^{(k+1)} \end{cases} \qquad (4.19)$$

其中 h_k 表示第 k 层厚度且 $z^{(k)} \in [-h_k/2, h_k/2]$。进一步可得第 k 层板的应变位移关系为

$$\begin{bmatrix} \varepsilon_{xx}^{(k)} \\ \varepsilon_{yy}^{(k)} \\ \gamma_{yz}^{(k)} \\ \gamma_{xz}^{(k)} \\ \gamma_{xy}^{(k)} \end{bmatrix} = \begin{bmatrix} \dfrac{\partial}{\partial x} & 0 & 0 & z\dfrac{\partial}{\partial x} & 0 \\ 0 & \dfrac{\partial}{\partial y} & 0 & 0 & z\dfrac{\partial}{\partial y} \\ 0 & 0 & \dfrac{\partial}{\partial y} & 0 & 1 \\ 0 & 0 & \dfrac{\partial}{\partial x} & 1 & 0 \\ \dfrac{\partial}{\partial y} & \dfrac{\partial}{\partial x} & 0 & z\dfrac{\partial}{\partial y} & z\dfrac{\partial}{\partial x} \end{bmatrix} \begin{bmatrix} u_0^{(k)} \\ v_0^{(k)} \\ w \\ \psi_x^{(k)} \\ \psi_y^{(k)} \end{bmatrix} \qquad (4.20)$$

或

$$\boldsymbol{\varepsilon}^{(k)} = \boldsymbol{D}^{(k)} \boldsymbol{u}^{(k)} \tag{4.21}$$

式中:$\boldsymbol{D}^{(k)}$ 为关于厚度坐标 z 的一次函数。在材料坐标系下,应力、应变关系为

$$\begin{bmatrix} \sigma_{11}^{(k)} \\ \sigma_{22}^{(k)} \\ \tau_{23}^{(k)} \\ \tau_{13}^{(k)} \\ \tau_{12}^{(k)} \end{bmatrix} = \begin{bmatrix} Q_{11}^{(k)} & Q_{12}^{(k)} & 0 & 0 & 0 \\ Q_{12}^{(k)} & Q_{22}^{(k)} & 0 & 0 & 0 \\ 0 & 0 & Q_{44}^{(k)} & 0 & 0 \\ 0 & 0 & 0 & Q_{55}^{(k)} & 0 \\ 0 & 0 & 0 & 0 & Q_{66}^{(k)} \end{bmatrix} \begin{bmatrix} \varepsilon_{11}^{(k)} \\ \varepsilon_{22}^{(k)} \\ \gamma_{23}^{(k)} \\ \gamma_{13}^{(k)} \\ \gamma_{12}^{(k)} \end{bmatrix} \tag{4.22}$$

或记为

$$\boldsymbol{\sigma}_m^{(k)} = \boldsymbol{Q}_m^{(k)} \boldsymbol{\varepsilon}_m^{(k)} \tag{4.23}$$

式中:Q_{ij} 为材料主坐标系下的刚度系数($i,j=1,2,4,6$),其表达式为

$$\begin{cases} Q_{11}^{(k)} = \dfrac{E_1}{1 - v_{12}v_{21}}, \quad Q_{12}^{(k)} = \dfrac{v_{12}E_2}{1 - v_{12}v_{21}}, \quad Q_{22}^{(k)} = \dfrac{E_2}{1 - v_{12}v_{21}} \\ Q_{44}^{(k)} = G_{23}, \quad Q_{55}^{(k)} = G_{13}, \quad Q_{66}^{(k)} = G12 \end{cases} \tag{4.24}$$

式中:E_1 和 E_2 分别为 1 和 2 方向的杨氏模量;G_{12}、G_{13} 和 G_{23} 为剪切模量,而泊松比 v_{12} 与 v_{21} 之间满足关系 $v_{12}E_2 = v_{21}E_1$。在 x-y-z 坐标系下的应力和应变与在材料主坐标系下的应力和应变存在如下关系:

$$\boldsymbol{\sigma}^{(k)} = \boldsymbol{T}_k \boldsymbol{\sigma}_m^{(k)}, \quad \boldsymbol{\varepsilon}_m^{(k)} = \boldsymbol{T}_k^{\mathrm{T}} \boldsymbol{\varepsilon}^{(k)} \tag{4.25}$$

式中:$\boldsymbol{T}$ 为坐标转换矩阵,具体表达式为

$$\boldsymbol{T} = \begin{bmatrix} \cos^2\theta & \sin^2\theta & 0 & 0 & -2\sin\theta\cos\theta \\ \sin^2\theta & \cos^2\theta & 0 & 0 & 2\sin\theta\cos\theta \\ 0 & 0 & \cos\theta & \sin\theta & 0 \\ 0 & 0 & -\sin\theta & \cos\theta & 0 \\ \sin\theta\cos\theta & -\sin\theta\cos\theta & 0 & 0 & \cos^2\theta - \sin^2\theta \end{bmatrix} \tag{4.26}$$

式中:θ 为铺层角度。因此在 x-y-z 坐标系下的应力、应变关系为

$$\boldsymbol{\sigma}^{(k)} = \boldsymbol{T}_k \boldsymbol{Q}_m^{(k)} \boldsymbol{T}_k^{\mathrm{T}} \boldsymbol{\varepsilon}^{(k)} = \boldsymbol{Q}^{(k)} \boldsymbol{\varepsilon}^{(k)} \tag{4.27}$$

和高阶剪切板理论一样,在叠层板的计算过程中该理论也不需要剪切修正系数。通过以上公式,板的虚应变能和外力虚功的表达式分别为

$$\delta U = \sum_{k=1}^{N_l} \int_{\Omega^k} (\delta \boldsymbol{\varepsilon}^{(k)})^{\mathrm{T}} \cdot \boldsymbol{\sigma}^{(k)} \,\mathrm{d}v = \sum_{k=1}^{N_l} \int_{\Omega^k} (\boldsymbol{D}^{(k)} \delta \boldsymbol{u}^{(k)})^{\mathrm{T}} \boldsymbol{Q}^{(k)} (\boldsymbol{D}^{(k)} \boldsymbol{u}^{(k)}) \,\mathrm{d}v$$

$$\tag{4.28}$$

$$\delta W_{\text{ext}} = \sum_{k=1}^{N_l} \int_{\Omega^k} (\delta \boldsymbol{u}^{(k)})^{\text{T}} \cdot \boldsymbol{p}^{(k)} \, \mathrm{d}v \qquad (4.29)$$

式中：Ω^k 为第 k 层板；$\boldsymbol{p}^{(k)}$ 为第 k 层板的载荷分布；N_l 为总的层数。使用四边形单元计算该问题时，位移试函数可取为

$$\boldsymbol{u}^{(k)} = \widetilde{\boldsymbol{N}}^{\text{T}} \widetilde{\boldsymbol{u}}^{(k)}, \quad \widetilde{\boldsymbol{N}} = N \otimes \boldsymbol{I}_{5 \times 5} \qquad (4.30)$$

式中：$\widetilde{\boldsymbol{u}}^{(k)}$ 为对应于 $\boldsymbol{u}^{(k)}$ 的广义位移结点向量。将式(4.30)代入虚应变能和外力虚功，进一步得到

$$\delta U = \sum_{k=1}^{N_l} (\delta \widetilde{\boldsymbol{u}}^{(k)})^{\text{T}} \int_{-h_k/2}^{h_k/2} \left[\iint_{S_m} (\boldsymbol{B}^{(k)})^{\text{T}} \boldsymbol{Q}^{(k)} \boldsymbol{B}^{(k)} \, \mathrm{d}x \mathrm{d}y \right] \mathrm{d}z \widetilde{\boldsymbol{u}}^{(k)} \qquad (4.31)$$

和

$$\delta W_{\text{ext}} = \sum_{k=1}^{N_l} (\delta \widetilde{\boldsymbol{u}}^{(k)})^{\text{T}} \int_{-h_k/2}^{h_k/2} \left[\iint_{S_m} \widetilde{\boldsymbol{N}} \cdot \boldsymbol{p}^{(k)} \, \mathrm{d}x \mathrm{d}y \right] \mathrm{d}z \qquad (4.32)$$

式中：S_m 为第 k 层板的中面；$\boldsymbol{B}^{(k)}$ 为第 k 层板的几何矩阵，定义为

$$\boldsymbol{B}^{(k)} = \begin{bmatrix} \boldsymbol{B}_1^{(k)} & \cdots & \boldsymbol{B}_i^{(k)} & \cdots & \boldsymbol{B}_n^{(k)} \end{bmatrix} \qquad (4.33)$$

$$\boldsymbol{B}_i^{(k)} = \begin{bmatrix} \dfrac{\partial N_i}{\partial x} & 0 & 0 & z\dfrac{\partial N_i}{\partial x} & 0 \\[2ex] 0 & \dfrac{\partial N_i}{\partial y} & 0 & 0 & z\dfrac{\partial N_i}{\partial y} \\[2ex] 0 & 0 & \dfrac{\partial N_i}{\partial y} & 0 & N_i \\[2ex] 0 & 0 & \dfrac{\partial N_i}{\partial x} & N_i & 0 \\[2ex] \dfrac{\partial N_i}{\partial y} & \dfrac{\partial N_i}{\partial x} & 0 & z\dfrac{\partial N_i}{\partial y} & z\dfrac{\partial N_i}{\partial x} \end{bmatrix} \qquad (4.34)$$

式中：N_i 为形函数 N 向量中第 i 个形函数；n 为形函数向量的维数。第 k 层板独立位移变量 $\boldsymbol{u}^{(k)}$ 与全局独立位移变量 $\boldsymbol{u}_g$ 之间存在一定的转换关系：

$$\boldsymbol{u}^{(k)} = \boldsymbol{H}_k \boldsymbol{u}_g \qquad (4.35)$$

式中：$\boldsymbol{H}_k$ 为转换矩阵。在后文算例中仅考虑 3 层对称铺层叠层板的情况，因此中间层的中面面内位移可以忽略。根据位移连续性条件，第 1 层和第 3 层板中面的面内位移可以简化为

$$\begin{cases} u_0^{(1)}(x,y) = -\dfrac{h_1}{2}\psi_x^{(1)} - \dfrac{h_2}{2}\psi_x^{(2)} \\[2mm] v_0^{(1)}(x,y) = -\dfrac{h_1}{2}\psi_y^{(1)} - \dfrac{h_2}{2}\psi_y^{(2)} \end{cases}, \quad \begin{cases} u_0^{(3)}(x,y) = \dfrac{h_2}{2}\psi_x^{(2)} + \dfrac{h_3}{2}\psi_x^{(3)} \\[2mm] v_0^{(3)}(x,y) = \dfrac{h_2}{2}\psi_y^{(2)} + \dfrac{h_3}{2}\psi_y^{(3)} \end{cases}$$

$$(4.36)$$

全局独立位移变量可以选取为 $\psi_x^{(1)}$、$\psi_y^{(1)}$、$\psi_x^{(2)}$、$\psi_y^{(2)}$、$\psi_x^{(3)}$、$\psi_y^{(3)}$ 和 w。根据式 (4.36) 可以推出 3 层板独立位移变量与全局独立位移变量之间的转换矩阵分别为

$$\boldsymbol{H}_1 = \begin{bmatrix} -\dfrac{h_1}{2} & 0 & -\dfrac{h_2}{2} & 0 & 0 & 0 & 0 \\[2mm] 0 & -\dfrac{h_1}{2} & 0 & -\dfrac{h_2}{2} & 0 & 0 & 0 \\[2mm] 0 & 0 & 0 & 0 & 0 & 0 & 1 \\[1mm] 1 & 0 & 0 & 0 & 0 & 0 & 0 \\[1mm] 0 & 1 & 0 & 0 & 0 & 0 & 0 \end{bmatrix} \quad (4.37)$$

$$\boldsymbol{H}_2 = \begin{bmatrix} 0 & 0 & 0 & 0 & 0 & 0 & 0 \\ 0 & 0 & 0 & 0 & 0 & 0 & 0 \\ 0 & 0 & 0 & 0 & 0 & 0 & 1 \\ 0 & 0 & 1 & 0 & 0 & 0 & 0 \\ 0 & 0 & 0 & 1 & 0 & 0 & 0 \end{bmatrix} \quad (4.38)$$

$$\boldsymbol{H}_3 = \begin{bmatrix} 0 & 0 & \dfrac{h_2}{2} & 0 & \dfrac{h_3}{2} & 0 & 0 \\[2mm] 0 & 0 & 0 & \dfrac{h_2}{2} & 0 & \dfrac{h_3}{2} & 0 \\[2mm] 0 & 0 & 0 & 0 & 0 & 0 & 1 \\[1mm] 0 & 0 & 0 & 0 & 1 & 0 & 0 \\[1mm] 0 & 0 & 0 & 0 & 0 & 1 & 0 \end{bmatrix} \quad (4.39)$$

根据式 (4.37)~式 (4.39) 可以推出第 k 层板位移结点向量 $\widetilde{\boldsymbol{u}}(k)$ 与全局位移结点向量 $\widetilde{\boldsymbol{u}}_g$ 之间的关系,即

$$\widetilde{\boldsymbol{u}}(k) = \widetilde{\boldsymbol{H}}_k \widetilde{\boldsymbol{u}}_g \quad (4.40)$$

其中 $\widetilde{\boldsymbol{H}}_k$ 的表达式为

$$\widetilde{\boldsymbol{H}}_k = \boldsymbol{I}_{n \times n} \otimes \boldsymbol{H}_k \tag{4.41}$$

将转换关系式代入虚应变能和外力虚功,离散后根据变分的任意性得到板的刚度矩阵和载荷向量表达式分别为

$$\boldsymbol{K} = \sum_{k=1}^{N_l} \widetilde{\boldsymbol{H}}_k^{\mathrm{T}} \boldsymbol{K}^{(k)} \widetilde{\boldsymbol{H}}_k, \quad \boldsymbol{f} = \sum_{k=1}^{N_l} \widetilde{\boldsymbol{H}}_k^{\mathrm{T}} \boldsymbol{f}^{(k)} \tag{4.42}$$

其中分别对应第 k 层板的刚度矩阵和载荷向量,其表达式分别为

$$\boldsymbol{K}^{(k)} = \int_{-h_k/2}^{h_k/2} \left[\iint_{S_m} (\boldsymbol{B}^{(k)})^{\mathrm{T}} \boldsymbol{Q}^{(k)} \boldsymbol{B}^{(k)} \,\mathrm{d}x\mathrm{d}y \right] \mathrm{d}z, \quad \boldsymbol{f}^{(k)} = \int_{-h_k/2}^{h_k/2} \left[\iint_{S_m} \widetilde{\boldsymbol{N}} \cdot \boldsymbol{p}^{(k)} \,\mathrm{d}x\mathrm{d}y \right] \mathrm{d}z \tag{4.43}$$

与前文一样,上述积分过程仍然采用微分求积升阶谱方法与高斯–洛巴托积分方案进行离散。

4.4　黏弹性复合材料叠层板单元

作为一种 p-型有限元方法,微分求积升阶谱有限元方法的快速收敛特性使得人们可以采用较少的自由度而达到较高的计算精度,这种优势使其在非线性问题的计算过程中具有明显的优势。下面将考虑其在材料非线性问题,即黏弹性叠层板的自由振动问题中的应用。板的坐标定义如图 4-3 所示,每一层板的位移模式采用 Carrera 统一公式(CUF),对于第 k 层板,位移场可以表示为

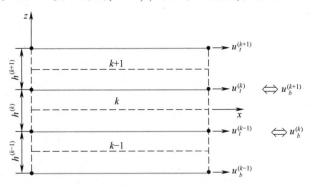

图 4-3　CUF 模型示意图及坐标定义

$$\begin{bmatrix} u_x^{(k)} & u_y^{(k)} & u_z^{(k)} \end{bmatrix}^{\mathrm{T}} = F_t(z) \boldsymbol{u}_t^{(k)} + F_b(z) \boldsymbol{u}_b^{(k)}, \quad k=1,2,3 \tag{4.44}$$

式中: $F_t(z)$ 、$F_b(z)$ 为关于厚度坐标 z 的线性插值函数; $\boldsymbol{u}_t^{(k)}$ 和 $\boldsymbol{u}_b^{(k)}$ 为上下表面的位移,其具体形式为

$$\boldsymbol{u}_t^{(k)} = \begin{bmatrix} u_{xt}^{(k)} & u_{yt}^{(k)} & u_{zt}^{(k)} \end{bmatrix}^{\mathrm{T}}, \quad \boldsymbol{u}_b^{(k)} = \begin{bmatrix} u_{xb}^{(k)} & u_{yb}^{(k)} & u_{zb}^{(k)} \end{bmatrix}^{\mathrm{T}} \tag{4.45}$$

式中:t 和 b 分别为第 k 层板的上下表面,记 $(\boldsymbol{u}^{(k)})^T = [\boldsymbol{u}_t^{(k)}, \boldsymbol{u}_b^{(k)}]$,那么位移场可进一步表示为

$$\begin{bmatrix} u_x^{(k)} & u_y^{(k)} & u_z^{(k)} \end{bmatrix}^{\mathrm{T}} = \hat{\boldsymbol{F}} \boldsymbol{u}^{(k)}, \quad \hat{\boldsymbol{F}} = \begin{bmatrix} F_t & F_b \end{bmatrix} \otimes \boldsymbol{I}_{3 \times 3} \tag{4.46}$$

其中 F_t 和 F_b 的表达式为

$$F_b = 0.5 - (z - z_0^{(k)}) / h^{(k)}, F_t = 0.5 + (z - z_0^{(k)}) / h^{(k)}, z_0^{(k)} = (z_b^{(k)} + z_t^{(k)}) / 2 \tag{4.47}$$

其中 $z_b^{(k)} < z < z_t^{(k)}$,$z_0^{(k)}$ 表示第 k 层板的中面,$h^{(k)}$ 表示第 k 层板的厚度,其计算表达式为 $h^{(k)} = z_t^{(k)} - z_b^{(k)}$。根据 CUF 公式,每层板有 6 个独立位移变量,即 $u_{xt}^{(k)}$、$u_{yt}^{(k)}$、$u_{zt}^{(k)}$、$u_{xb}^{(k)}$、$u_{yb}^{(k)}$ 和 $u_{zb}^{(k)}$。利用三维线弹性体应变-位移关系,最终可以得到 Carrera 理论的应变-位移关系:

$$\begin{bmatrix} \varepsilon_{xx}^{(k)} \\ \varepsilon_{yy}^{(k)} \\ \varepsilon_{zz}^{(k)} \\ \gamma_{yz}^{(k)} \\ \gamma_{xz}^{(k)} \\ \gamma_{xy}^{(k)} \end{bmatrix} = \begin{bmatrix} F_t \dfrac{\partial}{\partial x} & 0 & 0 & F_b \dfrac{\partial}{\partial x} & 0 & 0 \\ 0 & F_t \dfrac{\partial}{\partial y} & 0 & 0 & F_t \dfrac{\partial}{\partial y} & 0 \\ 0 & 0 & \dfrac{1}{h^{(k)}} & 0 & 0 & -\dfrac{1}{h^{(k)}} \\ 0 & \dfrac{1}{h^{(k)}} & F_t \dfrac{\partial}{\partial y} & 0 & -\dfrac{1}{h^{(k)}} & F_b \dfrac{\partial}{\partial y} \\ \dfrac{1}{h^{(k)}} & 0 & F_t \dfrac{\partial}{\partial x} & -\dfrac{1}{h^{(k)}} & 0 & F_b \dfrac{\partial}{\partial x} \\ F_t \dfrac{\partial}{\partial y} & F_t \dfrac{\partial}{\partial x} & 0 & F_b \dfrac{\partial}{\partial y} & F_b \dfrac{\partial}{\partial x} & 0 \end{bmatrix} \begin{bmatrix} u_{xt}^{(k)} \\ u_{yt}^{(k)} \\ u_{zt}^{(k)} \\ u_{xb}^{(k)} \\ u_{yb}^{(k)} \\ u_{zb}^{(k)} \end{bmatrix}$$

$$\tag{4.48}$$

或记为

$$\varepsilon^{(k)} = \boldsymbol{D}^{(k)} \boldsymbol{u}^{(k)} \tag{4.49}$$

应力、应变关系可以根据广义胡克(Hooke)定律得到。对于正交各向异性材料,在材料主坐标系(坐标轴记为 1,2,3)下的应力、应变关系可以表示为

$$\begin{bmatrix} \sigma_{11}^{(k)} \\ \sigma_{22}^{(k)} \\ \sigma_{33}^{(k)} \\ \tau_{23}^{(k)} \\ \tau_{13}^{(k)} \\ \tau_{12}^{(k)} \end{bmatrix} = \begin{bmatrix} Q_{11}^{(k)} & Q_{12}^{(k)} & Q_{13}^{(k)} & 0 & 0 & 0 \\ Q_{12}^{(k)} & Q_{22}^{(k)} & Q_{23}^{(k)} & 0 & 0 & 0 \\ Q_{13}^{(k)} & Q_{23}^{(k)} & Q_{33}^{(k)} & 0 & 0 & 0 \\ 0 & 0 & 0 & Q_{44}^{(k)} & 0 & 0 \\ 0 & 0 & 0 & 0 & Q_{55}^{(k)} & 0 \\ 0 & 0 & 0 & 0 & 0 & Q_{66}^{(k)} \end{bmatrix} \begin{bmatrix} \varepsilon_{11}^{(k)} \\ \varepsilon_{22}^{(k)} \\ \varepsilon_{33}^{(k)} \\ \gamma_{23}^{(k)} \\ \gamma_{13}^{(k)} \\ \gamma_{12}^{(k)} \end{bmatrix} \tag{4.50}$$

将式(4.50)简记为

$$\boldsymbol{\sigma}_m^{(k)} = \boldsymbol{Q}_m^{(k)} \boldsymbol{\varepsilon}_m^{(k)} \tag{4.51}$$

式中：$Q_{ij}^{(k)}$ 为材料主坐标系下的刚度系数 $(i,j=1,2,\cdots,6)$，其计算表达式为

$$Q_{11}^{(k)} = E_1^{(k)} \frac{1 - v_{23}^{(k)} v_{32}^{(k)}}{\Delta}; \quad Q_{22}^{(k)} = E_2^{(k)} \frac{1 - v_{31}^{(k)} v_{13}^{(k)}}{\Delta}; \quad Q_{33}^{(k)} = E_3^{(k)} \frac{1 - v_{12}^{(k)} v_{21}^{(k)}}{\Delta}$$

$$Q_{12}^{(k)} = E_1^{(k)} \frac{v_{21}^{(k)} + v_{31}^{(k)} v_{23}^{(k)}}{\Delta} = E_2^{(k)} \frac{v_{12}^{(k)} + v_{32}^{(k)} v_{13}^{(k)}}{\Delta}$$

$$Q_{13}^{(k)} = E_1^{(k)} \frac{v_{31}^{(k)} + v_{21}^{(k)} v_{32}^{(k)}}{\Delta} = E_2^{(k)} \frac{v_{13}^{(k)} + v_{12}^{(k)} v_{23}^{(k)}}{\Delta}$$

$$Q_{23}^{(k)} = E_2^{(k)} \frac{v_{32}^{(k)} + v_{12}^{(k)} v_{31}^{(k)}}{\Delta} = E_3^{(k)} \frac{v_{23}^{(k)} + v_{21}^{(k)} v_{13}^{(k)}}{\Delta}$$

$$Q_{44}^{(k)} = G_{23}^{(k)}; \quad Q_{55}^{(k)} = G_{13}^{(k)}; Q_{66}^{(k)} = G_{12}^{(k)}$$

$$\Delta = 1 - v_{12}^{(k)} v_{21}^{(k)} - v_{23}^{(k)} v_{32}^{(k)} - v_{31}^{(k)} v_{13}^{(k)} - 2v_{21}^{(k)} v_{32}^{(k)} v_{13}^{(k)} \tag{4.52}$$

式中：$E_1^{(k)}$、$E_2^{(k)}$ 和 $E_3^{(k)}$ 分别为 1，2 和 3 方向的杨氏模量；$G_{12}^{(k)}$，$G_{13}^{(k)}$ 和 $G_{23}^{(k)}$ 为相应的剪切模量，$v_{ij}^{(k)}$ 为泊松比 $(i,j=1,2,3; i \neq j)$，由于泊松比与杨氏模量之间存在关系 $v_{ij}^{(k)}/E_i^{(k)} = v_{ji}^{(k)}/E_j^{(k)}$，因此有 9 个独立的参数决定了正交各向异性材料的属性，即 $E_1^{(k)}$、$E_2^{(k)}$、$E_3^{(k)}$、$G_{12}^{(k)}$、$G_{23}^{(k)}$、$G_{13}^{(k)}$、$v_{12}^{(k)}$、$v_{23}^{(k)}$ 和 $v_{13}^{(k)}$。另外，如果选取 $E_1^{(k)} = E_2^{(k)} = E_3^{(k)}$，$v_{12}^{(k)} = v_{13}^{(k)} = v_{23}^{(k)}$，$G_{12}^{(k)} = G_{13}^{(k)} = G_{23}^{(k)}$，则可以用来描述各向同性材料的本构关系。对于黏弹性层，假设在等温条件下，其材料相关参数可以用复数进行表示，即

$$E_1^*(j\omega) = E_1(\omega)[1 + j\eta_{E_1}(\omega)], \quad G_{23}^*(j\omega) = G_{23}(\omega)[1 + j\eta_{G_{23}}(\omega)]$$

$$E_2^*(j\omega) = E_2(\omega)[1 + j\eta_{E_2}(\omega)], \quad v_{12}^*(j\omega) = v_{12}(\omega)[1 - j\eta_{v_{12}}(\omega)]$$

$$E_3^*(j\omega) = E_3(\omega)[1 + j\eta_{E_3}(\omega)], \quad v_{13}^*(j\omega) = v_{13}(\omega)[1 - j\eta_{v_{13}}(\omega)]$$

$$G_{12}^*(j\omega) = G_{12}(\omega)[1 + j\eta_{G_{12}}(\omega)], \quad v_{23}^*(j\omega) = v_{23}(\omega)[1 - j\eta_{v_{23}}(\omega)]$$

$$G_{13}^*(j\omega) = G_{13}(\omega)[1 + j\eta_{G_{13}}(\omega)] \tag{4.53}$$

式中：η_{E_1}、η_{E_2}、η_{E_3}、$\eta_{G_{12}}$、$\eta_{G_{13}}$、$\eta_{G_{23}}$、$\eta_{v_{12}}$、$\eta_{v_{13}}$ 和 $\eta_{v_{23}}$ 为材料的损耗因子；j 表示虚数单位；ω 为振动的圆频率即黏弹性材料的材料相关参数，是随着振动频率变化的。在 x-y-z 坐标系下的应力和应变与在材料主坐标系下的应力和应变存在如下关系：

$$\boldsymbol{\sigma}^{(k)} = T_k \boldsymbol{\sigma}_m^{(k)}, \boldsymbol{\varepsilon}_m^{(k)} = T_k^{\mathrm{T}} \boldsymbol{\varepsilon}^{(k)} \tag{4.54}$$

式中：T_k 为转换矩阵，其表达式为

$$
T_k=\begin{bmatrix}
\cos^2\theta^{(k)} & \sin^2\theta^{(k)} & 0 & 0 & 0 & -2\sin\theta^{(k)}\cos\theta^{(k)} \\
\sin^2\theta^{(k)} & \cos^2\theta^{(k)} & 0 & 0 & 0 & 2\sin\theta^{(k)}\cos\theta^{(k)} \\
0 & 0 & 1 & 0 & 0 & 0 \\
0 & 0 & 0 & \cos\theta^{(k)} & \sin\theta^{(k)} & 0 \\
0 & 0 & 0 & -\sin\theta^{(k)} & \cos\theta^{(k)} & 0 \\
\sin\theta^{(k)}\cos\theta^{(k)} & -\sin\theta^{(k)}\cos\theta^{(k)} & 0 & 0 & 0 & \cos^2\theta^{(k)}-\sin^2\theta^{(k)}
\end{bmatrix}
$$

$$(4.55)$$

式中：$\theta^{(k)}$ 为第 k 层板的主坐标轴与 x 轴之间的夹角。因此在 $x-y-z$ 坐标系下的应力、应变关系最终可以表示为

$$\boldsymbol{\sigma}^{(k)} = \boldsymbol{T}_k\boldsymbol{Q}_m^{(k)}\boldsymbol{T}_k^{\mathrm{T}}\boldsymbol{\varepsilon}^{(k)} = \boldsymbol{Q}^{(k)}\boldsymbol{\varepsilon}^{(k)} \tag{4.56}$$

因此整个板的虚应变能和惯性力虚功可分别表达为

$$\delta U = \sum_{k=1}^{N_l}\delta U^{(k)}, \quad \delta W_{\mathrm{int}} = \sum_{k=1}^{N_l}\delta W_{\mathrm{int}}^{(k)} \tag{4.57}$$

其中 $\delta U^{(k)}$ 和 $\delta W_{\mathrm{int}}^{(k)}$ 的计算表达式分别为

$$\delta U^{(k)} = \int_{\Omega^k}(\boldsymbol{D}^{(k)}\delta\boldsymbol{u}^{(k)})^{\mathrm{T}}\boldsymbol{Q}^{(k)}(\boldsymbol{D}^{(k)}\boldsymbol{u}^{(k)})\mathrm{d}\Omega^k \tag{4.58}$$

$$\delta W_{\mathrm{int}}^{(k)} = \int_{\Omega^k}(\hat{\boldsymbol{F}}\delta\boldsymbol{u}^{(k)})^{\mathrm{T}}\cdot(-\rho\hat{\boldsymbol{F}}\ddot{\boldsymbol{u}}^{(k)})\mathrm{d}\Omega^k \tag{4.59}$$

取位移试函数

$$\boldsymbol{u}^{(k)} = \widetilde{\boldsymbol{N}}^{\mathrm{T}}\widetilde{\boldsymbol{u}}^{(k)}, \quad \widetilde{\boldsymbol{N}} = \boldsymbol{N}\otimes\boldsymbol{I}_{6\times6} \tag{4.60}$$

式中：$\boldsymbol{N}$ 为形函数向量；$\widetilde{\boldsymbol{u}}^{(k)}$ 为第 k 层板的广义位移结点向量。根据层间的位移连续性条件 $u_{xt}^{(k)} = u_{xb}^{(k+1)}, u_{yt}^{(k)} = u_{yb}^{(k+1)}, u_{zt}^{(k)} = u_{zb}^{(k+1)}, u_{xb}^{(k)} = u_{xt}^{(k-1)}, u_{yb}^{(k)} = u_{yt}^{(k-1)}, u_{zb}^{(k)} = u_{zt}^{(k-1)}$ 可以得到第 k 层板的独立位移变量 $\boldsymbol{u}^{(k)}$ 与全局独立位移变量 $\boldsymbol{u}_g$ 的关系，记

$$\boldsymbol{u}^{(k)} = \boldsymbol{H}_k\boldsymbol{u}_g \tag{4.61}$$

式中：$\boldsymbol{H}_k$ 为第 k 层板的转换矩阵。将式(4.61)代入自由振动虚功方程并进行离散，可得到广义特征值方程

$$[\boldsymbol{K}(\omega) - \lambda_n^*\boldsymbol{M}]\widetilde{\boldsymbol{u}}_g = 0 \tag{4.62}$$

其中 $\lambda_n^*(=\lambda_n(1+\mathrm{j}\eta_n))$ 是相应的复特征值，$\lambda_n = \omega_n^2$ 是复特征值的实部，η_n 是对应于 λ_n 的模态损耗因子。$\boldsymbol{K}(\omega)$ 和 $\boldsymbol{M}$ 是基于 CUF 理论的微分求积升阶谱四边形单元刚度矩阵和质量矩阵，它们的表达式分别为

$$K(\omega) = \sum_{k=1}^{N_l} \widetilde{H}_k^{\mathrm{T}} K^{(k)}(\omega) \widetilde{H}_k \tag{4.63}$$

和

$$M = \sum_{k=1}^{N_l} \widetilde{H}_k^{\mathrm{T}} M^{(k)} \widetilde{H}_k \tag{4.64}$$

式中：$\widetilde{H}_k$ 为第 k 层广义位移结点向量与全局结点位移向量之间的转换矩阵；$K^{(k)}$、$M^{(k)}$ 分别为第 k 层板的刚度矩阵和质量矩阵，表达式分别为

$$K^{(k)}(\omega) = \int_{z_b^{(k)}}^{z_t^{(k)}} \left[\iint_{S_m} (B^{(k)})^{\mathrm{T}} Q^{(k)} B^{(k)} \,\mathrm{d}x\mathrm{d}y \right] \mathrm{d}z \tag{4.65}$$

和

$$M^{(k)} = \int_{z_b^{(k)}}^{z_t^{(k)}} \left[\iint_{S_m} \rho \widetilde{N} (\hat{F}^{\mathrm{T}} \hat{F}) \widetilde{N}^{\mathrm{T}} \,\mathrm{d}x\mathrm{d}y \right] \mathrm{d}z \tag{4.66}$$

式中 $B^{(k)}$ 是几何矩阵，可以根据应变位移关系得到。通过刚度矩阵的表达式可以看出，整个板的刚度是随着振动频率变化的，因此广义特征值方程是关于频率的非线性方程，求解特征值需要迭代计算，图 4-4 给出了迭代计算流程。

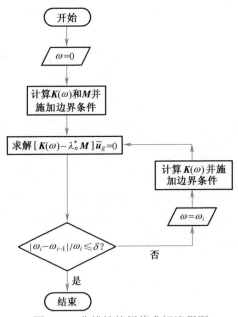

图 4-4　非线性特征值求解流程图

4.5 算 例

4.5.1 各向同性单层板静力分析

如图 4-5 所示为一椭圆 Mindlin 板示意图。其几何参数 $a = 0.5\mathrm{m}$，$b = 0.33333\mathrm{m}$，$h = 0.01\mathrm{m}$，杨氏模量 $E = 1\mathrm{MPa}$，泊松比 $\nu = 0.3$，剪切修正系数 $\kappa = \pi^2/12$，载荷为 $q = 1.0\mathrm{Pa}$ 的均布载荷。表 4-1 给出了该椭圆板在固支、简支边界条件下，点 O、A、B 的挠度、弯矩计算值。其中单元的几何映射采用的是混合函数方法。通过和精确解以及相关数值结果的对比可以看到微分求积升阶谱有限元方法（DQHFEM）在每条边采用 10 个结点的时候就能达到收敛较好的结果，而文献[5]中的微分求积有限元方法（DQFEM）在每个方向上用了 15 个点才得到了较好的结果，这表明 DQHFEM 结果收敛速度更快。此外，无论是固支边界还是简支边界，微分求积升阶谱有限元方法的计算结果都具有较好的精度和较快的收敛性。

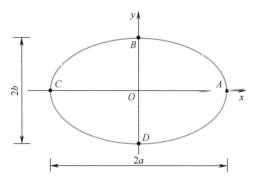

图 4-5 椭圆形 Mindlin 板

表 4-1 受均布荷载作用的椭圆板在固支、简支边界下的挠度、弯矩

(N_e, N_h)	$100(w)_0$	$100(M_x)_0$	$100(M_y)_0$	$100(M_x)_a$	$100(M_y)_b$	$100(w)_0$	$100(M_x)_0$	$100(M_y)_0$
	固支					简支		
精确解[160]	-0.3759	-0.9227	-1.4048	1.1016	2.4791	-1.5549	-2.4662	-3.5660
FEM[161]	-0.3776	-0.9238	-1.4064	1.1012	2.5005	-1.5546	-2.4100	-3.5065
DQFEM[5]	-0.3773	-0.9232	-1.4048	1.1034	2.4779	-1.5462	-2.4195	-3.5583
	基于 Mindlin 板理论的微分求积升阶谱有限元解（$h = 0.01\mathrm{m}$）							
$(6,6)$	-0.3763	-0.9119	-1.3872	1.0675	2.4052	-1.5447	-2.4057	-3.5397
$(6,8)$	-0.3773	-0.9228	-1.4042	1.1045	2.4814	-1.5459	-2.4193	-3.5578

（续）

(N_e, N_h)	$100(w)_0$	$100(M_x)_0$	$100(M_y)_0$	$100(M_x)_a$	$100(M_y)_b$	$100(w)_0$	$100(M_x)_0$	$100(M_y)_0$
$(6,10)$	-0.3773	-0.9232	-1.4048	1.1036	2.4786	-1.5459	-2.4192	-3.5585
$(8,10)$	-0.3773	-0.9232	-1.4048	1.1036	2.4786	-1.5459	-2.4198	-3.5582
$(10,10)$	-0.3773	-0.9232	-1.4048	1.1036	2.4786	-1.5459	-2.4198	-3.5581
$(12,12)$	-0.3773	-0.9232	-1.4049	1.1037	2.4788	-1.5459	-2.4198	-3.5582

4.5.2 叠层复合材料板静力分析

考虑一具有正交对称铺层的方板,铺层角度为$[0°/90°/0°]$,边界条件为四边简支。板的长度为a,厚度设为h,每层的厚度相同,厚跨比$h/a = 1/10$,板的法向受正弦分布的外载荷

$$F_z = F_0\sin\left(\frac{\pi x}{a}\right)\sin\left(\frac{\pi y}{a}\right) \tag{4.67}$$

图4-6中给出了计算时使用的网格模型,A和B分别是所在边的中点。材料常数为$E_1 = 25.0E_2$,$G_{12} = G_{13} = 0.5E_2$,$G_{23} = 0.2E_2$,$\upsilon_{12} = 0.25$。应力和位移计算结果按式(4.68)进行无量纲化,使用微分求积升阶谱有限元四边形单元计算时单元结点数的选取规则为$M = N = P = Q = H_\xi + 1 = H_\eta + 1$。

$$\overline{w} = \frac{10^2 h^3 E_2}{F_0 a^4} w, \quad (\overline{\sigma}_{xx}, \overline{\sigma}_{yy}) = \frac{h^2}{F_0 a^2}(\sigma_{xx}, \sigma_{yy}), \quad (\overline{\tau}_{zx}, \overline{\tau}_{yz}) = \frac{h}{F_0 a}(\tau_{zx}, \tau_{yz})$$

$$\tag{4.68}$$

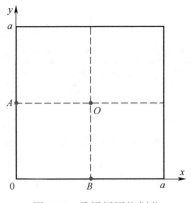

图4-6　叠层板网格划分

表4-2中给出了受法向正弦分布载荷四边简支叠层板的应力和位移微分

求积升阶谱有限元结果以及文献中的结果，表中 $\overline{w}(O,0)$ 表示平面位置 O，厚度坐标为 0 的点，其余类似。从表4-2可以看出本书四边形单元的计算结果有很好的收敛性，优于 Ferreria 使用的基于径向基函数的无网格法，表中本书方法给出的位移和应力都能达到4位有效数字收敛。

表 4-2　受横向正弦分布载荷四边简支叠层板无量纲化应力及位移计算结果

P	$\overline{w}(O,0)$	$\overline{\sigma}_{xx}(O,h/2)$	$\overline{\sigma}_{yy}(O,h/6)$	$\overline{\tau}_{zx}(A,0)$	$\overline{\tau}_{yz}(B,0)$
3	0.7374	0.5598	0.2750	0.3552	0.0939
4	0.7402	0.5715	0.2806	0.3582	0.0958
5	0.7402	0.5717	0.2807	0.3582	0.0958
6	0.7402	0.5717	0.2807	0.3582	0.0958
DQFEM[162]	0.7402	0.5717	0.2807	0.3582	0.0958
Ferreira ($P=15$)[159]	0.7420	0.5731	0.2808	0.3582	0.0931
Ferreira ($P=21$)[159]	0.7427	0.5738	0.2810	0.3590	0.0953
Reddy[163]	0.7125	0.5684	—	0.1033	—

下面考虑均布载荷作用下四边简支三层叠层板静力问题。板的长为 a，厚度为 h，其中中间层厚度为 $8h/10$，表面厚度均为 $h/10$。中间层板的弹性矩阵为

$$\boldsymbol{Q}_{\text{core}} = \begin{bmatrix} 0.999781 & 0.231192 & 0 & 0 & 0 \\ 0.231192 & 0.524886 & 0 & 0 & 0 \\ 0 & 0 & 0.262931 & 0 & 0 \\ 0 & 0 & 0 & 0.266810 & 0 \\ 0 & 0 & 0 & 0 & 0.159914 \end{bmatrix}$$

$$(4.69)$$

上、下两层板的弹性矩阵 $\boldsymbol{Q}_{\text{skin}}$ 与 $\boldsymbol{Q}_{\text{core}}$ 存在如下关系：

$$\boldsymbol{Q}_{\text{skin}} = R\boldsymbol{Q}_{\text{core}} \qquad (4.70)$$

横向位移和应力的计算结果按下式归一化处理

$$\overline{w} = w(O,0)\frac{0.999781}{hq}, \quad \overline{\sigma}_x^{(1)} = \frac{\sigma_x^{(1)}(O,-h/2)}{-q}, \quad \overline{\sigma}_x^{(2)} = \frac{\sigma_x^{(1)}(O,-2h/5)}{-q}$$

$$\overline{\sigma}_x^{(3)} = \frac{\sigma_x^{(2)}(O,-2h/5)}{-q}, \quad \overline{\sigma}_y^{(1)} = \frac{\sigma_y^{(1)}(O,-h/2)}{-q}, \quad \overline{\sigma}_y^{(2)} = \frac{\sigma_y^{(1)}(O,-2h/5)}{-q}$$

$$\overline{\sigma}_y^{(3)} = \frac{\sigma_y^{(2)}(O,-2h/5)}{-q}, \quad \overline{\tau}_{xz}^{(1)} = \frac{\tau_{xz}^{(2)}(A,0)}{q}, \quad \overline{\tau}_{yz}^{(1)} = \frac{\tau_{yz}^{(2)}(B,0)}{q}$$

$$(4.71)$$

式中:q 为均布载荷幅值。表 4-3 中给出了取 $R=5$ 时的应力和位移的无量纲化计算结果。可以看到微分求积升阶谱有限元计算结果与精确解吻合较好,位移计算结果的精度能达到 5 位有效数字,而应力的计算结果则有 4 位有效数字是收敛的。图 4-7 是取 $R=5$ 时 $z^{(1)}=h_1/2$ 位置的应力曲面,可以看出应力的计算结果能较好地满足力边界条件。此外,为考虑叠层板的材料常数沿厚度方向变化较大的情况,表 4-4 和表 4-5 分别给出了当 R 取 10 和 15 时微分求积升阶谱有限元方法计算得到的应力和位移结果,可以看到微分求积升阶谱有限元方法仍然表现出收敛速度快的特点同时与参考结果吻合较好。为考察单元畸形时的收敛性,表 4-6 给出了单元的中心结点移动到点 $(3a/10, 4a/10)$ 时的计算结果。从表中数据可以看出,单元的收敛性对单元的形状畸变并不敏感。

表 4-3　受均布载荷作用四边简支方板应力和位移计算结果($R=5$)

P	$\overline{w}$	$\overline{\sigma}_x^{(1)}$	$\overline{\sigma}_x^{(2)}$	$\overline{\sigma}_x^{(3)}$	$\overline{\sigma}_y^{(1)}$	$\overline{\sigma}_y^{(2)}$	$\overline{\sigma}_y^{(3)}$	$\overline{\tau}_{xz}^{(1)}$	$\overline{\tau}_{yz}^{(1)}$
	使用 1 个单元计算								
19	258.834	60.2516	46.5116	9.3023	38.4933	30.1105	6.0221	4.1076	3.4003
21	258.835	60.2549	46.5092	9.3018	38.4958	30.1087	6.0217	4.1076	3.3994
23	258.835	60.2533	46.5103	9.3021	38.4943	30.1098	6.0220	4.1076	3.3997
25	258.835	60.2540	46.5098	9.3020	38.4951	30.1091	6.0218	4.1076	3.3993
Ferreira ($P=21$)[159]	257.523	59.9675	46.2906	9.2581	38.3209	29.9740	5.9948	4.0463	2.3901
DQFEM ($P=25$)[162]	258.835	60.2540	46.5098	9.3020	38.4951	30.1091	6.0218	4.1076	3.3994
HSDT ($P=21$)[164]	257.110	60.3660	47.0028	9.4006	38.4563	30.2420	6.0484	4.5481	2.3910
	使用 4 个单元计算								
9	258.835	60.2775	46.4708	9.2942	38.5024	30.0908	6.0182	4.1159	3.4113
10	258.835	60.2345	46.5377	9.3075	38.4888	30.1250	6.0250	4.1118	3.4075
11	258.835	60.2701	46.4883	9.2977	38.5016	30.0965	6.0193	4.1104	3.4048
12	258.835	60.2423	46.5241	9.3048	38.4895	30.1192	6.0238	4.1089	3.4031
13	258.835	60.2619	46.5002	9.3000	38.4996	30.1019	6.0204	4.1085	3.4015
14	258.835	60.2484	46.5160	9.3032	38.4913	30.1147	6.0230	4.1080	3.4010
15	258.835	60.2571	46.5062	9.3012	38.4976	30.1055	6.0211	4.1079	3.4002
16	258.835	60.2516	46.5123	9.3025	38.4929	30.1120	6.0224	4.1077	3.4002
17	258.835	60.2549	46.5087	9.3017	38.4963	30.1076	6.0215	4.1077	3.3997
精确解[165]	258.97	60.353	46.623	9.340	38.491	30.097	6.161	4.3641	3.2675

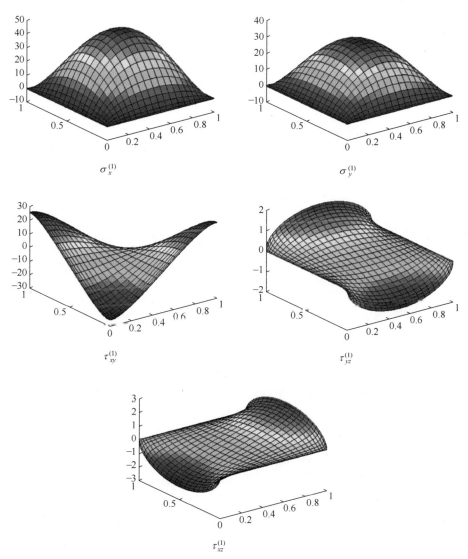

图 4-7　叠层板 $z=-2h/5$ 平面应力曲面（$R=5$，第 1 层）

表 4-4　受均布载荷作用四边简支方板应力和位移计算结果（$R=10$）

P	$\bar{w}$	$\bar{\sigma}_x^{(1)}$	$\bar{\sigma}_x^{(2)}$	$\bar{\sigma}_x^{(3)}$	$\bar{\sigma}_y^{(1)}$	$\bar{\sigma}_y^{(2)}$	$\bar{\sigma}_y^{(3)}$	$\bar{\tau}_{xz}^{(1)}$	$\bar{\tau}_{yz}^{(1)}$
5	160.625	67.6668	50.5826	5.0583	45.9389	35.2960	3.5296	4.1241	3.4304
7	159.372	65.1839	48.7377	4.8738	43.6279	33.4973	3.3497	4.0440	3.4389
9	159.423	65.2591	48.6992	4.8669	43.6551	33.4856	3.3486	4.0204	3.4083

（续）

P	$\bar{w}$	$\bar{\sigma}_x^{(1)}$	$\bar{\sigma}_x^{(2)}$	$\bar{\sigma}_x^{(3)}$	$\bar{\sigma}_y^{(1)}$	$\bar{\sigma}_y^{(2)}$	$\bar{\sigma}_y^{(3)}$	$\bar{\tau}_{xz}^{(1)}$	$\bar{\tau}_{yz}^{(1)}$
11	159.396	65.202	48.7575	4.8758	43.6381	33.5097	3.3510	4.0051	3.4011
13	159.412	65.2511	48.7151	4.8715	43.6581	33.4928	3.3493	3.9986	3.3929
15	159.403	65.2179	48.7436	4.8744	43.6426	33.5061	3.3506	3.9959	3.3868
17	159.407	65.2371	48.7270	4.8727	43.6532	33.4969	3.3497	3.9960	3.3846
19	159.405	65.2270	48.7357	4.8736	43.6464	33.5028	3.3503	3.9955	3.3834
21	159.406	65.2319	48.7316	4.8732	43.6505	33.4993	3.3499	3.9957	3.3830
23	159.406	65.2297	48.7335	4.8734	43.6481	33.5013	3.3501	3.9956	3.3830
25	159.406	65.2306	48.7326	4.8733	43.6494	33.5002	3.3500	3.9956	3.3828
精确解[165]	159.38	65.332	48.857	4.903	43.566	33.413	3.500	4.0959	3.5154

表 4-5　受均布载荷作用四边简支方板应力和位移计算结果($R=15$)

P	$\bar{w}$	$\bar{\sigma}_x^{(1)}$	$\bar{\sigma}_x^{(2)}$	$\bar{\sigma}_x^{(3)}$	$\bar{\sigma}_y^{(1)}$	$\bar{\sigma}_y^{(2)}$	$\bar{\sigma}_y^{(3)}$	$\bar{\tau}_{xz}^{(1)}$	$\bar{\tau}_{yz}^{(1)}$
5	122.650	69.1650	50.0055	3.3337	48.9411	36.9374	2.4625	4.0562	3.4432
7	121.737	66.6047	48.1862	3.2124	46.5251	35.0886	2.3392	3.9753	3.4521
9	121.799	66.7300	48.1103	3.2074	46.5604	35.0566	2.3371	3.9444	3.4218
11	121.764	66.6361	48.2072	3.2138	46.5285	35.0951	2.3397	3.9273	3.4084
13	121.783	66.7092	48.1394	3.2093	46.5595	35.0668	2.3378	3.9218	3.4008
15	121.744	66.6634	48.1818	3.2121	46.5367	35.0878	2.3392	3.9192	3.3935
17	121.778	66.6879	48.1590	3.2106	46.5515	35.0741	2.3383	3.9196	3.3921
19	121.776	66.6760	48.1701	3.2113	46.5425	35.0824	2.3388	3.9190	3.3908
21	121.777	66.6813	48.1652	3.2110	46.5476	35.0777	2.3385	3.9193	3.3906
23	121.776	66.6791	48.1672	3.2112	46.5449	35.0802	2.3387	3.9191	3.3906
25	121.777	66.6800	48.1664	3.2111	46.5463	35.0790	2.3386	3.9192	3.3905
精确解[165]	121.72	66.787	48.299	3.238	46.424	34.955	2.494	3.9638	3.5768

表 4-6　采用畸形单元得到的板中心时位移和应力的计算结果($R=5$)

P	$\bar{w}$	$\bar{\sigma}_x^{(1)}$	$\bar{\sigma}_x^{(2)}$	$\bar{\sigma}_x^{(3)}$	$\bar{\sigma}_y^{(1)}$	$\bar{\sigma}_y^{(2)}$	$\bar{\sigma}_y^{(3)}$	$\bar{\tau}_{xz}^{(1)}$	$\bar{\tau}_{yz}^{(1)}$
9	258.832	60.2496	46.5088	9.3018	38.4940	30.1086	6.0217	4.1102	3.4080
10	258.836	60.2587	46.5048	9.3010	38.4955	30.1100	6.0220	4.1086	3.4044

（续）

P	$\overline{w}$	$\overline{\sigma}_x^{(1)}$	$\overline{\sigma}_x^{(2)}$	$\overline{\sigma}_x^{(3)}$	$\overline{\sigma}_y^{(1)}$	$\overline{\sigma}_y^{(2)}$	$\overline{\sigma}_y^{(3)}$	$\overline{\tau}_{xz}^{(1)}$	$\overline{\tau}_{yz}^{(1)}$
11	258.835	60.2521	46.5137	9.3027	38.4946	30.1083	6.0217	4.1083	3.4026
12	258.834	60.2519	46.5108	9.3022	38.4945	30.1105	6.0221	4.1077	3.4015
13	258.835	60.2561	46.5075	9.3015	38.4950	30.1089	6.0218	4.1078	3.4005
14	258.835	60.2533	46.5110	9.3022	38.4952	30.1088	6.0218	4.1076	3.4003
15	258.835	60.2530	46.5106	9.3021	38.4943	30.1103	6.0221	4.1076	3.3997
16	258.835	60.2546	46.5091	9.3018	38.4951	30.1088	6.0218	4.1076	3.3998
精确解[165]	258.97	60.353	46.623	9.340	38.491	30.097	6.161	4.3641	3.2675

4.5.3 各向同性板自由振动分析

表 4-7 和表 4-8 分别给出了矩形 Mindlin 板在不同边界条件下自由振动的微分求积升阶谱有限元数值解，并与精确解[166]、里兹法数值解[167]以及半解析解[168]进行对比。板的长、宽、高分别用 a、b 和 h 来表示。表 4-9 给出了自由边界圆形 Mindlin 板自由振动频率参数的微分求积升阶谱有限元解并与精确解[169]进行对比，其中圆板的半径和厚度分别用 a 和 h 来表示。在计算过程中，以上 3 个算例均采用混合函数作为单元的几何映射。从表中可以看到，在使用少量的网格点的情况下，微分求积升阶谱有限元方法的数值解就能与精确解吻合较好。

表 4-7　矩形 SCSF 板的频率参数

$$\Omega = \omega a^2 / \pi^2 \sqrt{\rho h / D}\,(b/a = 0.5, h/a = 0.1, \kappa = 0.86667)$$

(N_e, N_h)	模 态 序 列							
	1	2	3	4	5	6	7	8
精确解[166]	2.1467	4.6175	8.2106	8.5189	10.496	13.405	13.935	18.105
(6,6)	2.1446	4.6136	8.2058	9.1209	10.487	14.265	14.834	18.102
(6,8)	2.1441	4.6120	8.2050	9.0923	10.478	14.207	14.629	18.099
(6,10)	2.1440	4.6117	8.2049	9.0894	10.478	14.204	14.621	18.099
(8,10)	2.1460	4.6155	8.2091	8.5250	10.491	13.472	13.931	18.103
(10,12)	2.1464	4.6167	8.2101	8.5177	10.494	13.404	13.932	18.104
(12,12)	2.1466	4.6172	8.2104	8.5183	10.495	13.404	13.934	18.105

表 4-8   方形 SFSF 板的频率参数

$$\Omega = \omega a^2 / \pi^2 \sqrt{\rho h/D} \,(h/a = 0.1, \kappa = 0.82305)$$

(N_e, N_h)	模态序列							
	(1,1)	(2,1)	(3,1)	(1,2)	(2,2)	(3,2)	(1,3)	(2,3)
Liew[167]	0.9564	3.6815	7.7558	1.5588	4.3329	—	3.4290	6.2910
Shufrin[168]	0.9564	3.6815	7.7557	1.5587	4.3327	8.3396	3.4289	6.2908
(6,6)	0.9567	3.6857	8.0805	1.5603	4.3402	8.9216	3.4367	6.3089
(6,8)	0.9565	3.6847	8.0440	1.5595	4.3382	8.8883	3.4318	6.2990
(6,10)	0.9565	3.6845	8.0391	1.5594	4.3379	8.8849	3.4309	6.2973
(8,10)	0.9564	3.6816	7.7638	1.5588	4.3329	8.3535	3.4295	6.2922
(10,12)	0.9564	3.6815	7.7558	1.5587	4.3327	8.3398	3.4290	6.2909
(12,12)	0.9564	3.6815	7.7557	1.5587	4.3327	8.3396	3.4289	6.2908

表 4-9   自由边界圆板的频率参数 $\Omega = \omega a^2 \sqrt{\rho h/D}\,(h/a = 0.1, \kappa = \pi^2/12)$

(N_e, N_h)	模态序列							
	1	2	3	4	5	6	7	8
精确解[167]	5.278	8.868	12.064	19.711	20.801	31.270	33.033	36.041
(6,6)	5.281	8.873	12.110	19.779	20.935	33.374	33.803	35.949
(6,8)	5.278	8.868	12.086	19.714	20.848	32.630	33.049	36.256
(6,10)	5.278	8.868	12.080	19.711	20.837	32.523	33.035	36.049
(8,10)	5.278	8.868	12.065	19.711	20.802	31.292	33.034	36.049
(10,12)	5.278	8.868	12.064	19.711	20.801	31.270	33.033	36.041
(12,12)	5.278	8.868	12.064	19.711	20.801	31.270	33.033	36.041

　　为进一步验证单元组装情况下的计算性能,下面将给出用 5 个单元来计算圆板的自由振动问题,网格划分如图 4-8 所示。在计算过程中考虑了两种单元几何映射方法,即混合函数方法以及 NURBS 映射方法,材料常数以及边界条件与前面相同,其计算结果如表 4-10 所列。可以看到,两种方法的结果都能具有良好的收敛性,但对比表 4-9,可以看到基于一个单元的全局计算方法比基于多个单元的局部方法具有更快的收敛速度。

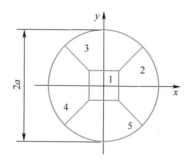

图 4-8　圆形板

表 4-10　采用 5 个单元计算圆形板的自由振动频率

$$\Omega = \omega a^2 \sqrt{\rho h / D}\,(h/a = 0.1, \kappa = \pi^2/12)$$

(N_e, N_h)	模 态 序 列							
	1	2	3	4	5	6	7	8
	混合函数映射							
(6,4)	5.280	8.868	12.091	19.715	20.879	32.753	33.057	36.051
(8,4)	5.278	8.868	12.071	19.712	20.823	31.487	33.044	36.042
(8,8)	5.278	8.868	12.064	19.711	20.801	31.280	33.033	36.041
(10,10)	5.278	8.868	12.064	19.711	20.801	31.270	33.033	36.041
	NURBS 映射							
(6,4)	5.282	8.868	12.136	19.718	21.000	33.107	33.547	36.059
(8,4)	5.280	8.868	12.083	19.714	20.853	31.782	33.051	36.044
(8,8)	5.278	8.868	12.064	19.711	20.803	31.316	33.033	36.041
(10,10)	5.278	8.868	12.064	19.711	20.801	31.270	33.033	36.041
精确解[167]	5.278	8.868	12.064	19.711	20.801	31.270	33.033	36.041

　　为验证微分求积升阶谱有限元方法是否会出现剪切闭锁现象，表 4-11 给出了厚跨比非常小($h/a = 0.0001$)的情况下微分求积升阶谱有限元方法得到的方板在各种边界条件下的 4 阶频率参数，同时与基于薄板理论的参考解进行对比。从表中结果可以看出，微分求积升阶谱有限元方法的结果能快速达到 5 位有效数字收敛，且非常接近 Kantorovich 方法以及微分求积有限元方法的结果，这表明微分求积升阶谱有限元方法能有效避免剪切闭锁问题。

表 4-11　方板的前 4 阶频率参数 $\Omega_{ij} = \omega_{ij} a^2 \sqrt{\rho h/D}$

(N_e, N_h)	模态序列							
	(1,1)	(2,1)	(1,2)	(2,2)	(1,1)	(2,1)	(1,2)	(2,2)
	CSCS				FSFS			
康托洛维奇方法[170]	28.951	69.327	54.743	94.585	9.631	16.135	38.945	46.738
DQFEM[4]	28.951	69.327	54.743	94.585	9.631	16.135	38.945	46.738
	基于 Mindlin 板理论的微分求积升阶谱有限元解($h/a=0.0001$)							
(6,6)	28.951	69.364	54.765	94.620	9.633	16.136	39.006	46.828
(6,8)	28.951	69.348	54.759	94.607	9.633	16.136	39.003	46.826
(6,10)	28.951	69.348	54.759	94.607	9.633	16.136	39.002	46.826
(8,10)	28.951	69.327	54.743	94.586	9.631	16.135	38.945	46.738
(10,10)	28.951	69.327	54.743	94.585	9.631	16.135	38.945	46.738
	CCCC				FFFF			
康托洛维奇方法[170]	35.999	73.405	73.405	108.24	—	—	—	—
DQFEM[4]	35.985	73.394	73.394	108.22	13.468	19.596	24.270	34.801
	基于 Mindlin 板理论的微分求积升阶谱有限元解($h/a=0.0001$)							
(6,6)	35.990	73.420	73.420	108.26	13.469	19.641	24.374	35.111
(6,8)	35.986	73.395	73.395	108.22	13.469	19.641	24.369	35.105
(6,10)	35.985	73.394	73.394	108.22	13.469	19.641	24.368	35.105
(8,10)	35.985	73.394	73.394	108.22	13.468	19.596	24.270	34.801
(10,10)	35.985	73.394	73.394	108.22	13.468	19.596	24.270	34.801

　　下面将讨论微分求积升阶谱有限元方法用于更加复杂的几何域情况。图 4-9 所示为一左端固支的耳片，圆孔半径 $r=0.1\mathrm{m}$，厚度 $h=0.1\mathrm{m}$。材料为各向同性，杨氏模量 $E=70\mathrm{GPa}$，密度 $\rho=2700\mathrm{kg/m^3}$，泊松比 $\upsilon=0.3$，剪切修正系数 $\kappa=\pi^2/12$。微分求积升阶谱有限元方法采用 8 个单元的计算结果以及 ANSYS 计算结果如表 4-12 所列，其中 ANSYS 采用 SHELL181 单元计算。从表中可以看到当 $(N_e, N_h)=(10,8)$ 时，微分求积升阶谱有限元方法的计算结果已经达到 4 位有效数字收敛，且其计算精度看起来要比当 $l=0.02\mathrm{m}$ 时 ANSYS 的计算结果要好。然而根据图 4-10 所示，微分求积升阶谱有限元方法的样本点（N_e，

N_h)＝(10,8)时,其自由度数目相当于有限元网格尺寸 l＝0.1m (其中微分求积升阶谱有限元方法的网格是将内部结点等效为物理结点之后得到的)。在同一计算机上,微分求积升阶谱有限元方法计算耗时不超过1s,而 ANSYS 在 l＝0.02m 时的计算时间超过了1min,因此,微分求积升阶谱有限元方法的计算效率以及精度都要优于常规有限元方法。

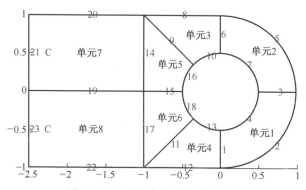

图4-9　左端固支的耳片单元编号

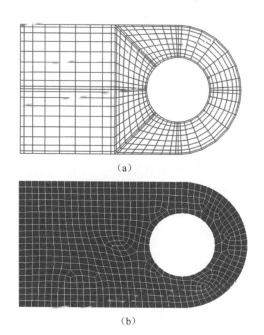

图4-10　网格划分
（a）微分求积升阶谱有限元网格$(N_\mathrm{e},N_\mathrm{h})$＝(10,8)；(b) ANSYS 网格。

表 4-12　各向同性直耳片的固有频率($E=70\mathrm{GPa},\rho=2700\mathrm{kg/m}^3,\upsilon=0.3$)

(Hz)

(N_e,N_h)	模态序列							
	1	2	3	4	5	6	7	8
(6,2)	8.63	29.561	42.474	89.897	111.34	152.58	182.64	213.60
(8,2)	8.63	29.511	42.436	89.740	111.29	152.49	182.19	213.14
(8,4)	8.62	29.431	42.385	89.524	111.12	152.11	181.61	212.62
(10,8)	8.61	29.399	42.369	89.449	111.09	151.99	181.44	212.54
(15,15)	8.61	29.397	42.368	89.445	111.09	151.99	181.43	212.53
ANSYS($l=0.1\mathrm{m}$)	8.62	29.576	42.587	90.092	112.01	152.96	183.30	215.00
ANSYS ($l=0.05\mathrm{m}$)	8.62	29.461	42.430	89.653	111.35	152.29	181.98	213.27
ANSYS ($l=0.1/3\mathrm{m}$)	8.62	29.434	42.401	89.551	111.21	152.12	181.71	212.85
ANSYS ($l=0.025\mathrm{m}$)	8.61	29.419	42.387	89.512	111.17	152.07	181.61	212.74
ANSYS ($l=0.02\mathrm{m}$)	8.61	29.413	42.382	89.494	111.15	152.05	181.56	212.69

4.5.4　叠层复合材料板自由振动分析

下面考虑无阻尼三层矩形夹层板的自振问题。板的面内尺寸为 1.829m× 1.219m,表面层的厚度为 $0.406\times10^{-3}\mathrm{m}$,表面层材料为各向同性材料,杨氏模量 $E=70.23\mathrm{GPa}$,泊松比 $\upsilon=0.3$,密度 $\rho=2.82\times10^3\mathrm{kg/m}^3$;核心层的厚度为 $0.635\times 10^{-2}\mathrm{m}$,杨氏模量 $E_1=E_2=137\mathrm{MPa}$,剪切模量 $G_{12}=45.7\mathrm{MPa}$,$G_{13}=137\mathrm{MPa}$,$G_{23}= 52.7\mathrm{MPa}$,泊松比 $\upsilon_{12}=0.5$,$\upsilon_{13}=0.5$,$\upsilon_{23}=0.3$,密度 $\rho=124.1\mathrm{kg/m}^3$。边界条件 为四边简支约束。表 4-13 中给出了无阻尼夹层板前 10 阶自由振动频率的计 算结果,整个板使用一个单元模拟,其中 Ferreira 的结果也是基于 Carrera 假设 使用 9 结点 Serendipity 单元计算得到的结果,可以看出微分求积升阶谱有限元 结果始终保持稳定快速的收敛特性,且计算结果与参考解吻合较好。

表 4-13　四边简支无阻尼夹层板振动频率　　　(Hz)

(N_P,N_h)	模态序列									
	1	2	3	4	5	6	7	8	9	10
(8,7)	23.259	44.595	70.248	80.734	91.055	126.127	133.163	146.280	166.176	176.911
(10,6)	23.259	44.681	70.405	80.855	91.237	126.322	147.159	166.997	200.387	202.188
(10,7)	23.259	44.595	70.248	80.733	91.055	126.127	133.157	146.280	166.176	176.911
(10,8)	23.259	44.595	70.248	79.868	91.054	125.463	132.538	144.987	164.993	176.392

（续）

(N_P, N_h)	模态序列									
	1	2	3	4	5	6	7	8	9	10
(10,9)	23.259	44.595	70.247	79.865	91.054	125.461	128.739	144.970	164.978	173.153
(12,6)	23.259	44.681	70.405	80.855	91.237	126.322	147.159	166.997	200.387	202.165
(12,7)	23.259	44.596	70.248	80.732	91.055	126.127	133.155	146.279	166.176	176.911
(12,8)	23.259	44.595	70.248	79.868	91.054	125.463	132.537	144.987	164.993	176.392
(12,9)	23.259	44.595	70.247	79.865	91.054	125.461	128.738	144.970	164.978	173.153
(12,10)	23.259	44.595	70.247	79.854	91.054	125.453	128.709	144.956	164.965	173.129
(12,11)	23.259	44.595	70.247	79.854	91.054	125.453	128.599	144.956	164.965	173.040
(14,13)	23.259	44.595	70.247	79.854	91.054	125.453	128.597	144.956	164.965	173.038
(16,15)	23.259	44.595	70.247	79.854	91.054	125.453	128.597	144.956	164.965	173.038
Ferreira	23.26	44.60	70.27	79.90	91.08	125.51	128.85	145.16	165.16	173.29
Arańj [172]	23.5	44.8	71.7	79.5	92.5	126.5	126.8	150.7	170.7	173.0

接下来考虑矩形黏弹性夹层板的振动频率。表4-14 和表4-16 给出了具有黏弹性核心的夹层板自振频率计算结果。夹层板的面内尺寸为 348mm×304.8mm，表面层材料是各向同性材料，杨氏模量为 $E = 68.9$GPa，泊松比为 $\upsilon_{12} = 0.3, \upsilon_{13} = 0, \upsilon_{23} = 0$，密度为 $\rho = 2740$kg/m³。表面层厚度为 0.762mm，核心层厚度为 0.254mm。考虑三种核心层材料：①具有不变黏弹性常数的核心层，即材料的损耗因子为常数，材料的杨氏模量为 $E = 2.67008$MPa，剪切模量可根据杨氏模量和泊松比计算得到 $G_{12} = G_{13} = G_{23} = E/(2(1+\upsilon))$，泊松比 $\upsilon = 0.49$，密度为 $\rho = 999$kg/m³；②核心层材料为 3M ISD112，剪切模量根据 Maxwell 模型计算得到，泊松比设置为 $\upsilon_{12} = 0.5, \upsilon_{13} = 0, \upsilon_{23} = 0$，材料密度为 $\rho = 1600$kg/m³；（3）核心层材料为 DYAD606，剪切模量也是根据 Maxwell 模型计算得到，泊松比设置为 $\upsilon_{12} = 0.3, \upsilon_{13} = 0, \upsilon_{23} = 0$，密度为 $\rho = 1104$kg/m³。利用 Maxwell 模型计算剪切模量的表达式为

$$G^*(\mathrm{j}\omega) = G_0\left(1 + \sum_{i=1}^{n} \frac{\Delta_i \omega}{\omega - \mathrm{j}\Omega_i}\right) \tag{4.72}$$

式中参数 G_0、Δ_i、Ω_i 的取值在表4-15 中给出。表4-14 中给出了第一种核心层材料板的前5阶自由振动频率和模态损耗因子。

107

表 4-14　具有常黏弹性核心层的夹层板前 5 阶
自由振动频率(损耗因子 $\eta_c = 0.5$)　　　　　（Hz）

(N_P, N_h)	模态序列									
	f_1	η_1	f_2	η_2	f_3	η_3	f_4	η_4	f_5	η_5
SSSS										
(8,7)	60.236	0.190	115.226	0.203	130.429	0.199	178.466	0.181	197.262	0.172
(10,9)	60.236	0.190	115.225	0.203	130.428	0.199	178.465	0.181	195.451	0.174
(12,6)	60.236	0.190	115.391	0.203	130.661	0.199	178.778	0.180	197.323	0.172
(12,7)	60.236	0.190	115.226	0.203	130.429	0.199	178.466	0.181	197.262	0.172
(12,8)	60.236	0.190	115.226	0.203	130.429	0.199	178.466	0.181	195.452	0.174
(12,9)	60.236	0.190	115.225	0.203	130.428	0.199	178.465	0.181	195.451	0.174
(12,10)	60.236	0.190	115.225	0.203	130.428	0.199	178.465	0.181	195.427	0.174
(12,11)	60.236	0.190	115.225	0.203	130.428	0.199	178.465	0.181	195.427	0.174
(14,13)	60.236	0.190	115.225	0.203	130.428	0.199	178.465	0.181	195.426	0.174
(16,15)	60.236	0.190	115.225	0.203	130.428	0.199	178.465	0.181	195.426	0.174
(16,15)[①]	58.608	0.185	112.245	0.205	126.990	0.202	173.403	0.186	189.742	0.180
(16,15)[②]	62.302	0.178	120.907	0.185	137.308	0.180	189.470	0.160	207.978	0.153
Ferreira[171]	58.608	0.185	112.254	0.205	127.001	0.202	173.418	0.186	189.834	0.180
解析方法[173]	60.3	0.190	115.4	0.203	130.6	0.199	178.7	0.181	195.7	0.174
CCCC										
(8,7)	87.422	0.190	148.974	0.165	169.956	0.154	223.823	0.139	246.243	0.125
(10,9)	87.400	0.189	148.919	0.165	169.882	0.154	223.723	0.139	241.108	0.135
(12,6)	87.423	0.190	149.142	0.163	170.441	0.151	223.908	0.139	246.464	0.127
(12,7)	87.422	0.190	148.974	0.165	169.956	0.154	223.823	0.139	246.243	0.125
(12,8)	87.400	0.189	148.950	0.165	169.916	0.154	223.822	0.139	241.112	0.135
(12,9)	87.400	0.189	148.919	0.165	169.882	0.154	223.723	0.139	241.108	0.135
(12,10)	87.400	0.189	148.918	0.165	169.881	0.154	223.723	0.139	240.873	0.135
(12,11)	87.399	0.189	148.917	0.165	169.880	0.154	223.720	0.139	240.873	0.135
(14,13)	87.399	0.189	148.917	0.165	169.880	0.154	223.720	0.139	240.872	0.135
(16,15)	87.399	0.189	148.917	0.165	169.880	0.154	223.719	0.139	240.872	0.135
(16,15)[①]	85.050	0.192	144.533	0.170	164.665	0.160	216.522	0.146	232.962	0.141
(16,15)[②]	92.197	0.171	158.639	0.146	181.581	0.135	240.230	0.121	258.980	0.117
Ferreira[171]	85.051	0.192	144.553	0.170	164.695	0.160	216.561	0.146	233.159	0.141
解析方法[173]	87.4	0.189	148.9	0.165	169.9	0.154	223.9	0.139	241.0	0.134

① 表面层的所有泊松比设置为 0;
② 表面层的所有泊松比设置为 0.3

从表 4-14 中可以看出当表面层的泊松比设置为 $v_{12}=0.3, v_{13}=0, v_{23}=0$ 时,微分求积升阶谱有限元方法计算得到的频率以及模态损耗因子与解析结果吻合得很好。如果表面层的泊松比全部设置为 0,微分求积升阶谱有限元方法计算结果和 Ferreira 的结果吻合得很好。若取所有泊松比为 0.3 时,频率的计算结果较前两者高。这可以被解释为板在厚度方向上的尺寸远小于板的长或宽,因此可以按照平面应力问题进行处理,表 4-14 中还列出了在单元边界上使用固定的结点数,而逐渐提高内部升阶谱形函数的阶次时微分求积升阶谱有限元方法的计算结果,结果也表现出很好的收敛性。表 4-15 中给出了利用 Maxwell 模型计算 3M ISD112 和 DYAD606 材料的剪切模量时需要的参数。

表 4-15　材料 3MISD112 和 DYAD606 的 Maxwell 公式系数表

i	1	2	3	4	5
	3M ISD112（$T=27{}^{\circ}\text{C}$, $G_0=0.5$MPa）				
Δ_i	0.746	3.265	43.284		
Ω_i/(rad/s)	468.7	4742.4	71532.5		
	DYAD606（$T=10{}^{\circ}\text{C}$, $G_0=5.94$MPa）				
Δ_i	5.88	13.66	8.94	6.47	34.52
Ω_i/(rad/s)	5.85	2345.09	331.70	50.65	25033.79
	DYAD606（$T=25{}^{\circ}\text{C}$, $G_0=2.02$MPa）				
Δ_i	9.89	3.14	18.94	35.06	165.97
Ω_i/(rad/s)	58.18	6.75	403.00	3097.38	57244.00
	DYAD606（$T=30{}^{\circ}\text{C}$, $G_0=2.09$MPa）				
Δ_i	5.40	14.15	1.43	28.33	128.85
Ω_i/(rad/s)	73.06	453.34	8.83	3406.80	52781.28
	DYAD606（$T=38{}^{\circ}\text{C}$, $G_0=1.74$MPa）				
Δ_i	1.15	3.55	11.79	24.41	113.12
Ω_i/(rad/s)	27.02	213.35	1257.50	7585.29	92517.87

表 4-16 中给出了以 3M ISD 112 材料为核心层的黏弹性夹层板前三阶频率和模态损耗因子计算结果,其中 ω_0 是通过代入 $\omega=0$ 求得刚度然后求解广义特征值方程后得到的结果,$f_i(i=1,2,3)$ 为对应的频率。

表 4-16　具有随频率变化弹性常数核心层的夹层
板前三阶振动频率和模态损耗因子

模态序列	1				2			3		
(N_P, N_h)	ω_0/(rad/s)	f_1/Hz	η_1	ω_0/(rad/s)	f_2/Hz	η_2	ω_0/(rad/s)	f_3/Hz	η_3	ω_0/(rad/s)
(6,5)	467.660	80.504	0.255	815.191	142.229	0.267	938.871	163.509	0.264	1239.42

（续）

模态序列	1				2			3		
(N_P, N_h)	$\omega_0/$ (rad/s)	$f_1/$Hz	η_1	$\omega_0/$ (rad/s)	$f_2/$Hz	η_2	$\omega_0/$ (rad/s)	$f_3/$Hz	η_3	$\omega_0/$ (rad/s)
(8,7)	466.429	80.195	0.250	810.593	141.558	0.264	931.094	162.498	0.263	1237.50
(10,9)	466.341	80.180	0.250	810.321	141.511	0.264	930.723	162.431	0.263	1236.99
(12,11)	466.337	80.179	0.250	810.314	141.510	0.264	930.711	162.430	0.263	1236.97
(14,13)	466.337	80.179	0.250	810.313	141.510	0.264	930.710	162.430	0.263	1236.97
(16,15)	466.337	80.179	0.250	810.312	141.510	0.264	930.710	162.430	0.263	1236.97
Ferreira[171]	466.344	80.180	0.250	810.454	141.531	0.264	930.914	162.461	0.263	1237.24
Trindade[174]	481.58	83.01	0.246	839.07	146.61	0.258	967.88	168.92	0.257	1285.48
(6,5)	313.973	53.669	0.235	609.740	108.025	0.291	694.314	123.413	0.297	965.238
(8,7)	313.949	53.665	0.235	608.653	107.837	0.291	692.804	123.155	0.297	963.292
(10,9)	313.949	53.665	0.235	608.649	107.836	0.291	692.797	123.154	0.297	963.284
(12,11)	313.948	53.665	0.235	608.649	107.836	0.291	692.797	123.154	0.297	963.284
(14,13)	313.949	53.665	0.235	608.649	107.836	0.291	692.797	123.154	0.297	963.284
(16,15)	313.948	53.665	0.235	608.649	107.836	0.291	692.797	123.154	0.297	963.284
Ferreira[171]	313.950	53.665	0.235	608.697	107.845	0.291	692.863	123.166	0.297	963.381
Trindade[174]	314.84	53.77	0.213	622.18	110.31	0.272	712.09	126.72	0.283	992.11

表 4-17 给出了以 DYAD606 材料为核心层的夹层板在四边固支以及一对对边固支边界条件下的频率和模态损耗因子的计算结果。其中 ω_0 是通过代入 $\omega = 0$ 求得的圆频率,而 $f_i(i=1,2)$ 是按照图 4-4 所示流程迭代收敛后的计算结果。文献[175]是利用黏弹性叠层板的复模态函数作为基函数计算得到的结果。从表 4-17 中可以看出本书计算得到的第一阶频率值与文献的结果吻合得较好,另外可以看出模态损耗因子随着温度的升高而逐渐增大。

表 4-17　随频率和温度变化黏弹性叠层板非线性频率和模态损耗因子计算结果

温度	Bilasse[175]			1			2		
	$\omega_0/$ (rad/s)	$f_1/$Hz	η_1	$\omega_0/$ (rad/s)	$f_1/$Hz	η_1	$\omega_0/$ (rad/s)	$f_2/$Hz	η_2
				CCCC					
10℃	777.44	152.00	9.44×10^{-3}	777.07	152.14	9.84×10^{-3}	1338.45	283.41	1.33×10^{-2}

（续）

温度	Bilasse[175]			1			2		
	$\omega_0/$ (rad/s)	f_1/Hz	η_1	$\omega_0/$ (rad/s)	f_1/Hz	η_1	$\omega_0/$ (rad/s)	f_2/Hz	η_2
25℃	640.01	150.26	2.31×10^{-2}	639.54	150.68	2.52×10^{-2}	1080.76	280.17	3.21×10^{-2}
30℃	644.44	148.94	3.56×10^{-2}	643.97	149.54	3.93×10^{-2}	1088.26	277.65	4.83×10^{-2}
38℃	620.82	144.26	7.87×10^{-2}	620.35	145.39	9.55×10^{-2}	1048.81	268.70	1.03×10^{-1}
	CFCF								
10℃	441.18	81.05	7.06×10^{-3}	441.72	81.24	7.26×10^{-3}	532.95	100.50	9.88×10^{-3}
25℃	373.40	80.32	1.87×10^{-2}	373.75	80.63	2.02×10^{-2}	450.88	99.50	2.49×10^{-2}
30℃	375.79	79.77	2.99×10^{-2}	376.15	80.14	3.29×10^{-2}	453.64	98.73	3.87×10^{-2}
38℃	362.87	77.61	7.37×10^{-2}	363.02	78.06	8.63×10^{-2}	438.83	95.79	9.49×10^{-2}

4.6 小 结

剪切板与平面问题的微分求积升阶谱有限元基函数是一样的,因此本章的重点内容是微分求积升阶谱有限元方法在剪切板中的应用,包括各向同性板、复合材料叠层板和黏弹性复合材料叠层板。通过一系列静力学和自由振动问题证明,微分求积升阶谱有限元方法对剪切闭锁不敏感、可以用很少的自由度得到很高精度的结果,这些优势的应用价值在叠层复合材料板的静力学及自由振动分析中得到了验证,特别是在黏弹性等非线性问题中,由于微分求积升阶谱有限元方法需要的自由度数少,在迭代计算中可以显著减少计算量。

第五章
薄板的微分求积升阶谱有限元

薄板是工程中一种常见结构,薄板理论相对于剪切板理论来说独立变量更少,因此可以显著减少计算量,而且薄板也不存在剪切闭锁问题,因此当板十分薄的时候采用薄板理论比中厚板理论更有优势,对于流体力学中的一些强形式问题只能采用这种可以保证 C^1 连续的单元。但必须指出的是,薄板理论要比剪切板理论复杂得多,因此本章给出一种简单、实用的薄板微分求积升阶谱有限单元。本章首先介绍了薄板基本方程的建立及其变分形式,其次给出了四边形及三角形薄板单元的构造方法,着重强调了 C^1 连续性单元形函数的生成以及升阶谱形函数的构造,最后本章给出了相关算例来验证单元的数值特性。

5.1 基本方程

厚度比平面尺寸小很多的平面结构称薄板,与板的两个表面距离相等的面称为中面。讨论薄板的弯曲问题时一般将中面作为 x-y 平面,如图 5-1 所示。薄板的几何特性使得如下基本假设薄板在小挠度弯曲问题计算中不至于引起较大误差。

(1)直法线假设,即原来垂直于薄板中面的直线在弯曲后仍然垂直薄板中面,且长度不变。根据这个假设有面外应变 $\gamma_{xz} = \gamma_{yz} = \varepsilon_z = 0$。

(2)中面没有面内位移,即其在 x-y 面的投影不变。

(3)面外应力分量远小于面内应力分量,即它们引起的应变忽略不计。

$$\sigma_z \ll \tau_{xz}, \quad \tau_{yz} \ll \sigma_x, \quad \sigma_y, \tau_{xy} \tag{5.1}$$

(4)对于动力学问题,忽略转动惯性力矩,只考虑平移惯性力。

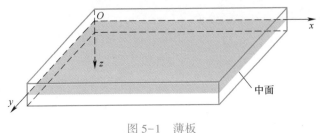

图 5-1 薄板

根据假设(1)和(2),板的位移分量为

$$u = -z\frac{\partial w}{\partial x}, \quad v = -z\frac{\partial w}{\partial y}, \quad w = w(x,y) \tag{5.2}$$

因此独立的位移分量只有中面挠度 w,进而可得其应变分量为(面外应变分量已假设为0)

$$\varepsilon_x = -\frac{\partial^2 w}{\partial x^2}z, \quad \varepsilon_y = -\frac{\partial^2 w}{\partial y^2}z, \quad \gamma_{xy} = -2\frac{\partial^2 w}{\partial x \partial y}z \tag{5.3}$$

根据假设(3),薄板的面外应力分量远小于面内应力分量,因此在薄板理论中采用平面应力问题的物理方程,用位移分量可以表示为

$$\begin{cases} \sigma_x = -\dfrac{Ez}{1-v^2}\left(\dfrac{\partial^2 w}{\partial x^2} + v\dfrac{\partial^2 w}{\partial y^2}\right) \\[3mm] \sigma_y = -\dfrac{Ez}{1-v^2}\left(v\dfrac{\partial^2 w}{\partial x^2} + \dfrac{\partial^2 w}{\partial y^2}\right) \\[3mm] \tau = -\dfrac{Ez}{1+v}\dfrac{\partial^2 w}{\partial x \partial y} \end{cases} \tag{5.4}$$

对于面外应力分量,虽然它们不产生应变,但由平衡条件,这些应力分量是不能完全忽略的。根据三维平衡方程(体力简化为0)可以得到

$$\begin{cases} \tau_{xz} = \dfrac{E}{2(1-v^2)}\left(z^2 - \dfrac{h^2}{4}\right)\dfrac{\partial}{\partial x}\nabla^2 w \\[3mm] \tau_{yz} = \dfrac{E}{2(1-v^2)}\left(z^2 - \dfrac{h^2}{4}\right)\dfrac{\partial}{\partial y}\nabla^2 w \\[3mm] \sigma_z = -\dfrac{Eh^3}{6(1-v^2)}\left(\dfrac{1}{2} - \dfrac{z}{h}\right)^2\left(1 + \dfrac{z}{h}\right)\nabla^2\nabla^2 w \end{cases} \tag{5.5}$$

由于基本假设的限制,使得板的横截面上的应力很难满足实际的应力边界条件,因此一般采用圣维南原理来进行简化,即让这些应力分量在板边单位宽度上合成的内力近似满足边界条件,为此下面将给出板的内力表达式。

显然,板的边界上存在法向应力、面内切应力,以及横向切应力,将这些应力分量沿厚度进行合成便得到板的内力。不妨考虑垂直于 x 轴的横截面,即 $y\text{-}z$ 平面,其应力分量为 σ_x、τ_{xy}、τ_{xz}。由式(5.4)知道,面内应力 σ_x、τ_{xy} 关于中面反对称分布,因此其单位宽度上的主矢为0,而只合成分布弯矩和分布扭矩,z 方向的切应力 τ_{xz} 则只合成横向剪力,那么 $y\text{-}z$ 横截面上的内力有

$$M_x = \int_{-h/2}^{h/2}\sigma_x z\mathrm{d}z, \quad M_{xy} = \int_{-h/2}^{h/2}\tau z\mathrm{d}z, \quad Q_x = \int_{-h/2}^{h/2}\tau_{xz}\mathrm{d}z \tag{5.6}$$

同理 $x\text{-}z$ 平面上的内力有

$$M_y = \int_{-h/2}^{h/2} \sigma_y z \mathrm{d}z, \quad M_{yx} = \int_{-h/2}^{h/2} \tau z \mathrm{d}z, \quad Q_y = \int_{-h/2}^{h/2} \tau_{yz} \mathrm{d}z \tag{5.7}$$

显然 $M_{xy} = M_{yx}$，将式(5.4)和式(5.5)代入式(5.6)和式(5.7)便得到用挠度表示的板的内力。

$$M_x = -D\left(\frac{\partial^2 w}{\partial x^2} + \mu \frac{\partial^2 w}{\partial y^2}\right), \quad M_y = -D\left(\frac{\partial^2 w}{\partial y^2} + \mu \frac{\partial^2 w}{\partial x^2}\right), \quad M_{xy} = -D(1-\mu)\frac{\partial^2 w}{\partial x \partial y}$$

$$Q_x = -D\frac{\partial}{\partial x}\nabla^2 w, \quad Q_y = -D\frac{\partial}{\partial y}\nabla^2 w \tag{5.8}$$

其中 $D = Eh^3/12(1-v^2)$，称为板的抗弯刚度。这样还可以得到板的内力与应力之间的关系：

$$\begin{cases} \sigma_x = \dfrac{12z}{h^3}M_x, \quad \sigma_y = \dfrac{12z}{h^3}M_y, \quad \tau_{xy} = \dfrac{12z}{h^3}M_{xy} \\ \tau_{xz} = \dfrac{3}{2h}\left(1 - \dfrac{4z^2}{h^2}\right)Q_x, \quad \tau_{yz} = \dfrac{3}{2h}\left(1 - \dfrac{4z^2}{h^2}\right)Q_y \end{cases} \tag{5.9}$$

下面建立板的平衡方程。考虑如图 5-2 所示的薄板微元体，由力矩平衡有

$$\begin{cases} Q_x = \dfrac{\partial M_x}{\partial x} + \dfrac{\partial M_{xy}}{\partial y} \\ Q_y = \dfrac{\partial M_{xy}}{\partial x} + \dfrac{\partial M_y}{\partial y} \end{cases} \tag{5.10}$$

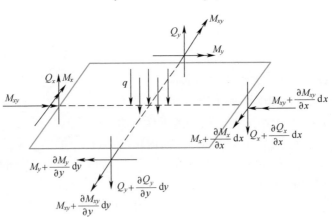

图 5-2　薄板微元及其上的内力和所受载荷

由 z 方向上力的平衡可得

$$\frac{\partial Q_x}{\partial x} + \frac{\partial Q_y}{\partial y} + q = 0 \tag{5.11}$$

将式(5.8)和式(5.10)代入式(5.11)可以得到板的控制微分方程

$$\nabla^4 w = \frac{q}{D} \tag{5.12}$$

其相应的边界条件为

（1）简支

$$w = 0, \quad M_n = 0 \tag{5.13}$$

（2）固支

$$w = 0, \quad \frac{\partial w}{\partial n} = 0 \tag{5.14}$$

（3）自由

$$M_n = 0, \quad Q_n + \frac{\partial M_{ns}}{\partial s} = 0 \tag{5.15}$$

与平面问题类似,板的控制方程和边界条件也有相应的变分形式。以中面挠度 w 为自变函数,薄板的总势能泛函为

$$\Pi = \iint_A \frac{1}{2} \boldsymbol{\kappa}^{\mathrm{T}} \boldsymbol{D} \boldsymbol{\kappa} - qw \mathrm{d}x\mathrm{d}y - \int_{B_\sigma} \bar{q}_n w \mathrm{d}s - \int_{B_\sigma + B_\psi} \overline{M}_n \frac{\partial w}{\partial n} \mathrm{d}s - \sum \overline{P}_i w_i \tag{5.16}$$

其中

$$\boldsymbol{D} = \frac{Eh^3}{12(1-v^2)} \begin{bmatrix} 1 & v & 0 \\ v & 1 & 0 \\ 0 & 0 & \dfrac{1-v}{2} \end{bmatrix}, \quad \boldsymbol{\kappa} = \left[-\frac{\partial^2 w}{\partial x^2}, \ -\frac{\partial^2 w}{\partial y^2}, \ -2\frac{\partial^2 w}{\partial x \partial y} \right]^{\mathrm{T}} \tag{5.17}$$

B_σ 为自由边界,B_ψ 为简支边界,$\bar{q}_n$ 为边界上的横向分布载荷,$\overline{M}_n$ 为法向分布弯矩,$\overline{P}_i$ 为集中载荷。对于薄板的横向自由振动问题,其对应的瑞利商变分为

$$\omega^2 = \mathrm{st} \frac{\displaystyle\iint_A U \mathrm{d}x\mathrm{d}y}{\dfrac{1}{2}\displaystyle\iint_A \rho h w^2 \mathrm{d}x\mathrm{d}y} \tag{5.18}$$

对于采用弱形式的各种数值方法,把近似位移函数代入式(5.16)然后利用变分原理即可得到单元刚度、质量矩阵和载荷向量。

5.2　薄板单元

本小节将给出微分求积升阶谱薄板单元的构造。首先将介绍单位正方形及三角形域上的 C^1 混合函数插值。然后将利用该方法构造四边形单元以及三角形单元的正交多项式升阶谱形函数。为方便施加边界条件以及曲边单元的组装,本节还将讨论自由度的转换以及结点配置问题。最后本节将给出单元协调性分析以及在实际应用中边界条件的施加方法。单元的几何映射可参考前文介绍的平面问题的四边形单元,在此不再赘述。

5.2.1　C^1 型混合函数插值

所谓 C^1 型混合函数插值是指插值函数与被插值函数在给定区域边界上具有相同的函数值以及一阶偏导数。对于光滑函数来说,它等价于求插值函数与被插值函数在区域边界上具有相同的函数值以及法向导数值。下面将分别介绍在正方形区域和三角形区域上的混合函数插值。

1. 四边形区域的混合函数插值

四边形域上的插值精度最高,四边形上的混合函数插值相对三角形域也要容易构造一些。如图 5-3(a)所示,设光滑函数 $F(\xi,\eta)$ 在边界上的函数值以及法向导数值为

$$\begin{cases} f_1(\xi) = F(\xi,-1), f_2(\eta) = F(1,\eta), f_3(\xi) = F(\xi,1), f_4(\eta) = F(-1,\eta) \\ g_1(\xi) = \dfrac{\partial F(\xi,-1)}{\partial \eta}, g_2(\eta) = \dfrac{\partial F(1,\eta)}{\partial \xi}, g_3(\xi) = \dfrac{\partial F(\xi,1)}{\partial \eta}, g_4(\eta) = \dfrac{\partial F(-1,\eta)}{\partial \xi} \end{cases}$$

$$(5.19)$$

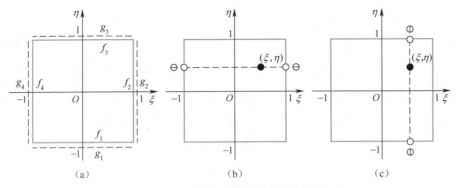

(a)　　　　　　　　　　(b)　　　　　　　　　　(c)

图 5-3　正方形区域的混合函数插值

(a)边界函数以及法向导数;(b)沿 ξ 方向插值;(c)沿 η 方向插值。

为得到满足同样边界函数的近似函数 $\widetilde{F}(\xi,\eta)$，下面将通过在两个方向上进行 3 次埃尔米特插值来构造，其中区间 $[-1,1]$ 上沿 ξ 方向的埃尔米特插值函数为

$$\begin{cases} h_1(\xi) = \dfrac{1}{4}(\xi+1)(\xi-1)^2, h_2(\xi)=\dfrac{1}{4}(\xi+2)(\xi-1)^2 \\ h_3(\xi)=\dfrac{1}{4}(2-\xi)(\xi+1)^2, h_4(\xi)=\dfrac{1}{4}(\xi-1)(\xi+1)^2 \end{cases} \quad (5.20)$$

式中：h_1 和 h_4 为端点导数插值基函数；h_2 和 h_3 为端点插值基函数。通过对 F 沿 ξ 方向插值，如图 5-3(b)所示，可得

$$P_\xi[F] = g_4(\eta)h_1(\xi) + f_4(\eta)h_2(\xi) + f_2(\eta)h_3(\xi) + g_2(\eta)h_4(\xi) \quad (5.21)$$

式中：$P_\xi[\cdot]$ 为 ξ 方向的插值算子。显然，在边界 $\xi=\pm1$ 上，$P_\xi[F]$ 与 F 具有相同的边界函数值以及导数值。那么其残差为

$$R = F - P_\xi[F] \quad (5.22)$$

在边界 $\xi=\pm1$ 上满足函数值以及法向导数值均为 0。进一步对 R 沿 η 方向插值(图 5-3(c))可得

$$P_\eta[R] = R(\xi,-1)h_1(\eta) + R_\eta(\xi,\ \ 1)h_2(\eta) + R(\xi,1)h_3(\eta) + R_\eta(\xi,1)h_4(\eta) \quad (5.23)$$

式中：$P_\eta[\cdot]$ 为 η 方向的插值算子；R_η 为 R 关于 η 的偏导数。显然，$P_\eta[R]$ 在边界 $\xi=\pm1$ 上的函数值以及法向导数值均为 0，而在边界 $\eta=\pm1$ 上具有与 R 相同的函数值以及法向导数值。那么最终所求的插值函数 $\widetilde{F}$ 可以表示为

$$\widetilde{F} = P_\xi[F] + P_\eta[R] \quad (5.24)$$

从方程式(5.21)以及式(5.23)可以看到，插值算子满足线性性质，那么有

$$P_\eta[R] = P_\eta[F - P_\xi[F]] = P_\eta[F] - P_\eta[P_\xi[F]] \quad (5.25)$$

同样，插值算子满足交换律，因此 $P_\eta[P_\xi[F]] = P_\xi[P\eta[F]]$，或记为 $P_\eta P_\xi[F] = P_\xi P\eta[F]$。将式(5.25)代入方程式(5.26)得

$$\widetilde{F} = (P_\xi \oplus P_\eta)[F] = P_\xi[F] + P_\eta[F] - P_\xi P_\eta[F] \quad (5.26)$$

其中

$$P_\xi[F] = g_4(\eta)h_1(\xi) + f_4(\eta)h_2(\xi) + f_2(\eta)h_3(\xi) + g_2(\eta)h_4(\xi) \quad (5.27)$$

$$P_\eta[F] = g_1(\xi)h_1(\eta) + f_1(\xi)h_2(\eta) + f_3(\xi)h_3(\eta) + g_3(\xi)h_4(\eta) \quad (5.28)$$

117

$$P_\xi P_\eta[F] = h_1(\xi)[g_1'(-1)h_1(\eta) + f_1'(-1)h_2(\eta) + f_3'(-1)h_3(\eta) +$$
$$g_3'(-1)h_4(\eta)] + h_2(\xi)[g_1(-1)h_1(\eta) + f_1(-1)h_2(\eta) +$$
$$f_3(-1)h_3(\eta) + g_3(-1)h_4(\eta)] + h_3(\xi)[g_1(1)h_1(\eta) +$$
$$f_1(1)h_2(\eta) + f_3(1)h_3(\eta) + g_3(1)h_4(\eta)] + h_4(\xi)[g_1'(1) \cdot$$
$$h_1(\eta) + f_1'(1)h_2(\eta) + f_3'(1)h_3(\eta) + g_3'(1)h_4(\eta)] \qquad (5.29)$$

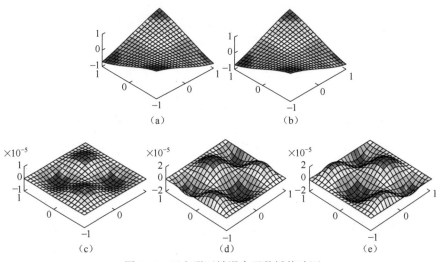

图 5-4　正方形区域混合函数插值验证

(a) $F = \sin(\xi)\sin(\eta)$；(b) $\widetilde{F}$；(c) $F - \widetilde{F}$；(d) $\partial F/\partial\xi - \partial\widetilde{F}/\partial\xi$；(e) $\partial F/\partial\eta - \partial\widetilde{F}/\partial\eta$。

式(5.26)的思想是插值函数由两个方向的插值叠加并减去重合部分而得到。为检验上述插值公式的性质,图 5-4 给出了被插值函数 $F = \sin(\xi)\sin(\eta)$ 与插值函数 $\widetilde{F}$ 的函数曲面,以及它们的导数之差。可以看到,误差在边界上都严格为 0,这说明 F 与 $\widetilde{F}$ 具有相同的边界函数值和一阶导数值。

2. 三角形区域的混合函数插值

下面讨论三角形区域的混合函数插值。如图 5-5(a) 所示为一三角形区域,被插值函数 F 在区域边界上的函数值以及相应的导数值为

$$\begin{cases} f_1(\xi) = F(\xi,0), \quad f_2(\eta) = F(1-\eta,\eta), \quad f_3(\eta) = F(0,\eta) \\ g_1(\xi) = \dfrac{\partial F(\xi,0)}{\partial\eta}, \quad g_2(\eta) = \dfrac{\partial F(1-\eta,\eta)}{\partial\xi}, \quad g_3(\eta) = \dfrac{\partial F(0,\eta)}{\partial\xi} \end{cases}$$
$$(5.30)$$

与 5.1 节类似,构造插值函数 $\widetilde{F}$ 的步骤仍然是先沿着 ξ 方向插值(图 5-5(b)),

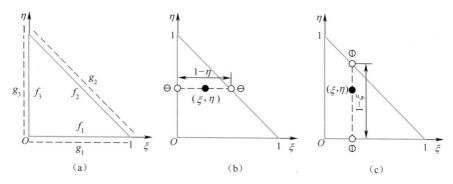

图 5-5　三角形区域混合函数插值

(a)边界函数以及法向导数；(b)沿 ξ 方向插值；(c)沿 η 方向插值。

然后再沿着 η 方向插值(图 5-5(c))，最后减去重复部分。但由于插值区域不再是矩形区域，因此埃尔米特插值函数需要进行修改，如 ξ 方向为

$$
\begin{cases}
\phi_1(\xi,\eta) = \dfrac{\xi\,(\xi + \eta - 1)^2}{(1 - \eta)^2}, & \phi_2(\xi,\eta) = \dfrac{(\xi + \eta - 1)^2(2\xi + 1 - \eta)}{(1 - \eta)^3} \\[3mm]
\phi_3(\xi,\eta) = \dfrac{\xi^2(2\xi - 3 + 3\eta)}{(\eta - 1)^3}, & \phi_4(\xi,\eta) = \dfrac{(\xi + \eta - 1)\xi^2}{(1 - \eta)^2}
\end{cases}
$$

$$(5.31)$$

这些插值函数是用斜线埃尔米特插值构造的，其中 ϕ_1 和 ϕ_4 与 2、3 边界导数插值相关，ϕ_2 和 ϕ_3 与 2、3 边界的函数值插值相关。同理，在 η 方向定义如下插值函数：

$$
\begin{cases}
\psi_1(\xi,\eta) = \phi_1(\eta,\xi), & \psi_2(\xi,\eta) = \phi_2(\eta,\xi) \\
\psi_3(\xi,\eta) = \phi_3(\eta,\xi), & \psi_4(\xi,\eta) = \phi_4(\eta,\xi)
\end{cases}
$$

$$(5.32)$$

其中 ψ_1 和 ψ_4 与边界 1、2 上关于 η 的导数相关，ψ_2 和 ψ_3 则与边界 1、2 的函数值相关，如图 5-5(c)所示。对 F 沿 ξ 方向插值可得

$$P_\xi[F] = g_3(\eta)\phi_1 + f_3(\eta)\phi_2 + f_2(\eta)\phi_3 + g_2(\eta)\phi_4 \qquad (5.33)$$

进而可得残差：

$$R = F - P_\xi[R] \qquad (5.34)$$

及其沿 η 方向的插值：

$$P_\eta[R] = R_\eta(\xi,0)\psi_1 + R(\xi,0)\psi_2 + R(\xi,1-\xi)\psi_3 + R_\eta(\xi,1-\xi)\psi_4$$

$$(5.35)$$

由于 $P_\xi[F]$ 与 F 在边界 2 上具有相同的函数值以及对 ξ 的偏导数值，进而可以推出 $P_\xi[F]$ 与 F 在边界 2 上具有相同的函数值以及关于 η 的偏导数值，因此方

程式(5.35)中有 $R(\xi,1-\xi)=R_\eta(\xi,1-\xi)=0$。那么 $P_\eta[F]$ 将退化为

$$\widetilde{P}_\eta[R]=R_\eta(\xi,0)\psi_1+R(\xi,0)\psi_2=P_\eta[R] \qquad (5.36)$$

那么最终的近似函数 $\widetilde{F}$ 可以表示为

$$\widetilde{F}=(P_\xi\oplus P_\eta)[F]=P_\xi[F]+\widetilde{P}_\eta[F]-\widetilde{P}_\eta P_\xi[F] \qquad (5.37)$$
$$P_\xi[F]=g_3(\eta)\phi_1+f_3(\eta)\phi_2+f_2(\eta)\phi_3+g_2(\eta)\phi_4$$
$$P_\eta[F]=g_1(\xi)\psi_1+f_1(\xi)\psi_2$$
$$\widetilde{P}_\eta P_\xi[F]=\psi_1\begin{bmatrix}g'_3(0)\phi_1(\xi,0)+f'_3(0)\phi_2(\xi,0)+f'_2(0)\phi_3(\xi,0)+g'_2(0)\phi_4(\xi,0)+\\g_3(0)\phi'_{1,\eta}(\xi,0)+f_3(0)\phi'_{2,\eta}(\xi,0)+f_2(0)\phi'_{3,\eta}(\xi,0)+g_2(0)\phi'_{4,\eta}(\xi,0)\end{bmatrix}+$$
$$\psi_2\begin{bmatrix}g_3(0)\phi_1(\xi,0)+f_3(0)\phi_2(\xi,0)+f_2(0)\phi_3(\xi,0)+g_2(0)\phi_4(\xi,0)\end{bmatrix}$$

$$(5.38)$$

为验证上述插值公式,图 5-6 给出了三角形区域的插值检验,可以看到插值函数与被插值函数具有相同的边界函数值以及一阶导数值。

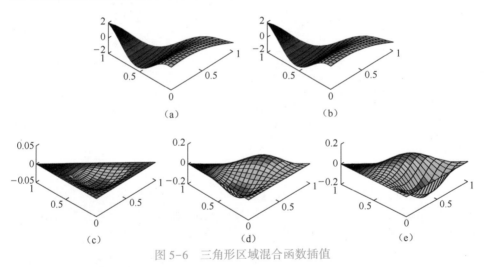

图 5-6　三角形区域混合函数插值

(a) $F=(1+\xi+\eta)\cos(2\xi)\cos(6\eta)$;(b) $\widetilde{F}$;(c) $F-\widetilde{F}$;(d) $\partial F/\partial\xi-\partial\widetilde{F}/\partial\xi$;(e) $\partial F/\partial\eta-\partial\widetilde{F}/\partial\eta$。

5.2.2　四边形单元升阶谱形函数

利用四边形区域的混合函数插值方法可以方便地构造四边形单元的形函数,其基本步骤为:首先根据结点自由度确定式(5.19)中的边界函数 f_i 和 g_i,然后根据公式(5.26)得到相应的形函数。下面将依次讨论顶点形函数和边形函数的构造。如图 5-7 所示为四边形单元的参考域,其中每一个角点配置了 6 个

自由度,因此在参考域的边界上形函数的法向导数值可以由三次埃尔米特插值来构造,而边界的函数值则可以由 5 次埃尔米特插值来构造。方程式(5.20)给出三次埃尔米特插值多项式,而 5 次埃尔米特插值多项式则定义为

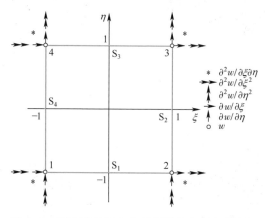

图 5-7　四边形单元在参考系下角点自由度配置

$$\begin{cases} H_1^{(2)} = (1-\xi)^3 (1+\xi)^2/16, & H_2^{(2)} = (1+\xi)^3 (1-\xi)^2/16 \\ H_1^{(1)} = (1-\xi)^3 (1+\xi)(5+3\xi)/16, & H_2^{(1)} = (1+\xi)^3 (\xi-1)(5-3\xi)/16 \\ H_1 = (1-\xi)^3 (3\xi^2+9\xi+8)/16, & H_2 = (1+\xi)^3 (3\xi^2-9\xi+8)/16 \end{cases}$$

(5.39)

其中 H_1 和 H_2 与端点函数值插值相关,$H_1^{(1)}$ 和 $H_2^{(1)}$ 与端点的一次导数相关,$H_1^{(2)}$ 和 $H_2^{(2)}$ 则与端点的二次导数插值相关。

推导角点 $1(\xi=-1, \eta=-1)$ 的挠度 w^{V1} 对应的形函数,可以令该自由度为 1,而其余角点自由度为 0。这时各个边的函数值以及法向导数值则可插值为

$$f_1 = H_1(\xi), \quad f_4 = H_1(\eta), \quad f_2 = f_3 = g_1 = \cdots = g_4 = 0 \quad (5.40)$$

将式(5.40)代入式(5.26)则可得到 w^{V1} 对应的形函数

$$S_w^{V1} = H_1(\eta)h_2(\xi) + H_1(\xi)h_2(\eta) - h_2(\xi)h_2(\eta) \quad (5.41)$$

同理可以得到其他角点自由度对应的形函数,图 5-8 给出了角点 1 对应的 6 个形函数。

对于 C^1 单元来说,边界上的形函数可以分为两部分:第一部分用于提高单元边界函数值的完备阶次,它们在边界上的函数值为 1、法向导数值为 0;第二部分则用于提高边界法向导数的完备阶次,它们在边界上的函数值为 0、法向导数值为 1。由上文所述,由于角点形函数已使得单元边界上的函数值完备阶次为 5 次,以及边界法向导数的完备阶次为 3 次。因此,用于边界函数值完备的

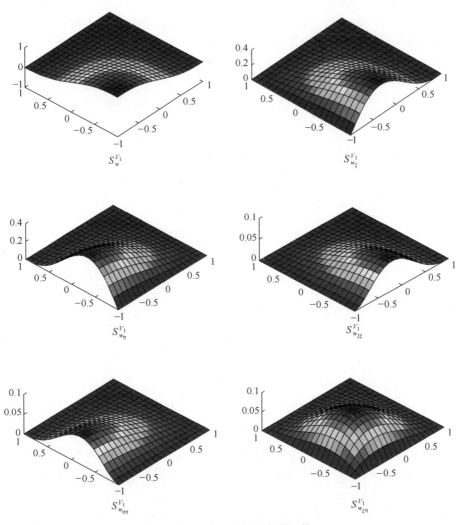

图 5-8　角点 1 处的顶点形函数

边形函数将从第 6 次开始,而用于边界法向导数值完备的边形函数将从第 4 次开始。如在边界 1(用 S_1 表示,其余类似)上, f_1 的一般形式可以设为

$$f_1 = (1 + \xi)^3 (1 - \xi)^3 J_i^{(\alpha,\beta)}(\xi), \quad i = 0,1,\cdots \qquad (5.42)$$

其中 $J_i^{(\alpha,\beta)}$, $i = 0,1,\cdots$ 为雅可比正交多项式,其中权系数 (α,β) 可以与下文中的面函数一样取值为 $(4,4)$,这样可以提高计算效率。式 (5.19) 中其余边界函数可以令其为 0,这样根据式 (5.26) 可以求得边界 1 上与函数值 w 相关的形函数为

$$S_{w,i}^{S_1} = (1 + \xi)^3 (1 - \xi)^3 J_i^{(4,4)}(\xi) h_2(\eta), \quad i = 0,1,\cdots \qquad (5.43)$$

同理,令

$$g_1 = (1 + \xi)^2 (1 - \xi)^2 J_i^{(4,4)}(\xi), \quad i = 0,1,\cdots \qquad (5.44)$$

令式(5.19)中其余边界函数为 0,易得边界 1 上法向导数对应的边界形函数为

$$S_{w_n,i}^{S_1} = (1 + \xi)^2 (1 - \xi)^2 J_i^{(4,4)}(\xi) h_1(\eta), \quad i = 0,1,2,\cdots \qquad (5.45)$$

利用以上方式,可以得到各个边对应的形函数。图 5-9 绘制了四边形单元边界 1 上与函数值以及法向导数值对应的前 3 个形函数的图形。可以看到,这些形函数分别满足边界法向导数为 0 以及函数值为 0 的特点。

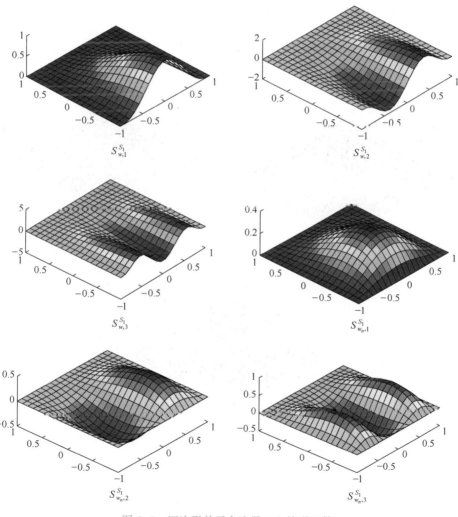

图 5-9　四边形单元在边界 1 上的形函数

四边形单元内部面函数的构造相对简单一些,可以直接采用如下正交多项式的张量积形式,这与 C^0 矩形升阶谱单元面函数的构造是类似的。

$$S_{mn}^F = C_{mn}(1-\xi^2)^2(1-\eta^2)^2 J_{m-1}^{(4,4)}(\xi) J_{n-1}^{(4,4)}(\eta), \quad m=1,2,\cdots,H_\xi, \quad n=1,2,\cdots,H_\eta$$

$$C_{mn} = \frac{1}{2^9}\sqrt{(2m+7)(2n+7)\prod_{i=4}^{7}(m+i)\prod_{j=4}^{7}(n+j)\Big/\prod_{i=0}^{3}(m+i)\prod_{j=0}^{3}(n+i)}$$

(5.46)

式中:m 和 n 为形函数的指标;H_ξ 和 H_η 为两个方向上的基函数个数,系数 C_{mn} 可以通过如下的正交性条件确定:

$$\int_{-1}^{1}\int_{-1}^{1} S_{pq}^F S_{mn}^F \mathrm{d}\xi \mathrm{d}\eta = \delta_{pm}\delta_{qn}$$

(5.47)

式中:δ_{pm} 和 δ_{qn} 为克罗内克符号。图 5-10 绘制了前 3 个面函数的图形,可以看到这些面函数在单元边界上不仅函数值为 0,而且导数值也为 0。

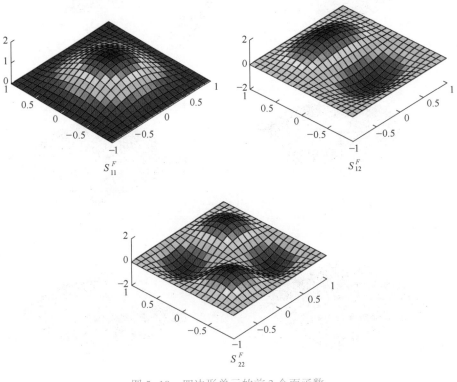

图 5-10　四边形单元的前 3 个面函数

5.2.3　三角形单元升阶谱形函数

与四边形单元形函数的推导类似,三角形单元(图 5-11)的形函数构造也可以通过混合函数插值的方式构造。值得注意的是,在三角形单元角点 2 和 3 处形函数的推导需要格外小心,因为这两个顶点处不再是直角。下面将推导角点 3 处与自由度 $w_\eta^{V_3}$ 对应的形函数作为例子,读者可以自行构造其他自由度对应的形函数。同样令该自由度为 1 其余自由度为 0,那么式(5.30)中边界 1 和边界 3 上的边界函数可以确定为

$$f_3(\eta) = \widetilde{H}_2^{(1)}(\eta), \quad g_3(\eta) = f_1(\eta) = g_1(\eta) = 0 \tag{5.48}$$

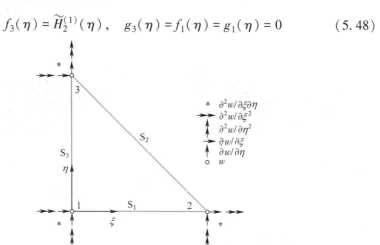

图 5-11　三角形单元角点自由度配置

其中 $\widetilde{H}_2^{(1)}$ 为区间 $[0,1]$ 上的 5 次埃尔米特插值函数(与一次导数相关)。为确定边界 2 上的边界函数,根据 f_2 和 g_2 的定义,可以得到如下关系:

$$f_2(1) = w^{V_3}, \quad f_2'(1) = w_\eta^{V_3} - w_\xi^{V_3}, \quad f_2''(1) = w_{\xi\xi}^{V_3} - 2w_{\xi\eta}^{V_3} + w_{\eta\eta}^{V_3}$$
$$g_2(1) = w_\xi^{V_3}, \quad g_2'(1) = w_{\xi\eta}^{V_3} - w_{\xi\xi}^{V_3} \tag{5.49}$$

注意到已经令 $w_\eta^{V_3} = 1$ 且其余角点自由度为 0,那么式(5.49)变为

$$f_2(1) = 0, \quad f_2'(1) = 1, \quad f_2''(1) = 0, \quad g_2(1) = 0, \quad g_2'(1) = 0 \tag{5.50}$$

而在另一端显然有 $f_2(0) = f_2'(0) = f_2''(0) = g_2(0) = g_2'(0) = 0$。因此,通过 5 次埃尔米特插值和 3 次埃尔米特插值可以得到边界 2 的边界函数

$$f_2(\eta) = \widetilde{H}_2^{(1)}(\eta), \quad g_2(\eta) = 0 \tag{5.51}$$

将式(5.48)和式(5.51)代入插值公式(5.37)中即可得到 $w_\eta^{V_3}$ 对应的形函数,即

$$S_{w_\eta}^{V_3} = H_2^{(1)}(\eta)[\phi_2(\xi, \eta) + \phi_3(\xi, \eta)] \tag{5.52}$$

化简得

$$S_{w_\eta}^{V_3} = -\eta^3(3\eta^2 - 7\eta + 4) \qquad (5.53)$$

同理可以得到其他角点形函数。图 5-12 给出了角点 3 所对应的 6 个形函数。

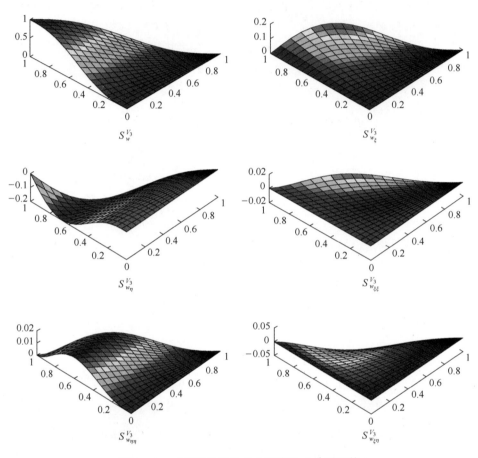

图 5-12　三角形单元角点 3 对应的 6 个形函数

　　类似的方式可以得到三角形单元边界上对应的形函数,但要比顶点形函数的构造简单一些。如边界 1 上,令

$$f_1 = \xi^3(1-\xi)^3 P_i(\xi), \quad i = 0,1,\cdots \qquad (5.54)$$

其中 $P_i(\xi)$ 为 i 次多项式,同时令其余边界函数为 0,那么可以得到边界 1 上关于函数值的边形函数:

$$S_{w,i}^{S_1}(\xi) = \xi^3(1-\xi)^3 P_i(\xi)\psi_2(\xi,\eta), \quad i = 0,1,\cdots \qquad (5.55)$$

理论上 P_i 可以为从 $i=0$ 到任意给定阶次的完备多项式,然而考虑到正交性

要求

$$\int_A S_{w,i}^{S_1} S_{w,j}^{S_1} \mathrm{d}A = C\delta_{ij} \tag{5.56}$$

可以将 P_i 取为如下雅可比多项式：

$$P_i(\xi) = J_i^{(7,6)}(2\xi - 1) \tag{5.57}$$

那么边界 1 上与函数值相关的边形函数可以表示为

$$S_{w,i}^{S_1}(\xi) = \xi^3(\xi + \eta - 1)^2(2\eta + 1 - \xi)J_i^{(7,6)}(2\xi - 1), \quad i = 0, 1, 2, \cdots \tag{5.58}$$

类似地可以得到与法向导数相关的边形函数

$$S_{w_\eta,i}^{S_1}(\xi) = \xi^2\eta (\xi + \eta - 1)^2 J_i^{(7,4)}(2\xi - 1), \quad i = 0, 1, 2, \cdots \tag{5.59}$$

利用以上方式可得到其他边的边形函数。图 5-13 绘制了三角形单元边界 1 上与函数值以及法向导数值对应的前 3 个形函数的图形。

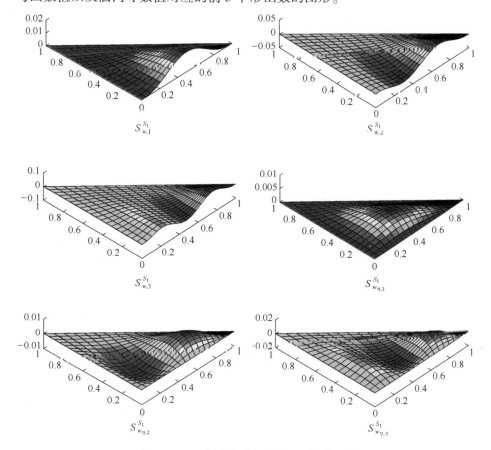

图 5-13　三角形单元在边界 1 上的形函数

 三角形单元的面函数的推导需要构造三角形上的正交多项式,这需要用到三角形上的汇聚坐标系,即需要引入如下坐标变换:

$$u = \frac{2\xi}{1 - \eta} - 1, \quad v = 2\eta - 1 \tag{5.60}$$

这样可以将三角形区域 A 转换到单位正方形区域 D(图 5-14)。根据雅可比正交多项式的正交性条件,可以设面函数的一般形式为

$$S_{mn}^F(\xi, \eta) = C_{mn} (1 - u)^{\alpha/2} (1 + u)^{\beta/2} (1 - v)^{(\gamma-1)/2} (1 + v)^{\lambda/2} J_m^{(\alpha,\beta)}(u) J_n^{(\gamma,\lambda)}(v) \tag{5.61}$$

式中:C_{mn} 是任意常数;α、β、γ 和 λ 为待定系数,可以证明式(5.61)满足如下正交性:

$$\int_A S_{mn}^F S_{pq}^F \,\mathrm{d}\xi\,\mathrm{d}\eta = \int_D \frac{1 - v}{8} S_{mn}^F S_{pq}^F \,\mathrm{d}u\,\mathrm{d}v$$

$$= C \langle J_m^{(\alpha,\beta)}(u), J_p^{(\alpha,\beta)}(u) \rangle_{w_{\alpha,\beta}} \langle J_n^{(\gamma,\lambda)}(v), J_q^{(\gamma,\lambda)}(v) \rangle_{w_{\gamma,\lambda}} \tag{5.62}$$

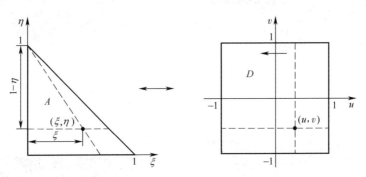

图 5-14　坐标变换

其中

$$\langle J_m^{(\alpha,\beta)}(x), J_n^{(\alpha,\beta)}(x) \rangle_{w_{\alpha,\beta}} = \int_{-1}^1 w_{\alpha,\beta} J_m^{(\alpha,\beta)}(x) J_n^{(\alpha,\beta)}(x) \,\mathrm{d}x = \gamma_n^{\alpha,\beta} \delta_{mn}$$

$$w_{\alpha,\beta} = (1 - x)^\alpha (1 + x)^\beta, \quad \alpha, \beta > -1, \quad x \in (-1, 1)$$

$$\gamma_n^{\alpha,\beta} = \frac{2^{\alpha+\beta+1} \Gamma(n + \alpha + 1) \Gamma(n + \beta + 1)}{(2n + \alpha + \beta + 1) \Gamma(n + 1) \Gamma(n + \alpha + \beta + 1)} \tag{5.63}$$

由于 C^1 面函数要求在三角形域的边界满足函数值以及导数值均为 0,那么根据链式法则,在四边形区域边界上也需要满足函数值与导数值为 0,因此可取 $\alpha = \beta = \lambda = 4$,进而式(5.61)变为

$$S_{mn}^F(\xi, \eta) = C_{mn} (1 - u)^2 (1 + u)^2 (1 - v)^{(\gamma-1)/2} (1 + v)^2 J_m^{(4,4)}(u) J_n^{(\gamma,4)}(v),$$

$$m,n \geqslant 0 \tag{5.64}$$

注意到式(5.64)中包含了部分有理项 $1/(1-\eta)^k$,因此在角点 3 处存在奇异性。为消掉有理项而得到多项式基函数,可以令 $\gamma = 2m+9$,这样式(5.64)可以进一步变为

$$S_{mn}^F(\xi,\eta) = C_{mn}(1-\xi-\eta)^2\xi^2(1-\eta)^m\eta^2J_m^{(4,4)}\left(\frac{2\xi}{1-\eta}-1\right)J_n^{(2m+9,4)}(2\eta-1),$$
$$m,n \geqslant 0 \tag{5.65}$$

可以验证式(5.65)为关于 ξ 和 η 的 $p=m+n+6$ 次多项式。因此式(5.65)可以按照多项式阶次改写为

$$S_{pn}^F(\xi,\eta) = C_{pn}(1-\xi-\eta)^2\xi^2\eta^2(1-\eta)^{p-n-6}J_{p-n-6}^{(4,4)}\left(\frac{2\xi}{1-\eta}-1\right)J_n^{(2p-2n-3,4)}(2\eta-1) \tag{5.66}$$

其中 $p \geqslant 6, n=0,1,\cdots,p-6$。由正交性条件可得系数为

$$C_{pn} = \sqrt{(2p-2n-3)(2p+2)\prod_{i=1}^{4}(p-n-2+i)(2p-n-3+i)\Big/\prod_{i=1}^{4}(p-n-6+i)(n+i)} \tag{5.67}$$

由式(5.66)可得前 3 个面函数为

$$\begin{cases}S_{60}^F = C_{60}\xi^2\eta^2(1-\xi-\eta)^2 \\ S_{70}^F = C_{70}5\xi^2\eta^2(1-\xi-\eta)^2(2\xi+\eta-1) \\ S_{71}^F = C_{71}5\xi^2\eta^2(1-\xi-\eta)^2(3\eta-1)\end{cases} \tag{5.68}$$

其图形如图5-15所示,可以看到在边界上满足函数值以及一阶导数值为0。为方便参考,表5-1给出了四边形单元和三角形单元所有形函数,这些形函数均可以通过混合函数插值得到。值得注意的是,虽然混合函数插值公式形式上显得比较复杂,但该方法只是用于构造形函数。从表5-1可以看到,运用混合函数方法得到的形函数仍然比较简单。对于 p-型有限元来说,随着单元阶次升高,形函数的计算可能占据主导地位。由于角点形函数的数量是固定的(每个角点6个),因此形函数计算主要集中在边界函数以及面函数的计算上面。而对于本章介绍的单元来说,边界上的形函数一般都具有分离变量的形式,这将有利于提高形函数的计算效率。此外,由于这些形函数一般都由雅可比多项式构成,因此在计算过程中可以采用如下迭代公式来计算其函数值以及导数值:

$$a_nJ_n^{(\alpha,\beta)}(x) = (b_nx+c_n)J_{n-1}^{(\alpha,\beta)}(x) - d_nJ_{n-2}^{(\alpha,\beta)}(x)$$
$$\frac{\mathrm{d}}{\mathrm{d}x}J_n^{(\alpha,\beta)}(x) = \frac{n+\alpha+\beta+1}{2}J_{n-1}^{(\alpha+1,\beta+1)}(x), \quad J_{-1}^{(\alpha,\beta)}(x) = 0 \tag{5.69}$$

表 5-1 形函数总结

	四边形单元	三角形单元
角点 1	$S_w^{V_1} = h_2(\xi)H_1(\eta) + H_1(\xi)h_2(\eta) - h_2(\xi)h_2(\eta)$ $S_{w,\xi}^{V_1} = H_1^{(1)}(\xi)h_2(\eta); S_{w,\eta}^{V_1} = h_2(\xi)H_1^{(1)}(\eta)$ $S_{w,\xi\xi}^{V_1} = H_1^{(2)}(\xi)h_2(\eta); S_{w,\xi\eta}^{V_1} = h_2(\xi)H_1^{(2)}(\eta); S_{w,\xi\eta}^{V_1} = h_1(\xi)h_1(\eta)$	$S_w^{V_1} = 6\zeta^5 - 5\zeta^2(3\zeta^2 - 2\zeta - 6\xi\eta + 6\xi\eta\zeta), \zeta = 1-\xi-\eta$ $S_{w,\xi}^{V_1} = \xi(3\eta+1)\zeta^2(3\eta+\zeta); S_{w,\eta}^{V_1} = \eta(3\eta+1)\zeta^2(3\xi+\zeta)/2; S_{w,\xi\eta}^{V_1} = \xi\eta\zeta^2$
角点 2	$S_w^{V_2} = h_3(\xi)H_1(\eta) + H_2(\xi)h_2(\eta) - h_3(\xi)h_2(\eta)$ $S_{w,\xi}^{V_2} = H_2^{(1)}(\xi)h_2(\eta); S_{w,\eta}^{V_2} = h_3(\xi)H_1^{(1)}(\eta)$ $S_{w,\xi\xi}^{V_2} = H_2^{(2)}(\xi)h_2(\eta); S_{w,\xi\eta}^{V_2} = h_3(\xi)H_1^{(2)}(\eta); S_{w,\xi\eta}^{V_2} = h_4(\xi)h_1(\eta)$	$S_w^{V_2} = \xi^3(6\xi^2 - 15\xi + 10); S_{w,\xi}^{V_2} = -\xi^3(3\xi^2 - 7\xi + 4)$ $S_{w,\eta}^{V_2} = \xi^2\eta(9\xi\eta - 9\eta - 2\xi + 6\eta^2 + 3); S_{w,\xi}^{V_2} = \xi^2\eta(3\xi + 2\eta - 2)/2; S_{w,\xi\xi}^{V_2} = -\xi^2\eta(3\xi\eta - 3\eta - \xi + 2\eta^2 + 1)$
角点 3	$S_w^{V_3} = h_3(\xi)H_2(\eta) + H_2(\xi)h_3(\eta) - h_3(\xi)h_3(\eta)$ $S_{w,\xi}^{V_3} = H_2^{(1)}(\xi)h_3(\eta); S_{w,\eta}^{V_3} = h_3(\xi)H_2^{(1)}(\eta)$ $S_{w,\xi\xi}^{V_3} = H_2^{(2)}(\xi)h_3(\eta); S_{w,\xi\eta}^{V_3} = h_3(\xi)H_2^{(2)}(\eta); S_{w,\xi\eta}^{V_3} = h_4(\xi)h_4(\eta)$	$S_w^{V_3} = \eta^3(6\eta^2 - 15\eta + 10)$ $S_{w,\eta}^{V_3} = -\eta^3(3\eta^2 - 7\eta + 4); S_{w,\xi}^{V_3} = \eta^2\xi(9\xi\eta - 9\xi - 2\eta + 6\xi^2 + 3); S_{w,\eta}^{V_3} = \eta^2\xi^2(3\eta + 2\xi - 2)/2; S_{w,\xi\eta}^{V_3} = -\eta^2\xi(3\xi\eta - 3\xi - \eta + 2\xi^2 + 1)$
角点 4	$S_w^{V_4} = h_2(\xi)H_2(\eta) + H_1(\xi)h_3(\eta) - h_2(\xi)h_3(\eta)$ $S_{w,\xi}^{V_4} = H_1^{(1)}(\xi)h_3(\eta); S_{w,\eta}^{V_4} = h_2(\xi)H_2^{(1)}(\eta)$ $S_{w,\xi\xi}^{V_4} = H_1^{(2)}(\xi)h_3(\eta); S_{w,\xi\eta}^{V_4} = h_2(\xi)H_2^{(2)}(\eta); S_{w,\xi\eta}^{V_4} = h_1(\xi)h_4(\eta)$	
边 1	$S_{w,i}^{S_1} = (1+\xi)^3(1-\xi)^3 J_i^{(4,4)}(\xi)h_2(\eta); i = 0,2,\cdots,M-1$ $S_{w,i}^{S_1} = (1+\xi)^2(1-\xi)^2 J_i^{(4,4)}(\xi)h_1(\eta); i = 0,2,\cdots,M$	$S_{w,i}^{S_1} = \xi^3\zeta^2(3\eta+\zeta)J_i^{(7,6)}(2\zeta-1); i = 0,2,\cdots,M-1$ $S_{\eta,i}^{S_1}(\xi) = \xi\eta\zeta^2 J_i^{(7,4)}(2\zeta-1); i = 0,2,\cdots,M$
边 2	$S_{w,i}^{S_2} = (1-\eta)^3(1+\eta)^3 J_i^{(4,4)}(\eta)h_3(\xi); i = 0,2,\cdots,N-1$ $S_{w,i}^{S_2} = (1-\eta)^2(1+\eta)^2 J_i^{(4,4)}(\eta)h_4(\xi); i = 0,2,\cdots,N$	$S_{w,i}^{S_2} = -\xi^2\eta^3(\xi+3\zeta)J_i^{(7,6)}(2\eta-1); i = 0,2,\cdots,N-1$ $S_{\eta,i}^{S_2}(\eta) = -\xi^2\eta^2\zeta J_i^{(7,4)}(2\eta-1); i = 0,2,\cdots,N$
边 3	$S_{w,i}^{S_3} = (1-\xi)^3(1+\xi)^3 J_i^{(4,4)}(\xi)h_3(\eta); i = 0,2,\cdots,P-1$ $S_{w,i}^{S_3} = (1-\xi)^2(1+\xi)^2 J_i^{(4,4)}(\xi)h_4(\eta); i = 0,2,\cdots,P$	$S_{w,i}^{S_3} = \eta^3\xi^2(3\xi+\zeta)J_i^{(7,6)}(2\eta-1); i = 0,2,\cdots,P-1$ $S_{\xi,i}^{S_3}(\eta) = \xi\eta^2\zeta J_i^{(7,4)}(2\eta-1); i = 0,2,\cdots,P$
边 4	$S_{w,i}^{S_4} = (1-\eta)^3(1+\eta)^3 J_i^{(4,4)}(\eta)h_2(\xi); i = 0,2,\cdots,Q-1$ $S_{w,i}^{S_4} = (1-\eta)^2(1+\eta)^2 J_i^{(4,4)}(\eta)h_1(\xi); i = 0,2,\cdots,Q$	
面	$S_{mn}^F = C_{mn}(1-\xi^2)^2(1-\eta^2)^2 J_{m-1}^{(4,4)}(\xi)J_{n-1}^{(4,4)}(\eta)$ $m = 1,2,\cdots,H_\xi, \quad n = 1,2,\cdots,H_\eta$	$S_{pn}^F = C_{pn}\xi^2\zeta^2\eta^2(1-\eta)^{p-n-6}J_{p-n-6}^{(4,4)}\left(\frac{2\xi}{1-\eta}-1\right)\cdot$ $J_n^{(2p-2n-3,4)}(2\eta-1); p \geq 6, n = 0,2,\cdots,p-6$

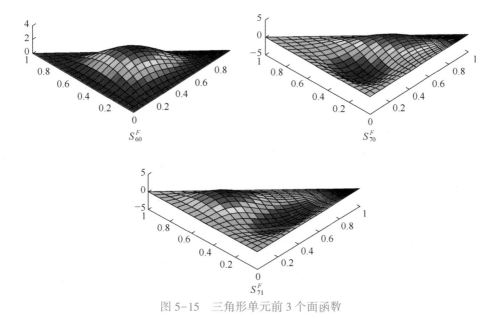

图 5-15　三角形单元前 3 个面函数

其中

$$\begin{cases} a_n = 2n(\alpha + \beta + n)(\alpha + \beta + 2n - 2) \\ b_n = (\alpha + \beta + 2n - 2)(\alpha + \beta + 2n - 1)(\alpha + \beta + 2n) \\ c_n = (\alpha + \beta + 2n - 1)(\alpha^2 - \beta^2) \\ d_n = 2(\alpha + n - 1)(\beta + n - 1)(\alpha + \beta + 2n) \end{cases} \tag{5.70}$$

虽然式(5.66)实质上没有有理项,但在形式上有,因此需要恰当处理避免计算雅可比多项式中分母项。通过适当的变化可得到类似式(5.69)的递推式,从而可以从根本上消除有理式的计算。

5.2.4　自由度转化与结点配置

通常来说,使用正交多项式作为单元的形函数可以得到数值性质良好的单元矩阵,然而对于 C^1 单元来说,这将给单元组装以及边界条件施加带来困难。尤其当单元畸形或存在曲边时,使用正交多项式很难满足 C^1 协调性条件。因此前一小节导出的形函数将通过自由度转换的方式转换为配点型形函数,下面以四边形单元为例进行说明。根据上文,单元的位移场可以用升阶谱形函数表示为

$$w(\xi, \eta) = \mathbf{N}^{\mathrm{T}} \mathbf{a} \tag{5.71}$$

式中: $\mathbf{N}$ 为形函数列向量; $\mathbf{a}$ 为广义结点位移。它们由下式定义

$$\boldsymbol{N}^{\mathrm{T}} = \big[\, S_w^{V_1}, \cdots, S_{w_{\xi\eta}}^{V_1}, \cdots, S_w^{V_4}, \cdots, S_{w_{\xi\eta}}^{V_4}, S_{w,1}^{S_1}, \cdots, S_{w,M}^{S_1}, \cdots, S_{w,1}^{S_4}, \cdots, S_{w,Q}^{S_4},$$

$$S_{w_n,1}^{S_1}, \cdots, S_{w_n,M+\Delta}^{S_1}, \cdots, S_{w_n,1}^{S_4}, \cdots, S_{w_n,Q+\Delta}^{S_4}, S_{11}^{F}, \cdots, S_{H_\xi H_\eta}^{F} \,\big]$$

$$\boldsymbol{a}^{\mathrm{T}} = \big[\, w^{V_1}, \cdots, w_{\xi\eta}^{V_1}, \cdots, w^{V_4}, \cdots, w_{\xi\eta}^{V_4}, a_1, \cdots, a_{N_w}, b_1, \cdots, b_{N_d}, c_1, \cdots, c_{N_f} \,\big]$$

$$(5.72)$$

其中 M、N、P 和 Q 是单元边界对应于函数值的边界形函数个数,而对应于边界法向导数的形函数个数相应设为 $M+\Delta$、$N+\Delta$、$P+\Delta$ 和 $Q+\Delta$。其中增量 Δ 是一个可以调节的参数,这表明转角插值与挠度插值的阶次可以不一样,同时也体现了利用混合函数插值的独立性。对于直边三角形单元以及平行四边形单元来说,增量 Δ 的取值一般为 1。后面将会证明,这既保证了单元边界严格满足 C^1 连续性,同时减少了不完备多项式的个数。对于曲边单元来说,由于难以精确满足 C^1 连续性,因而将通过插值的方式近似满足,这时为得到较好的近似精度,转角插值结点的数目可以略多于挠度结点,Δ 的取值一般为 3。这样最终单元边界上的挠度形函数数目为 $N_w = M + N + P + Q$,转角形函数为 $N_d = M + N + P + Q + 4\Delta$,而面函数的数目为 $N_f = H_\xi H_\eta$。

接下来将讨论一般曲边单元的自由度转化。图 5-16 所示为全局坐标系中的曲边单元及其参数域,曲边单元可以通过混合函数或 NURBS 映射的方式构造。式(5.72)中广义结点位移均定义在参考坐标系下,由于不同单元的参数化可能不一致,因此这些自由度不能直接用于组装。因此需要在物理域(或全局坐标系下)中配置单元结点自由度。如图 5-16(b)所示,单元角点自由度关于全局坐标完备到二阶偏导数,根据链式法则它们与参考系中关于参数坐标的完全二阶偏导数有如下可逆变换关系:

$$\begin{bmatrix} w \\ w_\xi \\ w_\eta \\ w''_\xi \\ w''_\eta \\ w''_{\xi\eta} \end{bmatrix} = \begin{bmatrix} 1 & 0 & 0 & 0 & 0 & 0 \\ 0 & J_{11} & J_{12} & 0 & 0 & 0 \\ 0 & J_{21} & J_{22} & 0 & 0 & 0 \\ 0 & \partial^2 x/\partial\xi^2 & \partial^2 y/\partial\xi^2 & J_{11}^2 & J_{12}^2 & 2J_{11}J_{12} \\ 0 & \partial^2 x/\partial\eta^2 & \partial^2 y/\partial\eta^2 & J_{21}^2 & J_{22}^2 & 2J_{21}J_{22} \\ 0 & \partial^2 x/\partial\xi\partial\eta & \partial^2 y/\partial\xi\partial\eta & J_{11}J_{21} & J_{12}J_{22} & J_{11}J_{22}+J_{21}J_{12} \end{bmatrix} \begin{bmatrix} w \\ w'_x \\ w'_y \\ w''_x \\ w''_y \\ w''_{xy} \end{bmatrix}$$

$$(5.73)$$

其中 $x(\xi,\eta)$、$y(\xi,\eta)$ 为单元几何映射函数,其雅可比矩阵为

$$\boldsymbol{J} = \begin{bmatrix} J_{11} & J_{12} \\ J_{21} & J_{22} \end{bmatrix} = \begin{bmatrix} \dfrac{\partial x}{\partial \xi} & \dfrac{\partial y}{\partial \xi} \\[2mm] \dfrac{\partial x}{\partial \eta} & \dfrac{\partial y}{\partial \eta} \end{bmatrix} \tag{5.74}$$

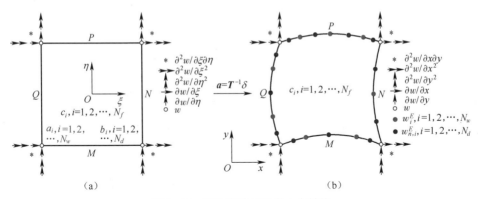

图 5-16　四边形单元的自由度转换

(a) 升阶谱基函数的自由度配置；(b) 插值基函数的自由度配置。

而单元边界内部配置的自由度则为结点挠度以及法向转角,注意到挠度与转角结点的位置不一定重合,其数目与图 5-16(a)中对应的边界形函数数目一致。利用式(5.73)可以得到如下转换关系:

$$\boldsymbol{\delta} = \boldsymbol{T}\boldsymbol{a} \text{ 或 } \boldsymbol{a} = \boldsymbol{T}^{-1}\boldsymbol{\delta} \tag{5.75}$$

式中: $\boldsymbol{\delta}$ 为全局坐标系下的结点自由度。由于 $\boldsymbol{a}$ 中面函数对应的自由度不影响单元的协调性,这些自由度将不作修改地保留在 $\boldsymbol{\delta}$ 中。最后,位移场可以表示成如下形式:

$$w(\xi,\eta) = \boldsymbol{N}^{\mathrm{T}}\boldsymbol{T}^{-1}\boldsymbol{\delta} = \widetilde{\boldsymbol{N}}^{\mathrm{T}}\boldsymbol{\delta} \tag{5.76}$$

其中 $\widetilde{\boldsymbol{N}}$ 可以看成全局坐标系中表示的形函数。用类似的方式可以得到三角形单元的结点转换关系,其示意图如图 5-17 所示。对于平行四边形和直边三角形,转换矩阵 $\boldsymbol{T}$ 的逆在单元边界上是常量,因此 C^1 连续可以精确满足,其他曲边单元等一般情况下 $\boldsymbol{T}$ 的逆在单元边界上不是常量,因此 C^1 连续仅可以在结点上精确满足。

　　值得注意的是,结点在单元边界的分布会影响单元矩阵的数值性质。考虑到边界法向导数的插值为端点带一次导数的插值,因此其结点将采用 2.4.2 节给出的高斯-雅可比(3,3)点。而边界挠度的插值为端点带二阶导数的埃尔米特插值,未得到其对应的插值结点,下面考虑定义在区间 $[-1,1]$ 上的一维函数 $f(\xi)$ 的插值。该函数在插值区间端点满足 C^2 连续的埃尔米特插值为

$$f(\xi) \approx H_1^{(1)}(\xi)f'(-1) + H_1^{(2)}(\xi)f''(-1) + H_N^{(1)}(\xi)f'(1) + H_N^{(2)}(\xi)f''(1) +$$

$$\sum_{j=1}^{N} H_j(\xi)f(\xi_j) \tag{5.77}$$

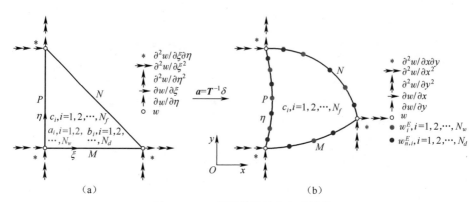

图 5-17 三角形单元的自由度转换

(a)升阶谱基函数的自由度配置;(b)插值基函数的自由度配置。

其中 $\xi_1 = -1$; $\xi_N = 1$ 为 N 个插值结点;上标"(1)"和"(2)"分别与该基函数端点处的一次和二次导数相关。端点处的插值基函数为

$$
\begin{cases}
H_1(\xi) = (\xi - 1)^2(a_1\xi^2 + a_2\xi + a_3)L_1(\xi), H_N(\xi) \\
\qquad = (\xi + 1)^2(c_1\xi^2 + c_2\xi + c_3)L_N(\xi) \\
H_1^{(1)}(\xi) = (\xi^2 - 1)(b_1\xi^2 + b_2\xi + b_3)L_1(\xi), H_N^{(1)}(\xi) \\
\qquad = (\xi^2 - 1)(d_1\xi^2 + d_2\xi + d_3)L_N(\xi) \\
H_1^{(2)}(\xi) = \dfrac{1}{8}(\xi^2 - 1)^2 L_1(\xi), \quad H_N^{(2)}(\xi) = \dfrac{1}{8}(\xi^2 - 1)^2 L_N(\xi)
\end{cases}
\tag{5.78}
$$

中间结点对应的插值基函数为

$$
H_j(\xi) = \frac{(1 - \xi^2)^2}{(1 - \xi_j^2)^2}L_j(\xi), \quad j = 2,3,\cdots,N-1, \quad L_j(\xi) = \prod_{k=1,\ k\neq j}^{N} \frac{\xi - \xi_k}{\xi_j - \xi_k} \tag{5.79}
$$

这些插值函数满足如下性质:

$$
\begin{cases}
H_i(\xi_j) = \begin{cases} 1, & j = i \\ 0, & j \neq i \end{cases}, \quad i = 1,2,\cdots,N \\
H_i'(\xi_j) = H_i''(\xi_j) = 0, \quad i,j = 1,\ N \\
H_i^{(1)}(\xi_j) = H_i''^{(1)}(\xi_j) = H_i^{(2)}(\xi_j) = H_i'^{(2)}(\xi_j) = 0, \quad i = 1,N, \quad j = 1,2,\cdots,N \\
H_i'^{(1)}(\xi_j) = \begin{cases} 1, & j = i \\ 0, & j \neq i \end{cases}, \quad i,j = 1,N \\
H_i''^{(2)}(\xi_j) = \begin{cases} 1, & j = i \\ 0, & j \neq i \end{cases}, \quad i,j = 1,N
\end{cases}
\tag{5.80}
$$

由此可以确定方程中的常数项为

$$\begin{cases} a_1 = \dfrac{3}{16} - \dfrac{1}{4}\dfrac{\mathrm{d}L_1(-1)}{\mathrm{d}\xi} + \dfrac{1}{4}\left[\dfrac{\mathrm{d}L_1(-1)}{\mathrm{d}\xi}\right]^2 - \dfrac{1}{8}\dfrac{\mathrm{d}^2L_1(-1)}{\mathrm{d}^2\xi} \\[3mm] a_2 = \dfrac{5}{8} - \dfrac{3}{4}\dfrac{\mathrm{d}L_1(-1)}{\mathrm{d}\xi} + \dfrac{1}{2}\left[\dfrac{\mathrm{d}L_1(-1)}{\mathrm{d}\xi}\right]^2 - \dfrac{1}{4}\dfrac{\mathrm{d}^2L_1(-1)}{\mathrm{d}^2\xi} \\[3mm] a_3 = \dfrac{11}{16} - \dfrac{1}{2}\dfrac{\mathrm{d}L_1(-1)}{\mathrm{d}\xi} + \dfrac{1}{4}\left[\dfrac{\mathrm{d}L_1(-1)}{\mathrm{d}\xi}\right]^2 - \dfrac{1}{8}\dfrac{\mathrm{d}^2L_1(-1)}{\mathrm{d}^2\xi} \end{cases} \quad (5.81)$$

$$\begin{cases} b_1 = \dfrac{1}{4} - \dfrac{1}{4}\dfrac{\mathrm{d}L_1(-1)}{\mathrm{d}\xi} \\[3mm] b_2 = \dfrac{1}{4} \\[3mm] b_3 = -\dfrac{1}{2} + \dfrac{1}{4}\dfrac{\mathrm{d}L_1(-1)}{\mathrm{d}\xi} \end{cases} \quad (5.82)$$

$$\begin{cases} c_1 = \dfrac{3}{16} + \dfrac{1}{4}\dfrac{\mathrm{d}L_N(1)}{\mathrm{d}\xi} + \dfrac{1}{4}\left[\dfrac{\mathrm{d}L_N(1)}{\mathrm{d}\xi}\right]^2 - \dfrac{1}{8}\dfrac{\mathrm{d}^2L_N(1)}{\mathrm{d}\xi^2} \\[3mm] c_2 = -\dfrac{5}{8} - \dfrac{3}{4}\dfrac{\mathrm{d}L_N(1)}{\mathrm{d}\xi} - \dfrac{1}{2}\left[\dfrac{\mathrm{d}L_N(1)}{\mathrm{d}\xi}\right]^2 + \dfrac{1}{4}\dfrac{\mathrm{d}^2L_N(1)}{\mathrm{d}\xi^2} \\[3mm] c_3 = \dfrac{11}{16} + \dfrac{1}{2}\dfrac{\mathrm{d}L_N(1)}{\mathrm{d}\xi} + \dfrac{1}{4}\left[\dfrac{\mathrm{d}L_N(1)}{\mathrm{d}\xi}\right]^2 - \dfrac{1}{8}\dfrac{\mathrm{d}^2L_N(1)}{\mathrm{d}\xi^2} \end{cases} \quad (5.83)$$

$$\begin{cases} d_1 = -\dfrac{1}{4} - \dfrac{1}{4}\dfrac{\mathrm{d}L_N(1)}{\mathrm{d}\xi} \\[3mm] d_2 = \dfrac{1}{4} \\[3mm] d_3 = \dfrac{1}{2} + \dfrac{1}{4}\dfrac{\mathrm{d}L_N(1)}{\mathrm{d}\xi} \end{cases} \quad (5.84)$$

当 $N=2$ 时,如图 5-18 所示,共有 6 个基函数且分别对函数值及导数值具有插值性质。

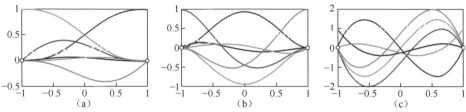

图 5-18　埃尔米特插值基($N=2$)

(a)基函数;(b)一阶导数;(c)二阶导数。

为了得到最优结点,可以采用在 C^1 型埃尔米特插值基中同样的做法,令中间结点的基函数在其对应结点处取最大值,那么有

$$g_j(\boldsymbol{\xi}) = \frac{\partial H_j(\xi_j)}{\partial \xi} = \frac{4\xi_j}{\xi_j^2 - 1} + \frac{\mathrm{d}L_j(\xi_j)}{\mathrm{d}\xi} = 0, \ \boldsymbol{\xi} = [\xi_2, \cdots, \xi_{N-1}]^{\mathrm{T}}, j = 2, 3, \cdots, N-1$$

(5.85)

方程组(5.85)为非线性方程组,其雅可比矩阵可通过下式计算

$$\frac{\partial g_i(\boldsymbol{\xi})}{\partial \xi_j} = \begin{cases} -\dfrac{4(\xi_i^2 + 1)}{(1 - \xi_i^2)^2} - \displaystyle\sum_{k=1, k \neq i}^{N} \dfrac{1}{(\xi_i - \xi_k)^2}, & i = j \\ \dfrac{1}{(\xi_i - \xi_j)^2}, & i \neq j \end{cases}$$

(5.86)

通过牛顿-拉弗森迭代方法,可以得到 $N-2$ 个根,可以证明其正好是雅可比正交多项式 $J_{N-2}^{(5,5)}(\xi)$ 的 $N-2$ 个 0 点,因而被称为高斯-雅可比-(5,5)点。图 5-19 给出了 $N=10$ 时对应的插值基函数的图像,可以看到中间结点对应的插值函数在结点上都取到了最大值 1。

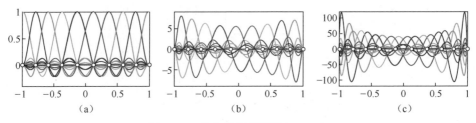

图 5-19　埃尔米特插值基($N=10$)

(a)基函数;(b)一阶导数;(c)二阶导数。

值得指出的是,上面给出的埃尔米特插值基函数是定义在区间 $[-1,1]$ 上的,通过适当的转化,可以得到任意区间 $[a,b]$ 上的插值基函数以及最优结点。令

$$\xi = \frac{2x - (a + b)}{b - a}, \quad \xi_i = \frac{2x_i - (a + b)}{b - a}, \quad x \in [a, b]$$ (5.87)

式中:x_i 为 $[a,b]$ 上的最优结点($i=1,2,\cdots,N$),其对应的插值基函数为

$$H_1(x) = (\xi - 1)^2 (a_1\xi^2 + a_2\xi + a_3) L_1(\xi)$$

$$H_N(x) = (\xi + 1)^2 (c_1\xi^2 + c_2\xi + c_3) L_N(\xi)$$

$$H_1^{(1)}(x) = \frac{b - a}{2}(\xi^2 - 1)(b_1\xi^2 + b_2\xi + b_3) L_1(\xi)$$

$$H_N^{(1)}(x) = \frac{b-a}{2}(\xi^2 - 1)(d_1\xi^2 + d_2\xi + d_3)L_N(\xi) \tag{5.88}$$

$$H_1^{(2)}(x) = \frac{1}{8}\left(\frac{b-a}{2}\right)^2 (\xi^2 - 1)^2 L_1(\xi)$$

$$H_N^{(2)}(x) = \frac{1}{8}\left(\frac{b-a}{2}\right)^2 (\xi^2 - 1)^2 L_N(\xi)$$

$$H_i(x) = \frac{(1-\xi^2)^2}{(1-\xi_i^2)^2}L_i(\xi), \quad i = 2,3,\cdots,N-1$$

注意 ξ 是 x 的函数。式(5.88)只在原来部分基函数的基础上乘上了相应的系数,其中各常数项的取值仍然由式(5.81)~式(5.84)给出。对于四边形单元挠度结点配置可以采用区间$[-1,1]$上的高斯-雅可比-(5,5)点,而对于三角形单元则采用区间$[0,1]$上的高斯-雅可比-(5,5)点。

5.2.5 协调性与边界条件施加

下面将以四边形单元为例分析单元的协调性,所有讨论同样适用于三角形单元以及混合情况。如图 5-20 所示为两个组装的四边形单元,假设转角结点数目为 N,那么根据 5.2.2 节,在参考坐标系下边界上的挠度为关于参数坐标的 $N+5$ 次多项式,因此需要 $N+6$ 个结点参数来唯一确定。假设边界参数为 ξ,根据单元角点处的自由度可以确定参考系中挠度曲线在端点的一阶到二阶导数为

$$w = w, \quad \frac{dw}{d\xi} = \frac{dx}{d\xi}w_x' + \frac{dy}{d\xi}w_y', \quad \frac{d^2w}{d^2\xi} = \left(\frac{dx}{d\xi}\right)^2 w_{xx}'' + \left(\frac{dy}{d\xi}\right)^2 w_{yy}'' + 2\frac{dx}{d\xi}\frac{dy}{d\xi}w_{xy}''$$

$$\tag{5.89}$$

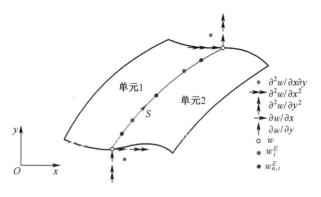

图 5-20　单元组装

这样两个端点共有 6 个参数,然后加上中间 N 个结点自由度则可得到 $N+6$ 个

结点挠度信息,这样可以唯一确定边界挠度多项式。同样地,对于组装的另一个单元也是一样的处理方式,如果这两个单元在边界上具有同样的参数化,那么可以保证边界上挠度是连续的。

对于 C^1 连续来说,主要难点是法向转角连续,在这里将证明转角自由度比挠度自由度低一阶,因此,为了保证 C^1 连续转角自由度必须比挠度自由度至少多一阶。对于法向转角,在全局坐标系中有

$$\frac{\partial w}{\partial n} = n_x \frac{\partial w}{\partial x} + n_y \frac{\partial w}{\partial y} \tag{5.90}$$

式中:n_x 和 n_y 为边界法向量的直角坐标分量;$\partial w/\partial x$ 与 $\partial w/\partial y$ 为关于全局坐标的偏导数,它们在组装边界上都是弧长坐标 s 的函数。根据链式法则,在组装边界上有

$$\begin{bmatrix} \dfrac{\partial w}{\partial x} \\ \dfrac{\partial w}{\partial y} \end{bmatrix} = \begin{bmatrix} J_{11}(s) & J_{12}(s) \\ J_{21}(s) & J_{22}(s) \end{bmatrix}^{-1} \begin{bmatrix} \dfrac{\partial w}{\partial \xi} \\ \dfrac{\partial w}{\partial \eta} \end{bmatrix} \tag{5.91}$$

其中 $\partial w/\partial \xi$ 与 $\partial w/\partial \eta$ 是边界上关于参数坐标的偏导数。不失一般性,假设单元 1 的拼接边界是第一条边,如图 5-20 所示,并假设边内转角结点数为 $N+\Delta$。根据 5.2.2 节,该参数坐标下 $\partial w/\partial \xi$ 是关于 ξ 的 $N+4$ 次多项式,而 $\partial w/\partial \eta$ 则是关于 ξ 的 $N+\Delta+3$ 次多项式。如果 ξ 与 s 是线性关系,那么对于直边三角形或平行四边形来说,由于雅可比矩阵为常数,同时 n_x 和 n_y 在边界上也是常数,那么根据式(5.90)和式(5.91)可知 $\partial w/\partial n$ 在组装边界上是 s 的 $\max\{N+4, N+\Delta+3\}$ 次多项式,而根据端点自由度可得

$$\frac{\partial w}{\partial n} = n_x w'_x + n_y w'_y, \qquad \frac{\mathrm{d}}{\mathrm{d}s}\left(\frac{\partial w}{\partial n}\right) = \left(w''_{xx} \frac{\mathrm{d}x}{\mathrm{d}s} + w''_{yy} \frac{\mathrm{d}y}{\mathrm{d}s}\right) n_x + \left(w''_{xy} \frac{\mathrm{d}x}{\mathrm{d}s} + w''_{yy} \frac{\mathrm{d}y}{\mathrm{d}s}\right) n_y \tag{5.92}$$

这样两个端点自由度共确定 4 个关于法向转角的插值条件。由于两个组装的单元在结点处具有相同的结点自由度,因此式(5.92)在不同单元上得到的值是一样的。此外,加上中间 $N+\Delta$ 个法向导数结点信息,因此共具备 $N+\Delta+4$ 个插值多项式,可以确定 $N+\Delta+3$ 次多项式。由于 $\partial w/\partial n$ 的阶次是 $\max\{N+4, N+\Delta+3\}$,因此,要想满足法向导数连续,那么 Δ 的取值至少是 1。

对于一般曲边单元来说,由于雅可比矩阵不是常数,因此法向导数在边界上一般不再是关于弧长的多项式形式。这时,C^1 连续性条件不能在整个边界上成立,而只能在结点处满足。这种情况一般会对单元的收敛性有不利影响。所幸的是,通过计算表明将转角结点取为高斯-洛巴托点能大大提高收敛性,这可

能与高斯-洛巴托结点的插值稳定性相关(尽管此时法向转角不再是多项式形式的插值),后面将在数值算例部分进一步说明。

下面讨论单元边界条件施加的问题。单元边界结点上的自由度物理意义明确,因此其上的边界条件易于施加。而对于角点来说,由于引入了二阶导数,边界条件施加需要进一步考虑。如图 5-21 所示为几种典型的边界条件,其中C 代表固支边界(挠度和转角均为 0),S 代表简支边界(挠度为 0)。对于图 5-21(a)和(b)的情形来说,只需将角点自由度全取为 0 即可,即

$$\overline{\boldsymbol{w}}_{V} = [\, w, w_x, w_y, w_{xx}, w_{yy}, w_{xy}\,]^{T} = \boldsymbol{0} \tag{5.93}$$

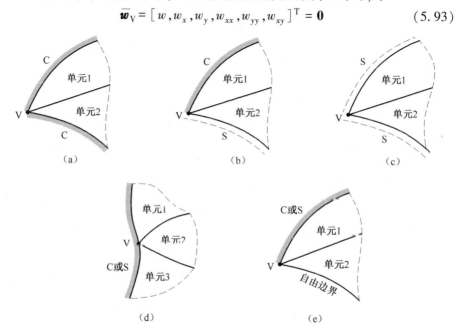

图 5-21　一般曲边边界条件类型

对于图 5-21(c)的情形,角点 V 位于两个简支边的交点,进一步可以得到如下约束方程:

$$w\big|_{V} = 0, \quad \frac{\mathrm{d}w}{\mathrm{d}s_i}\bigg|_{V} = 0, \quad \frac{\mathrm{d}^2 w}{\mathrm{d}s_i^2}\bigg|_{V} = 0, \quad i = 1,\,2 \tag{5.94}$$

其中 $s_i, i=1,2$ 为两个边界的弧长坐标。定义如下两个切向量:

$$\boldsymbol{\tau}_1 = (\tau_{1x}, \tau_{1y}), \quad \boldsymbol{\tau}_2 = (\tau_{2x}, \tau_{2y})$$

$$\tau_{1x} = \frac{\mathrm{d}x}{\mathrm{d}s_1}\bigg|_{V}, \quad \tau_{1y} = \frac{\mathrm{d}y}{\mathrm{d}s_1}\bigg|_{V}, \quad \tau_{2x} = \frac{\mathrm{d}x}{\mathrm{d}s_2}\bigg|_{V}, \quad \tau_{2y} = \frac{\mathrm{d}y}{\mathrm{d}s_2}\bigg|_{V} \tag{5.95}$$

那么式(5.94)的约束条件可以写成如下矩阵形式:

$$
\boldsymbol{T}_1\overline{\boldsymbol{w}}_\mathrm{V}=
\begin{bmatrix}
1 & 0 & 0 & 0 & 0 & 0 \\
0 & 1 & 0 & 0 & 0 & 0 \\
0 & 0 & 1 & 0 & 0 & 0 \\
0 & 0 & 0 & \tau_{1x}^2 & \tau_{1y}^2 & 2\tau_{1x}\tau_{1y} \\
0 & 0 & 0 & \tau_{2x}^2 & \tau_{2y}^2 & 2\tau_{2x}\tau_{2y} \\
0 & 0 & 0 & \alpha_1 & \alpha_2 & \alpha_3
\end{bmatrix}
\begin{bmatrix}
w \\ w_x \\ w_y \\ w_{xx} \\ w_{yy} \\ w_{xy}
\end{bmatrix}
=
\begin{bmatrix}
0 \\ 0 \\ 0 \\ 0 \\ 0 \\ \lambda
\end{bmatrix}
=\boldsymbol{w}_\mathrm{V}^1 \qquad (5.96)
$$

其中 α_i 可以取让 $\boldsymbol{T}_1$ 非奇异的任意值（$i=1,2,3$）。这样角点自由度 $\overline{\boldsymbol{w}}_\mathrm{V}$ 可以替换为 $\boldsymbol{w}_\mathrm{V}^1$，同时图 5-21(c)情形的边界条件施加则可以通过让 $\boldsymbol{w}_\mathrm{V}^1$ 的前 5 个自由度取 0，而 λ 则是保留的广义结点变量。

对于图 5-21(d)的情形，单元的顶点位于边界上，如果边界是简支边界，那么可以得到如下约束方程：

$$
w\,|_\mathrm{V}=0, \qquad \frac{\mathrm{d}w}{\mathrm{d}s}\Big|_\mathrm{V}=0, \qquad \frac{\mathrm{d}^2w}{\mathrm{d}s^2}\Big|_\mathrm{V}=0 \qquad (5.97)
$$

它等效于如下矩阵形式：

$$
\boldsymbol{T}_2\overline{\boldsymbol{w}}_\mathrm{V}=
\begin{bmatrix}
1 & 0 & 0 & 0 & 0 & 0 \\
0 & \tau_x & \tau_y & 0 & 0 & 0 \\
0 & \tau_x^* & \tau_y^* & \tau_x^2 & \tau_y^2 & 2\tau_x\tau_y \\
0 & \alpha_1 & \alpha_2 & \alpha_3 & \alpha_4 & \alpha_5 \\
0 & \beta_1 & \beta_2 & \beta_3 & \beta_4 & \beta_5 \\
0 & \gamma_1 & \gamma_2 & \gamma_3 & \gamma_4 & \gamma_5
\end{bmatrix}
\begin{bmatrix}
w \\ w_x \\ w_y \\ w_{xx} \\ w_{yy} \\ w_{xy}
\end{bmatrix}
=
\begin{bmatrix}
0 \\ 0 \\ 0 \\ \lambda_1 \\ \lambda_2 \\ \lambda_3
\end{bmatrix}
=\overline{\boldsymbol{w}}_\mathrm{V}^2
$$

$$
\tau_x=\frac{\mathrm{d}x}{\mathrm{d}s}\Big|_\mathrm{V}, \quad \tau_y=\frac{\mathrm{d}y}{\mathrm{d}s}\Big|_\mathrm{V}, \quad \tau_x^*=\frac{\mathrm{d}^2x}{\mathrm{d}s^2}\Big|_\mathrm{V}, \quad \tau_y^*=\frac{\mathrm{d}^2y}{\mathrm{d}s^2}\Big|_\mathrm{V} \qquad (5.98)
$$

其中 α_i、β_i、$\gamma_i(i=1,2,\cdots,5)$ 可以任意取值使得 $\boldsymbol{T}_2$ 非奇异，这时可以用 $\boldsymbol{w}_\mathrm{V}^2$ 来替换角点自由度 $\overline{\boldsymbol{w}}_\mathrm{V}$，同时边界条件的施加可以令 $\boldsymbol{w}_\mathrm{V}^2$ 的前 3 个值为 0，而 $\lambda_i(i=1,2,3)$ 则为保留的自由度。若边界为固支，其转换关系为

$$
\boldsymbol{T}_3\overline{\boldsymbol{w}}_\mathrm{V}=
\begin{bmatrix}
1 & 0 & 0 & 0 & 0 & 0 \\
0 & 1 & 0 & 0 & 0 & 0 \\
0 & 0 & 1 & 0 & 0 & 0 \\
0 & 0 & 0 & \tau_x & 0 & \tau_y \\
0 & 0 & 0 & \tau_y & \tau_x & \\
0 & 0 & 0 & \alpha_1 & \alpha_2 & \alpha_3
\end{bmatrix}
\begin{bmatrix}
w \\ w_x \\ w_y \\ w_{xx} \\ w_{yy} \\ w_{xy}
\end{bmatrix}
=
\begin{bmatrix}
0 \\ 0 \\ 0 \\ 0 \\ 0 \\ \lambda
\end{bmatrix}
=\boldsymbol{w}_\mathrm{V}^3 \qquad (5.99)
$$

边界条件的施加方式与前文类似。显然,图 5-21(e)的情形与图 5-21(c)的情形是相同的,因此不再赘述。

5.2.6 有限元离散

下面将用 5.2 节所给位移函数离散 5.1 节所给薄板势能泛函,从而得到薄板的有限元矩阵和向量。薄板的势能泛函与动能幅值为

$$\mathit{\Pi} = \frac{D}{2}\iint_{\Omega}\left(\frac{\partial^2 w}{\partial x^2}\right)^2 + \left(\frac{\partial^2 w}{\partial y^2}\right)^2 + 2\upsilon\frac{\partial^2 w}{\partial x^2}\frac{\partial^2 w}{\partial y^2} + 2(1-\upsilon)\left(\frac{\partial^2 w}{\partial x\partial y}\right)^2 \mathrm{d}x\mathrm{d}y - \iint_{\Omega}qw\mathrm{d}x\mathrm{d}y$$

$$T_{\max} = \iint_{\Omega}\frac{1}{2}\rho h\omega^2 w^2\mathrm{d}x\mathrm{d}y$$

$$(5.100)$$

以四边形单元为例子,根据式(5.76)挠度的有限元位移函数可表示为

$$w(\xi,\eta) = \boldsymbol{N}^{\mathrm{T}}\boldsymbol{T}^{-1}\boldsymbol{\delta} \qquad (5.101)$$

定义如下微分权系数矩阵:

$$\begin{cases}\boldsymbol{D}_0 = \begin{bmatrix}\boldsymbol{N}^{\mathrm{T}}(\xi_1,\eta_1)\\ \vdots\\ \boldsymbol{N}^{\mathrm{T}}(\xi_{N_\xi},\eta_{N_\eta})\end{bmatrix}, \quad \boldsymbol{D}_{xx} = \begin{bmatrix}\boldsymbol{N}''^{\mathrm{T}}_{,xx}(\xi_1,\eta_1)\\ \vdots\\ \boldsymbol{N}''^{\mathrm{T}}_{,xx}(\xi_{N_\xi},\eta_{N_\eta})\end{bmatrix}, \\ \boldsymbol{D}_{yy} = \begin{bmatrix}\boldsymbol{N}''^{\mathrm{T}}_{,yy}(\xi_1,\eta_1)\\ \vdots\\ \boldsymbol{N}''^{\mathrm{T}}_{,xx}(\xi_{N_\xi},\eta_{N_\eta})\end{bmatrix}, \quad \boldsymbol{D}_{xy} = \begin{bmatrix}\boldsymbol{N}''^{\mathrm{T}}_{,xy}(\xi_1,\eta_1)\\ \vdots\\ \boldsymbol{N}''^{\mathrm{T}}_{,xy}(\xi_{N_\xi},\eta_{N_\eta})\end{bmatrix}\end{cases}$$

$$(5.102)$$

与第三章类似,其中(ξ_i,η_j)为高斯-洛巴托积分点,N_ξ和N_η为不同方向上的积分点数目,$\boldsymbol{N}''^{\mathrm{T}}_{,xx}(\xi_i,\eta_j)$定义为如下形式:

$$\boldsymbol{N}''^{\mathrm{T}}_{,xx}(\xi_i,\eta_j) = \frac{\partial^2 \boldsymbol{N}^{\mathrm{T}}}{\partial x^2}\bigg|_{(\xi_i,\eta_j)} = \left[\frac{\partial^2 S_w^{V_1}(\xi_i,\eta_j)}{\partial x^2},\cdots,\frac{\partial^2 S_{H_\xi H_\eta}^F(\xi_i,\eta_j)}{\partial x^2}\right]$$

$$(5.103)$$

其余类似。在上述计算过程中一般需要如下链式求导公式:

$$\begin{bmatrix}\dfrac{\partial}{\partial x}\\[2mm] \dfrac{\partial}{\partial y}\end{bmatrix} = \frac{1}{|\boldsymbol{J}|}\begin{bmatrix}J_{22} & -J_{12}\\ -J_{21} & J_{11}\end{bmatrix}\begin{bmatrix}\dfrac{\partial}{\partial \xi}\\[2mm] \dfrac{\partial}{\partial \eta}\end{bmatrix} \qquad (5.104)$$

141

$$
\begin{bmatrix} \dfrac{\partial^2}{\partial x^2} \\[2mm] \dfrac{\partial^2}{\partial y^2} \\[2mm] \dfrac{\partial^2}{\partial x \partial y} \end{bmatrix} = \frac{1}{|\boldsymbol{J}|^2} \begin{bmatrix} J_{22}^2 & J_{12}^2 & -2J_{12}J_{22} \\[2mm] J_{21}^2 & J_{11}^2 & -2J_{11}J_{21} \\[2mm] -J_{21}J_{22} & -J_{11}J_{12} & J_{11}J_{22}+J_{12}J_{21} \end{bmatrix} \begin{bmatrix} \dfrac{\partial^2}{\partial \xi^2} - \dfrac{\partial^2 x}{\partial \xi^2}\dfrac{\partial}{\partial x} - \dfrac{\partial^2 y}{\partial \xi^2}\dfrac{\partial}{\partial y} \\[2mm] \dfrac{\partial^2}{\partial \eta^2} - \dfrac{\partial^2 x}{\partial \eta^2}\dfrac{\partial}{\partial x} - \dfrac{\partial^2 y}{\partial \eta^2}\dfrac{\partial}{\partial y} \\[2mm] \dfrac{\partial^2}{\partial \eta \partial \xi} - \dfrac{\partial^2 x}{\partial \eta \partial \xi}\dfrac{\partial}{\partial x} - \dfrac{\partial^2 y}{\partial \eta \partial \xi}\dfrac{\partial}{\partial y} \end{bmatrix}
$$

$$(5.105)$$

最终式(5.100)可以离散为

$$
\begin{cases}
\varPi = \dfrac{1}{2}\boldsymbol{\delta}^{\mathrm{T}}\boldsymbol{T}^{-\mathrm{T}}\boldsymbol{H}^{\mathrm{T}}\boldsymbol{B}\boldsymbol{H}\boldsymbol{T}^{-1}\boldsymbol{\delta} - \boldsymbol{q}^{\mathrm{T}}\boldsymbol{C}\boldsymbol{D}_0\boldsymbol{T}^{-1}\boldsymbol{\delta} \\[3mm]
T_{\max} = \dfrac{1}{2}\omega^2\rho h\boldsymbol{\delta}^{\mathrm{T}}\boldsymbol{T}^{-\mathrm{T}}\boldsymbol{D}_0\boldsymbol{C}\boldsymbol{D}_0\boldsymbol{T}^{-1}\boldsymbol{\delta}
\end{cases}
$$

$$(5.106)$$

其中

$$
\boldsymbol{B} = D\begin{bmatrix} \boldsymbol{C} & v\boldsymbol{C} & \boldsymbol{0} \\ v\boldsymbol{C} & \boldsymbol{C} & \boldsymbol{0} \\ \boldsymbol{0} & \boldsymbol{0} & 2(1-v)\boldsymbol{C} \end{bmatrix}, \quad \boldsymbol{H} = \begin{bmatrix} \boldsymbol{D}_{xx} \\ \boldsymbol{D}_{yy} \\ \boldsymbol{D}_{xy} \end{bmatrix}
$$

$$(5.107)$$

$$
\boldsymbol{C} = \mathrm{diag}\{J_{ij}C_i^\xi C_j^\eta\}, \quad J_{ij} = |\boldsymbol{J}(\xi_i,\eta_j)|
$$

$$
\boldsymbol{q} = [q(\xi_1,\eta_1),\cdots,q(\xi_{N_\xi},\eta_{N_\eta})]^{\mathrm{T}}
$$

式中：C_i^ξ 和 C_j^η 为高斯-洛巴托积分权系数；J_{ij} 为雅可比行列式在积分点(ξ_i,η_j)的取值。那么单元刚度矩阵、质量矩阵、载荷向量可以表示为

$$
\boldsymbol{K} = \boldsymbol{T}^{-\mathrm{T}}\boldsymbol{H}^{\mathrm{T}}\boldsymbol{B}\boldsymbol{H}\boldsymbol{T}^{-1}
$$

$$
\boldsymbol{M} = \rho h\boldsymbol{T}^{-\mathrm{T}}\boldsymbol{D}_0\boldsymbol{C}\boldsymbol{D}_0\boldsymbol{T}^{-1}
$$

$$
\boldsymbol{F} = \boldsymbol{T}^{-\mathrm{T}}\boldsymbol{D}_0^{\mathrm{T}}\boldsymbol{C}\boldsymbol{q}
$$

$$(5.108)$$

得到单元刚度、质量矩阵和载荷向量后，接下来的静力学和动力学求解方法与常规有限元方法是一样的。

5.3 算 例

5.3.1 单元完备阶次与计算效率

由于上述单元形函数是通过混合函数方法来构造的，其完备阶次并不直

观。为此,可以通过投影方法来检查单元是否能完全精确表示 Pascal 三角形中的单项式,其结果如图 5-22 所示。在计算过程中,三角形单元以及四边形单元的边界挠度结点数目均为 N,转角结点数为 $N+1$,四边形单元内部面函数数目取为 $N_f = H_\xi H_\eta = (N+1)^2$,而三角形单元内部面函数数目取为 $(N+6)(N+7)/2$。如图 5-22 所示,两种单元的完备阶次均为 $N+5$,对于三角形单元来说,其基函数不包含不完备的高次项,而对于四边形单元来说,除了包含部分不完备高次项,实际上还包括两项多项式。值得注意的是,这两项多项式与不能由其所包含的单项式线性表示,而且其具体形式与单元阶次相关,因此没有显示在图 5-22 中。

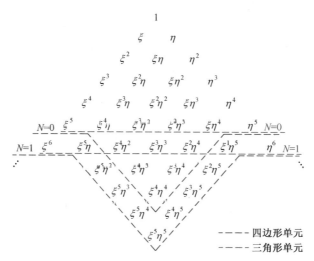

图 5-22 Pascal 三角形以及单元完备阶次

如前所述,对于传统 h-型有限元方法来说,计算量主要集中在代数方程组的求解,而对于高阶单元来说,高阶基函数的计算会占据一部分计算比例。5.2.3 节强调了利用迭代公式以及基函数的分离变量形式来提高计算效率。为进一步检验其计算效率,图 5-23 给出了两种单元生成单元刚度矩阵的计算时间与单元阶次的关系。其中积分点数目为 $p \times p$(p 为单元阶次),程序运行平台为 Matlab,硬件参数为 CPU:Core i5 4200U,1.60GHz,计算过程包括所有形函数在积分点关于参考系坐标的直到二阶导数值、雅可比矩阵、关于全局坐标的直到二阶导数值、结点转换等。从图 5-23 中可以看到,当 $p=25$ 时,两种单元的计算时间均低于 0.5s,其中四边形单元需要计算 629 个形函数,而三角形单元则需要计算 351 个形函数。两种单元均表现出良好的计算效率。

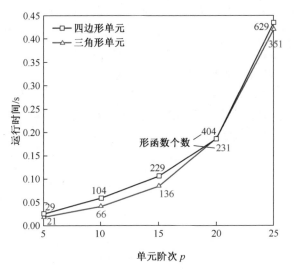

图 5-23　生成刚度矩阵的运行时间与单元阶次

5.3.2　完全协调 C^1 单元

图 5-24 为一受正弦分布载荷作用的四边简支方板,其几何参数、材料参数以及精确解均如图所示。本算例将考察单元的收敛性,并与传统 h-型方法进行对比。图 5-25 给出了规则三角形单元和四边形单元的 h-型网格,畸形的四边形网格以及三角形网格分别如图 5-26、图 5-27 所示,图 5-28 所示则为 p-型网格。在 h-型网格加密过程中,四边形单元结点配置为 $M=N=P=Q=N_f=0$,三角形单元结点配置为 $M=N=P=N_f=0$。值得注意的是,除了图 5-26 中畸形四边形单元之外,C^1 协调在其余各网格中均严格满足。对于 p-收敛来说,单元自由度配置与前面相同。单元的收敛性可以通过如下误差能量范数以及板中心点处弯矩的相对误差来衡量,其定义式为

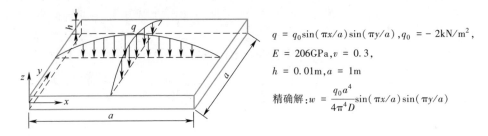

$q = q_0 \sin(\pi x/a) \sin(\pi y/a), q_0 = -2\mathrm{kN/m^2},$

$E = 206\mathrm{GPa}, v = 0.3,$

$h = 0.01\mathrm{m}, a = 1\mathrm{m}$

精确解: $w = \dfrac{q_0 a^4}{4\pi^4 D} \sin(\pi x/a) \sin(\pi y/a)$

图 5-24　四边简支方板受正弦载荷作用

$$\parallel e \parallel_E = \left[D \iint_\Omega \left(\frac{\partial^2 e}{\partial x^2} \right)^2 + \left(\frac{\partial^2 e}{\partial y^2} \right)^2 + 2v \frac{\partial^2 e}{\partial x^2} \frac{\partial^2 e}{\partial y^2} + 2(1-v) \left(\frac{\partial^2 e}{\partial x \partial y} \right)^2 dxdy \right]^{1/2}$$

$$(5.109)$$

$$\parallel e_r \parallel_{M_x} = \frac{\mid M_{x,\text{app}} - M_{x,\text{Exact}} \mid}{M_{x,\text{Exact}}}, \quad M_x = -D \left(\frac{\partial^2 w}{\partial x^2} + v \frac{\partial^2 w}{\partial y^2} \right) \quad (5.110)$$

式中：$e = w^* - w_{\text{app}}$，w^* 为挠度场的精确解，w_{app} 为有限元数值解；$M_{x,\text{Exact}}$ 为弯矩的精确解；$M_{x,\text{app}}$ 为有限元数值解。

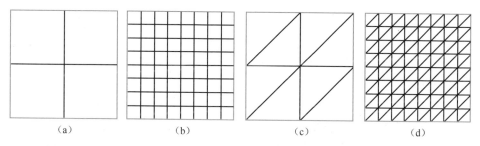

图 5-25　用于 h-收敛的规则三角形以及四边形网格（最稀疏和最精细情况）
(a)2×2；(b)8×8；(c)2×2×2；(d)2×8×8。

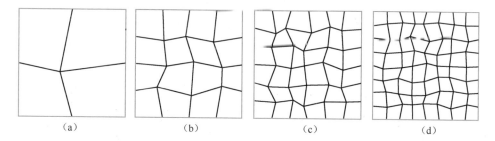

图 5-26　用于 h-收敛的畸形四边形网格
(a)2×2；(b)4×4；(c)6×6；(d)8×8。

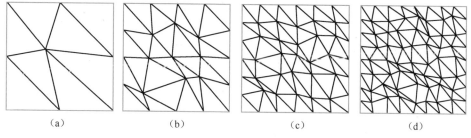

图 5-27　用于 h-收敛的畸形三角形网格
(a)2×2×2；(b)2×4×4；(c)2×6×6；(d)2×8×8。

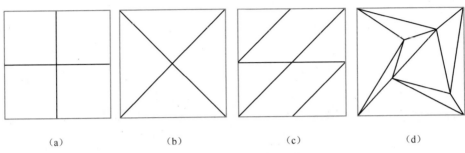

图5-28　用于p-收敛的网格

(a)四边形网格;(b)三角形网格;(c)混合网格;(d)畸形三角形网格

　　图5-29给出了不同网格的收敛曲线图。为方便对比,其中对于p型网格图5-28(a)、(c)、(d)来说,边界挠度结点N取值依次为0,2,4,6和8,而对于网格图5-28(b),N取值依次为1,3,5,7和9。从图5-29(a)中可以看到,p-方法在不同网格划分下均表现出指数收敛速度,且均显著比h-方法收敛速度快。其中,三角形网格的p-方法收敛速度最快,这主要是因为相对于四边形单元来说,三角形单元不包括不完备多项式。在h-方法中,正规的四边形单元网格的收敛速度要比三角形单元快,然而三角形单元表现出对畸变网格不敏感的特性。由于失去C^1协调性,畸形的四边形网格表现出较差的收敛性。在后面读者将看到,对于高阶四边形单元来说,畸形网格下仍然可以保持较快的收敛速度。同样的收敛特性在弯矩的收敛曲线中也得到体现,如图5-29(b)所示。

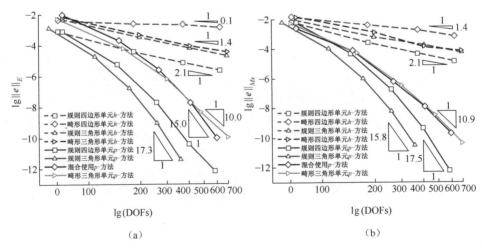

图5-29　收敛性对比

(a)误差能量范数收敛曲线;(b)中心点弯矩相对误差收敛曲线。

5.3.3 局部 p-收敛

接下来将考虑一个奇异性问题来体现本章单元在局部 p-收敛中的应用。图 5-30 为一个受均布载荷 $q=-1000\text{N}/\text{m}^2$ 作用的"L"形板,边界条件为四边简支,弹性模量 $E=206\text{GPa}$,泊松比 $\upsilon=0.3$,厚度 $h=0.01\text{m}$。为评估收敛性,定义如下能量范数相对误差:

$$E_r = \frac{|U_r - U_i|}{U_r} \times 100\% \tag{5.111}$$

式中:U_r 为参考解的能量范数;U_i 为有限元数值解在每一步的能量范数。其中参考解采用梯度加密的 h-型四边形网格得到(图 5-30(a))。图 5-30(b) 和 (c) 分别是 p-方法的四边形单元和三角形单元网格划分,在收敛过程中考虑了均匀 p-收敛(每一步中各单元阶次相同)以及局部 p-收敛(奇异点附近配置阶次较高的单元,而远离奇异点的位置配置阶次较低的单元)两种收敛方案。对于均匀 p-收敛,单元结点取值依次为 $N=7,9,11,12,15$;对于局部 p-收敛,低阶单元的结点数目依次为 $N_2=0,2,4,6,8,10$,高阶单元边界结点数目为 $N_1=N_2+10$,其收敛曲线如图 5-31 所示。从图中可以看到,局部 p-方法的收敛速度要明显比均匀 p-方法的收敛速度快,在达到同样的相对误差下,局部 p-方法使用的自由度数目大概只有均匀 p-方法的一半。

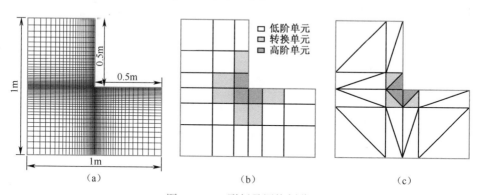

图 5-30 L 形板及网格划分

(a)参考解的网格划分;(b)四边形单元局部 p-收敛网格;(c)三角形单元局部 p-收敛网络。

5.3.4 准 C^1 连续单元

如前文指出,对于一般畸形四边形单元以及曲边单元,挠度在单元边界上是完全连续的,而法向转角只在结点处连续,因而称这种情况为准 C^1 连续。前文方板问题已经表明失去 C^1 协调性将对 h-型单元的收敛速度产生不利影响。

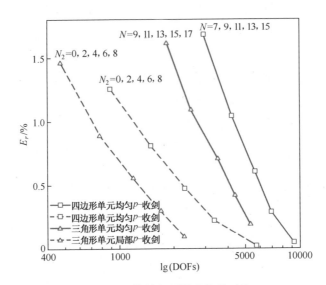

图 5-31　能量相对误差收敛对比

而对于高阶单元来说,根据笔者经验,这种不利影响能有所降低,但仍然难以达到指数收敛的速度。然而所幸的是,数值计算表明采用高斯-洛巴托点作为法向转角插值结点将有助于提高单元的收敛速度。为进一步说明,下面仍然采用前面使用的简支方板的算例,并将其划分成图 5-32 所示三种准 C^1 协调网格。图 5-33(a)所示为畸形四边形网格的计算结果,其中转角结点采用的是高斯-洛巴托结点,且转角结点数与挠度结点数的差 Δ 依次取为 1,2,3。通过与规则网格的计算结果对比可以看到三种计算结果都具有指数收敛速度,同时随着结点增量 Δ 的增加,准 C^1 单元的收敛速度越来越接近完全 C^1 协调的规则网格的计算结果。其原因主要是由于 C^1 协调性随着插值结点的增多而满足的越来越好,同时也表明了高斯-洛巴托结点插值的稳定性。值得指出的是,不是所有结点类型均表现出这种快速收敛速度。图 5-33(b)所示为采用不同结点配置的收敛速度对比,其中 ES 代表均匀结点,Cheby1 代表第一类切比雪夫结点,Cheby2 为第二类切比雪夫结点,CGL 为切比雪夫-高斯-洛巴托结点,GL 为高斯-洛巴托结点[176],GJ 为前文所给出的高斯-雅可比结点。可以看到,相对于其他结点来说,高斯-洛巴托结点的收敛速度要远远优于其他结点,均匀结点的收敛性质最差,其收敛曲线基本为水平线,而其余非均匀结点的收敛速度表现出线性收敛速度。图 5-33(c)对比了采用高斯-洛巴托转角结点的三种网格的能量误差收敛速度,其中 Δ 取固定值 3。图 5-33(d)则为三种网格下中心点弯矩的相对误差收敛曲线。可以看到三种网格均表现出了指数收敛趋势。

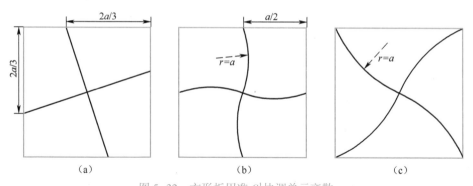

图 5-32　方形板用准 C^1 协调单元离散

(a)畸形四边形网格;(b)曲边四边形网格;(c)曲边三角形网格。

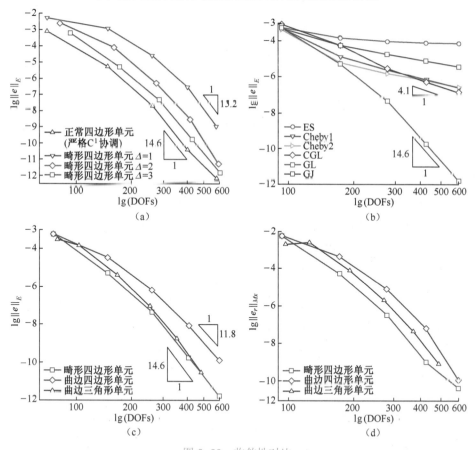

图 5-33　收敛性对比

(a)不同结点增量 Δ 畸形四边形网格误差能量范数收敛对比;(b)畸形四边形网格不同结点能量误差收敛对比;(c)三种网格误差能量范数收敛对比;(d)三种网格中心点弯矩相对误差收敛对比。

为进一步考察准 C^1 单元的收敛性,下面考虑图 5-34 所示固支圆板的静力分析。如图中所示,整个圆板被分别用曲边四边形网格、曲边三角形网格以及混合网格进行离散。同样地,转角结点仍然为高斯-洛巴托点,结点增量 Δ 取值为 5,能量误差以及中心点弯矩的相对误差收敛曲线分别如图 5-35(a)和(b)所示。可以看出,三种网格均表现出快速收敛的趋势,其中三角形网格的收敛速度最快,这与前面协调单元的结果十分类似,其原因仍然是由于三角形单元的基函数包括较少的非完备单项式。

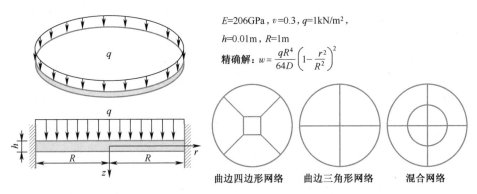

$E=206\text{GPa}$, $v=0.3$, $q=1\text{kN/m}^2$,
$h=0.01\text{m}$, $R=1\text{m}$

精确解: $w = \dfrac{qR^4}{64D}\left(1-\dfrac{r^2}{R^2}\right)^2$

曲边四边形网络 曲边三角形网络 混合网络

图 5-34 受均布载荷作用的固支圆板及网格划分

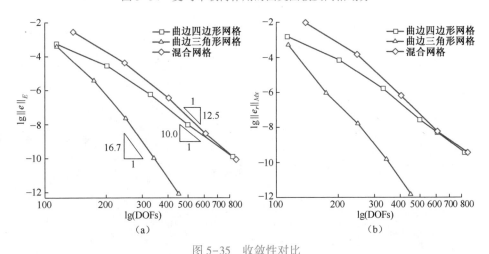

图 5-35 收敛性对比

(a)误差能量范数收敛曲线;(b)中心点弯矩相对误差收敛曲线。

最后考虑一个图 5-36 所示的具有不规则穿孔方板的自由振动问题。其几何尺寸以及网格划分均如图 5-36 所示。单元转角结点仍然使用高斯-洛巴托结点,增量 Δ 取值为 1。表 5-2 给出了三种边界条件下板的前 10 阶无量纲频率

参数 $\Omega=(\omega a^4 \rho h/D)^{1/4}$。可以看出,在三种情况下各阶频率均表现出良好的收敛趋势,且与基于边界光滑径向基点插值法(ES-RPIM)计算结果[177]、基于结点光滑径向基点插值法[177](NS-RPIM)以及等几何分析(IGA)方法[131]的计算结果吻合较好。图 5-37 给出了四边简支时板的前 6 阶模态。

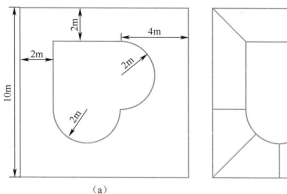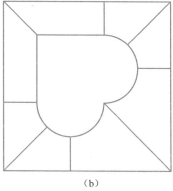

(a)　　　　　　　　　　　　　　(b)

图 5-36　带有不规则形状穿孔的方板

(a)几何尺寸;(b)网格划分。

表 5-2　不规则开孔方板在不同边界条件下的前 10
阶频率参数 $\Omega=(\omega a^4 \rho h/D)^{1/4}$

N	模态序列									
	1	2	3	4	5	6	7	8	9	10
简支										
3	4.913	6.389	6.758	8.557	8.973	10.655	10.884	11.600	12.805	13.159
5	4.912	6.388	6.754	8.557	8.966	10.648	10.884	11.599	12.804	13.149
7	4.912	6.388	6.752	8.556	8.963	10.646	10.883	11.599	12.804	13.145
12	4.912	6.388	6.750	8.556	8.960	10.643	10.883	11.599	12.804	13.142
15	4.912	6.388	6.750	8.556	8.960	10.642	10.883	11.599	12.804	13.141
ES-RPIM[177]	4.905	6.389	6.753	8.574	8.986	10.685	10.897	11.594	12.856	13.223
NS-RPIM[177]	4.919	6.398	6.775	8.613	9.016	10.738	10.930	11.601	12.903	13.283
IGA[131]	5.193	6.579	6.597	7.819	8.812	9.42	10.742	10.776	11.919	13.200
固支										
3	7.437	9.819	9.838	10.943	11.157	12.340	12.832	13.446	14.433	14.712
5	7.437	9.817	9.838	10.942	11.153	12.332	12.828	13.438	14.433	14.700
7	7.437	9.817	9.838	10.942	11.151	12.329	12.828	13.438	14.433	14.695

（续）

N	模态序列									
	1	2	3	4	5	6	7	8	9	10
12	7.437	9.816	9.838	10.942	11.149	12.326	12.828	13.438	14.432	14.691
15	7.437	9.816	9.838	10.942	11.148	12.325	12.828	13.438	14.432	14.690
ES-RPIM[177]	7.423	9.770	9.797	10.927	11.137	12.363	12.822	13.428	14.508	14.789
NS-RPIM[177]	7.410	9.726	9.764	10.896	11.114	12.353	12.781	13.368	14.485	14.766
IGA[131]	7.621	9.810	9.948	11.135	11.216	12.482	12.872	13.650	14.676	14.738
自由										
3	3.223	3.825	4.658	5.473	5.526	6.922	7.331	8.077	8.353	8.664
5	3.222	3.824	4.658	5.473	5.526	6.922	7.328	8.077	8.353	8.664
7	3.222	3.824	4.658	5.473	5.525	6.922	7.327	8.077	8.353	8.664
12	3.222	3.824	4.658	5.473	5.525	6.922	7.326	8.076	8.353	8.664
15	3.222	3.824	4.658	5.473	5.525	6.922	7.325	8.076	8.353	8.664
ES-RPIM[177]	3.225	3.823	4.646	5.473	5.524	6.902	7.303	8.060	8.349	8.623
NS-RPIM[177]	3.234	3.846	4.684	5.497	5.547	6.929	7.350	8.103	8.392	8.667
IGA[131]	3.482	3.968	5.216	5.805	6.015	7.100	7.485	8.114	8.853	9.001

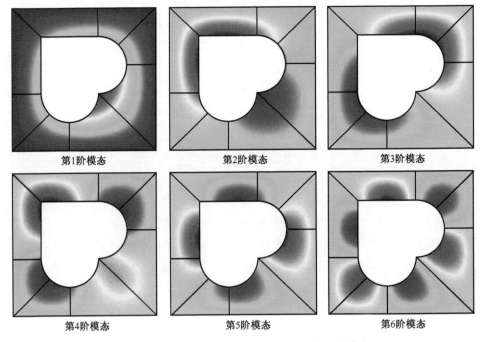

图 5-37　四边简支不规则穿孔方板的前 6 阶模态

5.4 小 结

　　本章首先介绍了薄板的基本方程和 C^1 型的混合函数,将四边形和三角形上 C^1 型三角形混合函数插值与埃尔米特插值结合构造得四边形和三角形单元上的 C^1 型升阶谱基函数;利用缩聚坐标系和雅可比正交多项式,在四边形和三角形单元内部构造得 C^1 型正交升阶谱基函数。在研究中发现,C^1 型单元转角自由度的阶次比挠度自由低一阶,因此转角的结点需要比挠度至少多一个,这是实现 C^1 连续的一个关键点。由于 C^1 单元本身的复杂性,本书所给单元形函数的推导过程是比较复杂的,但所给结果十分简单,只从用的角度来看是可以忽略整个推导过程的,直接用表 5-1 列出的形函数即可。本章给出了的大量的算例来验证本书所给 C^1 型单元的性能,研究表明本书所给单元可以很好地实现 C^1 连续、可以实现局部升阶、具有指数收敛的特点。对于单元边界上的结点分布,研究表明收敛性最好的结点是高斯-洛巴托结点。

第六章
壳体的微分求积升阶谱有限元

由于壳体的优良力学性能,壳体结构已在各类工程领域中得到了广泛应用。为研究其力学行为,相关学者提出了各种壳理论。对于有限元计算来说,一阶剪切变形壳理论是目前广泛采用的计算模型。本章介绍基于该理论的微分求积叠层壳单元的构造,这种单元不仅能有效模拟传统各向同性单层壳结构,而且也能适应复合材料叠层壳以及加筋壳的模拟。为了验证本章所给方法的特性,本章最后给出了各向同性和叠层复合材料壳变形和自由振动的一系列算例。

6.1　壳体的几何表示

壳体是中面为曲面、与中面垂直方向的尺度小于中面两个方向尺度的实体结构,如图 6-1 所示为一等厚度壳体,其几何表示为

$$X(\xi,\eta,\zeta) = S(\xi,\eta) + \zeta n(\xi,\eta), \quad \zeta \in [-h,h] \tag{6.1}$$

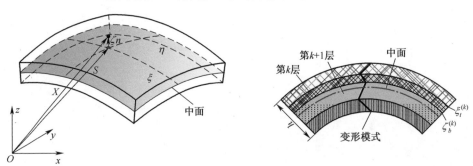

图 6-1　壳体的几何表示

式中:X 为壳体中任意质点;S 为壳体的中面;n 为单位法向量;h 为厚度。通常来说,曲壳中面的表示常常采用等参映射进行插值近似,然而这种插值近似方式将带来一定的几何误差,进而使得单元无法达到高阶精度。为消除几何误差,同时兼顾对几何表示的通用性,下面将采用 NURBS 曲面来描述壳体的中面

（详见第九章），即

$$S(\xi,\eta) = \sum_{i=1}^{m} \sum_{j=1}^{n} R_{ij}(\xi,\eta) P_{ij} \qquad (6.2)$$

式中：P_{ij} 为控制点；R_{ij} 为 NURBS 基函数。那么曲面的协变标架场为

$$g_1 = \frac{\partial S}{\partial \xi}, \quad g_2 = \frac{\partial S}{\partial \eta} \qquad (6.3)$$

由此可以引入如下局部直角坐标系：

$$i_1 = \frac{g_1}{|g_1|}, \quad i_3 = n = \frac{g_1 \times g_2}{|g_1 \times g_2|}, \quad i_2 = i_3 \times i_1 \qquad (6.4)$$

根据曲面微分几何学可以得到其关于参数坐标 ξ 和 η 的微分关系：

$$\begin{cases} \dfrac{\partial i_1}{\partial \xi} = \dfrac{1}{\sqrt{g_{11}}}\left(\Gamma_{11}^2 \dfrac{g^2}{g^{22}} + b_{11}i_3\right), & \dfrac{\partial i_1}{\partial \eta} = \dfrac{1}{\sqrt{g_{11}}}\left(\Gamma_{12}^2 \dfrac{g^2}{g^{22}} + b_{12}i_3\right) \\[3mm] \dfrac{\partial i_2}{\partial \xi} = \dfrac{1}{\sqrt{g_{22}}}\left(\Gamma_{21}^1 \dfrac{g^1}{g^{11}} + b_{21}i_3\right), & \dfrac{\partial i_2}{\partial \eta} = \dfrac{1}{\sqrt{g_{22}}}\left(\Gamma_{22}^1 \dfrac{g^1}{g^{11}} + b_{22}i_3\right) \\[3mm] \dfrac{\partial i_3}{\partial \xi} = -b_{11}g^1 - b_{12}g^2, & \dfrac{\partial i_3}{\partial \eta} = -b_{21}g^1 - b_{22}g^2 \end{cases} \qquad (6.5)$$

式中：$g_{\alpha\beta}$ 为度量张量协变分量；g^{ij} 为度量张量逆变分量；g^{α}，为逆变基向量 $\alpha=1,2$；$b_{\alpha\beta}$ 为曲率张量；$\Gamma_{\alpha\beta}^{\gamma}$ 为克里斯多菲（Christoffel）符号，其表达式为

$$\left[g^{\alpha\beta}\right] = \left[g_{\alpha\beta}\right]^{-1}, \quad g_{\alpha\beta} = g_\alpha \cdot g_\beta, \quad \alpha,\beta = 1,2 \qquad (6.6)$$

$$g^{\alpha} = g^{\alpha\beta}g_\beta, \quad \alpha,\beta = 1,2 \qquad (6.7)$$

$$b_{\alpha\beta} = i_3 \cdot \frac{\partial g_\alpha}{\partial \xi^\beta} = -\frac{\partial i_3}{\partial \xi^\beta} \cdot g_\alpha, \quad \alpha,\beta = 1,2 \qquad (6.8)$$

$$\Gamma_{\alpha\beta}^{\gamma} = \frac{\partial g_\alpha}{\partial \xi^\beta} \cdot g^\gamma = \frac{\partial g_\beta}{\partial \xi^\alpha} \cdot g^\gamma = \Gamma_{\beta\alpha}^{\gamma}, \quad \alpha,\beta,\gamma = 1,2 \qquad (6.9)$$

其中 ξ^1 代表 ξ，ξ^2 代表 η。为得到全局坐标系下的应变表示，需要引入如下链式法则：

$$\begin{bmatrix} \dfrac{\partial}{\partial x} \\[2mm] \dfrac{\partial}{\partial y} \\[2mm] \dfrac{\partial}{\partial z} \end{bmatrix} = \begin{bmatrix} \dfrac{\partial x}{\partial \xi} & \dfrac{\partial y}{\partial \xi} & \dfrac{\partial z}{\partial \xi} \\[2mm] \dfrac{\partial x}{\partial \eta} & \dfrac{\partial y}{\partial \eta} & \dfrac{\partial z}{\partial \eta} \\[2mm] \dfrac{\partial x}{\partial \zeta} & \dfrac{\partial y}{\partial \zeta} & \dfrac{\partial z}{\partial \zeta} \end{bmatrix}^{-1} \begin{bmatrix} \dfrac{\partial}{\partial \xi} \\[2mm] \dfrac{\partial}{\partial \eta} \\[2mm] \dfrac{\partial}{\partial \zeta} \end{bmatrix}, \quad J = \begin{bmatrix} \dfrac{\partial x}{\partial \xi} & \dfrac{\partial y}{\partial \xi} & \dfrac{\partial z}{\partial \xi} \\[2mm] \dfrac{\partial x}{\partial \eta} & \dfrac{\partial y}{\partial \eta} & \dfrac{\partial z}{\partial \eta} \\[2mm] \dfrac{\partial x}{\partial \zeta} & \dfrac{\partial y}{\partial \zeta} & \dfrac{\partial z}{\partial \zeta} \end{bmatrix} \qquad (6.10)$$

可以证明，雅可比矩阵 J 的逆的最后一列元素为

$$J_{13}^{-1} = i_{3x}, \quad J_{23}^{-1} = i_{3y}, \quad J_{33}^{-1} = i_{3z} \qquad (6.11)$$

式中：i_{3x} 为法向量 i_3 的 x 轴分量，其余类似。式（6.11）有助于提高求逆的效率，此外还可以看到这些分量与厚度坐标 ζ 无关。

6.2   叠层壳的分层理论

下面考虑基于一阶剪切变形理论的分层（Layerwise）壳理论，其基本假设为：①在每一层中，壳的法向应变为 0，即法向纤维不可伸缩；②法向应力非常小，因此对应变不产生影响。此外，由于本章不考虑材料的破坏，因此假设变形过程中壳体的层与层之间始终牢固粘接，不产生撕裂与滑移，因此位移在各层交接面上是连续的。根据假设①，壳体的每一层位移可以统一用如下公式表示：

$$\boldsymbol{u}^{(k)} = \boldsymbol{u}_R^{(k)} + \boldsymbol{\Omega}^{(k)} \times (\zeta - \zeta_R^{(k)})\boldsymbol{n}, \quad \zeta \in [\zeta_b^{(k)}, \zeta_t^{(k)}] \qquad (6.12)$$

式中：k 代表层的编号；$\boldsymbol{u}_R^{(k)}$ 为该层参考曲面的位移场；$\boldsymbol{\Omega}^{(k)}$ 为转角向量场；$\boldsymbol{n}$ 为单位法向量；$\zeta_R^{(k)}$ 为参考曲面的厚度坐标；$\zeta_b^{(k)}$ 和 $\zeta_t^{(k)}$ 分别为该层的底面和顶面的 ζ 坐标，每一层的厚度可表示为 $h_k = \zeta_t^{(k)} - \zeta_b^{(k)}$。注意式（6.12）中 $\boldsymbol{u}_R^{(k)}$、$\boldsymbol{\Omega}^{(k)}$ 和 $\boldsymbol{n}$ 都是曲面参数 ξ 和 η 的函数。

值得指出的是，对于一个具体的 n 层壳体而言，只有一个参考曲面的位移场是独立的，该参考曲面称为初始参考曲面（Original Reference Surface，ORS）。其他层的参考曲面的选择与定义将由层间位移的连续性来确定。例如，假设第 k 层壳坐标为 $\zeta_R^{(k)}$ 的曲面定义为初始参考曲面，那么其位移场便可以由式（6.12）确定。根据连续性要求，初始参考曲面所在层以下的壳层，如第 $k+1$ 层，其参考曲面选择为第 k 层的底面，即

$$\zeta_R^{(k+1)} = \zeta_b^{(k)}, \quad \boldsymbol{u}_R^{(k+1)} = \boldsymbol{u}^{(k)}(\xi, \eta, \zeta_b^{(k)}) \qquad (6.13)$$

其余类似。对于初始参考曲面层以上的壳层，如第 $k-1$ 层，其参考曲面选择为第 k 层的顶面，即

$$\zeta_R^{(k-1)} = \zeta_t^{(k)}, \quad \boldsymbol{u}_R^{(k-1)} = \boldsymbol{u}^{(k)}(\xi, \eta, \zeta_t^{(k)}) \qquad (6.14)$$

通过这种方式便可实现位移在层间的连续。那么整个壳体的变形将呈现"Z"字形模式（图6-1）。

有了壳体曲面的几何表示，接下来需要推导壳体的本构方程，这些都是壳体弹性力学的基础。根据三维弹性力学，无穷小应变的全局坐标分量为

$$\begin{cases} \varepsilon_{11} = \dfrac{\partial \boldsymbol{u}^{(k)}}{\partial x} \cdot \boldsymbol{e}_1, \quad \varepsilon_{22} = \dfrac{\partial \boldsymbol{u}^{(k)}}{\partial y} \cdot \boldsymbol{e}_2, \quad \varepsilon_{33} = \dfrac{\partial \boldsymbol{u}^{(k)}}{\partial z} \cdot \boldsymbol{e}_3 \\[3mm] \gamma_{12} = 2\varepsilon_{12} = \dfrac{\partial \boldsymbol{u}^{(k)}}{\partial x} \cdot \boldsymbol{e}_2 + \dfrac{\partial \boldsymbol{u}^{(k)}}{\partial y} \cdot \boldsymbol{e}_1 \\[3mm] \gamma_{23} = 2\varepsilon_{23} = \dfrac{\partial \boldsymbol{u}^{(k)}}{\partial y} \cdot \boldsymbol{e}_3 + \dfrac{\partial \boldsymbol{u}^{(k)}}{\partial z} \cdot \boldsymbol{e}_2 \\[3mm] \gamma_{31} = 2\varepsilon_{31} = \dfrac{\partial \boldsymbol{u}^{(k)}}{\partial x} \cdot \boldsymbol{e}_3 + \dfrac{\partial \boldsymbol{u}^{(k)}}{\partial z} \cdot \boldsymbol{e}_1 \end{cases} \tag{6.15}$$

式中：$\boldsymbol{e}_i, i = 1, 2, 3$ 为单位正交基向量。为引入假设②，需要将式(6.15)转为用式(6.4)所给局部坐标系表示，根据应变张量的不变性可得

$$\boldsymbol{\varepsilon} = \widetilde{\varepsilon}_{ij} \boldsymbol{i}_i \otimes \boldsymbol{i}_j = \varepsilon_{rs}(\boldsymbol{e}_r \cdot \boldsymbol{i}_i)(\boldsymbol{e}_s \cdot \boldsymbol{i}_j)\boldsymbol{i}_i \otimes \boldsymbol{i}_j \tag{6.16}$$

进而得到应变转换关系

$$\begin{bmatrix} \widetilde{\varepsilon}_{11} \\ \widetilde{\varepsilon}_{22} \\ \widetilde{\gamma}_{12} \\ \widetilde{\gamma}_{13} \\ \widetilde{\gamma}_{23} \end{bmatrix} = \underbrace{\begin{bmatrix} i_{1x}^2 & i_{1y}^2 & i_{1z}^2 & i_{1x}i_{1y} & i_{1x}i_{1z} & i_{1y}i_{1z} \\ i_{2x}^2 & i_{2y}^2 & i_{2z}^2 & i_{2x}i_{2y} & i_{2x}i_{2z} & i_{2y}i_{2z} \\ 2i_{1x}i_{2x} & 2i_{1y}i_{2y} & 2i_{1z}i_{2z} & i_{1x}i_{2y}+i_{1y}i_{2x} & i_{1x}i_{2z}+i_{1z}i_{2x} & i_{1y}i_{2z}+i_{1z}i_{2y} \\ 2i_{1x}i_{3x} & 2i_{1y}i_{3y} & 2i_{1z}i_{3z} & i_{1x}i_{3y}+i_{1y}i_{3x} & i_{1x}i_{3z}+i_{1z}i_{3x} & i_{1y}i_{3z}+i_{1z}i_{3y} \\ 2i_{2x}i_{3x} & 2i_{2y}i_{3y} & 2i_{2z}i_{3z} & i_{2x}i_{3y}+i_{2y}i_{3x} & i_{2x}i_{3z}+i_{2z}i_{3x} & i_{2y}i_{3z}+i_{2z}i_{3y} \end{bmatrix}}_{\widetilde{Q}} \begin{bmatrix} \varepsilon_{11} \\ \varepsilon_{22} \\ \varepsilon_{33} \\ \gamma_{12} \\ \gamma_{13} \\ \gamma_{23} \end{bmatrix}$$

$$\tag{6.17}$$

其中 $\gamma_{12} = 2\varepsilon_{12}, \gamma_{13} = 2\varepsilon_{13}, \gamma_{23} = 2\varepsilon_{23}; \widetilde{\gamma}_{12} = 2\widetilde{\varepsilon}_{12}, \widetilde{\gamma}_{13} = 2\widetilde{\varepsilon}_{13}, \widetilde{\gamma}_{23} = 2\widetilde{\varepsilon}_{23}, \widetilde{\varepsilon}_{33} = 0$。根据假设②，法向应力不影响应变，那么各向同性材料在局部坐标系下的应力、应变可以由三维弹性本构得到，即

$$\begin{bmatrix} \widetilde{\varepsilon}_{11} \\ \widetilde{\varepsilon}_{22} \\ \widetilde{\gamma}_{12} \\ \widetilde{\gamma}_{13} \\ \widetilde{\gamma}_{23} \end{bmatrix} = \frac{1}{E} \begin{bmatrix} 1 & -\upsilon & 0 & 0 & 0 \\ -\upsilon & 1 & 0 & 0 & 0 \\ 0 & 0 & 2(1+\upsilon) & 0 & 0 \\ 0 & 0 & 0 & 2(1+\upsilon) & 0 \\ 0 & 0 & 0 & 0 & 2(1+\upsilon) \end{bmatrix} \begin{bmatrix} \widetilde{\sigma}_{11} \\ \widetilde{\sigma}_{22} \\ \widetilde{\tau}_{12} \\ \widetilde{\tau}_{13} \\ \widetilde{\tau}_{23} \end{bmatrix} \tag{6.18}$$

式中：E 为弹性模量；v 为泊松比。对式(6.18)求逆并考虑到剪切修正可得

$$
\widetilde{\boldsymbol{\sigma}} = \begin{bmatrix} \widetilde{\sigma}_{11} \\ \widetilde{\sigma}_{22} \\ \widetilde{\tau}_{12} \\ \widetilde{\tau}_{13} \\ \widetilde{\tau}_{23} \end{bmatrix} = \frac{E}{1-v^2} \begin{bmatrix} 1 & v & 0 & 0 & 0 \\ v & 1 & 0 & 0 & 0 \\ 0 & 0 & (1-v)/2 & 0 & 0 \\ 0 & 0 & 0 & \kappa(1-v)/2 & 0 \\ 0 & 0 & 0 & 0 & \kappa(1-v)/2 \end{bmatrix} \begin{bmatrix} \widetilde{\varepsilon}_{11} \\ \widetilde{\varepsilon}_{22} \\ \widetilde{\gamma}_{12} \\ \widetilde{\gamma}_{13} \\ \widetilde{\gamma}_{23} \end{bmatrix} = \widetilde{\boldsymbol{D}}\,\widetilde{\boldsymbol{\varepsilon}}
$$

(6.19)

式中：κ 为面外剪切修正系数。对于正交各向异性材料，其本构关系一般在材料主轴坐标系下定义

$$
\hat{\boldsymbol{\sigma}} = \begin{bmatrix} \hat{\sigma}_{11} \\ \hat{\sigma}_{22} \\ \hat{\tau}_{12} \\ \hat{\tau}_{23} \\ \hat{\tau}_{31} \end{bmatrix} = \begin{bmatrix} D_{11} & D_{12} & 0 & 0 & 0 \\ D_{21} & D_{22} & 0 & 0 & 0 \\ 0 & 0 & G_{12} & 0 & 0 \\ 0 & 0 & 0 & G_{23} & 0 \\ 0 & 0 & 0 & 0 & G_{31} \end{bmatrix} \begin{bmatrix} \hat{\varepsilon}_{11} \\ \hat{\varepsilon}_{22} \\ \hat{\gamma}_{12} \\ \hat{\gamma}_{23} \\ \hat{\gamma}_{31} \end{bmatrix} = \hat{\boldsymbol{D}}\hat{\boldsymbol{\varepsilon}}
$$

(6.20)

式中：符号"^"为材料坐标系中的物理量；下标 1 和 2 分别为纤维方向以及垂直于纤维方向；G_{12}、G_{23} 和 G_{31} 为剪切模量；弹性参数 $D_{\alpha\beta}$，$\alpha,\beta = 1,2$ 定义为

$$
D_{11} = \frac{E_1}{1-v_{12}v_{21}}, \quad D_{22} = \frac{E_2}{1-v_{12}v_{21}}, \quad D_{12} = \frac{E_1 v_{21}}{1-v_{12}v_{21}} = \frac{E_2 v_{12}}{1-v_{12}v_{21}} = D_{21}
$$

(6.21)

式中：E_1 和 E_2 为纤维及垂直纤维方向的弹性模量；v_{12} 和 v_{21} 为泊松比。如图 6-2 所示，假设材料主平面 1-2 与壳体的切平面 i_1-i_2 夹角为 θ，那么正交各向异性材料在局部坐标系下的本构关系可以表示为

$$
\widetilde{\boldsymbol{\sigma}} = \boldsymbol{T}\hat{\boldsymbol{\sigma}}, \quad \hat{\boldsymbol{\varepsilon}} = \boldsymbol{T}^{\mathrm{T}}\widetilde{\boldsymbol{\varepsilon}}, \quad \widetilde{\boldsymbol{\sigma}} = \boldsymbol{T}\hat{\boldsymbol{D}}\boldsymbol{T}^{\mathrm{T}}\widetilde{\boldsymbol{\varepsilon}} = \widetilde{\boldsymbol{D}}\,\widetilde{\boldsymbol{\varepsilon}}
$$

(6.22)

其中，旋转矩阵为

$$
\boldsymbol{T} = \begin{bmatrix} \cos^2\theta & \sin^2\theta & -2\sin\theta\cos\theta & 0 & 0 \\ \sin^2\theta & \cos^2\theta & 2\sin\theta\cos\theta & 0 & 0 \\ \sin\theta\cos\theta & -\sin\theta\cos\theta & \cos^2\theta - \sin^2\theta & 0 & 0 \\ 0 & 0 & 0 & \cos\theta & \sin\theta \\ 0 & 0 & 0 & -\sin\theta & \cos\theta \end{bmatrix}
$$

(6.23)

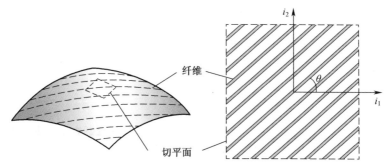

图 6-2　纤维方向与局部坐标

叠层壳体在工程中十分常见,本节的内容可以用来分析各类常见的叠层壳体结构。

6.3　叠层壳体单元

6.3.1　形函数

由于基于一阶剪切理论的壳体与第四章中剪切板单元类似,其形函数只需要满足 C^0 连续性要求即可。因此,第二章的形函数(参数域为 $[-1,1]\times[-1,1]$)可以用来构造壳的基函数,而由于 NURBS 的参数域为 $[0,1]\times[0,1]$,因此需要作仿射变换得到 $[0,1]\times[0,1]$ 上的形函数,其转化结果如表 6-1 所列。其中 M、N、P、Q 为每个边上的结点数,L_i^M 代表第一条边上的第 i 个结点对应的拉格朗日基函数,其余类似,P_n 为勒让德正交多项式。值得注意的是,表 6-1 中所列的形函数在使用时只适用于相邻单元在边界上具有相同参数化的情形,即在相邻单元边界上,同一参数坐标对应于全局坐标系中单元边界上的同一个点。这样才能保证近似函数在整个求解域上的 C^0 连续。

表 6-1　区间 $[0,1]\times[0,1]$ 上的二维微分求积升阶谱有限元形函数

	顶点形函数	边形函数	面函数
（坐标图）	$S^{V1}=(1-\eta)L_1^M(\xi)+(1-\xi)$ $L_1^O(\eta)-(1-\xi)(1-\eta)$ $S^{V2}=(1-\eta)L_M^M(\xi)+$ $\xi L_1^P(\eta)-\xi(1-\eta)$ $S^{V3}=\xi L_N^N(\eta)+\eta L_P^P(\xi)-\xi\eta$ $S^{V4}=(1-\xi)L_Q^O(\eta)+\eta L_1^P$ $(\xi)-(1-\xi)\eta$	$S_i^{E1}=(1-\eta)L_i^M(\xi)$, $i=2,3,\cdots,M-1$ $S_i^{E2}=\xi L_i^N(\eta)$, $i=2,3,\cdots,N-1$ $S_i^{E3}=\eta L_i^P(\xi)$, $i=2,3,\cdots,P-1$ $S_i^{E4}=(1-\xi)L_i^O(\eta)$, $i=2,3,\cdots,Q-1$	$S_{mn}^F=\phi_m(\xi)\phi_n(\eta)$, $m=1,2,\cdots,H_\xi$, $n=1,2,\cdots,H_\eta$ $\phi_n(\xi)=$ $\dfrac{[(2\xi-1)^2-1]}{n(n+1)}$ $\left.\dfrac{\mathrm{d}P_n(x)}{\mathrm{d}x}\right|_{x=2\xi-1}$

159

  然而,对于 NURBS 曲面来说,更一般的情况则是曲面由多个不同参数化的 NURBS 曲面片组合形成(图 6-3(a)和(b)),这时按照传统匹配结点的组装方式,表 6-1 中的形函数将无法满足协调性需要。因此,上述形函数还需做进一步修改。一种直接的方法是将边界上的拉格朗日多项式改为关于边界弧长的插值多项式,这时形函数如表 6-2 所列。注意表中只对边界形函数进行了修改,由于面函数不影响协调性,因此保留为原来的形式。通过这种方式,形函数在参数化不一样的单元边界的匹配问题便能得到较好解决,如图 6-3(c)所示。

表 6-2　修改的形函数

顶点形函数	边形函数	面函数
$S^{V1} = (1-\eta)\widetilde{L}_1^M(s_1) + (1-\xi)\widetilde{L}_1^Q$ $(s_4) - (1-\xi)(1-\eta)$ $S^{V2} = (1-\eta)\widetilde{L}_M^M(s_1) + \xi \widetilde{L}_1^P(s_2) -$ $\xi(1-\eta)$ $S^{V3} = \xi \widetilde{L}_N^N(s_2) + \eta \widetilde{L}_P^P(s_3) - \xi\eta$ $S^{V4} = (1-\xi)\widetilde{L}_Q^Q(s_4) + \eta \widetilde{L}_1^P(s_3) -$ $(1-\xi)\eta$	$S_i^{E1} = (1-\eta)\widetilde{L}_i^M(s_1)$, $i = 2,3,\cdots,M-1$ $S_i^{E2} = \xi \widetilde{L}_i^N(s_2)$, $i = 2,3,\cdots,N-1$ $S_i^{E3} = \eta \widetilde{L}_i^P(s_3)$, $i = 2,3,\cdots,P-1$ $S_i^{E4} = (1-\xi)\widetilde{L}_i^Q(s_4)$, $\quad i = 2,3,\cdots,Q$ -1	$S_{mn}^F = \phi_m(\xi)\phi_n(\eta)$, $m = 1,2,\cdots,H_\xi$; $n = 1,2,$ $\cdots, H_\eta$ $\phi_n(\xi) =$ $\dfrac{\left[(2\xi-1)^2 - 1\right]}{n(n+1)}\dfrac{\mathrm{d}P_n(x)}{\mathrm{d}x}\bigg|_{x=2\xi-1}$
$\widetilde{L}_i^N(s) = \displaystyle\prod_{j=1,j\neq i}^N \dfrac{s - s_j}{s_i - s_j}$;	$s_1(\xi) = \displaystyle\int_0^\xi \|\boldsymbol{g}_1(\xi,0)\|\,\mathrm{d}\xi$; $\quad s_2(\eta) = \displaystyle\int_0^\eta \|\boldsymbol{g}_2(1,\eta)\|\,\mathrm{d}\eta$ $s_3(\xi) = \displaystyle\int_0^\xi \|\boldsymbol{g}_1(\xi,1)\|\,\mathrm{d}\xi$; $\quad s_4(\eta) = \displaystyle\int_0^\eta \|\boldsymbol{g}_2(0,\eta)\|\,\mathrm{d}\eta$	

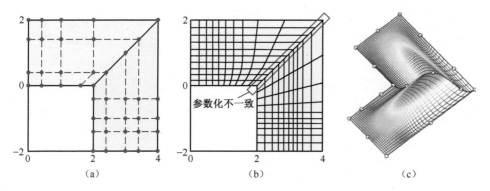

图 6-3　不同参数化曲面片形函数的协调性
(a)两个 NURBS 曲面及其控制点;(b)NURBS 曲面的等参数线;
(c)修改的形函数在单元边界上连续。

6.3.2 有限元离散

根据 6.2 节,叠层壳体的位移将由初始参考曲面的位移向两侧展开,其基本变量为初始参考曲面的位移以及每一层的转角。因此,单元的结点将分配在初始参考面上,如图 6-4 所示。利用表 6-2 中的形函数,主参考面的位移场可以近似为

$$u_{\mathrm{R}} \approx N_{\mathrm{R}} \widetilde{u} \tag{6.24}$$

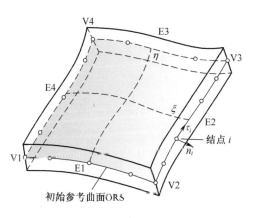

图 6-4 结点配置

其中

$$N_{\mathrm{R}} = [\, S^{\mathrm{V1}} \sim S^{\mathrm{V4}}, S_2^{\mathrm{E1}} \sim S_{M-1}^{\mathrm{E1}}, \cdots, S_2^{\mathrm{E4}} \sim S_{Q-1}^{\mathrm{E4}}, S_{11}^{\mathrm{F}} \sim S_{H_\xi H_\eta}^{\mathrm{F}} \,] \otimes I, \quad I = \mathrm{diag}\{\,[\,1,1,1\,]\,\}$$

$$\widetilde{u} = \begin{bmatrix} u^{\mathrm{E}} \\ u^{\mathrm{F}} \end{bmatrix}, \quad u^{\mathrm{E}} = \begin{bmatrix} u_1^{\mathrm{E}} \\ \vdots \\ u_{N_d}^{\mathrm{E}} \end{bmatrix}, \quad u_i^{\mathrm{E}} = \begin{bmatrix} u_i \\ v_i \\ w_i \end{bmatrix}, \quad u^{\mathrm{F}} = \begin{bmatrix} u_{11}^{\mathrm{F}} \\ \vdots \\ u_{H_\xi H_\eta}^{\mathrm{F}} \end{bmatrix}, \quad u_{ij}^{\mathrm{F}} = \begin{bmatrix} u_{ij} \\ v_{ij} \\ w_{ij} \end{bmatrix} \tag{6.25}$$

式中:u^{E} 为边界上的结点位移;u^{F} 为内部广义结点位移;$N_d = M+N+P+Q-4$ 为边界结点总数。类似地,任意层的转角可以近似为

$$\boldsymbol{\Omega}^{(k)} \approx N^{\mathrm{E}} \widetilde{\boldsymbol{\omega}}_{\mathrm{E}}^{(k)} + N^{\mathrm{F}} \widetilde{\boldsymbol{\omega}}_{\mathrm{F}}^{(k)} \tag{6.26}$$

式中:N^{E} 为边界形函数,N^{F} 为面函数,它们都是 N_{R} 的子矩阵;$\widetilde{\boldsymbol{\omega}}_{\mathrm{E}}^{(k)}$ 为边界结点转角向量,它可以由边界法向量和切向量来表示,如图 6-4 所示;$\widetilde{\boldsymbol{\omega}}_{\mathrm{F}}^{(k)}$ 为广义结点转角向量,可以由中面协变基向量展开。其具体表达式为

$$\widetilde{\boldsymbol{\omega}}_{\mathrm{E}}^{(k)} = \begin{bmatrix} \vdots \\ \alpha_i^{(k)} \boldsymbol{n}_i + \beta_i^{(k)} \boldsymbol{\tau}_i \\ \vdots \end{bmatrix}, \quad i = 1, 2, \cdots, N_{\mathrm{d}}; \quad \widetilde{\boldsymbol{\omega}}_{\mathrm{F}}^{(k)} = \begin{bmatrix} \vdots \\ \alpha_{ij}^{(k)} \boldsymbol{g}_1 + \beta_{ij}^{(k)} \boldsymbol{g}_2 \\ \vdots \end{bmatrix}$$

(6.27)

式中:$i = 1, 2, \cdots, H_\xi$; $j = 1, 2, \cdots, H_\eta$; $\boldsymbol{n}_i$ 和 $\boldsymbol{\tau}_i$ 分别为边界单位法向和切向向量,它们由壳的中面定义,且各层相同。而未知变量 $\alpha_i^{(k)}$、$\alpha_{ij}^{(k)}$、$\beta_i^{(k)}$、$\beta_{ij}^{(k)}$ 则与层号相关。为便于有限元离散,可将式(6.26)改写为未知变量的形式

$$\boldsymbol{\Omega}^{(k)} \approx \boldsymbol{N}_\Omega \widetilde{\boldsymbol{\omega}}^{(k)}$$

(6.28)

其中

$$\boldsymbol{N}_\Omega = \begin{bmatrix} \boldsymbol{N}_\Omega^1 & \boldsymbol{N}_\Omega^2 & \boldsymbol{N}_\Omega^3 & \boldsymbol{N}_\Omega^4 \end{bmatrix}$$

$$\boldsymbol{N}_\Omega^1 = \boldsymbol{N}^{\mathrm{E}} \begin{bmatrix} \boldsymbol{n}_1 & & \\ & \ddots & \\ & & \boldsymbol{n}_{N_{\mathrm{d}}} \end{bmatrix}, \quad \boldsymbol{N}_\Omega^2 = \boldsymbol{N}^{\mathrm{E}} \begin{bmatrix} \boldsymbol{\tau}_1 & & \\ & \ddots & \\ & & \boldsymbol{\tau}_{Nd} \end{bmatrix}$$

$$\boldsymbol{N}_\Omega^3 = \boldsymbol{N}^{\mathrm{F}} \begin{bmatrix} \boldsymbol{g}_1 & & \\ & \ddots & \\ & & \boldsymbol{g}_1 \end{bmatrix}, \quad \boldsymbol{N}_\Omega^4 = \boldsymbol{N}^{\mathrm{F}} \begin{bmatrix} \boldsymbol{g}_2 & & \\ & \ddots & \\ & & \boldsymbol{g}_2 \end{bmatrix}$$

$$\widetilde{\boldsymbol{\omega}}^{(k)} = \begin{bmatrix} \boldsymbol{\omega}_1^{(k)} \\ \boldsymbol{\omega}_2^{(k)} \\ \boldsymbol{\omega}_3^{(k)} \\ \boldsymbol{\omega}_4^{(k)} \end{bmatrix}, \quad \boldsymbol{\omega}_1^{(k)} = \begin{bmatrix} \vdots \\ \alpha_i^{(k)} \\ \vdots \end{bmatrix}, \quad \boldsymbol{\omega}_2^{(k)} = \begin{bmatrix} \vdots \\ \beta_i^{(k)} \\ \vdots \end{bmatrix}, \quad \boldsymbol{\omega}_3^{(k)} = \begin{bmatrix} \vdots \\ \alpha_{ij}^{(k)} \\ \vdots \end{bmatrix}, \quad \boldsymbol{\omega}_4^{(k)} = \begin{bmatrix} \vdots \\ \beta_{ij}^{(k)} \\ \vdots \end{bmatrix}$$

(6.29)

作为例子,下面将给出一个三层壳单元的格式推导。壳体的虚功原理可以表示为

$$\int_\Omega \boldsymbol{\sigma}^{\mathrm{T}} : \delta\boldsymbol{\varepsilon} \mathrm{d}\Omega + \int_\Omega \rho\ddot{\boldsymbol{u}} \cdot \delta\boldsymbol{u} \mathrm{d}\Omega = \int_\Omega \boldsymbol{p} \cdot \delta\boldsymbol{u} \mathrm{d}\Omega + \int_\Gamma \boldsymbol{t} \cdot \delta\boldsymbol{u} \mathrm{d}\Gamma$$

(6.30)

式中:$\boldsymbol{\sigma}$ 为应力张量;$\delta\boldsymbol{\varepsilon}$ 为虚应变;$\delta\boldsymbol{u}$ 为虚位移;$\boldsymbol{p}$ 为体力密度;$\boldsymbol{t}$ 为面力密度。假设初始参考曲面位于第 2 层,且厚度坐标为 $\zeta_R^{(2)}$。那么其位移场可以表示为

$$\boldsymbol{u}^{(2)} = \boldsymbol{N}_R^{(2)} \widetilde{\boldsymbol{u}} + \boldsymbol{\Omega}^{(2)} \times (\zeta - \zeta_R^{(2)}) \boldsymbol{n}, \quad \zeta \in [z_b^{(2)}, z_t^{(2)}]$$

(6.31)

由于初始参考曲面位于第 2 层,因此 $\boldsymbol{N}_R^{(2)} = \boldsymbol{N}_R$。定义如下反对称矩阵:

$$\boldsymbol{\Lambda} = \begin{bmatrix} 0 & n_z & -n_y \\ -n_z & 0 & n_x \\ n_y & -n_x & 0 \end{bmatrix} \tag{6.32}$$

式中：n_x、n_y、n_z 为法向量 $\boldsymbol{n}$ 的直角坐标分量。那么式(6.31)可以改写为未知变量的形式

$$\boldsymbol{u}^{(2)} = \widetilde{\boldsymbol{N}}^{(2)} \widetilde{\boldsymbol{d}}^{(2)}$$

$$\widetilde{\boldsymbol{N}}^{(2)} = \left[\boldsymbol{N}_R^{(2)}, (\zeta - \zeta_R^{(2)}) \boldsymbol{\Lambda} \boldsymbol{N}_\Omega \right], \quad \zeta \in \left[\zeta_b^{(2)}, \zeta_t^{(2)} \right], \quad \widetilde{\boldsymbol{d}}^{(2)} = \begin{bmatrix} \widetilde{\boldsymbol{u}} \\ \widetilde{\boldsymbol{\omega}}^{(2)} \end{bmatrix} \tag{6.33}$$

进而虚位移可以表示为

$$\delta \boldsymbol{u}^{(2)} = \widetilde{\boldsymbol{N}}^{(2)} \delta \widetilde{\boldsymbol{d}}^{(2)} \tag{6.34}$$

而应变及其变分则可以表示为

$$\boldsymbol{\varepsilon} = \boldsymbol{B}^{(2)} \widetilde{\boldsymbol{d}}^{(2)}, \quad \delta \boldsymbol{\varepsilon} = \boldsymbol{B}^{(2)} \delta \widetilde{\boldsymbol{d}}^{(2)} \tag{6.35}$$

其中应变矩阵定义为

$$\boldsymbol{B}^{(2)} = \lfloor \boldsymbol{B}_{11}^{1} \quad \boldsymbol{B}_{22}^{\mathrm{T}} \quad \boldsymbol{B}_{33}^{\mathrm{T}} \quad \boldsymbol{B}_{12}^{\mathrm{T}} \quad \boldsymbol{B}_{23}^{\mathrm{T}} \quad \boldsymbol{B}_{31}^{\mathrm{T}} \rfloor$$

$$\boldsymbol{B}_{11} = \boldsymbol{e}_1^{\mathrm{T}} \cdot \frac{\partial \widetilde{\boldsymbol{N}}^{(2)}}{\partial x}, \quad \boldsymbol{B}_{22} = \boldsymbol{e}_2^{\mathrm{T}} \cdot \frac{\partial \widetilde{\boldsymbol{N}}^{(2)}}{\partial y}, \quad \boldsymbol{B}_{33} = \boldsymbol{e}_3^{\mathrm{T}} \cdot \frac{\partial \widetilde{\boldsymbol{N}}^{(2)}}{\partial z}$$

$$\boldsymbol{B}_{12} = \boldsymbol{e}_2^{\mathrm{T}} \cdot \frac{\partial \widetilde{\boldsymbol{N}}^{(2)}}{\partial x} + \boldsymbol{e}_1^{\mathrm{T}} \cdot \frac{\partial \widetilde{\boldsymbol{N}}^{(2)}}{\partial y}$$

$$\boldsymbol{B}_{23} = \boldsymbol{e}_3^{\mathrm{T}} \cdot \frac{\partial \widetilde{\boldsymbol{N}}^{(2)}}{\partial y} + \boldsymbol{e}_2^{\mathrm{T}} \cdot \frac{\partial \widetilde{\boldsymbol{N}}^{(2)}}{\partial z}$$

$$\boldsymbol{B}_{31} = \boldsymbol{e}_1^{\mathrm{T}} \cdot \frac{\partial \widetilde{\boldsymbol{N}}^{(2)}}{\partial z} + \boldsymbol{e}_3^{\mathrm{T}} \cdot \frac{\partial \widetilde{\boldsymbol{N}}^{(2)}}{\partial x} \tag{6.36}$$

式(6.36)计算过程中需要利用式(6.10)所给链式法则。式(6.30)所给虚位移方程可以离散为

$$\delta \widetilde{\boldsymbol{d}}^{(2)\mathrm{T}} (\boldsymbol{K}^{(2)} \widetilde{\boldsymbol{d}}^{(2)} + \boldsymbol{M}^{(2)} \ddot{\widetilde{\boldsymbol{d}}}^{(2)}) = \delta \widetilde{\boldsymbol{d}}^{(2)\mathrm{T}} \boldsymbol{F}^{(2)} \tag{6.37}$$

其中刚度矩阵、质量矩阵、载荷向量可以表示为

$$
\begin{cases}
\boldsymbol{K}^{(2)} = \displaystyle\int_{\Omega^{(2)}} \boldsymbol{B}^{(2)\mathrm{T}} \boldsymbol{Q}^{\mathrm{T}} \widetilde{\boldsymbol{D}} \boldsymbol{Q} \boldsymbol{B}^{(2)} \,\mathrm{d}\Omega \\[2mm]
\boldsymbol{M}^{(2)} = \displaystyle\int_{\Omega^{(2)}} \rho \widetilde{\boldsymbol{N}}^{(2)\mathrm{T}} \widetilde{\boldsymbol{N}}^{(2)} \,\mathrm{d}\Omega \\[2mm]
\boldsymbol{F}^{(2)} = \displaystyle\int_{\Omega^{(2)}} \widetilde{\boldsymbol{N}}^{(2)\mathrm{T}} \boldsymbol{p} \,\mathrm{d}\Omega + \int_{\Gamma^{(2)}} \widetilde{\boldsymbol{N}}^{(2)\mathrm{T}} \bar{\boldsymbol{t}} \,\mathrm{d}\Gamma
\end{cases}
\tag{6.38}
$$

上述积分可以采用与第三章类似的方式进行离散。对于第 1 层和第 3 层,其参考曲面的位移可以由第 2 层的位移场确定

$$
\begin{cases}
\boldsymbol{u}_R^{(1)} = \boldsymbol{N}_R^{(1)} \widetilde{\boldsymbol{d}}^{(2)}, \quad \boldsymbol{N}_R^{(1)} = \left[\boldsymbol{N}_R^{(2)}, (\zeta_t^{(2)} - \zeta_R^{(2)}) \boldsymbol{\Lambda} \boldsymbol{N}_\Omega \right] \\[2mm]
\boldsymbol{u}_R^{(3)} = \boldsymbol{N}_R^{(3)} \widetilde{\boldsymbol{d}}^{(2)}, \quad \boldsymbol{N}_R^{(3)} = \left[\boldsymbol{N}_R^{(2)}, (\zeta_b^{(2)} - \zeta_R^{(2)}) \boldsymbol{\Lambda} \boldsymbol{N}_\Omega \right]
\end{cases}
\tag{6.39}
$$

进而第 1、3 层壳的位移场可表示为

$$
\begin{cases}
\boldsymbol{u}^{(1)} = \boldsymbol{N}_R^{(1)} \boldsymbol{d}^{(2)} + (\zeta - \zeta_R^{(1)}) \boldsymbol{\Lambda} \boldsymbol{N}_\Omega \widetilde{\boldsymbol{\omega}}^{(1)} = \widetilde{\boldsymbol{N}}^{(1)} \widetilde{\boldsymbol{d}}^{(1)} \\[2mm]
\boldsymbol{u}^{(3)} = \boldsymbol{N}_R^{(3)} \boldsymbol{d}^{(2)} + (\zeta - \zeta_R^{(3)}) \boldsymbol{\Lambda} \boldsymbol{N}_\Omega \widetilde{\boldsymbol{\omega}}^{(3)} = \widetilde{\boldsymbol{N}}^{(3)} \widetilde{\boldsymbol{d}}^{(3)}
\end{cases}
\tag{6.40}
$$

其中

$$
\boldsymbol{N}^{(1)} = \left[\boldsymbol{N}_R^{(1)}, (\zeta - \zeta_R^{(1)}) \boldsymbol{\Lambda} \boldsymbol{N}_\Omega \right], \quad \widetilde{\boldsymbol{N}}^{(3)} = \left[\boldsymbol{N}_R^{(3)}, (\zeta - \zeta_R^{(3)}) \boldsymbol{\Lambda} \boldsymbol{N}_\Omega \right]
\tag{6.41}
$$

$$
\widetilde{\boldsymbol{d}}^{(1)} = \begin{bmatrix} \widetilde{\boldsymbol{d}}^{(2)} \\ \widetilde{\boldsymbol{\omega}}^{(1)} \end{bmatrix}, \quad \widetilde{\boldsymbol{d}}^{(3)} = \begin{bmatrix} \widetilde{\boldsymbol{d}}^{(2)} \\ \widetilde{\boldsymbol{\omega}}^{(3)} \end{bmatrix}
\tag{6.42}
$$

类似的方式,可以得到其相应的单元矩阵。对于整个叠层壳而言,总体未知变量可以表示为

$$
\widetilde{\boldsymbol{d}} = \begin{bmatrix} \widetilde{\boldsymbol{u}} \\ \widetilde{\boldsymbol{\omega}}^{(1)} \\ \widetilde{\boldsymbol{\omega}}^{(2)} \\ \widetilde{\boldsymbol{\omega}}^{(3)} \end{bmatrix}
\tag{6.43}
$$

根据式(6.33)和式(6.42),每一层的未知变量可以由总体未知变量表示为

$$
\widetilde{\boldsymbol{d}}^{(1)} = \boldsymbol{T}_1 \widetilde{\boldsymbol{d}}, \quad \widetilde{\boldsymbol{d}}^{(2)} = \boldsymbol{T}_2 \widetilde{\boldsymbol{d}}, \quad \widetilde{\boldsymbol{d}}^{(3)} = \boldsymbol{T}_3 \widetilde{\boldsymbol{d}}
\tag{6.44}
$$

那么最终叠层壳单元的单元矩阵为

$$K = \sum_{i=1}^{3} T_i^{\mathrm{T}} K^{(i)} T_i, \quad M = \sum_{i=1}^{3} T_i^{\mathrm{T}} M^{(i)} T_i, \quad F = \sum_{i=1}^{3} T_i^{\mathrm{T}} F^{(i)} \qquad (6.45)$$

有了单元刚度矩阵、质量矩阵和载荷向量,接下来的计算便与常规有限元方法一样了。

6.4 算　例

6.4.1 静力分析

1. 叠层板的静力分析

首先考虑如图 6-5 所示一四边简支的三层方板,其几何尺寸以及中心层的材料参数皆在图中给出,其上下皮肤层的材料参数为中心层的 R 倍。整个板的上表面承受均布载荷 q。下面将采用一个单元来计算该问题,单元每条边以及内部各个方向上的(广义)结点数为 N。表 6-3 给出了中心点的归一化挠度 $\bar{w}$ 以及在不同厚度上的应力 $\bar{\sigma}_x$,其中 $z = -0.4h^+$ 和 $z = -0.4h^-$ 对应中心层和表皮层分界面的两相邻表面。值得指出的是,在前面所述的分层壳模型中如果各层转角变量取值相同,那么分层壳理论将退化为经典一阶剪切壳理论。这时往往需要引入剪切修正系数才能得到精度较好的结果。表 6-3 给出了基于分层理论和 阶剪切壳理论的计算结果,同时与三维理论解[165]、基于一阶剪切板理论

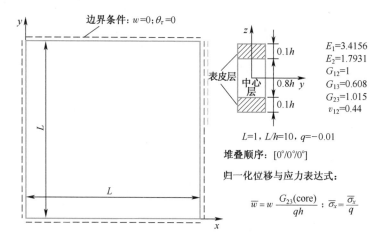

图 6-5　四边简支三层板

的 Heterosis 单元数值解[178]以及基于假设应变的 QLLL 单元数值解[179]进行对比。从表中可以看到,当 R 比较小时,即材料沿厚度方向变化较小时,基于分层理论和一阶剪切理论(κ_{11} 和 κ_{22} 为剪切修正系数)的结果都能较好地与三维理论解吻合,其中分层理论的计算结果更加接近三维理论解。同时还可以看到,由于未知变量的减少,基于一阶剪切理论的结果收敛速度更快。当 $R = 50$ 时,即中心层相对于表皮层来说非常软,这种情况下基于分层理论的壳模型仍然能够给出非常精确的结果,而基于其他理论的数值解则与三维解相差较大。图 6-6 所示为基于分层理论和一阶剪切理论得到的中心点归一化应力以及边界点 $x = 0, y = L/2$ 处的水平位移沿厚度方向的变化曲线。可以看到,基于分层理论可以近似刻画(分段线性的方式)叠层板的翘曲现象。

表 6-3　板中心点的归一化挠度以及不同厚度的应力

R	方法	N	$\bar{w}(z=0)$	$\bar{\sigma}_x(z=-0.4h^+)$	$\bar{\sigma}_x(z=-0.4h^-)$	$\bar{\sigma}_x(z=-0.5h)$
1	一阶剪切理论 $\kappa_{11}=\kappa_{22}=0.8333$	5	181.32	28.50	28.50	35.63
		7	181.33	28.49	28.49	35.62
		11	181.33	28.50	28.50	35.62
	分层理论	5	180.57	28.44	28.44	35.92
		7	180.58	28.43	28.43	35.92
		11	180.58	28.44	28.44	35.92
		15	180.58	28.44	28.44	35.92
	三维理论[165]	—	181.05	28.45	28.45	35.94
	Heterosis 单元[178]	—	183.99	27.48	27.48	34.34
	QLLL 单元[179]	—	180.05	29.10	29.10	36.37
10	一阶剪切理论 $\kappa_{11}=\kappa_{22}=0.3521$	5	41.99	5.05	50.49	63.11
		7	41.99	5.05	50.50	63.12
		11	41.99	5.05	50.50	63.13
	分层理论	5	41.92	4.87	48.74	65.17
		7	41.93	4.87	48.70	65.25
		11	41.93	4.87	48.71	65.25
		15	41.93	4.87	48.72	65.23
	三维理论[165]	—	41.91	4.86	48.61	65.08
	Heterosis 单元[178]	—	41.92	4.87	48.73	65.23
	QLLL 单元[179]	—	39.50	5.40	54.37	67.90

（续）

R	方法	N	$\overline{w}(z=0)$	$\overline{\sigma}_x(z=-0.4h^+)$	$\overline{\sigma}_x(z=-0.4h^-)$	$\overline{\sigma}_x(z=-0.5h)$
50	一阶剪切理论 $\kappa_{11}=\kappa_{22}=0.0938$	5	16.84	0.93	46.35	57.93
		7	16.84	0.92	46.39	57.99
		11	16.84	0.93	46.40	58.00
	分层理论	5	16.75	0.75	37.59	66.65
		7	16.79	0.74	37.03	67.30
		11	16.78	0.74	37.22	67.13
		15	16.78	0.74	37.27	67.08
	三维理论[165]	—	16.75	0.74	37.15	66.90
	Heterosis 单元[178]	—	16.85	0.93	46.65	58.31
	QLLL 单元[179]	—	16.25	1.18	59.04	73.08

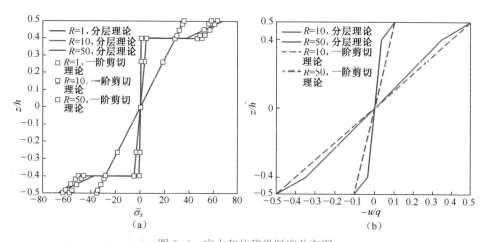

图 6-6　应力和位移沿厚度分布图

（a）归一化应力 $\overline{\sigma}_x(L/2,L/2)$；（b）位移 $-u(0,L/2)/q$ 沿厚度分布曲线。

2. 集中载荷作用下的圆柱壳

下面介绍壳单元在一般曲壳结构中的应用。图 6-7 所示为一个受一对单位集中载荷挤压的圆柱壳，其两端受刚性隔板支撑，这意味着壳的两端只能产生沿长度方向的位移。该问题常被用来检测单元是否发生剪切闭锁现象。考虑到问题的对称性，我们将只分析其 1/8 结构，其计算结果如表 6-4 所列。作为对比表中还给出了文献[180]中基于假设剪切应变单元的数值结果以及用 ABAQUS S4R 单元采用 70×70 网格计算的结果。从表中可以看到，随着结点数目增多，微分求积升阶谱有限元方法的计算结果与文献结果以及 ABAQUS 计算结果吻合较好。这表明微分求积升阶谱有限元方法能有效克服剪切闭锁问题。

为进一步考察其收敛速度,图 6-8 给出了本章单元的收敛曲线以及 ABAQUS S4R 单元的收敛曲线。可以看到,相对于基于 h-方法的 S4R 单元来说,本书 p-型单元的收敛速度明显更快。图 6-9 为壳体的竖向位移分布图。

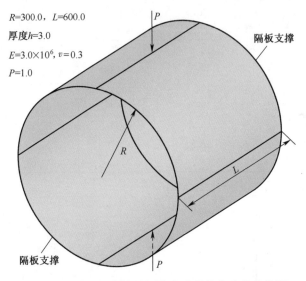

图 6-7　两端隔板支撑的圆柱壳受单位集中载荷作用

表 6-4　加载点沿加载方向的位移收敛过程

N/DOFs	7 / 365	9 / 565	11 / 805	13 / 1085	15 / 1405	Roh[180]	ABAQUS, 30246 DOFs
$w/\times10^{-5}$	1.3116	1.7677	1.8274	1.8409	1.8464	1.8541	1.8447

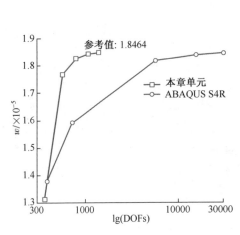

图 6-8　加载点的竖向位移收敛速度对比

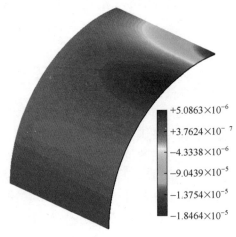

图 6-9　微分求积升阶谱有限元方法所得竖向位移分布

3. 受均布载荷的屋顶壳

下面将考察屋顶壳在均布载荷作用下的静力分析,壳体的几何尺寸、材料参数、边界条件以及载荷数值如图6-10所示。该问题一方面用于检测单元是否发生薄膜闭锁,另一方面也用于说明本章单元能克服不同参数化带来的组装困难。为此,图6-11给出了两种网格划分形式,其中图6-11(a)中屋顶被划分为两个参数化一致的单元,而图6-11(b)中则划分为两个参数化不一致的单元。注意图中颜色块代表单元,而实线只是单元几何表示的等参数线。表6-5列出了两种网格下点"A"的竖向($-z$方向)位移,并与文献中的数值结果进行对比。可以看到,两种网格下的计算结果十分接近且收敛状态良好并与文献结果很好吻合。这说明本文单元能有效克服薄膜闭锁问题,同时允许不同参数化的 NURBS 单元同时使用,这为本书单元用于分析复杂几何结构提供了基础。图6-12给出了两种网格下得到的竖向位移场,可以看到其结果吻合较好。

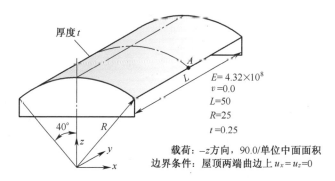

载荷:$-z$方向,90.0/单位中面面积
边界条件:屋顶两端曲边上 $u_x = u_z = 0$

图6-10 屋顶壳受均布载荷

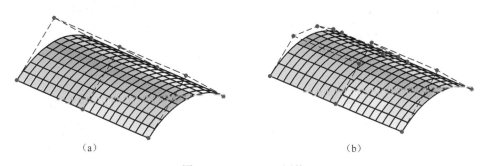

（a）   （b）

图6-11 DQHFEM 网格
(a)划分为两个参数化一致的单元;(b)划分为两个参数化不一致的单元。

表 6-5　点 A 的竖向位移收敛对比

N	5	7	9	11	13	15	17	Scordelis[181]	Macneal[182]
网格(a)	0.2965	0.3093	0.3076	0.3078	0.3080	0.3081	0.3083	0.3086	0.3024
网格(b)	0.2964	0.3095	0.3077	0.3079	0.3080	0.3082	0.3083		

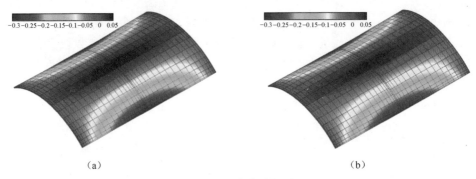

图 6-12　竖向位移场对比

(a)单元参数化一致;(b)单元参数化不一致。

4. 挂钩静力学分析

为体现 NURBS 在几何建模上的优势,下面考虑图 6-13 所示的具有更加复

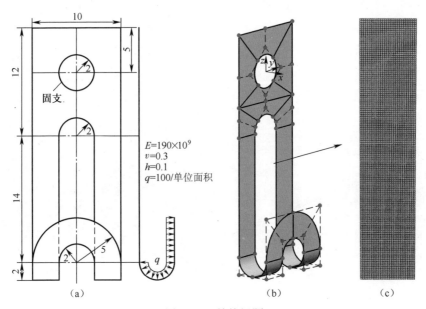

$E=190\times10^9$
$v=0.3$
$h=0.1$
$q=100/$单位面积

图 6-13　挂钩问题

(a)挂钩的几何尺寸以及加载情况;(b)挂钩的 NURBS 表示以及微分求积升阶谱网格;

(c)部分区域上的 ABAQUS 网格(S4R 单元)。

杂几何形状的挂钩问题。挂钩的几何尺寸以及加载形式等如图 6-13(a)所示,DQHFEM 网格划分与 NURBS 几何表示如图 6-13(b)所示。图 6-14(b)、(d)、(f)给出了用 DQHFEM 单元($N=7$,6320DOFs)计算的位移幅值场$|u|$,以及两个面内应力场 S_{11}、S_{22}。作为对比,图 6-14 中(a)、(c)、(e)同时给出了 ABAQUS S4R 单元采用非常密的网格(见图 6-13(c),135594DOFs)的计算结果。值得注意的是,按照 ABAQUS 规定,S_{11}定义为 z 轴在曲面的投影方向(方向 1)的应力,而 S_{22} 则是指垂直于 1 方向与曲面法向并满足右手准则的方向上的应力。可以看到,无论是位移场还是应力场,两边计算结果均吻合较好,然而 DQHFEM 采用的自由度要远远少于 S4R 单元。

位移幅值$|u|$:

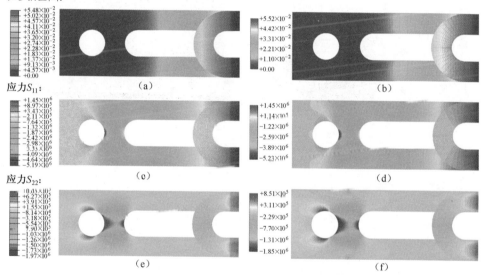

图 6-14 计算结果对比

(a)、(c)、(e)ABAQUS 计算结果(135594 DOFs);
(b)、(d)、(f)微分求积升阶谱有限元计算结果(6320 DOFs)。

6.4.2 自由振动分析

1. 叠层耳片的自由振动

作为复杂求解域的情况,图 6-15 考虑了一左端固支直耳片的自由振动分析。图 6-15(a)给出了耳片的几何尺寸以及微分求积升阶谱网格(划分为 8 个单元并以颜色区分),可以看到在边界 $x=-1$ 处采用了参数化不匹配的单元。材料参数主要考虑了如下两种:①石墨-环氧树脂:$E_1=137.9$GPa,$E_2=8.96$GPa,$G_{12}=G_{13}=7.1$GPa,$G_{23}=6.21$GPa,$\nu_{12}=0.3$,$\rho=1450$kg/m^3;②玻璃纤

维 – 环氧树脂：$E_1 = 53.78\text{GPa}$，$E_2 = 13.93\text{GPa}$，$G_{12} = G_{13} = 8.96\text{GPa}$，$G_{23} = 3.45\text{GPa}$，$\nu_{12} = 0.25$，$\rho = 1900\text{kg/m}^3$。表 6-6 给出了不同材料、厚度以及铺层角度下耳片的前 5 阶自然频率，作为对比标准还给出了 ABAQUS 利用 SC8 连续壳单元在非常密的网格下（图 6-15(b)）的计算结果。由表 6-6 可见，微分求积升阶谱有限元结果收敛状态良好且与 ABAQUS 结果吻合较好。在图 6-16 中给出了铺层角度为 [-45°/45°/45°/-45°] 以及对应材料顺序为 [Ⅰ/Ⅱ/Ⅱ/Ⅰ] 情况下耳片的前 5 阶模态，可以看到由于材料性质的影响，这些模态不再像各向同性材料一样关于 x 轴对称。

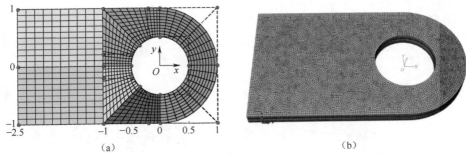

图 6-15　叠层耳片

(a)NURBS 表示以及微分求积升阶谱有限元网格；(b)ABAQUS SC8R 网格。

表 6-6　复合材料叠层耳片的前 5 阶自然频率

厚度	堆叠顺序	N	自然频率/Hz				
			1	2	3	4	5
$h = 0.1$ $[h/4, h/2, h/4]$	[45°/0°/-45°] [Ⅰ/Ⅱ/Ⅰ]	7	6.4333	26.705	31.597	75.290	82.284
		9	6.4324	26.701	31.591	75.278	82.272
		11	6.4322	26.700	31.589	75.274	82.270
		ABAQUS	6.4588	26.684	31.672	75.215	82.340
	[90°/0°/90°] [Ⅰ/Ⅱ/Ⅰ]	7	4.8906	19.066	24.665	56.765	67.907
		9	4.8905	19.061	24.663	56.755	67.904
		11	4.8905	19.061	24.663	56.754	67.903
		ABAQUS	4.9292	19.107	24.833	56.910	68.397
$h = 0.2$ $[h/4, h/4, h/4, h/4]$	[0°/90°/0°/90°] [Ⅰ/Ⅱ/Ⅰ/Ⅱ]	7	20.362	43.743	91.282	124.70	146.30
		9	20.362	43.741	91.278	124.69	146.29
		11	20.362	43.741	91.278	124.69	146.29
		ABAQUS	20.338	43.323	89.902	124.60	143.72

（续）

厚度	堆叠顺序	N	自然频率/Hz				
			1	2	3	4	5
$h=0.2$ $[h/4,h/4,h/4,h/4]$	$[-45°/45°/$ $45°/-45°]$ $[\text{I}/\text{II}/\text{II}/\text{I}]$	7	12.529	51.201	61.187	105.69	135.60
		9	12.523	51.195	61.164	105.62	135.59
		11	12.520	51.193	61.156	105.59	135.59
		ABAQUS	12.528	50.900	60.861	105.98	134.56

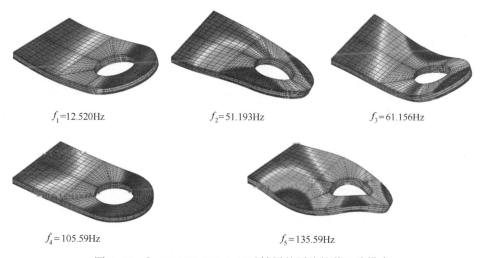

$f_1=12.520\text{Hz}$ $f_2=51.193\text{Hz}$ $f_3=61.156\text{Hz}$

$f_4=105.59\text{Hz}$ $f_5=135.59\text{Hz}$

图6-16　$[-45°/45°/45°/-45°]$铺层的耳片的前5阶模态

2. 加筋板的自由振动

如前文所述,本章介绍的叠层壳单元具有自由选择初始参考曲面的特点,这使得该单元能方便模拟简单的加筋结构。如图6-17(a)所示为一四边固支的加筋板,被划分为5个单元,其中每个筋条用一个细长单元来模拟,而其他部分则用3个单层壳单元来模拟。由于筋条宽度较窄,因此该方向上只配置3个固定的结点,而其他方向则仍然使用N个结点。为使得筋条与板的主体部分协调拼接,将筋条单元的初始参考面取为与板的其他部分的单元相同,如图6-17(b)所示。可以看到,初始参考曲面在不同单元中的相对位置是不一样的。此外,筋条的模拟可以采用多层壳来模拟,虽然各层的材料参数是一样的,但这种做法将类似于传统三维单元的网格加密过程,进而使得结构不会显得过分刚化。表6-7给出了前4阶自然频率的收敛过程,可以看到随着筋条模拟层数的增加,加筋板的频率逐渐降低。由于该问题非标准问题,微分求积升阶谱有限元

结果与文献中的计算结果存在轻微的差异,然而其相对误差(如括号中的数值
所示)都保持在5%以下。图6-18给出了加筋板的前4阶模态,其中筋条用4
层壳单元模拟。

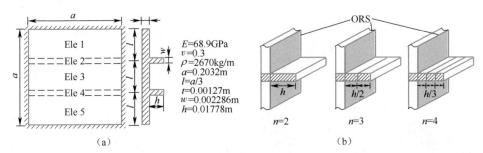

图6-17　四边固支的加筋板

(a)几何尺寸及网格划分;(b)筋条的模拟与连接。

表6-7　加筋方板的前4阶固有频率收敛过程

筋条的模拟层数 n	N	自然频率/Hz			
		1	2	3	4
2	5	951.3	1252.3	1426.4	1754.6
	7	944.8	1247.4	1353.8	1422.4
	9	943.7	1246.5	1352.4	1421.4
	11	943.5	1246.2	1351.5	1420.9
3	5	950.2	1250.6	1421.9	1753.9
	7	943.8	1245.8	1352.2	1417.8
	9	942.8	1245.0	1351.0	1416.7
	11	942.6	1244.7	1350.1	1416.2
4	5	949.7	1249.9	1420.0	1753.4
	7	943.3	1245.0	1351.5	1415.7
	9	942.3	1244.2	1350.2	1414.6
	11	942.1	1243.9	1349.4	1414.1
半解析方法[183]		931.5(1.14%)	1220.9(1.88%)	1331.8(1.34%)	1403.3(0.77%)
FEM[184]		965.3(-2.40%)	1272.3(-2.23%)	1364.3(-1.09%)	1418.1(-0.28%)
DQM[185]		915.9(2.86%)	1242.2(0.14%)	1344.4(0.37%)	1414.1(0.00%)

3. 叠层旋转壳自由振动问题

最后考虑如图6-19所示的叠层圆锥壳与半球壳的自由振动问题。每个壳

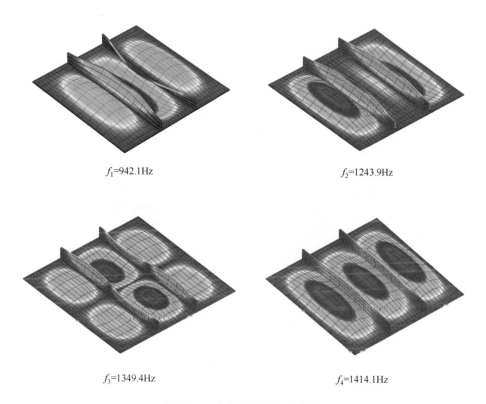

$f_1=942.1$Hz

$f_2=1243.9$Hz

$f_3=1349.4$Hz

$f_4=1414.1$Hz

图 6-18 加筋板的前 4 阶模态

体分别划分为 4 个单元,圆锥壳的几何尺寸为 $R=1$m, $L=3$m, $h=0.3$m, $\theta=\pi/6$, 半球壳的几何尺寸为 $R=1$m, $h=0.1$m, $\theta=\pi/3$。圆锥壳由两层堆叠顺序为 [45°/−45°] 的材料构成,其每一层的材料性质为 $E_1=137.9$GPa, $E_2=8.96$GPa, $\nu_{12}=0.25$, $G_{12}=G_{13}=7.1$GPa, $G_{23}=6.21$GPa, $\rho=1450$ kg/m³。而半球壳则由 4 层堆叠顺序为 [0°/90°/0°/90°] 的材料构成,其每一层的材料参数为 $E_2=10$GPa, $E_1/E_2=15$, $\nu_{12}=0.25$, $G_{12}=G_{13}=0.6E_2$, $G_{23}=0.5E_2$, $\rho=1500$kg/m³。表 6-8 给出圆锥壳在底端固支顶端自由(C-F)以及两端固支(C-C)边界条件下的前 6 阶频率参数的收敛过程。作为对比,表中还列出了文献中基于一阶剪切理论以及二阶剪切理论的数值解。可以看到,本书结果与其存在微小差距,这主要是由于文献中使用应变位移关系用到了简化假设 $h/R_\alpha \ll 1$ 以及 $h/R_\beta \ll 1$,其中 h 是壳体的厚度, R_α 和 R_β 为两个方向的主曲率半径,考虑到单元的通用性,这种假设并未引入到本书介绍的单元中来。图 6-20 给出了 C-F 情况下微分求积升阶谱有限元方法得到的圆锥壳的前 6 阶模态,可以验证它们与文献[186]中的结果是吻合的。表 6-9 给出了 C-F 和 C-C 边界条件下半球壳的前 5 阶频率参数 $\Omega = \omega R\sqrt{\rho/E_2}$ 的收敛过程,同时也给出了基于一阶剪切理论的数值解作为对比。可以看到,微分求积升阶谱有限元数值解收敛良好,且各阶频率均略低于一阶剪切理论数值解。这主要是由于基于分层理论的壳单元在每一层引入了独立的转角,因此其刚度要比一阶剪切变形理论小。图 6-21 给出了 C-F 边界条件下半球壳对应的模态形式。

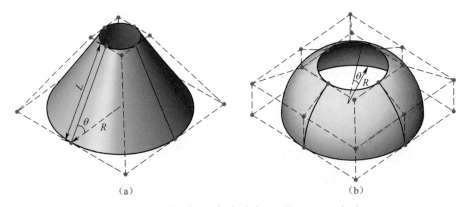

（a） （b）

图 6-19 圆锥壳(a)与半球壳(b)的 NURBS 表示

表 6-8 ［45°/-45°］圆锥壳的前 6 阶自然频率收敛过程

边界条件	方法	N	自然频率/Hz					
			1	2	3	4	5	6
C-F	DQHFEM	7	179.820	253.2285	269.395	333.460	350.3324	393.693
		9	179.708	252.718	269.360	333.163	347.887	393.257
		11	179.691	252.680	269.356	333.142	347.772	393.230
		13	179.689	252.674	269.356	333.139	347.768	393.227
	一阶剪切理论[187]	—	181.574	252.191	267.253	326.712	350.024	396.493
	二阶剪切理论[186]	—	177.579	250.953	267.719	329.643	346.569	390.134
C-C	DQHFEM	7	302.275	316.312	361.577	375.792	404.221	442.346
		9	302.571	316.142	358.889	375.591	403.690	441.082
		11	302.539	316.130	358.802	375.586	403.677	441.056
		13	302.535	316.129	358.798	375.586	403.677	441.056
	二阶剪切理论[186]	—	305.960	316.531	363.613	370.638	395.490	432.104

表 6-9　[0°/90°/0°/90°]半球壳的 5 个频率参数收敛过程

边界条件	方法	N	频率参数($\Omega=\omega R \sqrt{\rho/E_2}$)				
			1	2	3	4	5
C-F	DQHFEM	7	0.79103	1.02562	1.40688	2.17008	2.18520
		9	0.79034	1.02540	1.40340	2.15866	2.18324
		11	0.79023	1.02538	1.40309	2.15785	2.18298
		13	0.79021	1.02537	1.40306	2.15776	2.18294
	一阶剪切理论[188]	—	0.80084	1.03778	1.42610	2.19843	2.21868
C-C	DQHFEt	7	2.39715	2.52436	2.64800	2.87486	3.07681
		9	2.39656	2.52207	2.64197	2.86392	3.07191
		11	2.39655	2.52203	2.64185	2.86362	3.07093
		13	2.39655	2.52203	2.64184	2.86361	3.07077
	一阶剪切理论[188]	—	2.43409	2.56885	2.69277	2.92038	3.15755

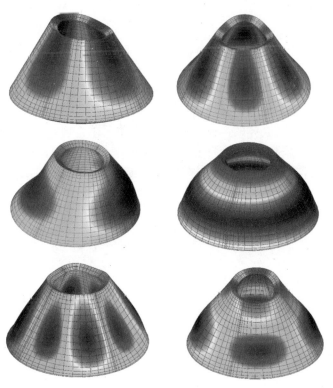

图 6-20　下端固支上端自由的[45°/-45°]圆锥壳的前 6 阶模态

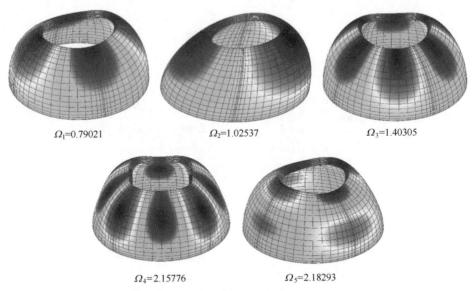

$\Omega_1=0.79021$ $\Omega_2=1.02537$ $\Omega_3=1.40305$

$\Omega_4=2.15776$ $\Omega_5=2.18293$

图 6-21　下端固定上端自由的 $[0°/90°/0°/90°]$ 半球壳的对应模态

6.5 小　结

　　本章首先结合曲面理论给出了任意形状壳体结构的几何表示,接着介绍了叠层壳的分层理论及壳体的本构关系,然后在第三章 C^0 单元的基础上给出了各向同性和叠层复合材料壳体变形和自由振动的一系列算例,通过与文献中的结果及用商业软件计算的结果对比,验证了本书所给公式的正确性及本书所给微分求积升阶谱有限元的效率和精度。研究表明,微分求积升阶谱有限元方法可以用很少的自由度得到很高精度的结果,而且对剪切闭锁和薄膜闭锁不敏感。

第七章

三维微分求积升阶谱有限元

前面各章介绍了各种简化结构微分求积升阶谱有限元的构造,然而在实际工程中并非所有的三维问题都能够简化为一维或二维问题,因此三维有限元的构造仍然十分必要。相对于简化的一维、二维单元来说,三维单元的理论模型更精确,因此其应用范围也更广阔。然而在实际应用中,由于增加了一个空间维度,三维有限元分析的计算量一般远大于一维、二维问题的计算量。为节约计算成本,在保证计算精度的前提下工程人员一般选择各类简化结构来进行数值模拟。如前所述,作为一种 p-型有限元方法,微分求积升阶谱有限元方法由于采用高阶近似方案,其收敛速度相对于传统有限元方法得到显著提高。因此,构造三维微分求积升阶谱有限元方法对减小三维分析的计算规模和提高计算精度具有重要意义。本章将重点介绍三种常用的二维单元,即六面体单元、三棱柱单元以及四面体单元的构造,最后给出相关应用实例。

7.1 三维弹性力学基本理论

本节简要介绍三维弹性力学的基本理论,更详细的介绍可参考弹性力学教材。如图 7-1 所示为一三维实体结构,实体上任意一点的位移向量可以分解为 3 个坐标分量,即

$$\boldsymbol{u} = [u, v, w]^{\mathrm{T}} \tag{7.1}$$

式中:u、v 和 w 分别代表沿坐标轴 x、y 和 z 方向的位移分量,它们都是坐标 (x, y, z) 的函数,因而也被称为位移场。弹性体任意一点的应变可以通过 6 个应变分量 ε_x、ε_y、ε_z、γ_{xy}、γ_{xz} 和 γ_{yz} 来描述,应变的矩阵表示为

$$\boldsymbol{\varepsilon} = [\varepsilon_x, \varepsilon_y, \varepsilon_z, \gamma_{yz}, \gamma_{xz}, \gamma_{xy}]^{\mathrm{T}} \tag{7.2}$$

式中:ε_x、ε_y 和 ε_z 称为正应变,其数值的正负分别表示沿对应方向纤维的拉伸与压缩;γ_{xy}、γ_{xz} 和 γ_{yz} 称为剪应变,其数值为正代表对应坐标轴的夹角变小,反之为负。根据弹性力学,应变-位移关系为

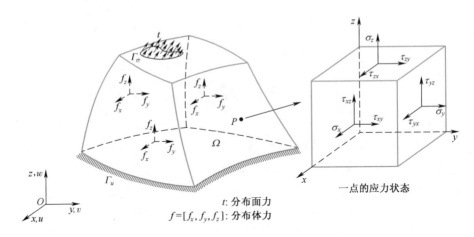

t: 分布面力
$f = [f_x, f_y, f_z]$: 分布体力

图 7-1   三维实体结构以及载荷,应力和位移

$$\boldsymbol{\varepsilon} = \boldsymbol{L}\boldsymbol{u} \tag{7.3}$$

其中

$$\boldsymbol{L} = \begin{bmatrix} \partial/\partial x & 0 & 0 \\ 0 & \partial/\partial y & 0 \\ 0 & 0 & \partial/\partial z \\ 0 & \partial/\partial z & \partial/\partial y \\ \partial/\partial z & 0 & \partial/\partial x \\ \partial/\partial y & \partial/\partial x & 0 \end{bmatrix} \tag{7.4}$$

弹性体在体内任意一点的应力状态可以通过 6 个应力分量 σ_x、σ_y、σ_z、τ_{xy}、τ_{xz} 和 τ_{yz} 来描述,其中 σ_x、σ_y 和 σ_z 为正应力分量,τ_{xy}、τ_{xz} 和 τ_{yz} 为切应力分量。如图 7-1 所示,应力分量的符号规定为:如果某一个面的外法向与坐标轴方向一致,那么这个面上的应力分量与坐标轴方向一致时为正;反之,如果该面的外法向与坐标轴方向相反,那么该平面上的应力分量与坐标轴方向相反为正。应力分量的矩阵形式为

$$\boldsymbol{\sigma} = [\sigma_x, \sigma_y, \sigma_z, \tau_{yz}, \tau_{xz}, \tau_{xy}]^{\mathrm{T}} \tag{7.5}$$

对于各向同性材料,应力与应变之间满足如下本构关系:

$$\boldsymbol{\sigma} = \boldsymbol{D}(\boldsymbol{\varepsilon} - \boldsymbol{\varepsilon}^0) + \boldsymbol{\sigma}^0 \tag{7.6}$$

式中:$\boldsymbol{\varepsilon}^0$ 为初应变矩阵;$\boldsymbol{\sigma}^0$ 为初应力矩阵;$\boldsymbol{D}$ 为弹性矩阵,定义为

$$D = \frac{E(1-v)}{(1+v)(1-2v)} \begin{bmatrix} 1 & \dfrac{v}{1-v} & \dfrac{v}{1-v} & 0 & 0 & 0 \\ & 1 & \dfrac{v}{1-v} & 0 & 0 & 0 \\ & & 1 & 0 & 0 & 0 \\ & & & \dfrac{1-2v}{2(1-v)} & 0 & 0 \\ & 对称 & & & \dfrac{1-2v}{2(1-v)} & 0 \\ & & & & & \dfrac{1-2v}{2(1-v)} \end{bmatrix}$$

(7.7)

其中 E 为弹性模量，v 为泊松比。对于正交各向异性材料，其弹性矩阵在材料主轴方向上可以表示为

$$D = \begin{bmatrix} C_{11} & C_{12} & C_{13} & 0 & 0 & 0 \\ C_{21} & C_{22} & C_{23} & 0 & 0 & 0 \\ C_{31} & C_{32} & C_{33} & 0 & 0 & 0 \\ 0 & 0 & 0 & C_{44} & 0 & 0 \\ 0 & 0 & 0 & 0 & C_{55} & 0 \\ 0 & 0 & 0 & 0 & 0 & C_{66} \end{bmatrix}$$

(7.8)

其中

$$C_{11} = \frac{S_{22}S_{33} - S_{23}^2}{S}, \quad C_{12} = \frac{S_{13}S_{23} - S_{12}S_{33}}{S}, \quad C_{13} = \frac{S_{12}S_{23} - S_{13}S_{22}}{S}$$

$$C_{22} = \frac{S_{33}S_{11} - S_{13}^2}{S}, \quad C_{23} = \frac{S_{12}S_{13} - S_{23}S_{11}}{S}, \quad C_{33} = \frac{S_{11}S_{22} - S_{12}^2}{S}$$

$$C_{44} = G_{23}, \quad C_{55} = G_{13}, \quad C_{66} = G_{12}$$

$$S = S_{11}S_{22}S_{33} - S_{11}S_{23}^2 - S_{22}S_{13}^2 - S_{33}S_{12}^2 + 2S_{12}S_{23}S_{13}$$

$$S_{ii} = \frac{1}{E_i}, \quad S_{ij} = -\frac{v_{ij}}{E_i}$$

(7.9)

这里 E_1、E_2 和 E_3 分别为主方向上的弹性模量，G_{12}、G_{13} 和 G_{23} 分别为 1-2,1-3 和 2-3 平面内的剪切弹性模量，$v_{ij}(i \neq j)$ 为相应的泊松比，并满足如下约束关系：

181

$$\frac{\upsilon_{ij}}{E_i} = \frac{\upsilon_{ji}}{E_j} \tag{7.10}$$

此外,在温度场作用下,正交各向异性弹性体的本构关系可以表示为

$$\begin{Bmatrix} \sigma_{11} \\ \sigma_{22} \\ \sigma_{33} \\ \tau_{23} \\ \tau_{13} \\ \tau_{12} \end{Bmatrix} = \begin{bmatrix} C_{11} & C_{12} & C_{13} & 0 & 0 & 0 \\ C_{12} & C_{22} & C_{23} & 0 & 0 & 0 \\ C_{13} & C_{23} & C_{33} & 0 & 0 & 0 \\ 0 & 0 & 0 & C_{44} & 0 & 0 \\ 0 & 0 & 0 & 0 & C_{55} & 0 \\ 0 & 0 & 0 & 0 & 0 & C_{66} \end{bmatrix} \begin{Bmatrix} \varepsilon_{11} - \alpha_{11}\Delta T \\ \varepsilon_{22} - \alpha_{22}\Delta T \\ \varepsilon_{33} - \alpha_{33}\Delta T \\ \gamma_{23} \\ \gamma_{13} \\ \gamma_{12} \end{Bmatrix} \tag{7.11}$$

其中 C_{ij} 的定义与式(7.9)相同,ΔT 为温升,α_{11}、α_{22} 和 α_{33} 为材料主轴方向的线性热膨胀系数。对于壳结构来说,材料主轴的 1-2 平面通常与局部笛卡儿坐标平面 x-y 存在一定夹角 θ,3 轴与 z 轴重合,那么本构关系在 x-y-z 坐标系下可以表示为

$$\begin{Bmatrix} \sigma_{xx} \\ \sigma_{yy} \\ \sigma_{zz} \\ \tau_{yz} \\ \tau_{xz} \\ \tau_{xy} \end{Bmatrix} = TDT^{\mathrm{T}} \begin{Bmatrix} \varepsilon_{xx} - \alpha_{xx}\Delta T \\ \varepsilon_{yy} - \alpha_{yy}\Delta T \\ \varepsilon_{zz} - \alpha_{zz}\Delta T \\ \gamma_{yz} \\ \gamma_{xz} \\ \gamma_{xy} - \alpha_{xy}\Delta T \end{Bmatrix} = Q \begin{Bmatrix} \varepsilon_{xx} - \alpha_{xx}\Delta T \\ \varepsilon_{yy} - \alpha_{yy}\Delta T \\ \varepsilon_{zz} - \alpha_{zz}\Delta T \\ \gamma_{yz} \\ \gamma_{xz} \\ \gamma_{xy} - \alpha_{xy}\Delta T \end{Bmatrix} \tag{7.12}$$

其中变换矩阵定义为

$$T = \begin{bmatrix} \cos^2\theta & \sin^2\theta & 0 & 0 & 0 & -\sin2\theta \\ \sin^2\theta & \cos^2\theta & 0 & 0 & 0 & \sin2\theta \\ 0 & 0 & 1 & 0 & 0 & 0 \\ 0 & 0 & 0 & \cos\theta & \sin\theta & 0 \\ 0 & 0 & 0 & -\sin\theta & \cos\theta & 0 \\ \sin\theta\cos\theta & -\sin\theta\cos\theta & 0 & 0 & 0 & \cos^2\theta - \sin^2\theta \end{bmatrix} \tag{7.13}$$

热膨胀系数为

$$\begin{cases} \alpha_{xx} = \alpha_{11}\cos^2\theta + \alpha_{22}\sin^2\theta \\ \alpha_{yy} = \alpha_{11}\sin^2\theta + \alpha_{22}\cos^2\theta \\ \alpha_{zz} = \alpha_{33} \\ \alpha_{xy} = (\alpha_{11} - \alpha_{22})\sin2\theta \end{cases} \tag{7.14}$$

弹性体 Ω 域内任意一点的平衡方程可以表示为

$$
\begin{cases}
\dfrac{\partial \sigma_x}{\partial x} + \dfrac{\partial \tau_{yx}}{\partial y} + \dfrac{\partial \tau_{zx}}{\partial z} + f_x = \rho \dfrac{\partial^2 u}{\partial t^2} + c \dfrac{\partial u}{\partial t} \\[2mm]
\dfrac{\partial \tau_{xy}}{\partial x} + \dfrac{\partial \sigma_y}{\partial y} + \dfrac{\partial \tau_{zy}}{\partial z} + f_y = \rho \dfrac{\partial^2 v}{\partial t^2} + c \dfrac{\partial v}{\partial t} \\[2mm]
\dfrac{\partial \tau_{xz}}{\partial x} + \dfrac{\partial \tau_{yz}}{\partial y} + \dfrac{\partial \sigma_z}{\partial z} + f_z = \rho \dfrac{\partial^2 w}{\partial t^2} + c \dfrac{\partial w}{\partial t}
\end{cases}
\tag{7.15}
$$

式中：f_x、f_y 和 f_z 为体力分量；ρ 为密度；c 为阻尼系数；$\partial^2 u/\partial t^2$、$\partial^2 v/\partial t^2$ 和 $\partial^2 w/\partial t^2$ 为加速度；$\partial u/\partial t$、$\partial v/\partial t$ 和 $\partial w/\partial t$ 为 3 个方向的速度。弹性体的边界包括力的边界 Γ_σ 以及位移边界 Γ_u，其中在力边界上弹性体的受力是已知的，而在位移边界上其边界点的位移是给定的。因此式（7.15）存在如下两类边界条件。

（1）力边界条件：

$$
\left.
\begin{aligned}
\sigma_x n_x + \tau_{yx} n_y + \tau_{zx} n_z &= t_x \\
\tau_{xy} n_x + \sigma_y n_y + \tau_{zy} n_z &= t_y \\
\tau_{xz} n_x + \tau_{yz} n_y + \sigma_z n_z &= t_z
\end{aligned}
\right\} \text{在边界 } \Gamma_\sigma \text{ 上}
\tag{7.16}
$$

式中：n_x、n_y 和 n_z 为外法向向量的坐标分量；t_x、t_y 和 t_z 为边界分布力的坐标分量。

（2）位移边界条件：

$$
\left.
\begin{aligned}
u &= \bar{u} \\
v &= \bar{v} \\
w &= \bar{w}
\end{aligned}
\right\} \text{在位移边界 } \Gamma_u \text{ 上}
\tag{7.17}
$$

式中：$\bar{u}$、$\bar{v}$ 和 $\bar{w}$ 为边界位移。

此外，式（7.15）还需要如下初始条件来定解：

$$
u(x, t_0) = u_0(x), \quad v(x, t_0) = v_0(x), \quad w(x, t_0) = w_0(x)
\tag{7.18}
$$

$$
\dot{u}(x, t_0) = \dot{u}_0(x), \quad \dot{v}(x, t_0) = \dot{v}_0(x), \quad \dot{w}(x, t_0) = \dot{w}_0(x)
\tag{7.19}
$$

其中第一式为位移初始条件，第二式为速度初始条件。

有了材料的应变—位移关系和本构方程，便可以构造其势能泛函。三维弹性体虚功形式的势能泛函为

$$
\iiint_\Omega \delta \boldsymbol{\varepsilon}^{\mathrm{T}} \boldsymbol{\sigma} \, \mathrm{d}\Omega = \iiint_\Omega \delta \boldsymbol{u}^{\mathrm{T}} (\boldsymbol{f} - \rho \ddot{\boldsymbol{u}} - c\dot{\boldsymbol{u}}) \, \mathrm{d}\Omega + \iint_{\Gamma_\sigma} \delta \boldsymbol{u}^{\mathrm{T}} \boldsymbol{t} \, \mathrm{d}\Gamma
\tag{7.20}
$$

式中：$\boldsymbol{f} = [f_x, f_y, f_z]^{\mathrm{T}}$ 为体力密度，其余物理量如上文所述。由于上述方程中只包括未知场变量（即位移分量）的一次导数，因此，三维问题的有限元只需满足 C^0 连续性要求。下面将介绍三种常见几何形状的微分求积升阶谱单元。

7.2　三维微分求积升阶谱单元

7.2.1　六面体单元

六面体单元的构造相对简单而且性能优越。如图 7-2 所示为一六面体单元的示意图,其中左侧代表单元的参数域,右侧为物理域,可通过 NURBS 体来表示。顶点处的形函数可以采用 Serendipity 形函数,即

$$\begin{cases} S^{V1} = (1-\xi)(1-\eta)(1-\zeta), & S^{V5} = (1-\xi)(1-\eta)\zeta \\ S^{V2} = \xi(1-\eta)(1-\zeta), & S^{V6} = \xi(1-\eta)\zeta \\ S^{V3} = \xi\eta(1-\zeta), & S^{V7} = \xi\eta\zeta \\ S^{V4} = (1-\xi)\eta(1-\zeta), & S^{V8} = (1-\xi)\eta\zeta \end{cases} \quad (7.21)$$

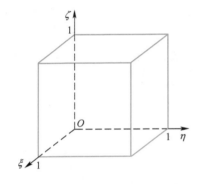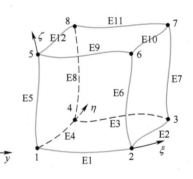

图 7-2　六面体单元

式中:V1 ~ V8 代表 8 个顶点。图 7-3 为顶点 4,5 和 6 对应的形函数示意图,可以看出各形函数在对应的顶点处取值为 1,而在其他顶点取值为 0。从式 (7.21) 还可以观察到,固定任意两个参数坐标,整个形函数变成关于第三个参数的线性函数,因此形函数在六面体单元参考域的 12 条棱上都是线性变化的。

为方便表示边形函数,图中将边 1-2,2-3,3-4,1-4,1-5,2-6,3-7,4-8,5-6,6-7,7-8 和 5-8 依次命名为 1 号 ~ 12 号边,并用 E1 ~ E12 表示(E 为 "Edge" 的缩写)。那么 1 号边($\eta=0$,$\zeta=0$ 上的形函数可以表示为

$$S_i^{E1} = \xi(1-\xi)(1-\eta)(1-\zeta)J_i^{(2,2)}(2\xi-1), \quad i=0,1,\cdots \quad (7.22)$$

式中:$J_i^{(2,2)}$ 为 i 次权系数为 $(2,2)$ 的雅可比正交多项式。式 (7.22) 的构造思路是让形函数满足在除 E1 边界的其他边界上为 0,而在边 E1 上则从 ξ 的第二次

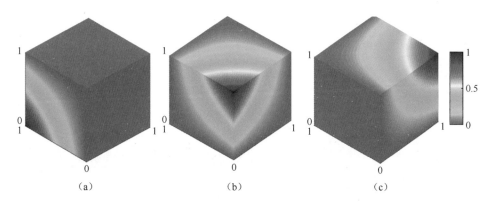

图 7-3　六面体单元顶点形函数

(a)S^{V4};(b)S^{V5};(c)S^{V6}。

多项式(顶点形函数已经完备到 1 次)开始完备并满足在边 E1 的两个端点(顶点 1,2)为 0。类似的方式可以得到其他边形函数。图 7-4 为六面体单元边界 E1 的前 3 个形函数图形。

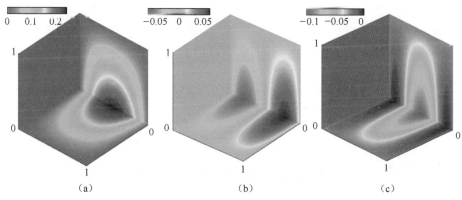

图 7-4　六面体单元边形函数

(a) S_0^{E1};(b) S_1^{E1};(c) S_2^{E1}。

　　除顶点形函数及边形函数之外,还需要完备地表示位移场在六面体各个面上的位移,因而需要在每个面上构造面函数。为保证与前面的形函数线性无关,要求这些面函数在每条边上的函数值为 0,此外,与某一特定的面对应的面函数还满足在其他面上的函数值为 0。根据这些性质则可以得到面函数的一般表达形式。为方便表示,依次将面 1-2-3-4,1-2-5-6,2-3-6-7,3-4-7-8,1-4-5-8 和 5-6-7-8 记为 F1~F6,那么 F6 上的面函数可以构造为

$$S_{ij}^{F6} = \xi(1-\xi)\eta(1-\eta)\zeta J_i^{(2,2)}(2\xi-1)J_j^{(2,2)}(2\eta-1),\quad i,j=0,1,2,\cdots$$

$$(7.23)$$

185

类似地可以构造其他各面所对应的形函数。图 7-5 所示为六面体单元在面 F6
上的 3 个面函数。

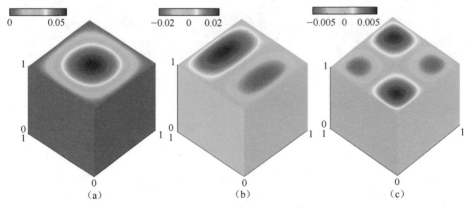

图 7-5　六面体单元面函数

(a) S_{00}^{F6}；(b) S_{01}^{F6}；(c) S_{11}^{F6}。

最后一部分形函数为体函数，它们的函数值满足在六面体所有边界面上为
0，因此其一般形式可以构造为

$$S_{ijk}^B = \xi(1-\xi)\eta(1-\eta)\zeta(1-\zeta)B_{ijk}(\xi,\eta,\zeta), \quad i,j,k = 0,1,2,\cdots$$

$$(7.24)$$

式中：B_{ijk} 为待定多项式，它可以通过雅可比多项式的张量积形式来构造。为使
体函数满足如下正交性：

$$\int_V S_{lmn}^B S_{ijk}^B \mathrm{d}V = \int_0^1\int_0^1\int_0^1 S_{lmn}^B S_{ijk}^B \mathrm{d}\xi\mathrm{d}\eta\mathrm{d}\zeta = \delta_{li}\delta_{mj}\delta_{nk}C_{ijk} \qquad (7.25)$$

并充分利用雅可比正交多项式的性质，可作如下坐标变换：

$$\xi = \frac{1+r}{2}, \quad \eta = \frac{1+s}{2}, \quad \zeta = \frac{1+t}{2} \qquad (7.26)$$

那么式(7.25)变为

$$\int_V S_{lmn}^B S_{ijk}^B \mathrm{d}V = \int_{-1}^1\int_{-1}^1\int_{-1}^1 \bar{J} B_{lmn}(r,s,t) B_{ijk}(r,s,t)\,\mathrm{d}r\mathrm{d}s\mathrm{d}t \qquad (7.27)$$

其中

$$\bar{J} = [\xi(1-\xi)\eta(1-\eta)\zeta(1-\zeta)]^2 \left|\frac{\partial(\xi,\eta,\zeta)}{\partial(r,s,t)}\right|$$

$$= \frac{(1-r)^2(1+r)^2(1-s)^2(1+s)^2(1-t)^2(1+t)^2}{2^{15}} \qquad (7.28)$$

利用雅可比多项式的正交性，可以证明 B_{ijk} 取如下形式可满足正交性要求，即

$$B_{ijk}(r,s,t) = J_i^{(2,2)}(r) J_j^{(2,2)}(s) J_k^{(2,2)}(t) \tag{7.29}$$

因此体函数最终表达式为

$$S_{ijk}^B = \xi(1-\xi)\eta(1-\eta)\zeta(1-\zeta)J_i^{(2,2)}(2\xi-1)J_j^{(2,2)}(2\eta-1)$$

$$J_k^{(2,2)}(2\zeta-1), \quad i,j,k = 0,1,2,\cdots \tag{7.30}$$

图 7-6 所示为前三个体函数示意图，可以看到各函数在所有边界面上均为 0，而在单元内部则为张量积形式。作为参考，表 7-1 列出了六面体单元的所有形函数。

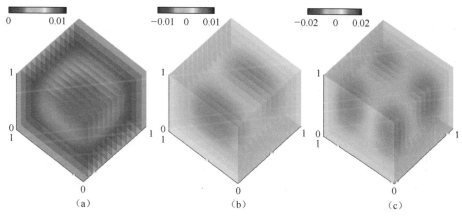

图 7-6 六面体单元体函数

(a) S_{000}^B ;(b) S_{100}^B ;(c) S_{110}^B 。

表 7-1 六面体单元形函数

顶点形函数	$S^{V1}=(1-\xi)(1-\eta)(1-\zeta)$ $\quad$ $S^{V5}=(1-\xi)(1-\eta)\zeta$
	$S^{V2}=\xi(1-\eta)(1-\zeta)$ $\quad$ $S^{V6}=\xi(1-\eta)\zeta$
	$S^{V3}=\xi\eta(1-\zeta)$ $\quad$ $S^{V7}=\xi\eta\zeta$
	$S^{V4}=(1-\xi)\eta(1-\zeta)$ $\quad$ $S^{V8}=(1-\xi)\eta\zeta$
边形函数	$S_i^{E1}=\xi(1-\xi)(1-\eta)(1-\zeta)J_i^{(2,2)}(2\xi-1),\quad$ $S_i^{E2}=\xi\eta(1-\eta)(1-\zeta)J_i^{(2,2)}(2\eta-1)$
	$S_i^{E3}=\xi(1-\xi)\eta(1-\zeta)J_i^{(2,2)}(2\xi-1),\quad$ $S_i^{E4}=(1-\xi)\eta(1-\eta)(1-\zeta)J_i^{(2,2)}(2\eta-1)$
	$S_i^{E5}=(1-\xi)(1-\eta)\zeta(1-\zeta)J_i^{(2,2)}(2\zeta-1),\quad$ $S_i^{E6}=\xi(1-\eta)\zeta(1-\zeta)J_i^{(2,2)}(2\zeta-1)$
	$S_i^{E7}=\xi\eta\zeta(1-\zeta)J_i^{(2,2)}(2\zeta-1),\quad$ $S_i^{E8}=(1-\xi)\eta\zeta(1-\zeta)J_i^{(2,2)}(2\zeta-1)$
	$S_i^{E9}=\xi(1-\xi)(1-\eta)\zeta J_i^{(2,2)}(2\xi-1),\quad$ $S_i^{E10}=\xi\eta(1-\eta)\zeta J_i^{(2,2)}(2\eta-1)$
	$S_i^{E11}=\xi(1-\xi)\eta\zeta J_i^{(2,2)}(2\xi-1),\quad$ $S_i^{E12}=(1-\xi)\eta(1-\eta)\zeta J_i^{(2,2)}(2\eta-1), i=0,1,\cdots$

（续）

面形函数	$S_{ij}^{F1}=\xi(1-\xi)\eta(1-\eta)(1-\zeta)J_i^{(2,2)}(2\xi-1)J_j^{(2,2)}(2\eta-1)$ $S_{ij}^{F2}=\xi(1-\xi)(1-\eta)\zeta(1-\zeta)J_i^{(2,2)}(2\xi-1)J_j^{(2,2)}(2\zeta-1)$ $S_{ij}^{F3}=\xi\eta(1-\eta)\zeta(1-\zeta)J_i^{(2,2)}(2\eta-1)J_j^{(2,2)}(2\zeta-1)$ $S_{ij}^{F4}=\xi(1-\xi)\eta\zeta(1-\zeta)J_i^{(2,2)}(2\xi-1)J_j^{(2,2)}(2\zeta-1)$ $S_{ij}^{F5}=(1-\xi)\eta(1-\eta)\zeta(1-\zeta)J_i^{(2,2)}(2\eta-1)J_j^{(2,2)}(2\zeta-1)$ $S_{ij}^{F6}=\xi(1-\xi)\eta(1-\eta)\zeta J_i^{(2,2)}(2\xi-1)J_j^{(2,2)}(2\eta-1),i,j=0,1,2,\cdots$
体形函数	$S_{ijk}^{B}=\xi(1-\xi)\eta(1-\eta)\zeta(1-\zeta)J_i^{(2,2)}(2\xi-1)J_j^{(2,2)}(2\eta-1)J_k^{(2,2)}(2\zeta-1),i,j,k=0,1,2,\cdots$

7.2.2 三棱柱单元

各类网格生成软件生成三棱柱单元要比生成六面体单元容易，因此三棱柱单元有更强的适应能力。如图 7-7 所示为一曲边三棱柱单元，左侧为单元的参考域，右侧为单元的物理域。编号 $E_1 \sim E_9$ 分别表示始末顶点为 1-2,2-3,1-3,1-4,2-5,3-6,4-5,6-5 和 4-6 的边。与六面体单元类似，三棱柱单元的顶点形函数必须满足在相应顶点处取值为 1，而在其他顶点处为 0，其构造方式可以参考平面三角形单元。如顶点 1 处的形函数为

$$S^{V1} = (1 - \xi - \eta)(1 - \zeta) \tag{7.31}$$

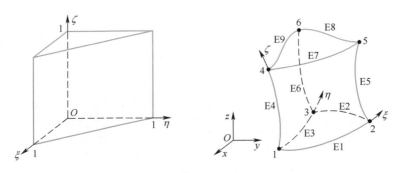

图 7-7　三棱柱单元

其构造过程为：①先构造三棱柱单元在其 ξ-η 面上的投影三角形在对应顶点的形函数，如顶点 1 处为 $(1-\xi-\eta)$；②根据顶点位于三棱柱单元的顶面或底面选择相应的插值函数，如顶点 2 位于三棱柱的底面，其 ζ 方向的插值函数为 $(1-\zeta)$。那么最终的形函数为两者的乘积。同样的方式可以得到其他各顶点的形函数，图 7-8 所示为顶点 2,4 和 5 处对应的顶点形函数。

三棱柱单元在边界上的形函数同样需要满足在其他边界上为 0 的特点，其

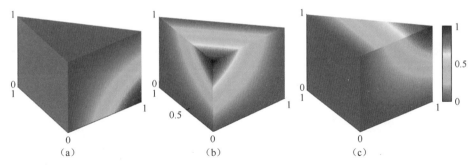

图 7-8　三棱柱单元顶点形函数

(a)S^{V2};(b)S^{V4};(c)S^{V5}。

构造方式也可以借鉴三角形单元的构造方式。如第 1 条边上的边界函数可以构造为

$$S_i^{E1} = \xi(1 - \xi - \eta)J_i^{(2,2)}(2\xi - 1)(1 - \zeta), \quad i = 0,1,\cdots \quad (7.32)$$

式中：$J_i^{(2,2)}$ 为雅可比多项式。易见因式 $\xi(1 - \xi - \eta)J_i^{(2,2)}(2\xi - 1)$ 实际上为平面三角形单元的边界形函数,按照这种思路容易构造其他边上的形函数,图 7-9 所示为三棱柱单元 E7 边界所对应的前 3 个边形函数。

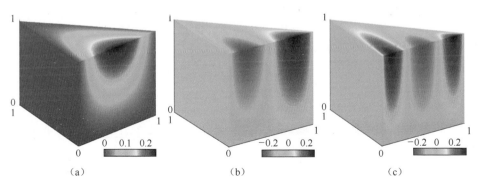

图 7-9　三棱柱单元边形函数

(a) S_1^{E7};(b) S_2^{E7};(c) S_3^{E7}。

下面讨论三棱柱单元面函数的构造。为方便表示三棱柱单元的面函数,记顶点 1-2-3,1-2-4-5,2-3-5-6,3-1-6-4 和 4-5-6 所在的平面分别为 F1～F5。对于顶面 F5 上的面函数,需要满足在底面函数值为 0,因此其形函数中包含因式 ζ,此外还需在 3 个侧面为 0,因此包含因式 ξ、η、$1-\xi-\eta$,此外,在顶面 F 上不为 0 且固定 $\zeta=1$,该面函数可以退化成第三章中平面三角形单元的面函数。因此,面 F5 的形函数可以设为

$$S_{ij}^{F5} = \zeta\xi\eta(1 - \xi - \eta)F_{ij}^5(\xi,\eta) \quad (7.33)$$

式中：F_{ij}^5 为待定多项式，可通过正交性条件来确定。如图 7-10 所示，在三棱柱参考域 A 必须满足：

$$\int_A S_{ij}^{F5} S_{mn}^{F5} \mathrm{d}A = \int_0^1 \zeta^2 \mathrm{d}\zeta \int_0^1 \int_0^{1-\eta} \xi^2 \eta^2 (1-\xi-\eta)^2 F_{ij}^5 F_{mn}^5 \mathrm{d}\xi \mathrm{d}\eta = C_{ij}\delta_{im}\delta_{jn} \quad (7.34)$$

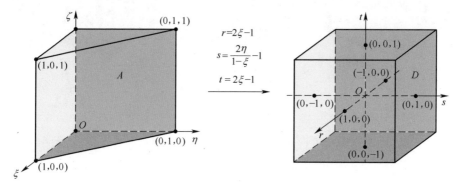

图 7-10　从立方体域映射到三棱柱域

通过图示坐标变换，同时注意到 s 将引入有理多项式分母 $1-\xi$，因此设

$$F_{ij}^5 = (1-\xi)^j J_i^{(a,b)}(r) J_j^{(c,d)}(s), \quad i,j = 0,1,\cdots \quad (7.35)$$

式（7.35）等价于

$$\int_A S_{ij}^{F5} S_{mn}^{F5} \mathrm{d}A = C_{ij} \int_{-1}^1 (1-r)^{5+j+n} (1+r)^2 J_i^{(a,b)}(r) J_m^{(a,b)}(r) \mathrm{d}r \cdot$$

$$\int_{-1}^1 (1-s)^2 (1+s)^2 J_j^{(c,d)}(s) J_n^{(c,d)}(s) \mathrm{d}s = C_{ij}\delta_{im}\delta_{jn}$$

$$(7.36)$$

根据雅可比正交多项式的性质，可令 $a=5+2j, b=2, c=d=2$，因此顶面 F^5 的面函数变为

$$S_{ij}^{F5} = \zeta\xi\eta(1-\xi-\eta)(1-\xi)^j J_i^{(5+2j,2)}(2\xi-1) J_j^{(2,2)}\left(\frac{2\eta+\xi-1}{1-\xi}\right), \quad i,j = 0,1,\cdots$$

$$(7.37)$$

类似地可以得到底面 F1 的面函数为

$$S_{ij}^{F1} = (1-\zeta)\xi\eta(1-\xi-\eta)(1-\xi)^j J_i^{(5+2j,2)}(2\xi-1) \cdot$$

$$J_j^{(2,2)}\left(\frac{2\eta+\xi-1}{1-\xi}\right), \quad i,j = 0,1,\cdots \quad (7.38)$$

图 7-11 所示为顶面 F5 所对应的 3 个面函数。

对于侧面上的面函数，需要满足在 F1 和 F5 上为 0，因此至少包含因式 ζ 和 $(1-\zeta)$。对于侧面 F2，即 1-2-4-5 面，还需满足在 F3 和 F4 上为 0，因此包含因

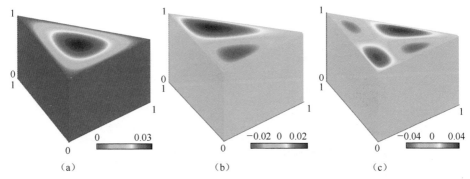

图 7-11 三棱柱单元顶面的面函数

(a) S_{00}^{F5};(b) S_{01}^{F5};(c) S_{11}^{F5}。

式 ξ 和 $1-\xi-\eta$,而在矩形面 F2 内可以采用关于 ξ 和 ζ 张量积形式的多项式函数。那么 F2 的面函数可以设为

$$S_{ij}^{F2} = \xi(1 - \xi - \eta)\zeta(1 - \zeta)F_{ij}^2, \quad i,j = 0,1,2,\cdots \tag{7.39}$$

其中 F_{ij}^2 为待定多项式。设

$$F_{ij}^2 = J_i^{(a,b)}(r)J_j^{(c,d)}(t), \quad i,j = 0,1,\cdots \tag{7.40}$$

那么正交性为

$$\int_A S_{ij}^{F2} S_{mn}^{F2} \mathrm{d}A = C_{ij} \int_{-1}^1 (1 - r)^3 (1 + r)^2 J_i^{(a,b)}(r) J_m^{(a,b)}(r) \mathrm{d}r \cdot$$

$$\int_{-1}^1 (1 - t)^2 (1 + t)^2 J_j^{(c,d)}(t) J_n^{(c,d)}(t) \mathrm{d}s = C_{ij}\delta_{im}\delta_{jn}$$

$$\tag{7.41}$$

其中 $a=3, b=2, c=2, d=2$。因此 F2 上的面函数可以表示为

$$S_{ij}^{F2} = \xi(1 - \xi - \eta)\zeta(1 - \zeta)J_i^{(3,2)}(2\xi - 1)J_j^{(2,2)}(2\zeta - 1), \quad i,j = 0,1,\cdots$$

$$\tag{7.42}$$

同理侧面 F4 上的面函数为

$$S_{ij}^{F4} = \eta(1 - \xi - \eta)\zeta(1 - \zeta)J_i^{(3,2)}(2\eta - 1)J_j^{(2,2)}(2\zeta - 1), \quad i,j = 0,1,\cdots$$

$$\tag{7.43}$$

而侧面 F3 上的面函数为

$$S_{ij}^{F3} = \xi\eta\zeta(1 - \zeta)J_i^{(3,2)}(2\xi - 1)J_j^{(2,2)}(2\zeta - 1), \quad i,j = 0,1,\cdots \tag{7.44}$$

图 7-12 所示为侧面 F2 上的 3 个面函数。

下面推导三棱柱单元的体函数。由于体函数在各个面上均为 0,因此其表达式包含因式 ξ、η、$1-\xi-\eta$、ζ 和 $1-\zeta$,因此其一般形式可以设为

$$S_{ijk}^B(\xi,\eta,\zeta) = \xi\eta\zeta(1 - \zeta)(1 - \xi - \eta)B_{ijk}(\xi,\eta,\zeta) \tag{7.45}$$

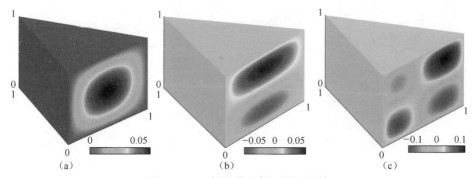

图 7-12　三棱柱单元侧面的面函数

(a) S_{00}^{F2}；(b) S_{01}^{F2}；(c) S_{11}^{F2}。

式中：B_{ijk} 为待定多项式。为满足正交性条件

$$\int_A S_{lmn}^B S_{ijk}^B \mathrm{d}V = \int_0^1 \int_0^{1-\xi} \int_0^1 S_{lmn}^B S_{ijk}^B \mathrm{d}\xi \mathrm{d}\eta \mathrm{d}\zeta = \delta_{li}\delta_{mj}\delta_{nk}C_{ijk} \tag{7.46}$$

或

$$\int_A S_{lmn}^B S_{ijk}^B \mathrm{d}V = \int_{-1}^1 \int_{-1}^1 \int_{-1}^1 \bar{J}B_{lmn}(r,s,t) B_{ijk}(r,s,t)\mathrm{d}r\mathrm{d}s\mathrm{d}t \tag{7.47}$$

其中

$$\bar{J} = \left[\xi\eta\zeta(1-\zeta)(1-\xi-\eta)\right]^2 \left|\frac{\partial(\xi,\eta\zeta)}{\partial(r,st)}\right|$$

$$= \frac{(1-r)^5(1+r)^2(1-s)^2(1+s)^2(1-t)^2(1+t)^2}{2^{18}} \tag{7.48}$$

可设 B_{ijk} 为

$$B_{ijk}(r,s,t) = (1-r)^j J_i^{(5+2j,2)}(r) J_j^{(2,2)}(s) J_k^{(2,2)}(t) \tag{7.49}$$

用参数坐标 ξ、η 和 ζ 表示为

$$B_{ijk}(r,s,t) = J_i^{(5+2j,2)}(2\xi-1)\left[(1-\xi)^j J_j^{(2,2)}\left(\frac{\xi+2\eta-1}{1-\xi}\right)\right] J_k^{(2,2)}(2\zeta-1) \tag{7.50}$$

式(7.50)中已将系数归一化处理。那么最终体函数的表达式为

$$S_{ijk}^B(\xi,\eta,\zeta) = \xi\eta\zeta(1-\zeta)(1-\xi-\eta)(1-\xi)^j \cdot$$

$$J_i^{(5+2j,2)}(2\xi-1) J_j^{(2,2)}\left(\frac{\xi+2\eta-1}{1-\xi}\right) J_k^{(2,2)}(2\zeta-1), \quad i,j,k=0,1,\cdots \tag{7.51}$$

图 7-13 为三棱柱的 3 个体函数，可以看到它们在单元边界面上均为 0。为便于参考，表 7-2 给出了三棱柱单元的所有形函数，容易发现，它们实际上是三角形

192

升阶谱单元形函数与一维升阶谱单元形函数的张量积。

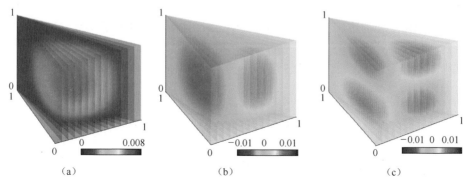

图 7-13　三棱柱单元体函数

（a）S_{000}^{B} ；（b）S_{100}^{B} ；（c）S_{110}^{B} 。

表 7-2　三棱柱单元形函数

顶点形函数	$S^{V1}=(1-\xi-\eta)(1-\zeta)$, $\quad S^{V2}=\xi(1-\zeta)$ $S^{V3}=\eta(1-\zeta)$, $\qquad\quad S^{V4}=\zeta(1-\xi-\eta)$ $S^{V5}=\xi\zeta$, $\qquad\qquad\quad S^{V6}=\eta\zeta$
边形函数	$S_i^{E1}=\xi(1-\xi-\eta)(1-\zeta)J_i^{(2,2)}(2\xi-1)$, $\quad S_i^{E2}=\xi\eta(1-\zeta)J_i^{(2,2)}(2\xi-1)$ $S_i^{E3}=\eta(1-\xi-\eta)(1-\zeta)J_i^{(2,2)}(2\eta-1)$, $\quad S_i^{E4}=(1-\xi-\eta)\zeta(1-\zeta)J_i^{(2,2)}(2\zeta-1)$ $S_i^{E5}=\xi\zeta(1-\zeta)J_i^{(2,2)}(2\zeta-1)$, $\qquad\quad S_i^{E6}=\eta\zeta(1-\zeta)J_i^{(2,2)}(2\zeta-1)$ $S_i^{E7}=\xi\zeta(1-\xi-\eta)J_i^{(2,2)}(2\xi-1)$, $\qquad S_i^{E8}=\xi\eta\zeta J_i^{(2,2)}(2\xi-1)$ $S_i^{E9}=\eta\zeta(1-\xi-\eta)J_i^{(2,2)}(2\eta-1)$, $\quad i=0,1,\cdots$
面形函数	$S_{ij}^{F1}=(1-\zeta)\xi\eta(1-\xi-\eta)(1-\xi)^j J_i^{(5+2j,2)}(2\xi-1)J_j^{(2,2)}\left(\dfrac{2\eta+\xi-1}{1-\xi}\right)$ $S_{ij}^{F2}=S_{ij}^{F2}=\xi(1-\xi-\eta)\zeta(1-\zeta)J_i^{(3,2)}(2\xi-1)J_j^{(2,2)}(2\zeta-1)$ $S_{ij}^{F3}=S_{ij}^{F3}=\xi\eta\zeta(1-\zeta)J_i^{(3,2)}(2\xi-1)J_j^{(2,2)}(2\zeta-1)$ $S_{ij}^{F4}=\eta(1-\xi-\eta)\zeta(1-\zeta)J_i^{(3,2)}(2\eta-1)J_j^{(2,2)}(2\zeta-1)$ $S_{ij}^{F5}=S_{ij}^{F5}=\zeta\xi\eta(1-\xi-\eta)(1-\xi)^j J_i^{(5+2j,2)}(2\xi-1)J_j^{(2,2)}\left(\dfrac{2\eta+\xi-1}{1-\xi}\right)$, $\quad i,j=0,1,\cdots$
体形函数	$S_{ijk}^{B}(\xi,\eta,\zeta)=\zeta\eta\zeta(1-\zeta)(1-\zeta-\eta)(1-\xi)^j\cdot$ $J_i^{(5+2j,2)}(2\xi-1)J_j^{(2,2)}\left(\dfrac{\xi+2\eta-1}{1-\xi}\right)J_k^{(2,2)}(2\zeta-1)$, $\quad i,j,k=0,1,\cdots$

7.2.3　四面体单元

在商业软件中四面体单元最为常见，这是大多数商业软件目前能够实现自动生成的单元类型。如图 7-14 所示为一个曲边四面体单元,左侧为单元的参考域,右侧为单元的物理域。编号 $E_1 \sim E_6$ 分别表示始末顶点为 1-2,2-3,1-3,1-4,2-4 和 3-4 的边。与三角形单元类似,四面体单元的顶点形函数可以表示为

$$S^{V1} = 1 - \xi - \eta - \zeta, \quad S^{V2} = \xi, \quad S^{V3} = \eta, \quad S^{V4} = \zeta \qquad (7.52)$$

其中 3 个函数的图像如图 7-15 所示。

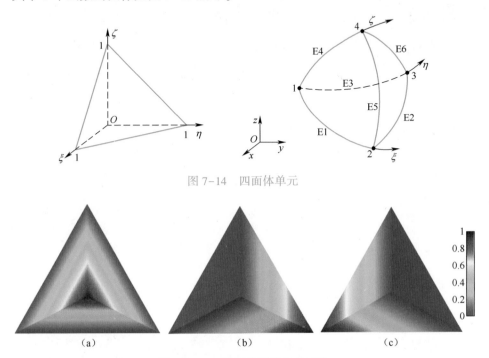

图 7-14　四面体单元

图 7-15　四面体单元顶点形函数

(a)S^{V1};(b)S^{V2};(c)S^{V3}。

　　边形函数的推导同样与平面三角形单元边形函数的推导类似。以第一条边为例,S_i^{E1} 必须在斜面以及平面 $\xi = 0$ 上为零,在边 $\eta = \zeta = 0$ 上及与该边相邻两面上非零,其变为关于 ξ 的多项式函数,并且满足在两端为 0,因此边形函数 S_i^{E1} 可以设为

$$S_i^{E1}(\xi, \eta, \zeta) = \xi(1 - \xi - \eta - \zeta)J_i^{(2,2)}(2\xi - 1), \quad i = 0, 1, \cdots \quad (7.53)$$

通过对称性可以得到直角边 E3 和 E4 上的边形函数。对于斜边 E2 的边形函数,必须满足在面 $\eta = 0$ 和 $\xi = 0$ 上为 0,因此其形式可以构造为

$$S_i^{E2}(\xi, \eta, \zeta) = \xi\eta J_i^{(2,2)}(2\xi - 1), \quad i = 0, 1, \cdots \quad (7.54)$$

类似地可以得到其他斜边上的边形函数。值得注意的是,由对称性知式(7.54)中的雅可比多项式也可以取为 $2\eta - 1$ 的函数。图 7-16 为边 E1 上的前 3 个边形函数。

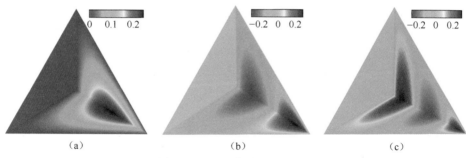

图 7-16　四面体单元边形函数

(a) S_0^{E1} ;(b) S_1^{E1} ;(c) S_2^{E1} 。

下面给出面函数的构造。记平面 1-2-3,1-2-4,2-3-4 和 1-3-4 分别为 F1~F4,那么 F1 面上的面函数可以构造为

$$S_{ij}^{F1} = \xi\eta\,(1-\xi-\eta-\zeta)\,(1-\xi)^j J_i^{(5+2j,2)}\,(2\xi-1)\,J_j^{(2,2)}\left(\frac{2\eta+\xi-1}{1-\xi}\right),\quad i,j=0,1,\cdots \tag{7.55}$$

其中前 3 项保证了其在其他面上取值为 0,而最后 3 项与三角形单元形函数的构造方式类似。同理可以得到其他直角面 F2 和 F4 上的形函数。对于斜面 F3 上的面函数可以设为

$$S_{ij}^{F3} = \xi\eta\zeta\,(1-\xi)^j J_i^{(5+2j,2)}\,(2\xi-1)\,J_j^{(2,2)}\left(\frac{2\eta+\xi-1}{1-\xi}\right),\quad i,j=0,1,\cdots \tag{7.56}$$

其中后 3 项与其投影面 F1 上的形式一样。值得指出的是,由于考虑到实际应用中常出现曲面四面体单元,因此这些形函数并不能总是满足正交性,因此这些形函数在构造过程中并未考虑关于体积分的正交性,然而它们仍然是完备的。图 7-17 为底面 F1 对应的 3 个面函数。

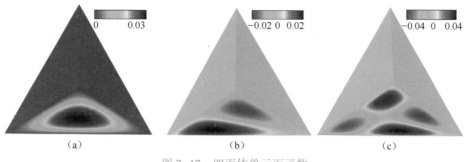

图 7-17　四面体单元面函数

(a) S_{00}^{F1} ;(b) S_{01}^{F1} ;(c) S_{11}^{F1} 。

　　四面体单元的体函数同样是通过缩聚坐标系用雅可比多项式的正交性推导得的。根据面函数的特点,可将其写为如下形式:

$$S_{ijk}^{B} = \xi\eta\zeta(1-\xi-\eta-\zeta)B_{ijk}, \quad i,j,k = 0,1,\cdots \tag{7.57}$$

其中前四项保证了形函数在单元边界面上取值为0,待定多项式 B_{ijk} 同样可以通过体正交条件得到。考虑图7-18所示的坐标变换,那么正交性条件为

$$\int_{A} S_{ijk}^{B} S_{lmn}^{B} \mathrm{d}A = \int_{-1}^{1}\int_{-1}^{1}\int_{-1}^{1} \bar{J} B_{ijk} B_{lmn} \mathrm{d}r\mathrm{d}s\mathrm{d}t = C_{ijk}\delta_{il}\delta_{jm}\delta_{kn} \tag{7.58}$$

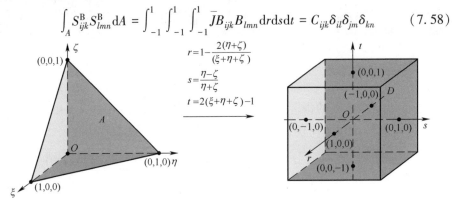

$$r = 1 - \frac{2(\eta+\zeta)}{(\xi+\eta+\zeta)}$$
$$s = \frac{\eta-\zeta}{\eta+\zeta}$$
$$t = 2(\xi+\eta+\zeta) - 1$$

图 7-18　从立方体域映射到四面体域

其中

$$\bar{J} = \left[\xi\eta\zeta(1-\xi-\eta-\zeta)\right]^{2}\left|\frac{\partial(\xi,\eta\zeta)}{\partial(r,st)}\right|$$

$$= \frac{(1-r)^{5}(1+r)^{2}(1-s)^{2}(1+s)^{2}(1-t)^{2}(1+t)^{8}}{2^{24}} \tag{7.59}$$

利用雅可比多项式的正交性可将 B_{ijk} 设为

$$B_{ijk}(r,s,t) = (1-r)^{j}(1+t)^{i+j} J_{i}^{(5+2j,2)}(r) J_{j}^{(2,2)}(s) J_{k}^{(2,8+2i+2j)}(t) \tag{7.60}$$

或改写为

$$B_{ijk}(\xi,\eta,\zeta) = 2^{i+2j}\left[(\xi+\eta+\zeta)^{i} J_{i}^{(5+2j,2)}\left(\frac{\xi-\eta-\zeta}{\xi+\eta+\zeta}\right)\right]\left[(\eta+\zeta)^{j} J_{j}^{(2,2)}\left(\frac{\eta-\zeta}{\eta+\zeta}\right)\right]\cdot$$
$$J_{k}^{(2,8+2i+2j)}\left[2(\xi+\eta+\zeta)-1\right]$$

$$\tag{7.61}$$

因此最终可得体函数表达式为

$$S_{ijk}^{B} = \xi\eta\zeta(1-\xi-\eta-\zeta)(\xi+\eta+\zeta)^{i}(\eta+\zeta)^{j}\cdot$$

$$J_{i}^{(5+2j,2)}\left(\frac{\xi-\eta-\zeta}{\xi+\eta+\zeta}\right) J_{j}^{(2,2)}\left(\frac{\eta-\zeta}{\eta+\zeta}\right) J_{k}^{(2,8+2i+2j)}\left[2(\xi+\eta+\zeta)-1\right], \quad i,j,k=0,1,\cdots$$

$$\tag{7.62}$$

其中系数作了归一化处理。图 7-19 为其中 3 个体函数的图像。为便于参考，表 7-3 总结了四面体单元所有的形函数。

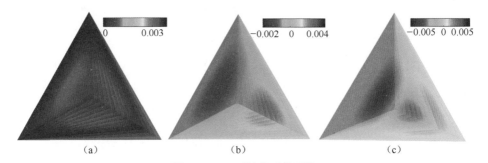

（a） （b） （c）

图 7-19　四面体单元体函数

（a） S_{000}^{B} ；（b） S_{100}^{B} ；（c） S_{110}^{B} 。

表 7-3　四面体单元形函数

顶点形函数	$S^{V1}=1-\xi-\eta-\zeta$ ， $S^{V2}=\xi$ ， $S^{V3}=\eta$ ， $S^{V4}=\zeta$
边形函数	$S_i^{E1}=\xi(1-\xi-\eta-\zeta)J_i^{(2,2)}(2\xi-1)$ ， $\quad S_i^{E2}=\zeta\eta J_i^{(2,2)}(2\zeta-1)$ $S_i^{E3}=\eta(1-\xi-\eta-\zeta)J_i^{(2,2)}(2\eta-1)$ ， $\quad S_i^{E4}=\zeta(1-\xi-\eta-\zeta)J_i^{(2,2)}(2\zeta-1)$ $S_i^{E5}=\xi\zeta J_i^{(2,2)}(2\xi-1)$ ， $\quad\quad\quad\quad S_i^{E6}=\eta\zeta J_i^{(2,2)}(2\eta-1)$ ， $\quad i=0,1,\cdots$
面形函数	$S_{ij}^{F1}=\xi\eta(1-\xi-\eta-\zeta)(1-\xi)^j J_i^{(5+2j,2)}(2\xi-1)J_j^{(2,2)}\left(\dfrac{2\eta+\xi-1}{1-\xi}\right)$ $S_{ij}^{F2}=\xi\zeta(1-\xi-\eta-\zeta)(1-\xi)^j J_i^{(5+2j,2)}(2\xi-1)J_j^{(2,2)}\left(\dfrac{2\zeta+\xi-1}{1-\xi}\right)$ $S_{ij}^{F3}=\xi\eta\zeta(1-\xi)^j J_i^{(5+2j,2)}(2\xi-1)J_j^{(2,2)}\left(\dfrac{2\eta+\xi-1}{1-\xi}\right)$ $S_{ij}^{F4}=\zeta\eta(1-\xi-\eta-\zeta)(1-\eta)^j J_i^{(5+2j,2)}(2\eta-1)J_j^{(2,2)}\left(\dfrac{2\zeta+\eta-1}{1-\eta}\right)$ ， $\quad i,j=0,1,\cdots$
体形函数	$S_{ijk}^{B}=\xi\eta\zeta(1-\xi-\eta-\zeta)(\xi+\eta+\zeta)^i(\eta+\zeta)^j\cdot$ $J_i^{(5+2j,2)}\left(\dfrac{\xi-\eta-\zeta}{\xi+\eta+\zeta}\right)J_j^{(2,2)}\left(\dfrac{\eta-\zeta}{\eta+\zeta}\right)J_k^{(2,8+2i+2j)}[2(\xi+\eta+\zeta)-1]$ ， $\quad i,j,k=0,1,\cdots$

7.3　三维高斯-洛巴托积分

三维单元的数值积分仍然采用参考域上的高斯-洛巴托积分方案，它是一维高斯-洛巴托积分的推广。对于定义在区间 $[0,1]$ 上的一维函数 $f(\xi)$ ，其积分格式为

$$\int_0^1 f(\xi)\,\mathrm{d}\xi = \sum_{j=1}^n C_j f(\xi_j) \tag{7.63}$$

式中:ξ_j 和 $C_j(j=1,2,\cdots,n)$ 分别是积分点和积分系数。那么三维函数 $f(\xi,\eta,\zeta)$ 在六面体单元参考域的积分可以直接写为

$$\int_0^1 \int_0^1 \int_0^1 f(\xi,\eta,\zeta)\,\mathrm{d}\xi\mathrm{d}\eta\mathrm{d}\zeta = \sum_{i=1}^{N_\xi}\sum_{j=1}^{N_\eta}\sum_k^{N_\zeta} C_i^\xi C_j^\eta C_k^\zeta f(\xi_i,\eta_j,\zeta_k) \tag{7.64}$$

对于三棱柱单元,其积分表达式为

$$\int_0^1 \int_0^1 \int_0^{1-\eta} f(\xi,\eta,\zeta)\,\mathrm{d}\xi\mathrm{d}\eta\mathrm{d}\zeta = \sum_{i=1}^{N_\xi}\sum_{j=1}^{N_\eta}\sum_k^{N_\zeta} \widetilde{C}_{ij}^\xi C_j^\eta C_k^\zeta f(\widetilde{\xi}_{ij},\eta_j,\zeta_k) \tag{7.65}$$

$$\widetilde{C}_{ij}^\xi = C_i^\xi(1-\eta_j), \quad \widetilde{\xi}_{ij} = \xi_i(1-\eta_j)$$

对于四面体单元有

$$\int_0^1 \int_0^{1-\zeta} \int_0^{1-\eta-\zeta} f(\xi,\eta,\zeta)\,\mathrm{d}\xi\mathrm{d}\eta\mathrm{d}\zeta = \sum_{i=1}^{N_\xi}\sum_{j=1}^{N_\eta}\sum_k^{N_\zeta} \widetilde{C}_{ijk}^\xi \widetilde{C}_{jk}^\eta C_k^\zeta f(\widetilde{\xi}_{ijk},\widetilde{\eta}_{jk},\zeta_k)$$

$$\widetilde{C}_{ijk}^\xi = C_i^\xi(1-\eta_j)(1-\zeta_k), \quad \widetilde{C}_{ij}^\eta = C_j^\eta(1-\zeta_k)$$

$$\widetilde{\xi}_{ijk} = \xi_i(1-\eta_j)(1-\zeta_k), \quad \widetilde{\eta}_{jk} = \eta_j(1-\zeta_k)$$

$$\tag{7.66}$$

式中:ξ_i、η_j、ζ_k 和 C_i^ξ、C_j^η、C_k^ζ 分别是沿 ξ、η 和 ζ 方向上的积分点和积分系数。

7.4　单元几何映射

在实际应用中单元形函数的参数域必须与单元几何定义的参数域一致,而 NURBS 几何模型的参数域一般为张量积区域,对于三维模型来说,其参数域为 $[0,1]\times[0,1]\times[0,1]$。因此,以上单元中除六面体单元外,其余两种单元的参数域均与 NURBS 体的参数域不一样,因而需要作参数转换,下面以四面体单元为例进行说明。如图 7-20 所示为一 NURBS 表示的曲面四面体模型,其参数表示为

$$\boldsymbol{V}(r,s,t) = \begin{cases} x(r,s,t) \\ y(r,s,t) \\ z(r,s,t) \end{cases} = \sum_{i=0}^m \sum_{j=0}^n \sum_{k=0}^p R_{i,j,k}(r,s,t)\boldsymbol{P}_{i,j,k} \quad 0 \leqslant r,s,t \leqslant 1$$

$$\tag{7.67}$$

式中:$\{P_{i,j,k}\}$为组成控制点网格;r、s和t为参数坐标,如图7-21(a)所示;$R_{i,j,k}$ (r,s,t)为有理B样条基函数,其表达式为

$$R_{i,j,k}(r,s,t) = \frac{N_{i,u}(r)N_{j,v}(s)N_{k,w}(t)w_{i,j,k}}{\sum\limits_{a=0}^{m}\sum\limits_{b=0}^{n}\sum\limits_{c=0}^{p}N_{a,u}(r)N_{b,v}(s)N_{c,w}(t)w_{a,b,c}} \tag{7.68}$$

式中:$\{w_{i,j,k}\}$为权系数;$\{N_{i,u}(r)\}$、$\{N_{j,v}(s)\}$和$\{N_{k,w}(t)\}$为B样条的基函数; 而u、v和w分别为B样条基函数在r、s和t方向上的阶次。

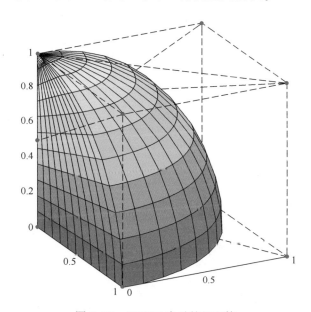

图7-20　NURBS表示的四面体

不止四面体单元,微分求积升阶谱有限元方法三角形单元的参数域也与 NURBS用张量积形式表示的单元的参数域不同,在此一并加以介绍。对于四 边形单元的参数域,我们可以通过如下变换将其变换成三角形域:

$$\xi = (1-t)s, \quad \eta = t \tag{7.69}$$

其逆变换为

$$s = \frac{\xi}{1-\eta}, \quad t = \eta \tag{7.70}$$

即我们可以通过式(7.70)将三角形单元的参数域映射到四边形的参数域 (图7-21)。图7-22是从单位立方体域到单位四面体域的几何映射,其逆 映射为

$$r = \xi, \quad s = \frac{\eta}{1-\xi}, \quad t = \frac{\zeta}{1-\xi-\eta} \tag{7.71}$$

一般来说我们先知道三角形或四面体域的参数点(图 7-21),因此最常用的是式(7.70)和式(7.71)所示逆映射关系。

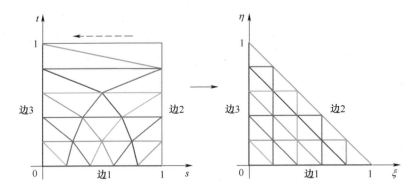

图 7-21　从单位正方形域映射到单位三角形域

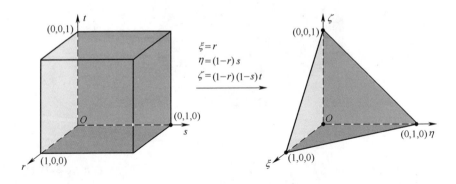

图 7-22　从单位立方体域映射到单位四面体域

　　通过伽辽金(Galerkin)方法进行几何映射计算量较大而且整个曲面上的点都是近似的,因此最佳的选择是拉格朗日插值,后者可以保证结点处上的点是精确的。一维拉格朗日插值的最优结点分布是高斯-洛巴托点,矩形域和六面体域采用高斯-洛巴托点的张量积即可(图 7-23)。对于三角形和四面体区域,如果采用均匀分布结点会出现与四边形区域采用均匀分布结点时一样的数值稳定问题;如果采用非均匀分布结点却不能采用高斯-洛巴托点的张量积形式,在三角形和四面体上的高斯-洛巴托被称为费克特点,类似一维最优结点,需要通过解非线性方程组求得。为了方便后面的讨论,这里将 C^0 升阶谱有限元方法

的位移场可统一表示为

$$u[x(\xi,\eta,\zeta),y(\xi,\eta,\zeta),z(\xi,\eta,\zeta)] = \sum_{i=1}^{N_v} S_i^v(\xi,\eta,\zeta)u_i + \sum_{i=1}^{L_k}\sum_{k=1}^{N_e} S_i^{e,k}(\xi,\ \eta,\ \zeta)a_i^{e,k} +$$

$$\sum_{i=1}^{M_k}\sum_{j=1}^{N_k}\sum_{k=1}^{N_f} S_{ij}^{f,k}(\xi,\ \eta,\ \zeta)a_{ij}^{f,k} + \sum_{i=1}^{L}\sum_{j=1}^{M}\sum_{k=1}^{N} S_{ijk}^b(\xi,\ \eta,\ \zeta)a_{ijk}^b \quad (7.72)$$

式中:v、e、f 和 b 分别表示顶点、边、面和体;i、j 和 k 分别为整数指标变量;$S_i^v(\xi,\eta,\zeta)$ 为顶点形函数;$S_i^{e,k}(\xi,\eta,\zeta)$ 为边形函数;$S_{ij}^{f,k}(\xi,\eta,\zeta)$ 为面形函数;$S_{ijk}^b(\xi,\eta,\zeta)$ 为体形函数。首先以三角形单元为例,其允许函数可写为如下形式:

$$u[x(\xi,\eta),y(\xi,\eta),z(\xi,\eta)] = \boldsymbol{\psi}^{\mathrm{T}}(\xi,\eta)\widetilde{\boldsymbol{u}} \quad (7.73)$$

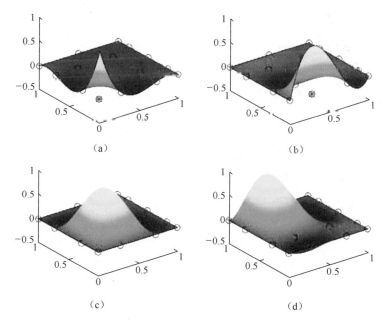

图 7-23　矩形单元上的结点位移函数
(a)顶点形函数;(b)边形函数;(c)、(d)面函数。

其中 $\boldsymbol{\psi}$ 是由所有形函数组成的向量,$\widetilde{\boldsymbol{u}}$ 是广义结点位移向量。给定初始结点向量$(\boldsymbol{\xi},\boldsymbol{\eta})$,将其代入 $\boldsymbol{\psi}$ 中,得如下广义范德蒙德矩阵:

$$\boldsymbol{V} = \boldsymbol{\psi}^{\mathrm{T}}(\boldsymbol{\xi},\boldsymbol{\eta}) \quad (7.74)$$

对式(7.74)求逆然后代入式(7.73),得

$$u[x(\xi,\eta),y(\xi,\eta),z(\xi,\eta)] = \boldsymbol{\psi}^{\mathrm{T}}(\xi,\eta)\boldsymbol{V}^{-1}u(\boldsymbol{\xi},\boldsymbol{\eta}) = \sum_{i=1}^{N_t} L_i(\xi,\eta)u(\xi_i,\eta_i)$$

(7.75)

式中:N_t为总的结点数目;$L_i(\xi,\eta)$为定义在点(ξ_i,η_i)的拉格朗日函数,为了使插值精度最高,要求

$$|L_i(\xi,\eta)| \leqslant 1, \quad L_i(\xi_i,\eta_i) = 1$$ (7.76)

或

$$\frac{\partial L_i(\boldsymbol{\xi},\boldsymbol{\eta})}{\partial \xi_i} = 0, \quad \frac{\partial L_i(\boldsymbol{\xi},\boldsymbol{\eta})}{\partial \eta_i} = 0$$ (7.77)

这是一个二维多自由度问题,如果采用牛顿-拉弗森方法求解,对初值要求很高,如果采用共轭梯度法等方法求解计算量非常惊人。刘波等[119]通过研究发现,利用坐标的对称性,同样可以把一维高斯-洛巴托点映射到三角形上,从而得到非常接近费克特点的三角形上的非均匀分布结点。设一维均匀分布结点$(\xi,\eta,1-\xi-\eta)$通过如下函数映射为非均匀分布结点$(\lambda_1,\lambda_2,\lambda_3)$

$$\lambda_1 = f(\xi), \quad \lambda_2 = f(\eta), \quad \lambda_3 = f(1-\xi-\eta)$$ (7.78)

注意这里$\lambda_3 \neq 1-\lambda_1-\lambda_2$。例如,把均匀分布结点代入$\lambda_1 = \sin(\pi\xi/2)$,$\lambda_2 = \sin(\pi\eta/2)$和$\lambda_3 = \sin[\pi(1-\xi-\eta)/2]$就得到切比雪夫-洛巴托点。设$\boldsymbol{\alpha} = [\alpha_1,\alpha_2,\cdots,\alpha_n]$为高斯-洛巴托点,则该映射关系为$\lambda_1=\alpha_i$,$\lambda_2=\alpha_j$以及$\lambda_3=\alpha_{n+2-i-j}$。如果各边上的结点$\lambda_i(i=1,2,3)$的数目相同,则三角形上的非均匀分布结点可近似表示为

$$s(\lambda_1,\lambda_2,\lambda_3) = \frac{\lambda_1 + \alpha\lambda_1\lambda_2\lambda_3}{\lambda_1+\lambda_2+\lambda_3+3\alpha\lambda_1\lambda_2\lambda_3},$$
$$t(\lambda_1,\lambda_2,\lambda_3) = \frac{\lambda_2 + \alpha\lambda_1\lambda_2\lambda_3}{\lambda_1+\lambda_2+\lambda_3+3\alpha\lambda_1\lambda_2\lambda_3}$$ (7.79)

容易验证

$$s(\lambda_1,0,\lambda_3) = \lambda_1, \quad t(0,\lambda_2,\lambda_3) = \lambda_2$$ (7.80)

即在三角形的边上仍为一维高斯-洛巴托点。研究表明三角形边上的费克特点就是一维高斯-洛巴托点。图7-24是该映射关系的示意图,图7-25是用式(7.77)优化后的点与用式(7.79)直接映射得到非均匀分布点的对比,可见二者非常吻合。把该非均匀分布结点代入式(7.75),可得三角形上的拉格朗日函数,如图7-26所示。

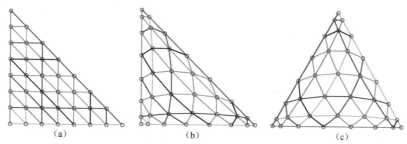

图 7-24　三角形单元上的均匀分布结点与非均匀分布结点
（a）均匀分布结点；（b）、（c）非均匀分布结点。

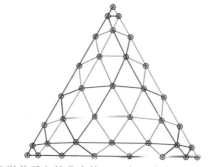

图 7-25　三角形单元上的费克特（＊）与显式表达式得到的近似点（○）

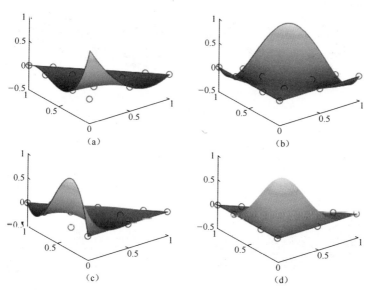

图 7-26　三角形单元上的结点位移函数
（a）顶点形函数；（b）、（c）边形函数；（d）面函数。

构造四面体单元的插值函数与式(7.75)类似,四面体单元费克特点的求解方法与式(7.79)类似。设一维均匀分布结点为$(\xi, \eta, \zeta, 1-\xi-\eta-\zeta)$,将其映射为非均匀分布结点$(\lambda_1, \lambda_2, \lambda_3, \lambda_4)$的方法为

$$\lambda_1 = f(\xi), \quad \lambda_2 = f(\eta), \quad \lambda_3 = f(\zeta), \quad \lambda_4 = f(1-\xi-\eta-\zeta) \quad (7.81)$$

设$\boldsymbol{\alpha} = [\alpha_1, \alpha_2, \cdots, \alpha_n]$为高斯-洛巴托点,则该映射关系为$\lambda_1 = \alpha_i$, $\lambda_2 = \alpha_j$, $\lambda_3 = \alpha_k$以及$\lambda_4 = \alpha_{n+3-i-j-k}$。四面体单元上的非均匀分布结点为

$$\begin{cases} r(\lambda_1, \lambda_2, \lambda_3, \lambda_4) = \dfrac{\lambda_1 + \alpha\lambda_1\lambda_2\lambda_3\lambda_4}{\lambda_1 + \lambda_2 + \lambda_3 + 4\alpha\lambda_1\lambda_2\lambda_3\lambda_4} \\[3mm] s(\lambda_1, \lambda_2, \lambda_3, \lambda_4) = \dfrac{\lambda_2 + \alpha\lambda_1\lambda_2\lambda_3\lambda_4}{\lambda_1 + \lambda_2 + \lambda_3 + 4\alpha\lambda_1\lambda_2\lambda_3\lambda_4} \\[3mm] t(\lambda_1, \lambda_2, \lambda_3, \lambda_4) = \dfrac{\lambda_3 + \alpha\lambda_1\lambda_2\lambda_3\lambda_4}{\lambda_1 + \lambda_2 + \lambda_3 + 4\alpha\lambda_1\lambda_2\lambda_3\lambda_4} \end{cases} \quad (7.82)$$

如图7-27所示是四面体单元上的非均匀分布结点,图7-28所示是四面体单元

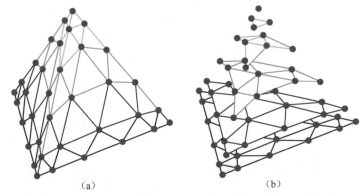

（a）　　　　　　　　　　　　　（b）

图7-27　四面体单元上的非均匀分布结点

（a）表面结点；（b）内部结点。

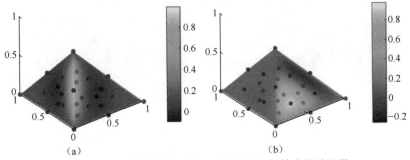

（a）　　　　　　　　　　　　　（b）

图7-28　四面体单元边上（a）和面上（b）的结点位移函数

边上和面上的结点位移函数。三棱柱单元的非均匀分布结点通过三角形上的非均匀分布结点与一维非均匀分布结点的张量积形式构造,下文会有介绍。

7.5 单元组装

在本书 7.2 节所给微分求积升阶谱单元中,除顶点形函数外单元的其他边形函数以及面函数并不具有插值特性,这使得单元在组装时变得更加复杂,对于六面体单元来说,单元组装时需要考虑单元的几何参数方向及形函数的奇偶性,在组装过程中常常需要变换正负符号;对于三棱柱以及四面体单元来说,情况更加复杂,例如四面体单元的斜面与直角面,虽然它们在几何形式上都是三角形,然而它们的参数化形式却不一样,因此需要用 7.4 节介绍的非均匀分布结点将单元边界上的形函数转换为插值形函数以便于组装。图 7-29 为三棱柱单元和六面体单元函数。下面以三棱柱单元为例给出自由度转换方法,三棱柱单元的位移场 u 可以表示为

$$u \approx S^T u \tag{7.83}$$

式中:S 为形函数矩阵;u 为未知量向量。按照单元边界和单元内部形函数,S 和 u 可以表示成如下形式:

$$S^T = [S_1^T, \quad S_2^T], \quad u^T = [u_1^T, \quad u_2^T]$$

$$S_1^T = [S^{V1},\cdots,S^{V6},S_1^{E1},\cdots,S_{L_1}^{E1},\cdots\cdots,S_1^{E9},\cdots,S_{L_9}^{E9},S_{11}^{F1},\cdots,S_{M_1 N_1}^{F1},\cdots\cdots,S_{11}^{F5},\cdots,S_{M_5/N_5}^{F5}]$$

$$u_1^T = [u_1,\cdots,u_6,a_1^{E1},\cdots,a_{L_1}^{E1},\cdots\cdots,a_1^{E9},\cdots,a_{L_9}^{E9},a_{11}^{F1},\cdots,a_{M_1 N_1}^{F1},\cdots\cdots,a_{11}^{F5},\cdots,a_{M_5/N_5}^{F5}]$$

$$S_2^T = [S_{000}^B,\cdots,S_{LMN}^B]$$

$$u_2^T = [a_{000}^B,\cdots,a_{LMN}^B]$$

$$\tag{7.84}$$

其中下标 1 代表边界形函数部分,2 代表内部形函数部分。将式(7.83)在费克特点进行求值可得如下关系:

$$G_1 u_1 = \tilde{u}$$

$$G_1 = \begin{bmatrix} S_1^T(\xi_1,\eta_1,\zeta_1) \\ \vdots \\ S_1^T(\xi_K,\eta_K,\zeta_K) \end{bmatrix}, \quad \tilde{u} = \begin{bmatrix} u_1 \\ \vdots \\ u_K \end{bmatrix} \tag{7.85}$$

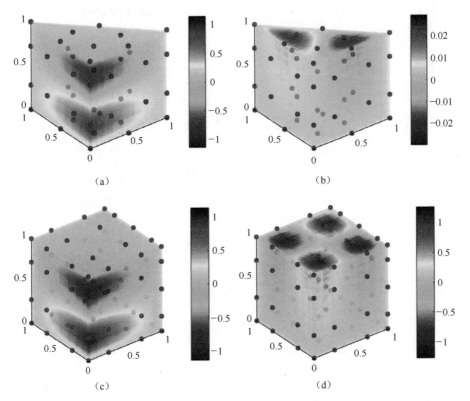

（a）　　　　　　　　　　　　　　（b）

（c）　　　　　　　　　　　　　　（d）

图 7-29　三棱柱单元和六面体单元形函数（其中的" "点为与对应边、面和体上
形函数个数相同的非均匀分布结点）
（a）、（b）三棱柱单元；（c）、（d）六面体单元。

式中：K 为边界费克特点数目，其值与边界形函数数目相等；$\tilde{u}$ 为结点位移向量。那么最终位移场用结点位移表示为

$$u \approx S_1^{\mathrm{T}} G_1^{-1} \tilde{u} + S_2^{\mathrm{T}} u_2 = \tilde{S}^{\mathrm{T}} \bar{u}$$

$$\tilde{S}^{\mathrm{T}} = [S_1^{\mathrm{T}} G_1^{-1}, S_2^{\mathrm{T}}], \bar{u} = \begin{bmatrix} \tilde{u} \\ u_2 \end{bmatrix} \tag{7.86}$$

这样单元在组装时直接进行结点匹配即可。注意到式（7.86）中单元内部形函数仍然采用非插值形式。值得注意的是，以上转换过程与式（7.75）本质上是一样的。

206

7.6　有限元离散

有了单元位移场、本构关系、势能泛函接下来需要推导单元刚度矩阵、质量矩阵和载荷向量,下面以三棱柱单元为例介绍推导过程,另外两种三维单元的推导方法是类似的。根据式(7.86)位移场 u 可以表示为

$$u = \widetilde{\boldsymbol{S}}^{\mathrm{T}} \overline{\boldsymbol{u}} \tag{7.87}$$

那么 u 在如式(7.65)所示积分点上的函数值 $\hat{\boldsymbol{u}}$ 可以表示为

$$\hat{\boldsymbol{u}} = \boldsymbol{G} \overline{\boldsymbol{u}} \tag{7.88}$$

其中

$$\hat{\boldsymbol{u}} = \big[u(\widetilde{\xi}_{11}, \eta_1, \zeta_1), \cdots, u(\widetilde{\xi}_{N_\xi 1}, \eta_1, \zeta_1), \cdots, u(\widetilde{\xi}_{1N_\eta}, \eta_{N_\eta}, \zeta_{N_\zeta}), \cdots,$$

$$u(\widetilde{\xi}_{N_\xi N_\eta}, \eta_{N_\eta}, \zeta_{N_\zeta}) \big]^{\mathrm{T}} \tag{7.89}$$

$$\boldsymbol{G} = \begin{bmatrix} \widetilde{\boldsymbol{S}}^{\mathrm{T}}(\widetilde{\xi}_{11}, \eta_1, \zeta_1), \\ \vdots \\ \widetilde{\boldsymbol{S}}^{\mathrm{T}}(\widetilde{\xi}_{N_\xi N_\eta}, \eta_{N_\eta}, \zeta_{N_\zeta}) \end{bmatrix} \tag{7.90}$$

为求得关于全局坐标的导数,需要引入如下链式法则:

$$\begin{bmatrix} \dfrac{\partial u}{\partial x} \\[2mm] \dfrac{\partial u}{\partial y} \\[2mm] \dfrac{\partial u}{\partial z} \end{bmatrix} = \dfrac{1}{|\boldsymbol{J}|} \begin{bmatrix} \dfrac{\partial y}{\partial \eta}\dfrac{\partial z}{\partial \zeta} - \dfrac{\partial z}{\partial \eta}\dfrac{\partial y}{\partial \zeta} & \dfrac{\partial y}{\partial \zeta}\dfrac{\partial z}{\partial \xi} - \dfrac{\partial z}{\partial \zeta}\dfrac{\partial y}{\partial \xi} & \dfrac{\partial y}{\partial \xi}\dfrac{\partial z}{\partial \eta} - \dfrac{\partial z}{\partial \xi}\dfrac{\partial y}{\partial \eta} \\[3mm] \dfrac{\partial z}{\partial \eta}\dfrac{\partial x}{\partial \zeta} - \dfrac{\partial x}{\partial \eta}\dfrac{\partial z}{\partial \zeta} & \dfrac{\partial z}{\partial \zeta}\dfrac{\partial x}{\partial \xi} - \dfrac{\partial x}{\partial \zeta}\dfrac{\partial z}{\partial \xi} & \dfrac{\partial z}{\partial \xi}\dfrac{\partial x}{\partial \eta} - \dfrac{\partial x}{\partial \xi}\dfrac{\partial z}{\partial \eta} \\[3mm] \dfrac{\partial x}{\partial \eta}\dfrac{\partial y}{\partial \zeta} - \dfrac{\partial y}{\partial \eta}\dfrac{\partial x}{\partial \zeta} & \dfrac{\partial x}{\partial \zeta}\dfrac{\partial y}{\partial \xi} - \dfrac{\partial y}{\partial \zeta}\dfrac{\partial x}{\partial \xi} & \dfrac{\partial x}{\partial \xi}\dfrac{\partial y}{\partial \eta} - \dfrac{\partial y}{\partial \xi}\dfrac{\partial x}{\partial \eta} \end{bmatrix} \begin{bmatrix} \dfrac{\partial u}{\partial \xi} \\[2mm] \dfrac{\partial u}{\partial \eta} \\[2mm] \dfrac{\partial u}{\partial \zeta} \end{bmatrix} \tag{7.91}$$

式中:$|\boldsymbol{J}|$ 为雅可比行列式

$$|\boldsymbol{J}| = \dfrac{\partial x}{\partial \xi}\left(\dfrac{\partial y}{\partial \eta}\dfrac{\partial z}{\partial \zeta} - \dfrac{\partial z}{\partial \eta}\dfrac{\partial y}{\partial \zeta} \right) + \dfrac{\partial y}{\partial \xi}\left(\dfrac{\partial z}{\partial \eta}\dfrac{\partial x}{\partial \zeta} - \dfrac{\partial x}{\partial \eta}\dfrac{\partial z}{\partial \zeta} \right) + \dfrac{\partial z}{\partial \xi}\left(\dfrac{\partial x}{\partial \eta}\dfrac{\partial y}{\partial \zeta} - \dfrac{\partial y}{\partial \eta}\dfrac{\partial x}{\partial \zeta} \right) \tag{7.92}$$

那么 u 在积分点处关于全局坐标 x、y 和 z 的导数为

$$\left(\frac{\partial u}{\partial x}\right)_{ijk} = \frac{1}{|\boldsymbol{J}|_{ijk}} \begin{bmatrix} \left(\frac{\partial y}{\partial \eta}\frac{\partial z}{\partial \zeta} - \frac{\partial z}{\partial \eta}\frac{\partial y}{\partial \zeta}\right)_{ijk} \\[2mm] \left(\frac{\partial y}{\partial \zeta}\frac{\partial z}{\partial \xi} - \frac{\partial z}{\partial \zeta}\frac{\partial y}{\partial \xi}\right)_{ijk} \\[2mm] \left(\frac{\partial y}{\partial \xi}\frac{\partial z}{\partial \eta} - \frac{\partial z}{\partial \xi}\frac{\partial y}{\partial \eta}\right)_{ijk} \end{bmatrix}^{\mathrm{T}} \begin{bmatrix} \widetilde{\boldsymbol{S}}_\xi^{\mathrm{T}}(\widetilde{\xi}_{ij},\eta_j,\zeta_k) \\[2mm] \widetilde{\boldsymbol{S}}_\eta^{\mathrm{T}}(\widetilde{\xi}_{ij},\eta_j,\zeta_k) \\[2mm] \widetilde{\boldsymbol{S}}_\zeta^{\mathrm{T}}(\widetilde{\xi}_{ij},\eta_j,\zeta_k) \end{bmatrix} \bar{\boldsymbol{u}} \qquad (7.93)$$

$$\left(\frac{\partial u}{\partial y}\right)_{ijk} = \frac{1}{|\boldsymbol{J}|_{ijk}} \begin{bmatrix} \left(\frac{\partial z}{\partial \eta}\frac{\partial x}{\partial \zeta} - \frac{\partial x}{\partial \eta}\frac{\partial z}{\partial \zeta}\right)_{ijk} \\[2mm] \left(\frac{\partial z}{\partial \zeta}\frac{\partial x}{\partial \xi} - \frac{\partial x}{\partial \zeta}\frac{\partial z}{\partial \xi}\right)_{ijk} \\[2mm] \left(\frac{\partial z}{\partial \xi}\frac{\partial x}{\partial \eta} - \frac{\partial x}{\partial \xi}\frac{\partial z}{\partial \eta}\right)_{ijk} \end{bmatrix}^{\mathrm{T}} \begin{bmatrix} \widetilde{\boldsymbol{S}}_\xi^{\mathrm{T}}(\widetilde{\xi}_{ij},\eta_j,\zeta_k) \\[2mm] \widetilde{\boldsymbol{S}}_\eta^{\mathrm{T}}(\widetilde{\xi}_{ij},\eta_j,\zeta_k) \\[2mm] \widetilde{\boldsymbol{S}}_\zeta^{\mathrm{T}}(\widetilde{\xi}_{ij},\eta_j,\zeta_k) \end{bmatrix} \bar{\boldsymbol{u}} \qquad (7.94)$$

$$\left(\frac{\partial u}{\partial z}\right)_{ijk} = \frac{1}{|\boldsymbol{J}|_{ijk}} \begin{bmatrix} \left(\frac{\partial x}{\partial \eta}\frac{\partial y}{\partial \zeta} - \frac{\partial y}{\partial \eta}\frac{\partial x}{\partial \zeta}\right)_{ijk} \\[2mm] \left(\frac{\partial x}{\partial \zeta}\frac{\partial y}{\partial \xi} - \frac{\partial y}{\partial \zeta}\frac{\partial x}{\partial \xi}\right)_{ijk} \\[2mm] \left(\frac{\partial x}{\partial \xi}\frac{\partial y}{\partial \eta} - \frac{\partial y}{\partial \xi}\frac{\partial x}{\partial \eta}\right)_{ijk} \end{bmatrix}^{\mathrm{T}} \begin{bmatrix} \widetilde{\boldsymbol{S}}_\xi^{\mathrm{T}}(\widetilde{\xi}_{ij},\eta_j,\zeta_k) \\[2mm] \widetilde{\boldsymbol{S}}_\eta^{\mathrm{T}}(\widetilde{\xi}_{ij},\eta_j,\zeta_k) \\[2mm] \widetilde{\boldsymbol{S}}_\zeta^{\mathrm{T}}(\widetilde{\xi}_{ij},\eta_j,\zeta_k) \end{bmatrix} \bar{\boldsymbol{u}} \qquad (7.95)$$

其中下表 ijk 代表在积分点 $\widetilde{\xi}_{ij}$、$\eta_j\zeta_k$ 进行取值，$\boldsymbol{S}_\xi^{\mathrm{T}}$ 代表对每个形函数求关于 ξ 的一次偏导，其余类似。式(7.93)~式(7.95)写成矩阵形式为

$$\hat{\boldsymbol{u}}_x = \boldsymbol{G}_x\bar{\boldsymbol{u}}, \quad \hat{\boldsymbol{u}}_y = \boldsymbol{G}_y\bar{\boldsymbol{u}}, \quad \hat{\boldsymbol{u}}_z = \boldsymbol{G}_z\bar{\boldsymbol{u}} \qquad (7.96)$$

其中

$$\hat{\boldsymbol{u}}_x = [\, u_x'(\widetilde{\xi}_{11},\eta_1,\zeta_1), \cdots, u_x'(\widetilde{\xi}_{N_\xi 1},\eta_1,\zeta_1), \cdots, u_x'(\widetilde{\xi}_{1N_\eta},\eta_{N_\eta},\zeta_{N_\zeta}), \cdots,$$

$$u_x'(\widetilde{\xi}_{N_\xi N_\eta},\eta_{N_\eta},\zeta_{N_\zeta}) \,]^{\mathrm{T}} \qquad (7.97)$$

其余类似。同理可得其他位移分量在积分点的离散值

$$\hat{\boldsymbol{v}} = \boldsymbol{G}\boldsymbol{v}, \quad \hat{\boldsymbol{v}}_x = \boldsymbol{G}_x\bar{\boldsymbol{v}}, \quad \hat{\boldsymbol{v}}_y = \boldsymbol{G}_y\bar{\boldsymbol{v}}, \quad \hat{\boldsymbol{v}}_z = \boldsymbol{G}_z\bar{\boldsymbol{v}}$$

$$\hat{\boldsymbol{w}} = \boldsymbol{G}\boldsymbol{w}, \quad \hat{\boldsymbol{w}}_x = \boldsymbol{G}_x\bar{\boldsymbol{w}}, \quad \hat{\boldsymbol{w}}_y = \boldsymbol{G}_y\bar{\boldsymbol{w}}, \quad \hat{\boldsymbol{w}}_z = \boldsymbol{G}_z\bar{\boldsymbol{w}} \qquad (7.98)$$

根据应变—位移关系式(7.3),应变分量在积分点的值可以离散为

$$
\begin{bmatrix} \boldsymbol{\varepsilon}_x \\ \boldsymbol{\varepsilon}_y \\ \boldsymbol{\varepsilon}_z \\ \boldsymbol{\gamma}_{yz} \\ \boldsymbol{\gamma}_{xz} \\ \boldsymbol{\gamma}_{xy} \end{bmatrix} = \begin{bmatrix} \boldsymbol{G}_x & \boldsymbol{0} & \boldsymbol{0} \\ \boldsymbol{0} & \boldsymbol{G}_y & \boldsymbol{0} \\ \boldsymbol{0} & \boldsymbol{0} & \boldsymbol{G}_z \\ \boldsymbol{0} & \boldsymbol{G}_z & \boldsymbol{G}_y \\ \boldsymbol{G}_z & \boldsymbol{0} & \boldsymbol{G}_x \\ \boldsymbol{G}_y & \boldsymbol{G}_x & \boldsymbol{0} \end{bmatrix} \begin{bmatrix} \boldsymbol{u} \\ \boldsymbol{v} \\ \boldsymbol{w} \end{bmatrix} \text{ 或 } \boldsymbol{\varepsilon} = \boldsymbol{Bd} \tag{7.99}
$$

定义如下权系数矩阵

$$
\boldsymbol{C} = \mathrm{diag}\{ |\boldsymbol{J}|_{111} \widetilde{C}_{11}^{\xi} C_1^{\eta} C_1^{\zeta}, \cdots, |\boldsymbol{J}|_{N_\xi 11} \widetilde{C}_{N_\xi 1}^{\xi} C_1^{\eta} C_1^{\zeta}, \cdots, |\boldsymbol{J}|_{N_\xi N_\eta N_\zeta} \widetilde{C}_{N_\xi N_\eta}^{\xi} C_{N_\eta}^{\eta} C_{N_\zeta}^{\zeta} \} \tag{7.100}
$$

以及弹性矩阵

$$
\boldsymbol{D} = \frac{E(1-v)}{(1+v)(1-2v)} \begin{bmatrix} \boldsymbol{C} & \dfrac{v}{1-v}\boldsymbol{C} & \dfrac{v}{1-v}\boldsymbol{C} & \boldsymbol{0} & \boldsymbol{0} & \boldsymbol{0} \\ & \boldsymbol{C} & \dfrac{v}{1-v}\boldsymbol{C} & \boldsymbol{0} & \boldsymbol{0} & \boldsymbol{0} \\ & & \boldsymbol{C} & \boldsymbol{0} & \boldsymbol{0} & \boldsymbol{0} \\ & & & \dfrac{1-2v}{2(1-v)}\boldsymbol{C} & \boldsymbol{0} & \boldsymbol{0} \\ & & & & \dfrac{1-2v}{2(1-v)}\boldsymbol{C} & \boldsymbol{0} \\ & \text{对称} & & & & \dfrac{1-2v}{2(1-v)}\boldsymbol{C} \end{bmatrix} \tag{7.101}
$$

将上述式子代入势能泛函式(7.20)可得单元矩阵为

$$
\boldsymbol{M} = \rho \begin{bmatrix} \boldsymbol{G}^{\mathrm{T}}\boldsymbol{CG} & 0 & 0 \\ 0 & \boldsymbol{G}^{\mathrm{T}}\boldsymbol{CG} & 0 \\ 0 & 0 & \boldsymbol{G}^{\mathrm{T}}\boldsymbol{CG} \end{bmatrix}, \quad \boldsymbol{F} = \begin{bmatrix} \boldsymbol{G}^{\mathrm{T}}\boldsymbol{C}\boldsymbol{f}_x \\ \boldsymbol{G}^{\mathrm{T}}\boldsymbol{C}\boldsymbol{f}_y \\ \boldsymbol{G}^{\mathrm{T}}\boldsymbol{C}\boldsymbol{f}_z \end{bmatrix} + \begin{bmatrix} \boldsymbol{G}_\Gamma^{\mathrm{T}}\boldsymbol{C}_\Gamma \boldsymbol{t}_x \\ \boldsymbol{G}_\Gamma^{\mathrm{T}}\boldsymbol{C}_\Gamma \boldsymbol{t}_y \\ \boldsymbol{G}_\Gamma^{\mathrm{T}}\boldsymbol{C}_\Gamma \boldsymbol{t}_z \end{bmatrix}
$$

$$
\boldsymbol{K} = \boldsymbol{B}^{\mathrm{T}}\boldsymbol{DB}, \quad \widetilde{\boldsymbol{D}} = c \begin{bmatrix} \boldsymbol{G}^{\mathrm{T}}\boldsymbol{CG} & 0 & 0 \\ 0 & \boldsymbol{G}^{\mathrm{T}}\boldsymbol{CG} & 0 \\ 0 & 0 & \boldsymbol{G}^{\mathrm{T}}\boldsymbol{CG} \end{bmatrix} \tag{7.102}
$$

式中：K、M、F 和 $\widetilde{D}$ 分别为刚度矩阵、质量矩阵、载荷向量以及阻尼矩阵。其中密度与阻尼均假设为均匀分布，载荷向量 F 由体力 f 以及面力 t 两部分构称。结合 7.3 节，可以得到其他两种单元的单元矩阵。

式(7.102)所给刚度矩阵的计算公式虽然形式上简单，但计算量很大，下面针对各向同性材料和各向异性热弹性耦合问题给出效率更高的计算公式。对于各向同性材料，刚度矩阵的计算式可进一步写为

$$K = \frac{G}{v_2}\begin{bmatrix} K_{11} & & 对称 \\ K_{21} & K_{22} & \\ K_{31} & K_{32} & K_{33} \end{bmatrix} \qquad (7.103)$$

其中

$$\begin{bmatrix} K_{11} \\ K_{22} \\ K_{33} \end{bmatrix} = \begin{bmatrix} 2v_1 & v_2 & v_2 \\ v_2 & 2v_1 & v_2 \\ v_2 & v_2 & 2v_1 \end{bmatrix}\begin{bmatrix} G_x^{\mathrm{T}}CG_x \\ G_y^{\mathrm{T}}CG_y \\ G_z^{\mathrm{T}}CG_z \end{bmatrix}, \quad \begin{array}{l} K_{21} = vG_y^{\mathrm{T}}CG_x + v_2G_x^{\mathrm{T}}CG_y \\ K_{31} = vG_z^{\mathrm{T}}CG_x + v_2G_x^{\mathrm{T}}CG_z \\ K_{32} = vG_z^{\mathrm{T}}CG_y + v_2G_y^{\mathrm{T}}CG_z \end{array}$$

$$(7.104)$$

其中 $v_1 = 1-v$，$v_2 = 0.5-v$，$G = E/2(1+v)$。对于热弹性耦合问题，刚度矩阵计算式可进一步写为

$$K = \begin{bmatrix} k_{1x}^1 + k_{5z}^1 + k_{6y}^1 & k_{2y}^1 + k_{4z}^1 + k_{6x}^1 & k_{3z}^1 + k_{4y}^1 + k_{5x}^1 \\ & k_{2y}^2 + k_{4z}^2 + k_{6x}^2 & k_{3z}^2 + k_{4y}^2 + k_{5x}^2 \\ 对称 & & k_{3z}^3 + k_{4y}^3 + k_{5x}^3 \end{bmatrix} \quad (7.105)$$

其中

$$\begin{cases} k_{ij}^1 = Q_{i1}G_xCG_j^{\mathrm{T}} + Q_{i5}G_zCG_j^{\mathrm{T}} + Q_{i6}G_yCG_j^{\mathrm{T}} \\ k_{ij}^2 = Q_{i2}G_yCG_j^{\mathrm{T}} + Q_{i4}G_zCG_j^{\mathrm{T}} + Q_{i6}G_xCG_j^{\mathrm{T}} \\ k_{ij}^3 = Q_{i3}G_zCG_j^{\mathrm{T}} + Q_{i4}G_yCG_j^{\mathrm{T}} + Q_{i5}G_xCG_j^{\mathrm{T}} \end{cases} \qquad (7.106)$$

其中 $i = 1, 2, \cdots, 6$ 而 $j = x, y, z$。热弹性耦合问题的载荷向量为

$$R = \begin{bmatrix} \displaystyle\sum_{j=1}^{6}(Q_{1j}\alpha_jG_x^{\mathrm{T}} + Q_{5j}\alpha_jG_z^{\mathrm{T}} + Q_{6j}\alpha_jG_y^{\mathrm{T}})C\Delta T \\ \displaystyle\sum_{j=1}^{6}(Q_{2j}\alpha_jG_y^{\mathrm{T}} + Q_{4j}\alpha_jG_z^{\mathrm{T}} + Q_{6j}\alpha_jG_x^{\mathrm{T}})C\Delta T \\ G^{\mathrm{T}}Cq_w + \displaystyle\sum_{j=1}^{6}(Q_{3j}\alpha_jG_z^{\mathrm{T}} + Q_{4j}\alpha_jG_y^{\mathrm{T}} + Q_{5j}\alpha_jG_x^{\mathrm{T}})C\Delta T \end{bmatrix} \quad (7.107)$$

其中 $\alpha_1 = \alpha_{xx}$, $\alpha_2 = \alpha_{yy}$, $\alpha_3 = \alpha_{zz}$, $\alpha_4 = 0$, $\alpha_5 = 0$, $\alpha_6 = \alpha_{xy}$, ΔT 是稳定增量 ΔT 在单元积分点上的离散值。

7.7 算 例

下面将给出大量算例来检验单元的计算精度和效率,其中包括板壳结构的三维静力学分析和自由振动分析、叠层壳的热弹性耦合分析以及三维跨尺度分析。在计算过程中,对于三棱柱单元,位于三角形面上的各棱上的结点数均相同,记为 N_e,两个三角形面的面函数数目相同且记为 N_f,三个侧面的结点数目相同且记为 N_t,三棱柱单元体函数的个数按边与面函数的最高阶次确定。其他单元类型的结点选取在本书中有具体说明。

7.7.1 板壳三维静力分析

首先用三维弹性理论分析铺层为 $[0°/90°/0°]$ 的叠层方板的变形和内力,叠层板四边简支,网格划分为 $2×2×3$(面内 $2×2$、厚度方向每层一个单元),每个单元的结点数目为 $P×P×5$(其中 P 为面内每个方向的结点数)。叠层板受如下正弦分布载荷:

$$q(x,y) = q_0 \sin(\pi x/a)\sin(\pi y/u) \tag{7.108}$$

其中 u 代表板的边长,板的总厚度记为 h,其中每一层厚度均为 $h/3$,材料常数均为

$$E_1 = 25 \times 10^6 \text{psi}, \quad E_2 = E_3 = 10^6 \text{psi}①$$

$$G_{23} = 0.2 \times 10^6 \text{psi}, \quad G_{12} = G_{13} = 0.5 \times 10^6 \text{psi}$$

$$\nu_{12} = \nu_{23} = \nu_{13} = 0.25 \tag{7.109}$$

为方便比较,定义如下无量纲应力与挠度:

$$\bar{w} = \frac{100E_2 w}{q_0 h S^4}, \quad S = a/h$$

$$(\bar{\sigma}_x, \bar{\sigma}_y, \bar{\tau}_{xy}) = \frac{1}{q_0 S^2}(\sigma_x, \sigma_y, \tau_{xy}), \quad (\bar{\tau}_{xz}, \bar{\tau}_{yz}, \bar{\sigma}_z) = \frac{1}{q_0 S}(\tau_{xz}, \tau_{yz}, \sigma_z) \tag{7.110}$$

表 7-4 中给出了微分求积升阶谱有限元六面体单元计算得到的数值解,其中每

①1psi = 6894.757Pa。

条边上的结点数目用 P 表示。从表中可以看出微分求积升阶谱有限元六面体单元计算结果与 Pagano 给出的三维精确解吻合很好,而且随着结点数 P 逐渐增大,计算结果稳定收敛。图 7-30 以及图 7-31 分别给出了无量纲应力在整个板以及中间层的分布云图。

表 7-4　受横向正弦分布载荷四边简支叠层板无量纲化
位移及应力的三维数值解

P	$\bar{w}(O,0)$	$\bar{\sigma}_x(O,h/2)$	$\bar{\sigma}_y(O,h/6)$	$\bar{\tau}_{zx}(A,0)$	$\bar{\tau}_{yz}(B,0)$
5	0.7530	0.5905	0.2847	0.3561	0.1200
6	0.7530	0.5903	0.2843	0.3572	0.1226
7	0.7530	0.5906	0.2844	0.3573	0.1229
8	0.7530	0.5906	0.2845	0.3573	0.1228
9	0.7530	0.5906	0.2845	0.3573	0.1228
三维精确解[189]	0.753	0.590	0.285	0.357	0.1228
Carrera[190]	0.7528	0.5801	0.2796	0.3626	0.1249

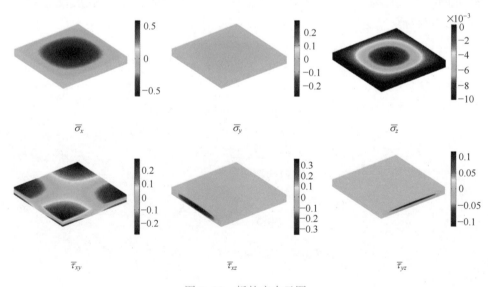

$\bar{\sigma}_x$ $\quad\quad$ $\bar{\sigma}_y$ $\quad\quad$ $\bar{\sigma}_z$

$\bar{\tau}_{xy}$ $\quad\quad$ $\bar{\tau}_{xz}$ $\quad\quad$ $\bar{\tau}_{yz}$

图 7-30　板的应力云图

接下来考虑 4.5 节中叠层方板的算例,图 7-32 所示为方板的网格划分,整个板被划分为 6 个三棱柱单元,表 7-5 ～ 表 7-7 分别给出了材料常数比 $R=5$,

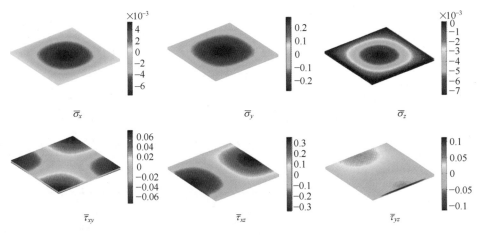

图 7-31 核心层应力云图

10 和 15 时的三维微分求积升阶谱有限元解,作为对比,表中也给出了 Srinivas 的三维弹性理论解、基于一阶剪切变形理论(FSDT)以及高阶剪切变形理论(HSDT)的数值解。可以看到,相对于其他基丁板理论的参考解来说,基于三维理论的微分求积升阶谱有限元解的精度在结点较少时就能达到与三维理论解更接近的结果。

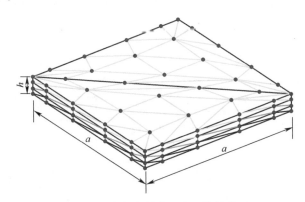

图 7-32 方板离散为 6 个三棱柱单元

表 7-5 受均布载荷作用的层合方板($R=5$)

(N_e, N_f, N_t)	$\bar{w}$	$\bar{\sigma}_x^{(1)}$	$\bar{\sigma}_x^{(2)}$	$\bar{\sigma}_x^{(3)}$	$\bar{\sigma}_y^{(1)}$	$\bar{\sigma}_y^{(2)}$	$\bar{\sigma}_y^{(3)}$	$\bar{\tau}_{xz}^{(1)}$	$\bar{\tau}_{yz}^{(1)}$
(10, 7, 2)	259.160	60.3654	46.5612	9.3122	38.5663	30.1466	6.0293	4.4001	3.2403
(14, 11, 4)	259.167	60.3423	46.5682	9.3136	38.5488	30.1465	6.0293	4.3714	3.2633
(18, 15, 6)	259.169	60.3388	46.5766	9.3153	38.5477	30.1513	6.0303	4.3623	3.2307

（续）

(N_e, N_f, N_t)	$\overline{w}$	$\overline{\sigma}_x^{(1)}$	$\overline{\sigma}_x^{(2)}$	$\overline{\sigma}_x^{(3)}$	$\overline{\sigma}_y^{(1)}$	$\overline{\sigma}_y^{(2)}$	$\overline{\sigma}_y^{(3)}$	$\overline{\tau}_{xz}^{(1)}$	$\overline{\tau}_{yz}^{(1)}$
(20, 17, 6)	259.170	60.3417	46.5806	9.3161	38.5530	30.1553	6.0311	4.3631	3.2100
(22, 19, 6)	259.170	60.3403	46.5793	9.3159	38.5513	30.1540	6.0308	4.3649	3.1855
精确解[165]	258.97	60.353	46.623	9.340	38.491	30.097	6.161	4.3641	3.2675
HSDT[191]	256.13	62.38	46.91	9.382	38.93	30.33	6.065	3.089	2.566
FSDT[191]	236.10	61.87	49.50	9.899	36.65	29.32	5.864	3.313	2.444

表 7-6　受均布载荷作用的层合方板（$R=10$）

(N_e, N_f, N_t)	$\overline{w}$	$\overline{\sigma}_x^{(1)}$	$\overline{\sigma}_x^{(2)}$	$\overline{\sigma}_x^{(3)}$	$\overline{\sigma}_y^{(1)}$	$\overline{\sigma}_y^{(2)}$	$\overline{\sigma}_y^{(3)}$	$\overline{\tau}_{xz}^{(1)}$	$\overline{\tau}_{yz}^{(1)}$
(10, 7, 2)	159.474	65.3100	48.7567	4.8757	43.6994	33.5181	3.3518	4.1195	3.4893
(14, 11, 4)	159.484	65.2827	48.7810	4.8781	43.6774	33.5290	3.3529	4.0984	3.4709
(18, 15, 4)	159.487	65.2900	48.7879	4.8788	43.6834	33.5347	3.3535	4.0943	3.4323
(20, 17, 6)	159.487	65.2998	48.7849	4.8785	43.6950	33.5330	3.3533	4.0955	3.4186
(22, 19, 6)	159.487	65.2959	48.7874	4.8787	43.6892	33.5349	3.3535	4.0965	3.4105
(24, 21, 6)	159.487	65.2966	48.7854	4.8785	43.6914	33.5334	3.3533	4.0970	3.4048
精确解[165]	159.38	65.332	48.857	4.903	43.566	33.413	3.500	4.0959	3.5154
HSDT[191]	152.33	64.65	51.31	5.131	42.83	33.97	3.397	3.147	2.587
FSDT[191]	131.09	67.80	54.24	4.424	40.10	32.08	3.208	3.152	2.676

表 7-7　受均布载荷作用的层合方板（$R=15$）

(N_e, N_f, N_t)	$\overline{w}$	$\overline{\sigma}_x^{(1)}$	$\overline{\sigma}_x^{(2)}$	$\overline{\sigma}_x^{(3)}$	$\overline{\sigma}_y^{(1)}$	$\overline{\sigma}_y^{(2)}$	$\overline{\sigma}_y^{(3)}$	$\overline{\tau}_{xz}^{(1)}$	$\overline{\tau}_{yz}^{(1)}$
(10, 7, 2)	121.777	66.7313	48.1855	3.2124	46.5789	35.0898	2.3393	3.9803	3.5793
(14, 11, 4)	121.789	66.7088	48.2186	3.2146	46.5572	35.1094	2.3406	3.9642	3.5371
(18, 15, 4)	121.792	66.7287	48.2174	3.2145	46.5718	35.1113	2.3408	3.9628	3.5025
(20, 17, 6)	121.792	66.7402	48.2107	3.2140	46.5858	35.1056	2.3404	3.9640	3.4933
(22, 19, 6)	121.792	66.7366	48.2143	3.2143	46.5800	35.1091	2.3406	3.9648	3.4882
(24, 21, 6)	121.792	66.7369	48.2120	3.2141	46.5816	35.1071	2.3405	3.9652	3.4847
精确解[165]	121.72	66.787	48.299	3.238	46.424	34.955	2.494	3.9638	3.5768
HSDT[191]	110.43	66.62	51.97	3.465	44.92	35.41	2.361	3.035	2.691
FSDT[191]	90.85	70.04	56.03	3.753	41.39	33.11	2.208	3.091	2.764

下面考虑各向同性与正交各向异性板壳在正弦载荷作用下的静力分析,板和壳体的网格划分如图 7-32 和图 7-33 所示,二者所受正弦载荷为

$$p_z = P\sin\left(\frac{\pi x}{a}\right)\sin\left(\frac{\pi y}{a}\right) \tag{7.111}$$

对于各向同性材料,泊松比 $\upsilon = 0.3$,而正交各向异性材料的材料常数为

$$\frac{E_x}{E_y} = 25, \quad \frac{E_z}{E_y} = 1, \quad \frac{G_{xz}}{E_y} = \frac{G_{xy}}{E_y} = \frac{1}{2}, \quad \frac{G_{yz}}{E_y} = \frac{1}{2},$$

$$\upsilon_{xy} = 0.25, \quad \upsilon_{zx} = 0.03, \quad \upsilon_{yz} = 0.4, \quad \upsilon_{xz} = 0.75 \tag{7.112}$$

中心点的归一化挠度定义为

$$\bar{w} = w(a/2, a/2, 0)\frac{E_y}{q} \tag{7.113}$$

表 7-8 给出了用 6 个三棱柱单元得到的各向同性与正交各向异性材料板的中心挠度,厚跨比依次为 $h/a = 0.01$, 0.1 和 0.15。对于各向同性情况,当厚跨比较小时微分求积升阶谱有限元数值解与三维理论解以及二维板理论解均吻合较好,随着板的厚度增加,微分求积升阶谱有限元结果仍然维持在较高精度,而二维板理论的计算结果与三维弹性理论的计算结果差异越来越大。对于正交各向异性情况也具有类似规律。表 7-9 及表 7-10 分别给出了各向同性与正交各向异性材料下球壳在上述正弦载荷作用下的中心挠度,整个结构被离散为 3 个六面体单元,如图 7-33(b)所示。在各种厚跨比下,微分求积升阶谱有限元数值解均与三维理论解非常接近,其相对误差范围为 0.1398% ~ 1.056%,而其他二维壳理论解的误差范围则为 0.4113% ~ 1.523%。因此,基于三维理论的微分求积升阶谱有限元方法不论是对各向同性材料还是各向异性材料结构均能得到更加精确的计算结果。

表 7-8 正弦载荷下不同厚跨比的均匀材料方板中心挠度(图 7-32)

(N_e, N_f, N_t)	各向同性			正交各向异性		
	$h/a = 0.01$	$h/a = 0.1$	$h/a = 0.15$	$h/a = 0.01$	$h/a = 0.1$	$h/a = 0.15$
三维弹性理论[192]	29504	29.440	9.2352	4343.0	6.3343	2.5879
PSD[192]	28041	29.606	9.3562	4333.5	6.3709	2.6196
CST[192]	28026	28.026	8.3040	4312.5	4.3125	1.2778
FOST[193]	28042	29.607	9.3578	4333.5	6.3830	2.6370
HOST9[193]	28042	29.606	9.3560	4333.5	6.3713	2.6210

（续）

(N_e, N_f, N_t)	各向同性			正交各向异性		
	$h/a = 0.01$	$h/a = 0.1$	$h/a = 0.15$	$h/a = 0.01$	$h/a = 0.1$	$h/a = 0.15$
HOST11[193]	28043	29.725	9.4365	4333.7	6.4014	2.6433
HOST12[193]	28043	29.725	9.4365	4333.7	6.4014	2.6433
(10, 7, 2)	28040	29.425	9.2334	4333.1	6.3250	2.5856
(14, 11, 4)	28040	29.425	9.2330	4333.1	6.3246	2.5851
(16, 13, 4)	28040	29.425	9.2330	4333.1	6.3246	2.5851

表 7-9　正弦载荷作用下各向同性球壳的中心挠度对比（图 7-33(b)）

(N_e, N_f, N_t)	$R_1 = R_2 = R$, $R/a = 5$			$R/a = 10$			$R/a = 20$		
	$h/a = 0.01$	0.1	0.15	0.01	0.1	0.15	0.01	0.1	0.15
三维弹性理论[192]	2301.4	27.061	9.0755	7383.1	28.910	9.2505	16499	29.356	9.2666
PSD[192]	2295.4	26.471	8.8589	7371.3	28.754	9.2267	16485	29.388	9.3235
CST[192]	2295.3	25.201	7.9099	7370.2	27.262	8.2019	16479	27.831	8.2783
FOST[193]	2296.3	26.598	8.9052	7373.9	28.790	9.2404	16488	29.399	9.3282
HOST9[193]	2296.3	26.597	8.9039	7373.9	28.790	9.2389	16488	29.398	9.3266
HOST11[193]	2296.8	26.749	8.9964	7375.1	28.921	9.3225	16490	29.520	9.4077
HOST12[193]	2296.8	26.749	8.9966	7375.1	28.921	9.3225	16490	29.520	9.4077
(10, 7, 2)	2308.8	26.916	8.9797	7387.7	28.816	9.2159	16500	29.342	9.2800
(14, 11, 4)	2309.2	26.917	8.9796	7388.0	28.816	9.2155	16500	29.342	9.2795
(16, 13, 4)	2309.3	26.917	8.9797	7388.0	28.816	9.2155	16500	29.342	9.2796

表 7-10　正弦载荷作用下正交各向异性球壳的中心挠度对比（图 7-33(b)）

(N_e, N_f, N_t)	$R_1 = R_2 = R$, $R/a = 5$			$R/a = 10$			$R/a = 20$		
	$h/a = 0.01$	0.1	0.15	0.01	0.1	0.15	0.01	0.1	0.15
三维弹性理论[192]	1325.5	6.3332	2.6494	2767.7	6.3593	2.6256	3802.5	6.3532	2.6022
PSD[192]	1314.8	6.1629	2.5662	2753.2	6.1376	2.6061	3789.7	6.3575	2.6162
CST[192]	1312.9	4.2161	1.2649	2744.7	4.2880	1.2745	3773.6	4.3063	1.2770
FOST[193]	1317.8	6.2187	2.6016	2756.5	6.3411	2.6281	3791.2	6.3725	2.6348

（续）

(N_e, N_f, N_t)	$R_1 = R_2 = R$, $R/a = 5$			$R/a = 10$			$R/a = 20$		
	$h/a = 0.01$	0.1	0.15	0.01	0.1	0.15	0.01	0.1	0.15
HOST9[193]	1317.8	6.2080	2.5860	2756.5	6.3297	2.6120	3791.3	6.3610	2.6185
HOST11[193]	1318.8	6.2534	2.6156	2757.7	6.3638	2.6363	3791.9	6.3919	2.6416
HOST12[193]	1318.8	6.2540	2.6159	2757.7	6.3639	2.6364	3791.9	6.3920	2.6416
(10, 7, 2)	1347.2	6.4165	2.6386	2786.7	6.3658	2.6132	3805.1	6.3546	2.6074
(14, 11, 4)	1347.4	6.4177	2.6387	2786.8	6.3658	2.6128	3805.1	6.3543	2.6070
(16, 13, 4)	1347.5	6.4176	2.6387	2786.8	6.3658	2.6128	3805.1	6.3543	2.6070

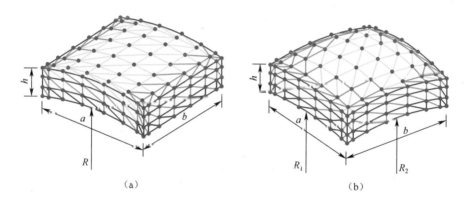

（a）　　　　　　　　　　　　　（b）

图 7-33　圆柱浅壳与球形浅壳分别离散为 3 个六面体单元

7.7.2　浅壳三维热弹性分析

下面对图 7-33 所示三明治圆柱浅壳与球形浅壳做热弹性耦合分析, 材料常数为: 表面层 $E_1 = 25 \times 10^6$ psi, $E_2 = E_3 = 10^6$ psi, $G_{23} = 0.2 \times 10^6$, $G_{12} = G_{13} = 0.5 \times 10^6$ psi, $v_{12} = v_{23} = v_{13} = 0.25$, 表层厚度为 $h_f = 0.1h$, 中间层 $E_1 = E_2 = 0.04 \times 10^6$ psi, $E_3 = 0.5 \times 10^6$ psi, $G_{12} = 0.016 \times 10^6$, $G_{13} = G_{23} = 0.06 \times 10^6$ psi, $v_{31} = v_{32} = v_{12} = 0.25$, 中间层厚度为 $h_c = 0.8h$。热膨胀系数为: 表面层 $\alpha_1 = 0.1 \times 10^{-5}$/℃, $\alpha_2 = 2 \times 10^{-5}$/℃, $\alpha_3 = \alpha_1$, 中间层 $\alpha_1 = 0.1 \times 10^{-6}$/℃, $\alpha_2 = 0.2 \times 10^{-5}$/℃, $\alpha_3 = \alpha_1$。温升假设为如下正弦分布形式:

$$\Delta T = \frac{z}{h} \sin\left(\frac{\pi x}{a}\right) \sin\left(\frac{\pi y}{a}\right) \tag{7.114}$$

217

表 7-11 给出了各种几何参数下叠层壳在温度载荷下中心点的无量纲挠度 $\overline{w} = 10wh/(a^2\alpha_1)$，作为对比，表中还包含了一阶剪切理论(FOST)以及其他三类高阶剪切理论(HOST9,HOST11,HOST12)给出的计算结果。可以看到对于不同厚跨比，微分求积升阶谱有限元结果均能快速收敛且与参考结果吻合较好。此外，随着厚度增加，基于三维理论的微分求积升阶谱有限元数值解与高阶剪切理论的计算结果更加接近，而与一阶剪切理论的计算结果相差较大。表 7-12 给出了表皮层铺层方向分别为 0° 和 90° 情况下壳的中心无量纲挠度，可以看到在较厚的情况下，微分求积升阶谱有限元数值解与 HOST9 的计算结果非常接近。

表 7-11　正交各向异性叠层壳在正弦温度载荷下中心点的无量纲挠度

(N_e, N_f, N_t)	$R/a=5$			$R/a=10$			$R/a=20$		
	$h/a=0.01$	0.1	0.25	0.01	0.1	0.25	0.01	0.1	0.25
圆柱壳：$a/b=1$									
FOST[193]	1.40652	2.14244	3.26804	1.67189	2.15131	3.27583	1.75457	2.15354	3.27778
HOST9[193]	1.40776	2.46217	4.21900	1.67497	2.47518	4.23050	1.75833	2.47845	4.23337
HOST11[193]	1.43231	2.49650	4.22787	1.60612	2.51009	4.24055	1.79164	2.51350	4.24373
HOST12[193]	1.43467	2.49668	4.22802	1.70695	2.51013	4.24059	1.79187	2.51351	4.24374
(10, 7, 2)	1.41416	2.53223	4.35234	1.67708	2.54302	4.36447	1.75952	2.54574	4.36751
(14, 11, 4)	1.41421	2.53385	4.36716	1.67709	2.54406	4.37288	1.75953	2.54650	4.37272
(16, 13, 4)	1.41421	2.53389	4.36736	1.67709	2.54408	4.37297	1.75953	2.54650	4.37276
球壳：$a/b=1$, $R_1=R_2=R$									
FOST[193]	0.86243	2.12390	3.26282	1.40854	2.14663	3.27453	1.67258	2.15236	3.27746
HOST9[193]	0.86148	2.42979	4.19525	1.40977	2.46695	4.22452	1.67565	2.42639	4.23188
HOST11[193]	0.87444	2.46345	4.20297	1.43447	2.50169	4.23429	1.70685	2.51139	4.24216
HOST12[193]	0.87796	2.46373	4.20316	1.43679	2.50176	4.23434	1.70767	2.51141	4.24217
(10, 8, 2)	0.86445	2.52785	4.34561	1.41609	2.54194	4.36268	1.67893	2.54547	4.36706
(14, 12, 4)	0.86461	2.52880	4.35786	1.41613	2.54261	4.36994	1.67894	2.54603	4.37171
(16, 14, 4)	0.86464	2.52882	4.35808	1.41614	2.54261	4.37002	1.67895	2.54603	4.37175

表 7-12 反对称铺层(0°／中间层／90°)叠层壳在正弦温度载荷下
中心点的无量纲挠度

(N_e, N_f, N_t)	$R/a = 5$			$R/a = 10$			$R/a = 20$		
	$h/a = 0.01$	0.1	0.25	0.01	0.1	0.25	0.01	0.1	0.25
圆柱壳:$a/b = 1$									
FOST[193]	2.47964	6.47765	6.62009	4.64214	6.53324	6.58232	5.93417	6.54297	6.56187
HOST9[193]	2.47910	6.47152	6.57582	4.64179	6.52688	6.53658	5.93405	6.53587	6.51479
HOST11[193]	2.56368	6.57865	6.64635	4.75799	6.63061	6.60227	6.05340	6.63771	6.57810
HOST12[193]	2.56432	6.57874	6.64641	4.75854	6.63063	6.60229	6.05362	6.63772	6.57810
(10, 8, 2)	2.47873	6.41396	6.43198	4.63882	6.49774	6.45268	5.93243	6.51946	6.45946
(14, 12, 4)	2.47914	6.41501	6.43269	4.63895	6.49860	6.45488	5.93247	6.52031	6.46299
(16, 14, 4)	2.47923	6.41510	6.43273	4.63897	6.49862	6.45488	5.93248	6.52032	6.46298
球壳:$a/b = 1$, $R_1 = R_2 = R$									
FOST[193]	0.86296	6.12662	6.45714	2.47738	6.43204	6.51931	4.63950	6.51294	6.53504
HOST9[193]	0.86271	6.10588	6.39433	2.47684	6.42031	6.46685	4.63899	6.50379	6.48527
HOST11[193]	0.88472	6.20118	6.45132	2.53425	6.51905	6.52684	4.72977	6.60336	6.54600
HOST12[193]	0.88504	6.20150	6.45154	2.53488	6.51914	6.52690	4.73032	6.60338	6.54602
(10, 8, 2)	0.87920	6.11472	6.38462	2.48236	6.41892	6.44343	4.64009	6.50000	6.45854
(14, 12, 4)	0.87954	6.11596	6.38637	2.48260	6.41969	6.44384	4.64019	6.50078	6.46071
(16, 14, 4)	0.87962	6.11619	6.38650	2.48266	6.41975	6.44386	4.64021	6.50080	6.46072

7.7.3 板壳三维自由振动分析

自由振动在动力学分析中有重要价值,这里给出微分求积升阶谱有限元方法在各向同性和各向异性三维板壳结构振动分析中的应用。图 7-34 所示为一正方形板,其在厚度方向上被离散为两层,每一层用 8 个三棱柱单元模拟。板的边界条件为四边简支,这意味着板的边界只能发生法向位移,而不允许发生切向位移。板的前 7 阶无量纲频率如表 7-13 所列,从中可以看到在采用少量结点的情况下,三棱柱微分求积升阶谱有限元数值解就能与三维精确解几乎所有小数位吻合。此外,在计算过程中厚度方向只用了 3 个结点

(包括两个端面),因此其计算量相当于高阶剪切变形理论,然而微分求积升阶谱有限元却能得到更加精确的结果。表 7-14 和 7-15 分别给出了不同材料常数以及铺层情况下四边简支叠层板的基频,每一层仍然用 8 个三棱柱单元来离散。对于表 7-14,各层的材料参数为 $E_1/E_2=40$,$E_3/E_2=1$,$G_{12}/E_2=G_{13}/E_2=0.6$,$G_{23}/E_2=0.5$,$v_{12}=v_{23}=v_{13}=0.25$,$\rho=1$,而表 7-15 中的材料参数为 $G_{12}/E_2=G_{13}/E_2=0.5$,$G_{23}/E_2=0.6$,其余相同。通过与三维弹性理论解、高阶剪切变形理论(HODT)解、一阶剪切变形理论(FSDT)数值解进行对比,可以看到微分求积升阶谱有限元结果均能较好吻合且收敛较快。

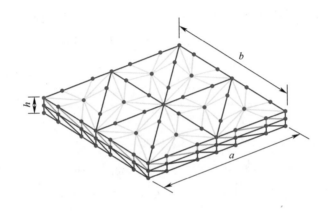

图 7-34　正方形板离散为 16 个三棱柱单元

表 7-13　四边简支方板的前 7 阶无量纲频率 $\Omega=(\omega b^2/h)\sqrt{\rho/E}$

(N_e, N_f, N_t)	模态形式						
	1×1	1×2/2×1	In-plane	2×2	1×3/3×1	In-plane	2×3/3×2
(6, 3, 0)	5.948	14.251	19.483	22.001	26.824	27.554	33.904
(6, 3, 1)	5.778	13.815	19.483	21.293	25.938	27.554	32.747
(6, 3, 2)	5.777	13.808	19.483	21.278	25.915	27.554	32.710
(8, 5, 2)	5.777	13.805	19.483	21.215	25.870	27.554	32.494
(10, 7, 3)	5.777	13.805	19.483	21.214	25.870	27.554	32.492
三维精确解[194]	5.777	13.805	—	21.214	25.869	27.553	32.491
三维分层理论[195]	5.785	13.871	19.483	21.300	26.420	27.662	32.930

表 7-14 四边简支多层正交铺层板的无量纲基频 $\Omega=(\omega b^2/h)\sqrt{\rho/E}$

铺层	(N_e, N_f, N_t)	E_1/E_2				
		3	10	20	30	40
	$(5, 2, 1)$	0.2496	0.2794	0.3086	0.3304	0.3476
	$(5, 2, 2)$	0.2493	0.2783	0.3057	0.3257	0.3411
$[0°/90°]$	$(7, 4, 2)$	0.2493	0.2782	0.3057	0.3257	0.3411
	三维弹性理论[196]	0.25031	0.27938	0.30698	0.32705	0.34250
	HOST[197]	0.24782	0.27764	0.30737	0.33003	0.34810
	$(5, 2, 0)$	0.2616	0.3269	0.3794	0.4116	0.4335
	$(5, 2, 1)$	0.2602	0.3238	0.3740	0.4043	0.4248
$[0°/90°/90°/0°]$	$(7, 4, 1)$	0.2602	0.3238	0.3740	0.4042	0.4248
	三维弹性理论[196]	0.26102	0.32578	0.37622	0.40660	0.42719
	HOST[197]	0.25997	0.32486	0.37801	0.41041	0.43240

表 7-15 四边简支$[0°/90°/90°/0°]$铺层板的无量纲基频 $\Omega=(\omega b^2/h)\sqrt{\rho/E}$

(N_e, N_f, N_t)	E_1/E_2			
	10	20	30	40
$(5, 2, 1)$	8.2490	9.5391	20.2725	10.7572
$(5, 2, 2)$	8.2483	9.5352	10.2623	10.7485
$(7, 4, 2)$	8.2474	9.5344	10.2655	10.7478
$(9, 6, 2)$	8.2474	9.5344	10.2655	10.7478
FOST[198]	8.3094	9.5698	10.3224	10.8471

下面分析图 7-35 所示一四边固支棱形叠层板的自由振动问题,其相对厚度为 $h/b=0.1$,其侧边与 y 轴的夹角 θ 依次取值为 $0°\sim45°$,每一层的材料常数为 $E_1/E_2=40$,$E_3/E_2=1$,$G_{12}/E_2=G_{13}/E_2=0.6$,$G_{23}/E_2=0.5$,$v_{12}=v_{23}=v_{13}=0.25$,$\rho=1$。表 7-16 及表 7-17 分别给出了$[0°/90°/0°/90°]$ 和 $[45°/-45°/45°/-45°]$铺层下棱形板在不同角度下的前 8 阶无量纲频率,其计算结果均能较好地与参考结果吻合。

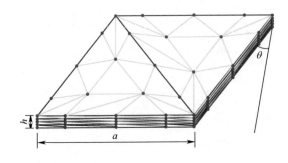

图 7-35   4 层棱形板每层离散为 2 个三棱柱单元

表 7-16   四边固支 $[0°/90°/0°/90°]$ 铺层棱形板的无量纲

频率 $\Omega = (\omega b^2 / \pi^2 h) \sqrt{\rho / E_2}$

θ	(N_e, N_f, N_t)	模态序列							
		1	2	3	4	5	6	7	8
0°	$(8, 5, 0)$	2.3075	3.8097	3.8128	4.9607	5.8069	5.8626	6.6259	6.9234
	$(12, 9, 0)$	2.3056	3.8050	3.8050	4.8871	5.7424	5.7503	6.5318	6.5327
	$(15, 12, 0)$	2.3056	3.8048	3.8048	4.8867	5.7420	5.7499	6.5312	6.5312
	$(15, 12, 3)$	2.2555	3.7171	3.7171	4.7749	5.6052	5.6129	6.3793	6.3793
	$(15, 12, 5)$	2.2555	3.7170	3.7170	4.7746	5.6049	5.6126	6.3790	6.3790
	HOST[199]	2.2990	3.7880	3.7880	4.8610	5.7129	5.7203	6.4927	6.4927
	FOST[199]	2.3947	3.9533	3.9533	5.0666	5.9685	5.9762	6.7684	6.7684
	FOST[200]	2.3947	3.9532	3.9532	5.0665	5.9680	5.9757	6.7679	6.7679
30°	$(8, 5, 0)$	2.6783	4.0084	4.7539	5.2123	6.5152	6.5178	7.0897	7.8618
	$(12, 9, 0)$	2.6764	4.0045	4.7488	5.2035	6.4815	6.4890	7.0186	7.7661
	$(15, 12, 0)$	2.6763	4.0044	4.7486	5.2032	6.4811	6.4887	7.0182	7.7656
	$(15, 12, 3)$	2.6163	3.9118	4.6383	5.0815	6.3283	6.3360	6.8521	7.5828
	HOST[201]	2.6521	3.9657	4.7014	5.1513	6.4224	6.4149	6.9457	7.6849
	HOST[199]	2.6666	3.9851	4.7227	5.1752	6.4445	6.4510	6.9755	7.7218
	FOST[199]	2.7798	4.1566	4.9240	5.3989	6.7216	6.7248	7.2738	8.0459
	FOST[200]	2.7796	4.1564	4.9237	5.3983	6.7204	6.7240	7.2729	8.0467

(续)

θ	(N_e, N_f, N_t)	模 态 序 列							
		1	2	3	4	5	6	7	8
45°	(8, 5, 0)	3.3197	4.6597	5.8857	6.0497	7.1615	7.8054	8.5058	9.1165
	(12, 9, 0)	3.3178	4.6560	5.8778	6.0438	7.1211	7.7782	8.3168	9.0446
	(15, 12, 0)	3.3177	4.6559	5.8777	6.0435	7.1209	7.7780	8.3163	9.0442
	(15, 12, 3)	3.2406	4.5475	5.7395	5.9043	6.9525	7.5990	8.1186	8.8349
	HOST[201]	3.2853	4.6090	5.8173	5.9813	7.0465	7.6971	8.2283	8.9487
	HOST[199]	3.3015	4.6290	5.8423	6.0039	7.0792	7.7269	8.2726	8.9874
	FOST[199]	3.4434	4.8223	6.0858	6.2421	7.3717	8.0226	8.6118	9.3262
	FOST[200]	3.4430	4.8219	6.0850	6.2414	7.3720	8.0239	8.6233	9.3320

表 7-17 四边固支 $[45°/-45°/45°/-45°]$ 铺层棱形板的无量纲

频率 $\Omega = (\omega b^2 / \pi^2 h) \sqrt{\rho / E_2}$

θ	(N_e, N_f, N_t)	模 态 序 列							
		1	2	3	4	5	6	7	8
0°	(8, 5, 0)	2.2207	3.7550	3.7559	5.1529	5.6104	5.7129	6.7973	7.0165
	(12, 9, 0)	2.2183	3.7492	3.7494	5.0855	5.5417	5.6103	6.6838	6.6840
	(15, 12, 0)	2.2181	3.7490	3.7491	5.0850	5.5412	5.6099	6.6827	6.6828
	(15, 12, 3)	2.1729	3.6644	3.6645	4.9611	5.4138	5.4794	6.5188	6.5188
	(15, 12, 5)	2.1728	3.6643	3.6644	4.9610	5.4136	5.4792	6.5186	6.5187
	HOST[199]	2.2119	3.7339	3.7339	5.0618	5.5129	5.5810	6.6473	6.6473
	FOST[199]	2.2965	3.8921	3.8921	5.3045	5.7455	5.8202	6.9654	6.9654
	FOST[200]	2.2964	3.8919	3.8919	5.3042	5.7449	5.8196	6.9647	6.9647
30°	(8, 5, 0)	2.6443	3.9779	4.7436	5.2469	6.4246	6.5663	7.0857	7.8557
	(12, 9, 0)	2.6423	3.9738	4.7380	5.2381	6.3957	6.5318	7.0181	7.7625
	(15, 12, 0)	2.6422	3.9737	4.7377	5.2379	6.3954	6.5314	7.0177	7.7620
	(15, 12, 3)	2.5839	3.8828	4.6280	5.1140	6.2475	6.3745	6.8513	7.5792
	HOST[201]	2.6184	3.9353	4.6905	5.1852	6.3301	6.4638	6.9447	7.6810
	HOST[199]	2.6325	3.9549	4.7125	5.2107	6.3577	6.4954	6.9760	7.7176

（续）

θ	(N_e, N_f, N_t)	模态序列							
		1	2	3	4	5	6	7	8
30°	FOST[199]	2.7418	4.1221	4.9130	5.4402	6.6192	6.7854	7.2763	8.0421
	FOST[200]	2.7416	4.1219	4.9126	5.4395	6.6183	6.7842	7.2753	8.0427
45°	(8, 5, 0)	3.3197	4.6597	5.8857	6.0497	7.1615	7.8054	8.5058	9.1165
	(12, 9, 0)	3.3178	4.6560	5.8778	6.0438	7.1211	7.7782	8.3168	9.0446
	(15, 12, 0)	3.3177	4.6559	5.8777	6.0435	7.1209	7.7780	8.3163	9.0442
	(15, 12, 3)	3.2406	4.5475	5.7395	5.9043	6.9525	7.5990	8.1186	8.8349
	HOST[201]	3.2853	4.6090	5.8173	5.9813	7.0465	7.6971	8.2283	8.9487
	HOST[199]	3.3015	4.6290	5.8423	6.0039	7.0792	7.7269	8.2726	8.9874
	FOST[199]	3.4434	4.8223	6.0858	6.2421	7.3717	8.0226	8.6118	9.3262
	FOST[200]	3.4430	4.8219	6.0850	6.2414	7.3720	8.0239	8.6233	9.3320

下面分析图7-36所示各向同性悬臂等腰三角形板的自由振动问题,板的底边(长度为 b)固支,分别用一个三棱柱单元和3个四面体单元来模拟。其中材料常数 $E = 195\text{GPa}, \rho = 7722.7\text{kg/m}^3, \upsilon = 0.3$ 。表7-18给出了三角形板在不同厚跨比下的前6阶无量纲频率收敛过程。从表中可以看到,各种情况下两种单元的计算结果均单调下降收敛并与三维理论的结果吻合较好。当板的厚度与宽度越接近时,单元的收敛性速度越快。

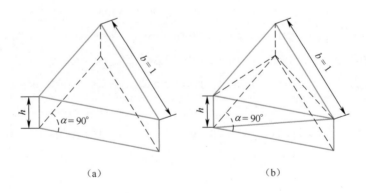

（a）   （b）

图 7-36 三角形板

（a）一个三棱柱单元；（b）三个四面体单元。

表 7-18 CFF 边界条件下等边三角形板频率参数 $\lambda = (\omega b^2 / 2\pi) \sqrt{\rho h / D}$

h/b	方法	(N_e, N_f, N_t)	模 态 序 列					
			1	2	3	4	5	6
0.05	三棱柱单元	(5, 2, 2)	4.076	11.85	17.28	28.04	39.46	45.32
		(6, 3, 3)	3.975	11.16	16.25	26.65	28.00	39.26
		(7, 4, 4)	3.956	10.94	15.77	25.34	27.99	37.82
		(8, 5, 5)	3.948	10.91	15.69	24.58	27.64	36.50
		(9, 6, 6)	3.943	10.90	15.67	24.54	27.46	36.38
		(10, 7, 7)	3.941	10.89	15.66	24.51	27.44	36.28
		(11, 8, 8)	3.940	10.89	15.65	24.50	27.42	36.26
		(12, 9, 9)	3.939	10.88	15.65	24.49	27.41	36.25
		(13, 10, 10)	3.938	10.88	15.64	24.49	27.40	36.25
		(14, 11, 11)	3.938	10.88	15.64	24.48	27.40	36.24
		(15, 12, 12)	3.937	10.88	15.64	24.48	27.40	36.24
	四面体单元	(5, 2, 2)	4.084	12.68	17.52	28.05	40.14	45.33
		(6, 3, 3)	3.978	11.29	16.31	27.55	28.00	40.72
		(7, 4, 4)	3.957	10.95	15.80	25.62	27.99	37.95
		(8, 5, 5)	3.949	10.92	15.70	24.61	27.65	36.74
		(9, 6, 6)	3.944	10.90	15.67	24.54	27.48	36.39
		(10, 7, 7)	3.941	10.89	15.66	24.50	27.43	36.29
		(11, 8, 8)	3.939	10.88	15.65	24.49	27.42	36.26
		(12, 9, 9)	3.939	10.88	15.65	24.49	27.41	36.25
		(13, 10, 10)	3.938	10.88	15.64	24.48	27.40	36.24
		(14, 11, 11)	3.937	10.88	15.64	24.48	27.40	36.24
		(15, 12, 12)	3.937	10.88	15.64	24.48	27.40	36.24
	三维弹性理论[202]		3.938	10.88	15.65	24.49	27.41	36.26
	Mindlin 板理论[203]		3.926	10.84	15.58	24.36	27.26	36.03

（续）

h/b	方法	(N_e, N_f, N_t)	模 态 序 列					
			1	2	3	4	5	6
0.1	三棱柱单元	(4, 1, 1)	4.041	13.36	14.15	23.38	32.46	41.46
		(5, 2, 2)	3.846	10.24	14.02	22.66	29.05	36.77
		(6, 3, 3)	3.785	9.865	13.79	21.25	24.17	29.59
		(7, 4, 4)	3.771	9.764	13.58	20.65	22.83	28.93
		(8, 5, 5)	3.767	9.749	13.55	20.36	22.51	28.41
		(9, 6, 6)	3.765	9.742	13.54	20.34	22.44	28.35
		(10, 7, 7)	3.764	9.738	13.54	20.33	22.43	28.32
		(11, 8, 8)	3.763	9.735	13.53	20.33	22.43	28.31
		(12, 9, 9)	3.762	9.734	13.53	20.33	22.42	28.31
		(13, 10, 10)	3.762	9.733	13.53	20.32	22.42	28.31
		(14, 11, 11)	3.761	9.732	13.53	20.32	22.42	28.30
	四面体单元	(5, 2, 2)	3.853	10.54	14.03	22.65	28.98	36.93
		(6, 3, 3)	3.788	9.912	13.82	21.45	24.51	30.29
		(7, 4, 4)	3.772	9.768	13.59	20.73	22.95	28.97
		(8, 5, 5)	3.767	9.747	13.55	20.37	22.52	28.46
		(9, 6, 6)	3.764	9.740	13.54	20.34	22.44	28.35
		(10, 7, 7)	3.763	9.737	13.53	20.33	22.43	28.32
		(11, 8, 8)	3.762	9.734	13.53	20.33	22.42	28.31
		(12, 9, 9)	3.762	9.733	13.53	20.32	22.42	28.31
		(13, 10, 10)	3.761	9.732	13.53	20.32	22.42	28.31
		(14, 11, 11)	3.761	9.732	13.53	20.32	22.42	28.30
	三维弹性理论[202]		3.762	9.734	13.53	20.33	22.42	28.31
	Mindlin 板理论[203]		3.741	9.661	13.41	20.11	22.19	27.96

（续）

h/b	方法	(N_e, N_f, N_t)	模 态 序 列					
			1	2	3	4	5	6
0.2	三棱柱单元	4×1×1	3.450	9.432	11.69	19.09	20.39	24.08
		(5, 2, 2)	3.335	7.547	10.03	17.43	17.63	21.39
		(6, 3, 3)	3.311	7.391	9.829	14.21	15.62	18.64
		(7, 4, 4)	3.305	7.358	9.760	13.99	15.20	18.42
		(8, 5, 5)	3.303	7.353	9.750	13.91	15.08	18.23
		(9, 6, 6)	3.301	7.350	9.746	13.90	15.06	18.20
		(10, 7, 7)	3.301	7.348	9.744	13.90	15.06	18.20
		(11, 8, 8)	3.300	7.347	9.743	13.90	15.06	18.19
		(12, 9, 9)	3.300	7.346	9.742	13.90	15.06	18.19
		(13, 10, 10)	3.299	7.346	9.741	13.90	15.05	18.19
		(14, 11, 11)	3.299	7.346	9.741	13.90	15.05	18.19
	四面体单元	(4, 1, 1)	3.524	9.260	11.64	18.97	20.45	23.90
		(5, 2, 2)	3.336	7.580	10.15	17.22	17.93	21.45
		(6, 3, 3)	3.311	7.394	9.820	14.22	15.65	18.87
		(7, 4, 4)	3.304	7.357	9.760	14.00	15.20	18.41
		(8, 5, 5)	3.302	7.351	9.748	13.91	15.08	18.24
		(9, 6, 6)	3.301	7.349	9.745	13.90	15.06	18.20
		(10, 7, 7)	3.300	7.347	9.743	13.90	15.06	18.19
		(11, 8, 8)	3.300	7.347	9.742	13.90	15.06	18.19
		(12, 9, 9)	3.299	7.346	9.742	13.90	15.05	18.19
		(13, 10, 10)	3.299	7.346	9.741	13.90	15.05	18.19
	三维弹性理论[202]		3.300	7.347	9.743	13.90	15.06	18.19
	Mindlin 板理论[203]		3.267	7.250	9.583	13.65	14.81	17.85

下面分析如图 7-37 所示方板的自由振动问题,分别采用两个三棱柱单元和 5 个四面体单元进行模拟。表 7-19 和表 7-20 分别给出了方板在四边简支以及四边固支情况下两种单元计算得到的前 6 阶无量纲频率参数。可以看到,微分求积升阶谱有限元数值解均能较快收敛,且与三维弹性力学理论解和基于三维弹性理论的里兹法数值解吻合较好。此外,计算结果表明四边固支边界条件下计算结果的收敛速度要比四边简支情况要慢,这种问题同样在微分求积方法(DQM)的数值结果中有所体现。然而随着单元阶次升高,计算结果仍然与基于三维理论的里兹方法结果吻合较好。

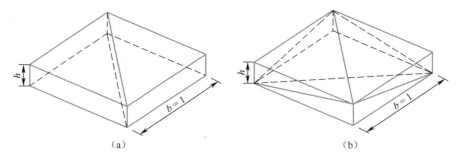

图 7-37　方板

(a) 两个三棱柱单元;(b) 5 个四面体单元。

表 7-19　SSSS 边界条件下方板频率参数 $\lambda = (\omega b^2/2\pi)\sqrt{\rho h/D}$

h/b	方法	(N_e, N_f, N_t)	模 态 序 列					
			1	2	3	4	5	6
0.01	三棱柱单元	(6, 3, 3)	2.0289	5.0828	5.2573	9.2163	14.914	15.277
		(7, 4, 4)	1.9995	5.0626	5.2101	8.4291	10.372	10.607
		(8, 5, 5)	1.9995	4.9969	5.0002	8.2473	10.352	10.521
		(9, 6, 6)	1.9993	4.9968	4.9993	8.0075	9.9967	10.002
		(10, 7, 7)	1.9993	4.9956	4.9957	8.0005	9.9962	10.000
		(11, 8, 8)	1.9993	4.9956	4.9957	7.9891	9.9827	9.9828
		(12, 9, 9)	1.9993	4.9956	4.9956	7.9890	9.9827	9.9828
		(13, 10, 10)	1.9993	4.9956	4.9956	7.9888	9.9826	9.9826
		(14, 11, 11)	1.9993	4.9956	4.9956	7.9888	9.9826	9.9826
	四面体单元	(6, 3, 3)	2.1291	6.0211	6.0346	65.235	65.235	92.304
		(7, 4, 4)	1.9999	5.9866	5.9944	9.4030	14.251	14.313
		(8, 5, 5)	1.9999	5.0125	5.0126	9.3670	13.351	13.952
		(9, 6, 6)	1.9993	5.0101	5.0111	8.0337	10.129	10.130

（续）

h/b	方法	(N_e, N_f, N_t)	模 态 序 列					
			1	2	3	4	5	6
0.01	四面体单元	$(10,7,7)$	1.9993	4.9957	4.9957	8.0322	10.072	10.104
		$(11,8,8)$	1.9993	4.9957	4.9957	7.9895	9.9846	9.9847
		$(12,9,9)$	1.9993	4.9956	4.9956	7.9894	9.9836	9.9839
		$(13,10,10)$	1.9993	4.9956	4.9956	7.9888	9.9826	9.9826
		$(14,11,11)$	1.9993	4.9956	4.9956	7.9888	9.9826	9.9826
	Mindlin 板理论[204]		1.9992	4.9954	4.9954	7.9882	9.9816	9.9816
	三维里兹法[205]		1.9993	4.9956	4.9956	7.9888	9.9826	9.9826
	DQM[206]		1.9952	4.9977	5.0081	7.9957	10.024	10.029
0.1	三棱柱单元	$(5,2,2)$	1.9638	5.3797	6.5235	6.5235	7.1585	9.0027
		$(6,3,3)$	1.9467	4.6779	4.7664	6.5234	6.5234	7.7966
		$(7,4,4)$	1.9343	4.6478	4.7057	6.5234	6.5234	7.3148
		$(8,5,5)$	1.9343	4.6229	4.6244	6.5234	6.5234	7.2097
		$(9,6,6)$	1.9342	4.6225	4.6233	6.5234	6.5234	7.1105
		$(10,7,7)$	1.9342	4.6222	4.6222	6.5234	6.5234	7.1064
		$(11,8,8)$	1.9342	4.6222	4.6222	6.5234	6.5234	7.1031
		$(12,9,9)$	1.9342	4.6222	4.6222	6.5234	6.5234	7.1031
		$(13,10,10)$	1.9342	4.6222	4.6222	6.5234	6.5234	7.1030
		$(14,11,11)$	1.9342	4.6222	4.6222	6.5234	6.5234	7.1030
	四面体单元	$(5,2,2)$	2.0216	6.5235	6.5235	9.3696	11.143	13.424
		$(6,3,3)$	1.9839	4.9852	5.0092	6.5234	6.5234	9.2270
		$(7,4,4)$	1.9345	4.7414	4.7814	6.5234	6.5234	7.6553
		$(8,5,5)$	1.9344	4.6259	4.6261	6.5234	6.5234	7.4051
		$(9,6,6)$	1.9342	4.6234	4.6238	6.5234	6.5234	7.1167
		$(10,7,7)$	1.9342	4.6222	4.6222	6.5234	6.5234	7.1098
		$(11,8,8)$	1.9342	4.6222	4.6222	6.5234	6.5234	7.1032
		$(12,9,9)$	1.9342	4.6222	4.6222	6.5234	6.5234	7.1031
		$(13,10,10)$	1.9342	4.6222	4.6222	6.5234	6.5234	7.1030
		$(14,11,11)$	1.9342	4.6222	4.6222	6.5234	6.5234	7.1030
	Mindlin 板理论[204]		1.9311	4.6048	4.6048	—	—	7.0637
	三维里兹法[205]		1.9342	4.6222	4.6222	6.5234	6.5234	7.1030
	DQM[206]		1.9342	4.6250	4.6250	6.5234	6.5234	7.1064

229

表 7-20　CCCC 边界条件下方板频率参数 $\lambda = (\omega b^2/2\pi)\sqrt{\rho h/D}$

h/b	方法	(N_e, N_f, N_t)	模态序列					
			1	2	3	4	5	6
0.01	三棱柱单元	(6, 3, 3)	4.6661	8.7956	15.157	17.864	34.180	99.191
		(7, 4, 4)	3.7773	8.2153	9.7586	13.739	15.594	20.875
		(8, 5, 5)	3.7043	7.5286	7.7170	11.935	15.317	17.693
		(9, 6, 6)	3.6700	7.5070	7.5779	11.329	13.514	13.753
		(10, 7, 7)	3.6636	7.4639	7.4696	11.134	13.491	13.627
		(11, 8, 8)	3.6597	7.4548	7.4605	10.987	13.356	13.424
		(12, 9, 9)	3.6566	7.4494	7.4535	10.978	13.344	13.410
		(13, 10, 10)	3.6544	7.4447	7.4485	10.970	13.333	13.399
		(14, 11, 11)	3.6526	7.4416	7.4446	10.964	13.327	13.392
		(15, 12, 12)	3.6512	7.4388	7.4415	10.960	13.321	13.387
		(16, 13, 13)	3.6501	7.4368	7.4391	10.957	13.317	13.382
		(18, 14, 14)	3.6492	7.4350	7.4370	10.954	13.314	13.379
	四面体单元	(7, 4, 4)	7.1779	56.415	57.955	84.976	109.81	120.52
		(8, 5, 5)	4.4206	11.428	12.102	67.031	67.578	71.466
		(9, 6, 6)	3.6724	8.0112	8.5864	15.835	16.493	16.816
		(10, 7, 7)	3.6646	7.4719	7.4822	12.055	14.579	14.817
		(11, 8, 8)	3.6609	7.4588	7.4612	11.001	13.408	13.454
		(12, 9, 9)	3.6564	7.4490	7.4554	10.983	13.365	13.418
		(13, 10, 10)	3.6546	7.4450	7.4476	10.972	13.331	13.402
		(14, 11, 11)	3.6521	7.4408	7.4449	10.965	13.326	13.392
		(15, 12, 12)	3.6511	7.4384	7.4404	10.961	13.319	13.387
		(16, 13, 13)	3.6496	7.4359	7.4388	10.956	13.316	13.381
		(20, 14, 14)	3.6489	7.4344	7.4360	10.954	13.312	13.378
	Mindlin 板理论[207]		3.6442	7.4317	7.4317	10.999	13.308	13.364
	三维里兹法[205]		3.6492	7.4352	7.4352	10.953	13.315	13.379

（续）

h/b	方法	(N_e, N_f, N_t)	模 态 序 列					
			1	2	3	4	5	6
0.01	DQM[206]	(6, 6, 6)	3.8135	7.9068	7.9083	11.215	125.51	125.51
		(7, 7, 7)	3.6949	8.0937	8.0955	11.607	14.954	15.072
		(8, 8, 8)	3.6896	7.4811	7.4840	11.022	15.637	15.752
		(9, 9, 9)	3.6648	7.4730	7.4758	11.021	13.332	13.384
		(10, 10, 10)	3.6671	7.4599	7.4705	10.995	13.367	13.430
		(11, 11, 11)	3.6516	7.4505	7.4664	10.975	13.356	13.419
0.1	三棱柱单元	(5, 2, 2)	3.9167	9.0392	11.779	12.618	12.879	13.477
		(6, 3, 3)	3.5510	6.6863	7.3185	10.270	12.580	12.664
		(7, 4, 4)	3.3574	6.5347	6.8603	9.6148	11.185	11.772
		(8, 5, 5)	3.3377	6.3817	6.3994	9.2584	10.916	11.276
		(9, 6, 6)	3.3297	6.3660	6.3704	8.9729	10.555	10.668
		(10, 7, 7)	3.3259	6.3524	6.3552	8.9326	10.526	10.636
		(11, 8, 8)	3.3236	6.3485	6.3506	8.9078	10.504	10.606
		(12, 9, 9)	3.3220	6.3459	6.3475	8.9043	10.499	10.601
		(13, 10, 10)	3.3208	6.3441	6.3453	8.9015	10.496	10.597
		(14, 11, 11)	3.3200	6.3428	6.3437	8.8997	10.494	10.595
		(15, 12, 12)	3.3194	6.3417	6.3425	8.8983	10.493	10.593
		(16, 13, 13)	3.3189	6.3410	6.3416	8.8972	10.491	10.591
		(18, 14, 14)	3.3185	6.3403	6.3409	8.8964	10.490	10.590
	四面体单元	(6, 3, 3)	4.2158	8.5973	8.8349	12.656	12.673	15.261
		(7, 4, 4)	3.3716	7.1130	7.2776	11.328	12.545	12.555
		(8, 5, 5)	3.3426	6.4089	6.4216	9.9983	11.060	11.775
		(9, 6, 6)	3.3288	6.3739	6.3770	9.0141	10.594	10.721
		(10, 7, 7)	3.3247	6.3505	6.3538	8.9552	10.527	10.656
		(11, 8, 8)	3.3227	6.3469	6.3484	8.9074	10.501	10.604
		(12, 9, 9)	3.3211	6.3444	6.3459	8.9026	10.497	10.598
		(13, 10, 10)	3.3201	6.3428	6.3437	8.9001	10.494	10.595
		(14, 11, 11)	3.3193	6.3416	6.3425	8.8983	10.492	10.592
		(15, 12, 12)	3.3188	6.3407	6.3413	8.8972	10.491	10.591
		(16, 13 ×13)	3.3184	6.3400	6.3406	8.8961	10.490	10.590

（续）

h/b	方法	(N_e, N_f, N_t)	模态序列					
			1	2	3	4	5	6
0.1	Mindlin 板理论[207]		3.3161	6.3395	6.3395	8.9516	10.476	10.555
	三维里兹法[205]		3.3184	6.3402	6.3402	8.8961	10.490	10.590
	DQM[206]		3.3282	6.3547	6.3547	8.9135	10.493	10.592

下面分析图 7-38 所示圆形板的自由振动问题。圆板被离散为 4 个三棱柱单元,圆板的半径 $R=1$,板厚 h 分别取 0.1 和 0.2。表 7-21 中给出了圆板在不同厚度下的前 6 阶无量纲频率参数。可以看到各阶频率均能快速收敛到 4 位有效数字而且与参考解能很好地吻合。同时可以观察到,随着厚度变小,其收敛速度有所降低,这可能是因为此时单元的形状趋于扁平而对收敛性能产生了影响。

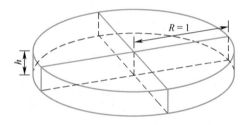

图 7-38　圆形板

表 7-21　自由边界条件下圆形板频率参数 $\lambda = \omega R\sqrt{\rho/G}$

h/R	方法	(N_e, N_f, N_t)	模态序列					
			1	2	3	4	5	6
0.1	三棱柱单元	(8, 5, 5)	0.2592	0.4340	0.5914	0.9665	1.021	1.540
		(9, 6, 6)	0.2584	0.4334	0.5903	0.9647	1.018	1.532
		(10, 7, 7)	0.2580	0.4331	0.5897	0.9641	1.017	1.529
		(11, 8, 8)	0.2579	0.4331	0.5895	0.9634	1.017	1.529
		(12, 9, 9)	0.2578	0.4330	0.5895	0.9635	1.017	1.529
		(14, 10, 10)	0.2577	0.4329	0.5892	0.9633	1.016	1.529
		(15, 11, 11)	0.2577	0.4329	0.5892	0.9633	1.016	1.529
		(16, 12, 12)	0.2576	0.4329	0.5891	0.9632	1.016	1.529
		(17, 13, 13)	0.2576	0.4329	0.5891	0.9632	1.016	1.529
		(18, 14, 14)	0.2576	0.4329	0.5891	0.9631	1.016	1.529

（续）

h/R	方法	(N_e, N_f, N_t)	模 态 序 列					
			1	2	3	4	5	6
0.1	DQFEM[5]		0.2576	0.4329	0.5891	0.9631	1.016	1.529
	三维有限元[208]		0.2576	0.4329	0.5892	0.9633	1.017	1.529
	三维里兹法[209]		0.2576	0.4329	0.5891	0.9631	1.016	1.529
0.2	三棱柱单元	(7, 4, 4)	0.5005	0.8319	1.109	1.763	1.851	2.711
		(8, 5, 5)	0.4998	0.8315	1.107	1.763	1.844	2.679
		(9, 6, 6)	0.4997	0.8314	1.107	1.762	1.843	2.674
		(10, 7, 7)	0.4996	0.8314	1.106	1.762	1.843	2.673
		(11, 8, 8)	0.4996	0.8314	1.106	1.762	1.843	2.673
		(12, 9, 9)	0.4995	0.8314	1.106	1.762	1.843	2.673
		(14, 10, 10)	0.4995	0.8314	1.106	1.762	1.843	2.673
		(15, 11, 11)	0.4995	0.8314	1.106	1.762	1.843	2.673
	DQFEM[5]		0.4995	0.8314	1.106	1.762	1.843	2.673
	三维有限元[208]		0.4997	0.8316	1.107	1.763	1.844	2.677
	三维里兹法[209]		0.4995	0.8314	1.106	1.762	1.843	2.673

下面分析图 7-39 所示半径 $R=1$ 的球体的自由振动问题,该球体被离散为 8 个四面体单元,边界条件为自由边界。其前 6 阶频率参数如表 7-22 所列。从表中可以看到四面体微分求积升阶谱有限元数值解能很快收敛到 5 位有效数字,并且与 ABAQUS 计算结果吻合较好。

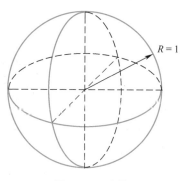

图 7-39　球体

表 7-22   自由边界条件下球体频率参数 $\lambda = \omega/2\pi$

方法	(N_e, N_f, N_t)	模 态 序 列					
		1	2	3	4	5	6
四面体单元	(4, 1, 1)	1261.2	1263.9	1265.1	1265.1	1271.7	1315.3
	(5, 2, 2)	1236.9	1247.8	1248.2	1249.1	1250.3	1310.2
	(6, 3, 3)	1239.3	1240.2	1240.2	1241.1	1241.3	1310.8
	(7, 4, 4)	1240.1	1240.3	1240.7	1240.8	1240.9	1311.9
	(8, 5, 5)	1240.1	1240.3	1240.3	1240.3	1240.5	1311.9
	(9, 6, 6)	1240.3	1240.4	1240.4	1240.6	1240.7	1312.2
	(11, 7, 7)	1240.3	1240.4	1240.4	1240.5	1240.5	1312.3
	(12, 8, 8)	1240.4	1240.4	1240.5	1240.6	1240.6	1312.4
	(13, 9, 9)	1240.4	1240.4	1240.5	1240.5	1240.5	1312.4
	(14, 10, 10)	1240.5	1240.5	1240.5	1240.5	1240.5	1312.4
	(15, 11, 11)	1240.5	1240.5	1240.5	1240.5	1240.5	1312.4
ABAQUS		1240.5	1240.5	1240.5	1240.5	1240.5	1312.5

下面考虑壳体的自由振动。图 7-40、图 7-41 分别为具有正方形投影的圆柱浅壳和球形浅壳,其网格划分以及几何尺寸如图所示。对于圆柱壳,其几何参数为 $a/b = 1, h/b = 0.1, b/R_y = 0.5$;球壳的几何参数为 $h/R = 0.5a, a/R = 0.5$。两种结构的材料均为各向同性材料,泊松比 $v = 0.3$。表 7-23 和表 7-24 分别给出了圆柱壳及球壳的对称(S)和反对称(A)模态对应的频率参数。可以看到各阶频率参数均表现出良好的收敛性,并与高阶剪切壳理论(HOSDT)以及三维理论的计算结果吻合较好。

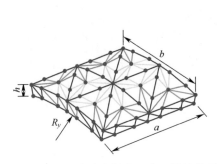
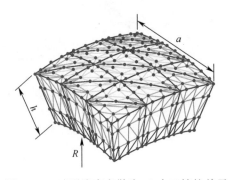

图 7-40   圆柱浅壳离散为 8 个三棱柱单元   图 7-41   球形浅壳离散为 18 个三棱柱单元

表 7-23　四边固支圆柱浅壳的频率参数 $\Omega = \omega a \sqrt{\rho/E}$

模态形式 (N_e, N_f, N_b)	SS-1	SS-2	SA-1	SA-2	AS-1	AS-2	AA-1	AA-2
(6, 3, 1)	1.0973	3.2408	1.9847	3.7402	1.9323	3.7566	2.7538	4.4477
(8, 5, 2)	1.0841	3.1466	1.9471	3.7252	1.8936	3.7492	2.6722	4.4463
(10, 7, 3)	1.0828	3.1419	1.9446	3.7229	1.8910	3.7476	2.6686	4.4461
(12, 9, 5)	1.0822	3.1395	1.9432	3.7219	1.8897	3.7470	2.6667	4.4460
HOSDT[210]	1.0822	3.1337	1.9376	3.7110	1.8888	3.7355	2.6608	4.4441

表 7-24　四边固支球形浅壳的频率参数 $\Omega = \omega a \sqrt{\rho/E}$

模态形式 (N_e, N_f, N_b)	SS-1	SS-2	SS-3	SA-1	SA-2	SA-3	AA-1	AA-2
(6, 3, 2)	2.4057	5.2666	5.3528	3.4758	3.7871	5.5953	4.2764	4.7296
(8, 5, 3)	2.3926	5.2331	5.3160	3.4647	3.7759	5.5768	4.2761	4.7005
(8, 5, 5)	2.3869	5.2183	5.2993	3.4587	3.7700	5.5735	4.2760	4.6879
(10, 7, 7)	2.3856	5.2164	5.2971	3.4575	3.7690	5.5730	4.2759	4.6861
三维理论[211]	2.3880	5.2207	5.3021	3.4662	3.7772	5.5791	4.2762	4.6901

7.7.4　跨尺度问题

下面将三维微分求积升阶谱有限元方法应用到跨尺度问题的分析。首先考虑纳米颗粒增强复合材料的等效杨氏模量计算。与传统聚合物材料相比,纳米颗粒增强复合材料往往具有更好的力学性能,因此近年来受到许多学者的关注。过去在建立纳米颗粒增强复合材料的有限元模型时,为了减少模型的计算量,通常将纳米颗粒与基体之间的界面层考虑成具有假设位移的球壳。但实际上纳米颗粒的界面层是不同于纳米颗粒和基体的另一种材料,因此采用三维单元才能更准确地模拟真实情况。本节将用微分求积升阶谱有限元方法计算纳米颗粒增强复合材料的等效杨氏模量。

图 7-42 为一个周期性聚合物纳米复合材料 (Polymer - nanoparticle Composite, PNPC)分子模型,它常被简化成图 7-43 所示的基于连续体假设的代表体积单元(Representative Volume Element, RVE),因此可以采用三维微分

求积升阶谱有限元方法进行分析。由于对称性,只需对其 1/8 区域进行分析,网格划分如图 7-44 所示。其中纳米颗粒与界面层分别用一个四面体与一个三棱柱单元来模拟,而基体部分则用四面体单元来离散。纳米颗粒半径设为 $r=0.5$,界面层厚度 $d=r/10$,RVE 立方体边长 $l=2$。

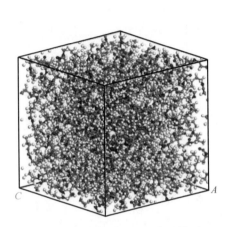

图 7-42　周期性 PNPC 分子模型

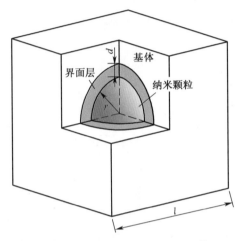

图 7-43　基于连续体假设的 RVE 模型

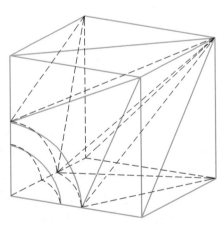

图 7-44　纳米颗粒增强复合材料的微分求积升阶谱有限元网格

为验证微分求积升阶谱有限元模型在跨尺度模拟中的有效性,首先考虑一个静力学算例。假设模型所有部分的材料弹性模量为 2.44GPa,剪切模量为 0.88GPa[212],在 3 个包含颗粒的截面上施加对称边界条件,在边界上施加法向位移 u,等效杨氏模量计算公式为

$$\overline{E} = \frac{\overline{\sigma}\, l}{2u} \tag{7.115}$$

式中: $\overline{\sigma}$ 为加载截面的平均应力。计算得到的杨氏模量的相对误差为 2.48×10^{-6},这表明微分求积升阶谱有限元方法能有效模拟这种 2 尺度问题。

进一步,取纳米颗粒的弹性模量为 104GPa,剪切模量为 37GPa,其余部分的材料常数与前面相同,计算得到的等效杨氏模量为 2.60GPa,其应力云图如图 7-45 所示。可以看到,由于模型和边界条件的对称性,σ_{xx}、σ_{yy} 以及 σ_{yz}、σ_{xz} 也是对称的。最后,将界面层的杨氏模量取为 0.244GPa,得到的等效杨氏模量为 2.42GPa,这表明界面层对材料的整体属性存在较大影响。

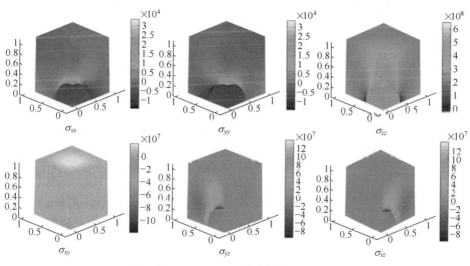

图 7-45　PNPC 模型应力云图

下面考虑金属材料晶粒与晶界相互作用的三维分析。为简单起见,考虑图 7-46 所示的 RVE 模型,其建模过程为:首先将 RVE 模型用六面体单元划分规则网格(图 7-46(a)),其中 Δ_G 表示晶粒的初始宽度,Δ_{GB} 表示晶界的初始宽度;然后通过给晶界交点处施加一个随机的位移,同时保持 Δ_{GB}/Δ_G 比值不变即可得到 RVE 模型(图 7-46(b))。与传统有限元方法不同,微分求积升阶谱有限元方法网格晶粒和晶界均只需要一个单元来表示,且计算过程中保持不变。

模型在 y-z 面上受到 x 方向上 $\sigma = 100$Pa 的拉应力,3 个坐标面上施加对称边界条件。根据文献[213,214],晶界的杨氏模量 E_{GB} 取为晶粒杨氏模量 E_G 的 75%,模型偏移半径 $r = 7.5\Delta_{GB}$。等效杨氏模量的计算公式为

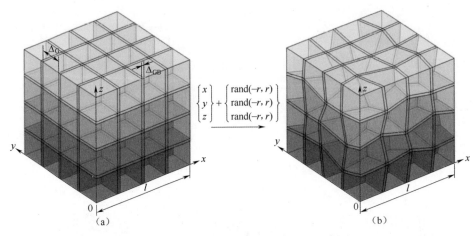

图 7-46　晶粒和晶界模型生成过程示意图

$$\overline{E} = \frac{\sigma l}{\overline{u}_x} \tag{7.116}$$

式中：$\overline{u}_x$ 为受拉方向端面结点平均位移；l 为模型尺寸。作为对比，本书同时用体积混合法来估算等效杨氏模量，其公式为

$$\widetilde{E} = R_{GB} E_{GB} + (1 - R_{GB}) E_G, \quad R_{GB} = V_{GB} / (V_G + V_{GB}) \tag{7.117}$$

其中 R_{GB} 表示晶界的体积百分比。以 N_G 表示每个方向上的晶粒数目，N_E 表示模型使用的六面体单元数目，表 7-25 中给出了当 N_G 和 N_E 取不同的值时等效杨氏模量的计算结果。可以看到本书结果与体积混合方法的计算结果比较接近，这再次验证了微分求积升阶谱有限元方法在这种跨尺度问题计算上的有效性。模型应力云图在图 7-47 中给出（$N_G = 4$），其中晶界应力云图在图 7-48 中给出。从应力云图中可以发现，由于加载以及结构近似对称，导致 σ_{yy} 与 σ_{zz} 有较好的对称性，另外与拉伸方向平行的晶界应力水平相对较低，而与拉伸方向垂直的界面应力较大，拉伸方向的应力是主要的应力成分，这与各向同性材料的单向拉伸的规律比较接近。

表 7-25　等效杨氏模量计算结果（$\Delta_{GB}/\Delta_G = 0.03$）

N_G	N_E	DOFs	$\widetilde{E}$	$\overline{E}$	R_{GB}
3	125	3630	$0.9826E_G$	$0.9856E_G$	5.768%
4	343	9450	$0.9810E_G$	$0.9839E_G$	6.457%
5	729	19494	$0.9802E_G$	$0.9828E_G$	6.868%

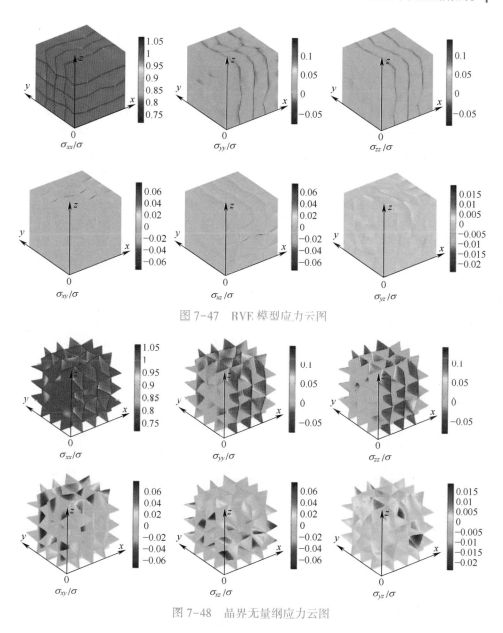

图 7-47　RVE 模型应力云图

图 7-48　晶界无量纲应力云图

7.8　小　　结

　　本章首先介绍了三维弹性力学的基本方程,包括各向同性材料和复合材料

239

的热弹性耦合问题;然后分别介绍了六面体单元、三棱柱单元和四面体单元的升阶谱基函数,重点是各类单元上正交基函数的构造;接着是各种单元上的高斯-洛巴托积分。单元的几何映射在有限元分析中起着关键性的作用,用NURBS等张量积基函数表示的三角形、四面体、三棱柱等单元存在汇聚点,在汇聚点处的微分是存在奇异的,因此需要将其映射到相似几何形状的区域上。研究表明一维最优结点分布是高斯-洛巴托结点,三角形和四面体上的高斯-洛巴托点被称为费克特点。本章利用几何形状的对称性给出了把一维高斯-洛巴托结点映射到三角形和四面体区域上的方法,由此得到的非均匀分布结点非常接近费克特点,并以该结点为初始值用各单元上的升阶谱基函数给出了计算精确费克特点的方法。在费克特点的基础上,给出了求得三角形、四边形、四面体、三棱柱、六面体上拉格朗日函数的方法,可用于各种类型单元的几何映射。在这些单元表面上采用费克特点对各类微分求积升阶谱体单元的组装是十分有利的。在升阶谱单元矩阵的计算方面,本章也给出了高效的计算方法。最后通过一系列各向同性和各向异性材料的静力学分析、自由振动分析及热弹性耦合分析,证明了本章所给各类体单元的效率和精度,同时不存在数值稳定性问题,对各类闭锁问题不敏感,甚至可用于跨尺度分析。特别值得一提的是,研究表明,采用本章所给三棱柱、六面体单元分析二维结构在达到三维精度的同时,仅需要二维理论的计算量。

在本书第三章微分求积升阶谱三角形和四边形单元的构造中,单元边界上的插值函数是用混合函数方法和拉格朗日插值函数构造的,研究表明该方法的效率其实不够高。本章的微分求积升阶谱函数都是在升阶谱函数的基础上,利用单元边界上的非均匀分布结点通过插值构造的,由于正交多项式可以通过递推公式计算,其计算效率远远高于拉格朗日多项式并且不存在数值稳定性问题,即使求一个逆矩阵,其计算效率也要远远高于拉格朗日多项式。因此,第三章中三角形和四边形单元形函数建议采用本章的方法构造。

第八章

升阶谱有限元方法在非线性问题中的应用

对于非线性力学问题来说,其有限元离散后的方程一般是关于未知变量的非线性方程组,因而一般需要采用迭代格式来求解。其中方程组的未知变量个数将对求解的计算量有显著影响。如前文所述,高阶 p-型有限元方法的快速收敛特性使其可以采用相对较少的自由度来达到较高精度的计算结果。因此,相对于传统 h-型有限元方法,p-型有限元方法在非线性问题求解的效率上具有其独特的优势。本章将简要介绍梁[136]、板[134]和实体单元[135]在非线性问题中的应用,限于篇幅,关于非线性有限元方法的详细计算格式参考 J. C. Simo[215] 以及 Ted Belytschko 等人的著作[216]。

8.1 梁 单 元

8.1.1 理论模型

梁的大挠度非线性振动通常伴随着大应变、高应力等特点,因此在计算过程中必须考虑几何非线性以及材料非弹性等行为。下面将给出高阶有限元方法在梁非线性振动中的计算格式。梁的位移模式采用 Timoshenko 梁假设,如图 8-1 所示,位移场可以表示为

$$\begin{cases} u_1(x_1,x_3,t) = u_1^0(x_1,t) + x_3\theta^0(x_1,t) \\ u_3(x_1,x_3,t) = u_3^0(x_1,t) \end{cases} \quad (8.1)$$

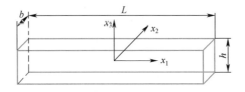

图 8-1　梁的尺寸及坐标轴

241

式中：$u_i(x_1, x_3, t)$ 为沿着 x_i 方向的位移；$\theta^0(x_1, t)$ 为横截面绕 x_2 坐标轴的转角；上标"0"代表中性轴；x_1 为轴向坐标；x_3 为横向坐标。

对于几何非线性问题，其应变一般采用格林应变（也叫格林–拉格朗日应变），其分量的指标表示为

$$\varepsilon_{ij} = \frac{1}{2}\left(\frac{\partial u_i}{\partial x_j} + \frac{\partial u_j}{\partial x_i} + \frac{\partial u_k}{\partial x_i}\frac{\partial u_k}{\partial x_j}\right), \quad i,j = 1,2,3 \tag{8.2}$$

其中位移场均采用物质坐标描述，即所谓完全拉格朗日格式。根据冯·卡门（Von Karman）方法，除了非线性项 $(\partial u_3/\partial x_1)^2$ 以外，其余各非线性项一般可以忽略不计。因此，轴向应变以及横向工程剪应变可以表示为

$$\begin{cases}\varepsilon_{11}(x_1,x_3,t) = \dfrac{\partial u_1^0(x_1,t)}{\partial x_1} + \dfrac{1}{2}\left(\dfrac{\partial u_3^0(x_1,t)}{\partial x_1}\right)^2 + x_3\dfrac{\partial \theta^0(x_1,t)}{\partial x_1} \\[3mm] \gamma_{13}(x_1,t) = 2\varepsilon_{13}(x_1,t) = \dfrac{\partial u_3^0(x_1,t)}{\partial x_1} + \theta^0(x_1,t)\end{cases} \tag{8.3}$$

为便于表示刚度矩阵，轴向应变也可以表示成如下形式：

$$\varepsilon_{11}(x_1,x_3,t) = \begin{bmatrix}1,x_3\end{bmatrix}\left(\begin{bmatrix}\varepsilon_0^p(x_1,t) \\ \varepsilon_0^b(x_1,t)\end{bmatrix} + \begin{bmatrix}\varepsilon_L^p(x_1,t) \\ 0\end{bmatrix}\right) \tag{8.4}$$

式中：ε_0^p 为线性轴向应变；ε_0^b 为弯曲应变；ε_L^p 为几何非线性轴向应变，即

$$\varepsilon_0^p(x_1,t) = \frac{\partial u_1^0(x_1,t)}{\partial x_1}, \quad \varepsilon_0^b(x_1,t) = \frac{\partial \theta^0(x_1,t)}{\partial x_1}, \quad \varepsilon_L^p(x_1,t) = \frac{1}{2}\left(\frac{\partial u_3^0(x_1,t)}{\partial x_1}\right)^2$$

$$\tag{8.5}$$

梁的弹性本构关系为

$$\begin{bmatrix}\sigma_{11}(x_1,x_3,t) \\ \sigma_{13}(x_1,x_3,t)\end{bmatrix} = \begin{bmatrix}E & 0 \\ 0 & G\end{bmatrix}\begin{bmatrix}\varepsilon_{11}(x_1,x_3,t) - \varepsilon_{11}^p(x_1,x_3,t) \\ \kappa\gamma_{13}(x_1,t) - \gamma_{13}^p(x_1,x_3,t)\end{bmatrix} \tag{8.6}$$

式中：E 为杨氏模量；$G = E/(2(1+\nu))$ 为剪切模量；ν 为泊松比；κ 为剪切修正系数。下面只考虑矩形截面梁，因此其剪切修正系数可以取为 $\kappa = (5+5\nu)/(6+5\nu)$。$\varepsilon_{11}^p$ 为轴向塑性应变，γ_{13}^p 为剪切塑性应变。注意这里默认应力 σ_{11}、σ_{33}、σ_{12} 和 σ_{23} 均忽略不计。

8.1.2 有限元离散

由前文可知，单元的位移场变量包含中性面的挠度、轴向位移以及绕中性轴的转角，因此其有限元近似可以表示为

$$\begin{bmatrix} u_1^0(\xi,t) \\ u_3^0(\xi,t) \\ \theta^0(\xi,t) \end{bmatrix} = \begin{bmatrix} \boldsymbol{N}^{u_1}(\xi)^{\mathrm{T}} & 0 & 0 \\ 0 & \boldsymbol{N}^{u_3}(\xi)^{\mathrm{T}} & 0 \\ 0 & 0 & \boldsymbol{N}^{\theta}(\xi)^{\mathrm{T}} \end{bmatrix} \begin{bmatrix} \boldsymbol{q}_{u_1}(t) \\ \boldsymbol{q}_{u_3}(t) \\ \boldsymbol{q}_{\theta}(t) \end{bmatrix}$$

$$\boldsymbol{N}^{u_1}(\xi)^{\mathrm{T}} = [g_1(\xi),\cdots,g_{p_i}(\xi)]$$
(8.7)
$$\boldsymbol{N}^{u_3}(\xi)^{\mathrm{T}} = [f_1(\xi),\cdots,f_{p_i}(\xi)]$$
$$\boldsymbol{N}^{\theta}(\xi)^{\mathrm{T}} = [\varTheta_1(\xi),\cdots,\varTheta_{p\theta}(\xi)]$$

式中：$\boldsymbol{q}$ 为与时间有关的广义结点位移向量；$\boldsymbol{N}^{u_1}$、$\boldsymbol{N}^{u_3}$ 和 $\boldsymbol{N}^{\theta}$ 分别为与纵向位移、横向位移以及转角位移对应的形函数向量；g_i、f_i 和 $\varTheta_i$ 则为一组给定阶次的多项式形函数。单元参数坐标 $\xi \in [-1,1]$ 与全局坐标 x_1 的关系为 $x_1 = x_{1i} + \Delta x_{1i}/2 + \xi\Delta x_{1i}/2$，其中 x_{1i} 为单元左端结点坐标，Δx_{1i} 为单元长度。

结合前面的应变位移关系和应力-应变关系，可以推导得梁的如下虚功方程，这是接下来非线性有限元分析的基础

$$\int_\Omega (\delta\varepsilon_{11}\sigma_{11} + \delta\gamma_{13}\sigma_{13})\mathrm{d}\Omega - \int_\Omega \rho(\delta u_1\ddot{u}_1 + \delta u_3\ddot{u}_3)\mathrm{d}\Omega - \int_\Omega (\delta u_1 F_{u_1} + \delta u_3 F_{u_3} + \delta\theta M)\mathrm{d}\Omega = 0$$
(8.8)

式中：F_{u_i} 为 x_i 方向的外力；M 为绕 x_2 轴的弯矩，梁所占的积分区域用 Ω 表示。

根据式(8.6)，式(8.8)第一项可以表示为

$$\begin{cases} \int_\Omega \delta\varepsilon_{11}\sigma_{11}\mathrm{d}\Omega = \int_\Omega \delta\varepsilon_{11}E\varepsilon_{11}\mathrm{d}\Omega - \int_\Omega \delta\varepsilon_{11}E\varepsilon_{11}^p\mathrm{d}\Omega \\ \int_\Omega \delta\gamma_{13}\sigma_{13}\mathrm{d}\Omega = \int_\Omega \delta\gamma_{13}\kappa G\gamma_{13}\mathrm{d}\Omega - \int_\Omega \delta\gamma_{13}G\gamma_{13}^p\mathrm{d}\Omega \end{cases}$$
(8.9)

结合式(8.7)和式(8.4)可得如下单元矩阵：

$$\begin{cases} {}^e\boldsymbol{F}_{u_1}^{\mathrm{plast}}(\varepsilon_{11}^p) = E\frac{bh}{2}\int_{-1}^1\int_{-1}^1 \boldsymbol{N}_{,\xi}^{u_1}(\xi)\varepsilon_{11}^p(\xi,\eta,t)\mathrm{d}\xi\mathrm{d}\eta \\ {}^e\boldsymbol{F}_{\theta}^{\mathrm{plast}}(\varepsilon_{11}^p) = E\frac{bh^2}{4}\int_{-1}^1\int_{-1}^1 \eta\boldsymbol{N}_{,\xi}^{\theta}(\xi)\varepsilon_{11}^p(\xi,\eta,t)\mathrm{d}\xi\mathrm{d}\eta \\ {}^e\boldsymbol{K}^{\mathrm{plast}}(\varepsilon_{11}^p) = E\frac{bh}{\Delta x_i}\int_{-1}^1\int_{-1}^1 \boldsymbol{N}_{,\xi}^w(\xi)\boldsymbol{N}_{,\xi}^w(\xi)^{\mathrm{T}}\varepsilon_{11}^p(\xi,\eta,t)\mathrm{d}\xi\mathrm{d}\eta \end{cases}$$
(8.10)

式中：${}^e\boldsymbol{F}_{u_1}^{\mathrm{plast}}$ 和 ${}^e\boldsymbol{F}_{\theta}^{\mathrm{plast}}$ 为轴向塑性变形引起的广义结点力；矩阵 ${}^e\boldsymbol{K}^{\mathrm{plast}}$ 表征大变形与塑性变形的相互作用；上标"e"为矩阵对应于单个单元；杨氏模量 E，宽度 b，高度 h 均假设为常数；η 为 x_3 方向的无量纲坐标。同样地，塑性应变对应的结点力向量定义为

243

$$\begin{cases} {}^{e}\boldsymbol{F}_{\gamma u_3}^{\text{plast}}(\boldsymbol{\gamma}_{13}^{p}) = G\frac{bh}{2}\int_{-1}^{1}\int_{-1}^{1}\boldsymbol{N}_{,\xi}^{w}(\xi)\gamma_{13}^{p}(\xi,\eta,t)\,\mathrm{d}\xi\,\mathrm{d}\eta \\ {}^{e}\boldsymbol{F}_{\gamma\theta}^{\text{plast}}(\boldsymbol{\gamma}_{13}^{p}) = G\frac{bh^2\Delta x_i}{4}\int_{-1}^{1}\int_{-1}^{1}\eta\boldsymbol{N}^{\theta}(\xi)\gamma_{13}^{p}(\xi,\eta,t)\,\mathrm{d}\xi\,\mathrm{d}\eta \end{cases} \tag{8.11}$$

通过单元矩阵组装最终可以得到如下离散形式的运动方程:

$$\begin{bmatrix} \boldsymbol{M}_{u_1} & \boldsymbol{0} & \boldsymbol{0} \\ \boldsymbol{0} & \boldsymbol{M}_{u_3} & \boldsymbol{0} \\ \boldsymbol{0} & \boldsymbol{0} & \boldsymbol{M}_{\theta} \end{bmatrix}\begin{bmatrix} \ddot{\boldsymbol{q}}_{u_1}(t) \\ \ddot{\boldsymbol{q}}_{u_3}(t) \\ \ddot{\boldsymbol{q}}_{\theta}(t) \end{bmatrix} + \begin{bmatrix} \boldsymbol{K}_{l_{11}}^{p} & \boldsymbol{0} & \boldsymbol{0} \\ \boldsymbol{0} & \boldsymbol{K}_{l_{22}}^{\gamma} & \boldsymbol{K}_{l_{23}}^{\gamma} \\ \boldsymbol{0} & \boldsymbol{K}_{l_{32}}^{\gamma} & \boldsymbol{K}_{l_{33}}^{\gamma}+\boldsymbol{K}_{l_{33}}^{b} \end{bmatrix}\begin{bmatrix} \boldsymbol{q}_{u_1}(t) \\ \boldsymbol{q}_{u_3}(t) \\ \boldsymbol{q}_{\theta}(t) \end{bmatrix} +$$

$$\begin{bmatrix} \boldsymbol{0} & \boldsymbol{K}_{nl_{12}} & \boldsymbol{0} \\ \boldsymbol{K}_{nl_{21}} & \boldsymbol{K}_{nl_{22}}-\boldsymbol{K}_{\text{plast}} & \boldsymbol{0} \\ \boldsymbol{0} & \boldsymbol{0} & \boldsymbol{0} \end{bmatrix}\begin{bmatrix} \boldsymbol{q}_{u_1}(t) \\ \boldsymbol{q}_{u_3}(t) \\ \boldsymbol{q}_{\theta}(t) \end{bmatrix} = \begin{bmatrix} \boldsymbol{F}_{u_1}(t) \\ \boldsymbol{F}_{u_3}(t) \\ \boldsymbol{F}_{\theta}(t) \end{bmatrix} + \begin{bmatrix} \boldsymbol{F}_{u_1}^{\text{plast}}(\varepsilon_{11}^{p}) \\ \boldsymbol{F}_{\gamma u_3}^{\text{plast}}(\varepsilon_{11}^{p}) \\ \boldsymbol{F}_{\theta}^{\text{plast}}(\varepsilon_{11}^{p})+\boldsymbol{F}_{\gamma\theta}^{\text{plast}}(\gamma_{13}^{p}) \end{bmatrix}$$

$$\tag{8.12}$$

式中: $\boldsymbol{M}_{u_1}$、$\boldsymbol{M}_{u_3}$ 和 $\boldsymbol{M}_{\theta}$ 为质量矩阵; $\boldsymbol{K}_{l_{ij}}^{k}$ 为线性刚度矩阵($i,j=1,2,3$; $k=p$, γ,b); $\boldsymbol{K}_{nl_{ij}}$ ($i,j=1,2$)为几何非线性刚度矩阵; $\boldsymbol{F}_{u_1}$、$\boldsymbol{F}_{u_3}$ 和 $\boldsymbol{F}_{\theta}$ 为广义外部结点力。由于考虑了塑性应变,因此上述矩阵一般采用数值积分得到。

8.1.3 方程求解与塑性应变的计算

动力学方程的求解可采用隐式 Newmark 算法来求解。其中塑性部分的初值为0直到材料发生屈服。对于算法的首次循环,前一时间步对应的塑性应变假设是不变的(可能为0,也可能不为0),进而可通过式(8.10)和式(8.11)得到塑性应变对应的单元矩阵。广义结点位移则可通过迭代求解式(8.12),直到相邻两次计算结果之差满足精度要求为止。在得到收敛的广义位移之后,则可通过式(8.6)求得高斯积分点处的应力,进而通过冯·米泽斯(Von Mises)屈服准则以及混合硬化模型来判断是否发生屈服,其中屈服函数定义为

$$f_y = \frac{1}{2}({}^{t+\Delta t}S_{ij}{}^{t+\Delta t}S_{ij} - {}^{t+\Delta t}\alpha_{ij}{}^{t+\Delta t}\alpha_{ij}) - \frac{1}{3}{}^{t+\Delta t}\sigma_y^2, \quad i,j=1,2,3 \tag{8.13}$$

式中: α_{ij} 为背应力张量分量,其取值为0,直到发生塑性应变为止; ${}^{t+\Delta t}\sigma_y$ 为屈服应力,与塑性相关; ${}^{t+\Delta t}S_{ij}$ 为应力偏量,其定义为

$$S_{ij} = \sigma_{ij} - \sigma_m\delta_{ij} \tag{8.14}$$

式中: σ_m 为平均应力; δ_{ij} 为克罗内克符号。对于上述梁来说, $S_{11}=2\sigma_{11}/3$, $S_{22}=S_{33}=-\sigma_{11}/3$, $S_{13}=S_{31}=\sigma_{13}/3$, $S_{12}=S_{21}=S_{23}=S_{32}=0$ 。

若某高斯点处发生屈服，那么该点的塑性应变以及相关变量均需要更新，这时一般需要重新计算式（8.12）的广义结点位移。下面采用控制参数法来计算塑性应变，其中冯·米泽斯屈服函数选为控制函数，同时假设应力-应变关系为双线性关系，如图 8-2 所示，其屈服函数为

$$f_y(\Delta e^P) = \frac{{}^{t+\Delta t}\sigma^E}{{}^{t+\Delta t}\sigma_y + [3G + (1 - M)E_P]\Delta e^P} - 1 \tag{8.15}$$

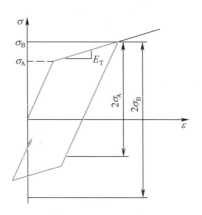

图 8-2　双线性单轴应力-应变曲线以及混合硬化

式中：Δe^P 为有效塑性应变增量；M 为混合硬化参数，用来表征包辛格（Bauschinger）效应。由于混合硬化模型介于各向同性硬化与随动硬化之间，只有有效塑性应力的各向同性部分 $M(e^P + \Delta e^P)$ 影响屈服曲面的尺寸，而背应力 $\boldsymbol{\alpha}$ 则定义了屈服曲面的位置。当发生包辛格效应时，屈服曲面的位置将发生改变。塑性模量 E_P 可以通过切向模量以及杨氏模量表示为

$$E_P = \frac{EE_T}{E - E_T} \tag{8.16}$$

对于双线性模型，E_T 和 E_P 均为常数。式（8.15）中的 ${}^{t+\Delta t}\sigma^E$ 为 $\Delta e^P = 0$ 时的有效塑性应力，可通过下式计算：

$$^{t+\Delta t}\sigma^E = \left(\frac{3}{2}{}^{t+\Delta t}\hat{S}^E \cdot {}^{t+\Delta t}\hat{S}^E\right)^{1/2} \tag{8.17}$$

式中：${}^{t+\Delta t}\hat{S}^E$ 弹性应力曲面半径，定义为

$$^{t+\Delta t}\hat{S}^E = {}^{t+\Delta t}S^E - {}^t\boldsymbol{\alpha} \tag{8.18}$$

式中：${}^{t+\Delta t}S^E$ 为弹性解（即当前时间步没有塑性应变时对应的解）的偏量部分，其计算步骤为

$$^{t+\Delta t}e_{ij}^t = {}^{t+\Delta t}\varepsilon_{ij} - {}^{t+\Delta t}\varepsilon_m, \quad i = j$$

$$^{t+\Delta t}e_{13}^t = \frac{1}{2}{}^{t+\Delta t}\gamma_{13}$$

$$^{t+\Delta t}e_{ij}'' = {}^{t+\Delta t}e_{ij}' - {}^{t}\varepsilon_{ij}^P$$

$$^{t+\Delta t}\boldsymbol{S}^E = 2G^{t+\Delta t}\boldsymbol{e}'' \tag{8.19}$$

式中：$^{t+\Delta t}e_{ij}'$ 为偏应变张量分量；$^{t}\varepsilon_{ij}^P$ 为上一步的塑性应变分量。

对于梁来说 $\sigma_{22} = \sigma_{33} = 0$，因此存在如下关系式：

$$^{t+\Delta t}\varepsilon_{11} = \frac{^{t+\Delta t}\sigma_{11}}{E} + {}^{t+\Delta t}\varepsilon_{11}^P, \quad ^{t+\Delta t}\varepsilon_{22} = -\frac{\nu}{E}{}^{t+\Delta t}\sigma_{11} + {}^{t+\Delta t}\varepsilon_{22}^P,$$

$$^{t+\Delta t}\varepsilon_{33} = -\frac{\nu}{E}{}^{t+\Delta t}\sigma_{11} + {}^{t+\Delta t}\varepsilon_{33}^P \tag{8.20}$$

此外，由于体塑性应变为 0（$\varepsilon_V^P = {}^{t+\Delta t}\varepsilon_{11}^P + {}^{t+\Delta t}\varepsilon_{22}^P + {}^{t+\Delta t}\varepsilon_{33}^P = 0$），因此平均应变为

$$^{t+\Delta t}\varepsilon_m = \frac{1 - 2\nu}{3}\frac{\sigma_{11}}{E} \tag{8.21}$$

引入比例参数 $\Delta\lambda$

$$\Delta\lambda = \frac{3}{2}\frac{\Delta e^P}{^{t+\Delta t}\sigma_y} \tag{8.22}$$

其中屈服应力为

$$^{t+\Delta t}\sigma_y = \sigma_{yv} + ME_P(e^P + \Delta e^P) \tag{8.23}$$

式中：σ_{yv} 为初始屈服应力。那么应力半径 $^{t+\Delta t}\hat{S}$ 可以通过下式计算：

$$^{t+\Delta t}\hat{S} = \frac{^{t+\Delta t}\hat{S}^E}{1 + 2[G + (1 - M)E_P/3]\Delta\lambda} \tag{8.24}$$

塑性应变增量则可通过普朗特-罗伊斯（Prandtl-Reuss）方程给出

$$\Delta^{t+\Delta t}\varepsilon^P = \Delta\lambda\,^{t+\Delta t}\hat{S} \tag{8.25}$$

那么 $t + \Delta t$ 时刻的总塑性应变和背应力为

$$\begin{cases} ^{t+\Delta t}\varepsilon^P = {}^{t}\varepsilon^P + \Delta\varepsilon^P \\ ^{t+\Delta t}\alpha = {}^{t}\alpha + \Delta\alpha, \ \Delta\alpha = 2(1 - M)E_P\Delta\varepsilon^P/3 \end{cases} \tag{8.26}$$

其中第二式为普拉格（Prager）硬化准则的一种表达形式，其中 $2E_P/3$ 为随动硬化模量。

上述式子给出了塑性应变的更新过程，进而式(8.12)中对应矩阵也可以进行相应的更新，通过迭代求解便可得到新的广义结点位移。重复上述循环求解过程，直到广义结点位移与塑性应变的变化均在可接受的阈值之内为止。

8.1.4 算 例

下面将给出相关算例来验证上述计算方法的有效性以及采用 p-型有限元格式的优势。首先考虑一两端固支钢梁的受迫振动问题。梁的几何参数为 $b=0.02\mathrm{m}$，$L=0.406\mathrm{m}$，$h=0.2L$；梁的材料参数为 $\nu=0.3$，$E=2.06\times10^{11}\mathrm{N/m^2}$，$\rho=7.69\times10^3\mathrm{kg/m^3}$，$\sigma_{yv}=4.88\times10^8\mathrm{N/m^2}$，切线模量 $E_\mathrm{T}=10^9\mathrm{N/m^2}$，参数 $M=1$（各向同性硬化）。载荷参数为：横向分布阶跃载荷，幅值为 $0.00429EA/L\ \mathrm{N/m}$，持续时间 $2.3c/Ls$，其中 c 为钢的声速 $c=\sqrt{E/\rho}$。图 8-3 所示为梁在 3 个不同时刻塑性区分布图，可以看到，随着时间推移塑性区由梁的两端向中间扩展。它们与文献[217]中的计算结果吻合较好，虽然其计算公式以及逼近方法与本节不同。

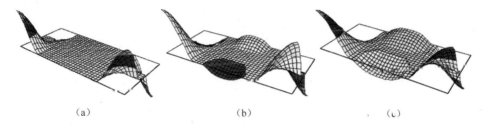

(a)   (b)   (c)

图 8-3 两端固支梁在矩形脉冲载荷作用下的纵向塑性应变

(a) $t=0.94L/c$；(b) $t=1.33L/c$；(c) $t=2.1L/c$。

为进一步说明 p-型有限元方法相对于传统 h-型有限元方法的计算优势，下面将分别采用上述 p-型有限元方法与商业软件 ANSYS 的 h-型有限元方法计算梁的静力问题。梁的材料、几何参数为 $\nu=0.3$，$E=2.00\times10^{11}\mathrm{N/m^2}$，$\rho=7.8\times10^3\mathrm{kg/m^3}$，$E_\mathrm{T}=10^8\mathrm{N/m^2}$，$\sigma_{yv}=2.0\times10^8\mathrm{N/m^2}$，$b=0.03\mathrm{m}$，$L=1\mathrm{m}$，$h=0.01L$。梁的中心依次施加沿 x_3 方向的不同幅值的点载荷。表 8-1 给出了 p-型有限元方法得到的梁中点的无量纲位移，不同情况下，长度方向与厚度方向均分别布置 40 和 20 个高斯积分点，剪切修正系数除了 5/6 的情况外，其余均取为 $\kappa=(5+5\nu)/(6+5\nu)$。作为对比，表中同样给出了 ANSYS 分别用 40 个 BEAM23 平面梁单元以及 6400 个 SHELL43 单元（厚度方向用 8 个单元，长度方向 800 个单元）得到的计算结果。其中后者得到的计算结果将作为所有结果的参考解，表中括号部分给出了相对于参考解的相对误差。可以看到，除 2000N 的情况以外，p-型有限元方法的计算结果均比 h-型有限元方法（BEAM23）的计算结果更加接近参考解，而且 p-型有限元方法需要的自由度数更少。值得指出的是，随着非线性程度增加（如外载荷幅值增加），计算模型达到收敛所需的自由度数也将逐渐增加,这种现象在一般有限元方法(p-型和h-型)中是普遍存在的。表 8-2 给出了 69 个自由度的 p-型有限元方法在不同积分点数目下得到的无量纲位移。从表中结果可以看到,在采用 20×10 个积分点时 p-型有限元方法的计算结果就与 SHELL43 的参考解比较吻合。此外,还可看到,当外载荷较大时,采用 20×10 个积分点的计算结果比采用更多积分点得到的计算结果更加接近参考解。这种情况可能是由于采用较少积分点能人为地降低梁的刚度,因而更加接近柔度更大的壳模型结果。此外,采用 75 个自由度,64×64 个积分点的计算结果也在表中给出,其相对误差的变换范围为-0.02%~0.2%。

表 8-1   常值载荷作用下梁中点的无量纲位移 u_3/h

力/N	p-型					BEAM 23 117DOFs	SHELL 43 43146DOFs	变形情况
	39DOFs	51DOFs	69DOFs	69DOFs κ = 5/6	75DOFs			
500	0.45371 (−0.086%)	0.45401 (−0.019%)	0.45416 (0.014%)	0.45418 (0.018%)	0.45419 (0.020%)	0.45470 (0.13%)	0.45410	弹性
1000	0.74581 (−0.17%)	0.74647 (−0.078%)	0.74677 (−0.038%)	0.74679 (−0.034%)	0.74682 (−0.031%)	0.74948 (0.33%)	0.74705	弹-塑性
1500	0.97573 (−0.99%)	0.97943 (−0.62%)	0.98213 (−0.34%)	0.98215 (−0.34%)	0.98280 (−0.28%)	0.98000 (−0.56%)	0.98551	弹-塑性
2000	1.2149 (−3.0%)	1.2264 (−2.1%)	1.2379 (−1.2%)	1.2379 (−1.2%)	1.2391 (−1.1%)	1.2528 (0.024%)	1.2525	弹-塑性
2500	1.4530 (−5.4%)	1.4758 (−3.9%)	1.4950 (−2.6%)	1.4951 (−2.6%)	1.4989 (−2.4%)	1.4896 (−3.0%)	1.5352	弹-塑性

表 8-2   采用不同积分点得到的梁中点无量纲位移 u_3/h

力/N	p-型,69DOFs					p-型,75DOFs 64×64	SHELL 43 43146DOFs	变形情况
	20×10	32×32	40×20	64×32	64×64			
500	0.45416 (0.014%)	0.45416 (0.014%)	0.45416 (0.014%)	0.45416 (0.014%)	0.45416 (0.014%)	0.45419 (0.020%)	0.45410	弹性
1000	0.74678 (−0.036%)	0.74677 (−0.037%)	0.74677 (−0.037%)	0.74678 (−0.036%)	0.74678 (−0.036%)	0.74684 (−0.028%)	0.74705	弹-塑性
1500	0.98016 (−0.54%)	0.98250 (−0.31%)	0.98213 (−0.34%)	0.98234 (−0.321%)	0.98242 (−0.31%)	0.98297 (−0.26%)	0.98551	弹-塑性

(续)

| 力/N | p-型,69DOFs | | | | | p-型,75DOFs | SHELL 43 | 变形情况 |
	20×10	32×32	40×20	64×32	64×64	64×64	43146DOFs	
2000	1.2386 (−1.1%)	1.2371 (−1.2%)	1.2379 (−1.2%)	1.2385 (−1.1%)	1.2386 (−1.1%)	1.2399 (−1.0%)	1.2525	弹-塑性
2500	1.5184 (−1.1%)	1.4948 (−2.6%)	1.4950 (−2.6%)	1.4990 (−2.4%)	1.4997 (−2.3%)	1.5039 (−2.0%)	1.5352	弹-塑性

表 8-3   常值横向载荷作用下梁中点无量纲位移 u_3/h，
$E_T = 10^9 N/m^2$，$\kappa = (5+5\nu)/(6+5\nu)$

力/N	p-型,69DOFs 40×20	p-型,69DOFs 64×64	p-型,75DOFs 40×20	p-型,75DOFs 64×64	SHELL43 43146DOFs
1500	0.98250(−0.26%)	0.98267(−0.25%)	0.98254(−0.26%)	0.98271(−0.24%)	0.98511
2000	1.2360(−0.94%)	1.2367(−0.89%)	1.2361(−0.94%)	1.2367(−0.89%)	1.2478
2500	1.4879(−1.85%)	1.4916(−1.6%)	1.4880(−1.8%)	1.4917(−1.6%)	1.5160

为考察算法在不同切线模量情况下的计算性能,表 8-3 给出了当 $E_T = 10^9 N/m^2$ 时得到的梁中点的无量纲位移收敛过程,材料参数与几何参数和前面类似,所有计算结果均在弹-塑性变形情况下得到。通过与前面对比可以发现位移有所减小,这是由于大切线模量使得相同的应变下产生更大内力。以 SHELL43 单元的计算结果为参考,p-型梁单元的计算误差均小于 1.86%。

下面将与文献[218]算例进行比较(未考虑塑性变形影响),其中大多数材料、几何参数均与前面相同。黏性阻尼假设与质量矩阵成比例 $\beta = 1$,那么式(8.12)变为

$$M\ddot{q} + \beta M\dot{q} + K_l q + [K_{nl} - K_{plast}]q = F + F^{plast} \qquad (8.27)$$

激励力为均匀分布的横向载荷[217]。切线模量取 $E_T = 10^8 N/m^2$,$M = 1$。图 8-4 为梁中点位移的稳态响应,其中激励力频率为 117.8097rad/s(18.75Hz),载荷幅值为 1000N/m。其变化曲线与文献[218]中图 7(a)类似,然而在梁的两端发生了小部分塑性变形。图 8-5 所示为 4 个点稳态轴向应变,4 个点的坐标依次为:点 1(ξ, η) = (0.9907, −0.8391),点 2(ξ, η) = (0.9982, −0.8391),点 3(ξ, η) = (0.9579, 0.8391),点 4(ξ, η) = (0.9982, 0.9931)。这些点均位于梁的边界附近,因此其塑性应变变化较大,进而需要采用高阶形函数才能进行准确计

算。很明显,相对于线性问题,塑性应变的计算结果要求使用高阶形函数,并且对实际使用的形函数数目更加敏感。

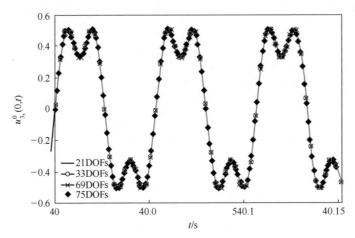

图 8-4　梁中点的横向位移(40×20 个积分点)

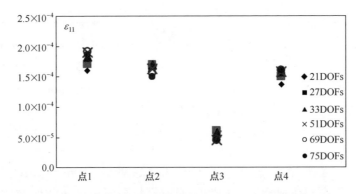

图 8-5　4 个点对应的轴向塑性应变(40×20 个积分点)

下面将利用 p-型有限元方法(75dofs,64×64 积分点)计算塑性应变对受迫振动的影响。其中几何参数、线弹性材料模型与文献[218]相同,切线模量 $E_T = 10^8 \mathrm{N/m}^2$,屈服应力 $\sigma_{yv} = 2.0 \times 10^8 \mathrm{N/m}^2$。图 8-6(a)、(b)分别给出了梁中点处的横向位移时间历程以及相轨迹,其中激励力频率为第一阶线性固有频率326.827rad/s,幅值为 500N/m,T_e 代表激励周期,实线代表同时考虑几何非线性以及弹塑性变形的计算结果,"×"代表只考虑几何非线性(材料仍然为线弹性)的计算结果。通过对比可以发现,考虑塑性变形的计算结果具有更小的位移与速度幅值,此外,两组结果均表现出明显的周期性且与激励力频率密切相关。

图 8-7(a)、(b)分别给出了线弹性模型与弹塑性模型计算得到的 σ_{11} 分布图。由于塑性应变的影响,应力值在梁的两端和中心附近差异较大。当考虑塑性变形时,σ_{11} 的分布曲面在梁的端点附近的形状变得畸形,这种现象在静力分析中是很少观察得到的,其原因主要是由于循环载荷的作用。当不考虑塑性变形时,从计算结果可以看到,梁两端的应力值达到了 400MPa 左右,因此,在实际过程中即使是高强度钢也要发生塑性变形。

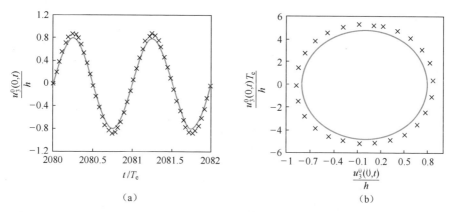

图 8-6　梁中点处的横向位移时间历程以及相轨迹(图中,曲线为考虑弹塑性和几何
非线性计算结果,"×"为只考虑几何非线性计算结果)

(a) 梁中点的横向位移;(b) 相平面投影。

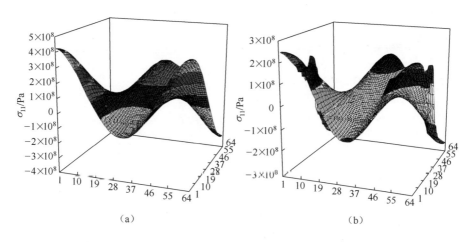

图 8-7　$t = 0.75548$s 时 σ_{11} 分布图

(a) 线弹性材料模型;(b) 弹-塑性材料模型。

251

下面考虑一种厚度更厚的梁($h = 0.05L$),其余参数类似,载荷幅值增加到 10000N/m 来使位移维持较大幅值,阻尼系数 $\beta = 4.92206$。图 8-8 所示为梁中点的位移在前 10 个循环周期的变化曲线。从图中可以看到,只考虑几何非线性的计算模型得到的位移响应要严重偏离考虑弹塑性影响的曲线,这是因为前者忽略了引起塑性变形而消耗的能量。图 8-9(a)、(b) 分别为后续响应的变换曲线,以及在相平面上的投影。其中只考虑几何非线性影响的计算结果仍然过度预测了位移和速度幅值,其可能原因是塑性变形改变了梁的自然频率,使得激励频率与之相差较大,注意到此时塑性应变在整个梁上几乎不变了(变化非常小),因此塑性功的影响较小。图 8-10 给出了 $t = 2.66736(t/T_e = 682.913)$ 时的塑性应变,可以看到塑性区主要分布在梁的两端。

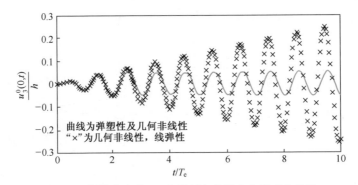

图 8-8　深梁中点前 10 个循环中的横向位移变化曲线

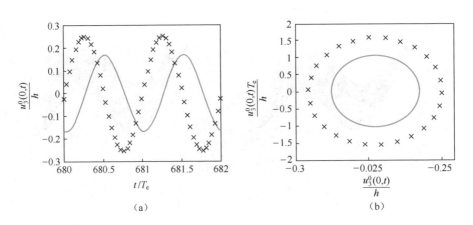

(a)　　　　　　　　　　　　　　(b)

图 8-9　后续响应曲线(图中,曲线和"×"表达的意思同图 8-6)

(a) 中点横向位移;(b) 相轨迹。

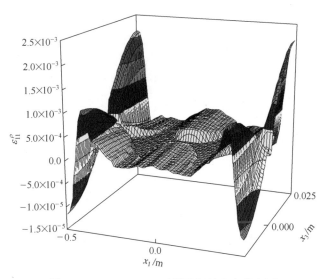

图 8-10　$t = 2.66736\mathrm{s}$ 时深梁塑性应变分布图

数值计算同样表明,考虑弹塑性和几何非线性的模型得到的位移幅值有时比只考虑几何非线性的模型的结果大,这种情况主要是由于应变软化效应造成的。这种情况的例子如图 8-11 所示,其中激励力的频率为第一阶线性固有频率的 1/2,激励力幅值为 50000N/m。图中还可以看到,虽然激励力的幅值较大,但振动位移却并不大。

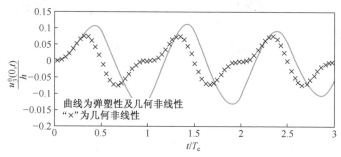

图 8-11　梁中点的横向位移:激励力频率为一阶固有频率的 1/2,幅值 5×10^4N/m

为研究包辛格效应对于梁的动力学行为的影响,下面考虑激励力为 10000N/m,激励频率为系统基频的情况,其中 $M = 0.8$,即有效利用冯·米泽斯混合硬化材料模型。图 8-12 给出了激励循环区间为 [650, 655] 对应的位移响应。其中 M 分别取 1 和 0.8,两种模型均考虑了弹塑性和几何非线性。图 8-13 对比了 $t = 0.66736(t/T_e = 682.913)$ 时不考虑(图 8-13(a))和考虑(图 8-13(b))包辛格效应得到的应力分布图。包辛格效应通常导致塑性应变发生不同的演化和分布,进而影响位移和应力的分布。当考虑包辛格效应时,位移缓慢稳定地增加一直到第 700 个循环(计算结束),因此在计算过程内没有达到稳态。塑性应变在考虑包辛格效应的模型中变化得要比不考虑的模型更加剧烈一些。这可能意味着塑性功在考虑包辛格效应的模型中更大一些(屈服面发生改变),进而其位移幅值变化要小一些,从而导致应力、应变均相对较小。

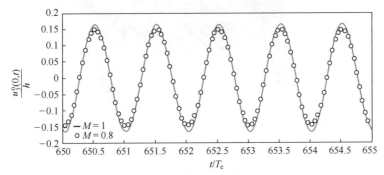

图 8-12　深梁中点位移的后续响应

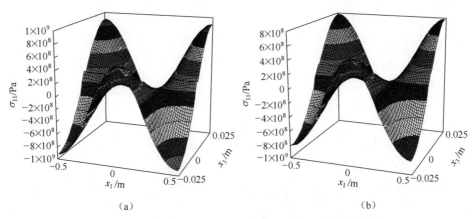

(a)　　　　　　　　　　　　(b)

图 8-13　应力 $\sigma_{11}(x_1, x_3, t)$ 在 $t = 2.66736$ 时刻的分布图

(a) $M=1$;(b) $M=0.8$。

8.2　板　单　元

8.2.1　理论模型

本节考虑高阶板单元在薄板的几何非线性振动问题中的应用。每个薄板

单元(图 8-14)中面的位移可以近似为

$$\begin{bmatrix} u_0 \\ v_0 \\ w_0 \end{bmatrix} = \begin{bmatrix} N \end{bmatrix} \begin{bmatrix} q_{\mathrm{p}} \\ q_{\mathrm{w}} \end{bmatrix} \tag{8.28}$$

$$\begin{bmatrix} N \end{bmatrix} = \begin{bmatrix} \begin{bmatrix} N^u \end{bmatrix} & 0 & 0 \\ 0 & \begin{bmatrix} N^u \end{bmatrix} & 0 \\ 0 & 0 & \begin{bmatrix} N^w \end{bmatrix} \end{bmatrix}; \quad \begin{aligned} \begin{bmatrix} N^u \end{bmatrix} &= \begin{bmatrix} g_1(\xi)g_1(\eta), & g_1(\xi)g_2(\eta), \cdots, g_{p_i}(\xi)g_{p_i}(\eta) \end{bmatrix} \\ \begin{bmatrix} N^w \end{bmatrix} &= \begin{bmatrix} f_1(\xi)f_1(\eta), & f_1(\xi)f_2(\eta), \cdots, f_{p_o}(\xi)f_{p_o}(\eta) \end{bmatrix} \end{aligned}$$

$$\tag{8.29}$$

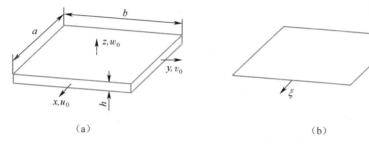

图 8-14 薄板单元

(a) 矩形板, x-y-z 为全局坐标, u_0、v_0 和 w_0 为中面位移分量; (b) ξ-η 局部坐标系。

式中: p_o 和 p_i 分别为面外以及面内外函数的个数; g_i 和 f_i 分别为面内位移与面外位移的形函数向量(g_i 对应一维杆的形函数, f_i 对应一维欧拉梁的形函数, 参见第二章); $\begin{bmatrix} N \end{bmatrix}$ 为形函数矩阵; $\begin{bmatrix} q_{\mathrm{p}} \end{bmatrix}$ 和 $\begin{bmatrix} q_{\mathrm{w}} \end{bmatrix}$ 为对应的广义结点位移, 局部坐标与全局坐标的变换关系为 $\xi = 2x/a$, $\eta = 2y/b$。根据虚功原理有(不考虑阻尼)

$$\int_{\Omega} \left(\begin{bmatrix} \delta \varepsilon_0^p \end{bmatrix}^{\mathrm{T}} + \begin{bmatrix} \delta \varepsilon_L^p \end{bmatrix}^{\mathrm{T}} \right) \begin{bmatrix} A \end{bmatrix} \left(\begin{bmatrix} \varepsilon_0^p \end{bmatrix} + \begin{bmatrix} \varepsilon_L^p \end{bmatrix} \right) \mathrm{d}\Omega + \int_{\Omega} \begin{bmatrix} \delta \varepsilon_0^b \end{bmatrix}^{\mathrm{T}} \begin{bmatrix} D \end{bmatrix} \begin{bmatrix} \varepsilon_0^b \end{bmatrix} \mathrm{d}\Omega +$$

$$\int_{\Omega} \rho h \left(\delta u_0 \ddot{u}_0 + \delta v_0 \ddot{v}_0 + \delta w_0 \ddot{w}_0 \right) \mathrm{d}\Omega = \begin{bmatrix} \delta u_0, \delta v_0, \delta w_0 \end{bmatrix} \int_{\Omega} \begin{bmatrix} N \end{bmatrix}^{\mathrm{T}} \begin{bmatrix} 0 \\ 0 \\ \overline{P}_{\mathrm{d}}(x, y, t) \end{bmatrix} \mathrm{d}\Omega$$

$$\tag{8.30}$$

$$\begin{bmatrix} A \end{bmatrix} = \frac{Eh}{1 - v^2} \begin{bmatrix} 1 & v & 0 \\ v & 1 & 0 \\ 0 & 0 & (1-v)/2 \end{bmatrix}, \quad \begin{bmatrix} D \end{bmatrix} = h^2 \begin{bmatrix} A \end{bmatrix} \tag{8.31}$$

式(8.30)中忽略了剪力以及惯性矩, 同时外载荷只考虑横向载荷的作用, 其中 ε_0^p 和 ε_0^b 分别为线性薄膜应变和弯曲应变, ε_L^p 为几何非线性薄膜应变, E、v 和 ρ

分别为弹性模量、泊松比以及体密度，$\overline{P}_d$ 为横向分布载荷。根据冯·卡门大挠度板理论，应变—位移关系为

$$\left[\varepsilon_0^p\right] = \begin{bmatrix} u_{0,x} \\ v_{0,y} \\ u_{0,y} + v_{0,x} \end{bmatrix}, \quad \left[\varepsilon_L^p\right] = \begin{bmatrix} (w_{0,x})^2/2 \\ (w_{0,y})^2/2 \\ w_{0,x}w_{0,y} \end{bmatrix}, \quad \left[\varepsilon_0^b\right] = \begin{bmatrix} -w_{0,xx} \\ -w_{0,yy} \\ -w_{0,xy} \end{bmatrix}$$

(8.32)

其中"x"代表对全局坐标 x 求微分。将式(8.32)代入式(8.30)可得如下代数方程：

$$\begin{bmatrix} M_p & 0 \\ 0 & M_b \end{bmatrix} \begin{bmatrix} \ddot{q}_p \\ \ddot{q}_w \end{bmatrix} + \left(\begin{bmatrix} K1_p & 0 \\ 0 & K1_b \end{bmatrix} + \begin{bmatrix} 0 & K2 \\ 0 & 0 \end{bmatrix} + \begin{bmatrix} 0 & 0 \\ K3 & 0 \end{bmatrix} + \begin{bmatrix} 0 & 0 \\ 0 & K4 \end{bmatrix} \right) \begin{bmatrix} q_p \\ q_w \end{bmatrix} = \begin{bmatrix} 0 \\ \overline{P} \end{bmatrix}$$

(8.33)

式中：$[M_p]$ 和 $[M_b]$ 分别为面内以及弯曲质量(惯性)矩阵；$[K1_p]$ 和 $[K1_b]$ 分别为面内以及弯曲线性刚度矩阵；$[K2]$、$[K3]$ 和 $[K4]$ 为非线性刚度矩阵；$[\overline{P}]$ 为广义外载荷向量。通过引入质量比例阻尼，上述方程变为

$$\begin{bmatrix} M_p & 0 \\ 0 & M_b \end{bmatrix} \begin{bmatrix} \ddot{q}_p \\ \ddot{q}_w \end{bmatrix} + \frac{1}{\omega} \begin{bmatrix} \beta_p M_p & 0 \\ 0 & \beta M_b \end{bmatrix} \begin{bmatrix} \dot{q}_p \\ \dot{q}_w \end{bmatrix} + \left(\begin{bmatrix} K1_p & 0 \\ 0 & K1_b \end{bmatrix} + \begin{bmatrix} 0 & K2 \\ K3 & K4 \end{bmatrix} \right) \begin{bmatrix} q_p \\ q_w \end{bmatrix} = \begin{bmatrix} 0 \\ \overline{P} \end{bmatrix}$$

(8.34)

式中：β_p 和 β 为阻尼系数。上述矩阵中除了 $[K2]$ 和 $[K3]$ 以外，其他矩阵均为对称矩阵。若忽略中面的面内惯性和阻尼，上述方程进一步变为

$$[M_b][\ddot{q}_w] + \frac{\beta}{\omega}[M_b][\dot{q}_w] + [K1_b][q_w] + [K_{nl}][q_w] = [\overline{P}] \quad (8.35)$$

其中 $[K_{nl}] = [K4] - 2[K2][K1_p]^{-1}[K2]$。

激励载荷的形式假设为 $[\overline{P}] = [P]\cos(\omega t)$，稳态响应 $[q_w(t)]$ 则可以表示为

$$[q_w(t)] = \sum_{i=1}^{n} [w_{ci}]\cos(i\omega t) + [w_{si}]\sin(i\omega t) \quad (8.36)$$

将式(8.36)代入式(8.35)即得谐波平衡法的求解格式。该方法很容易通过符号运算软件(如 Maple)来实施。为简单起见，下面只推导 $i=1$ 时对应的离散运动方程，对于考虑更多的简谐项情况，其推导过程是类似的，只是代数方程组的规模更大。对于 $i=1$，其运动方程为

$$[F] = \left(-\omega^2 \begin{bmatrix} M_b & 0 \\ 0 & M_b \end{bmatrix} + \begin{bmatrix} 0 & \beta M_b \\ -\beta M_b & 0 \end{bmatrix} + \begin{bmatrix} K1_b & 0 \\ 0 & K1_b \end{bmatrix} \right) \begin{bmatrix} w_c \\ w_s \end{bmatrix} + \begin{bmatrix} F_1 \\ F_2 \end{bmatrix} - [P] = [0]$$

$$(8.37)$$

其中非线性项为

$$\begin{cases} [F_1] = \dfrac{2}{T} \displaystyle\int_0^T [K_{nl}][q_w]\cos(\omega t)\,\mathrm{d}t = \left(\dfrac{3}{4}[KNL1] + \dfrac{1}{4}[KNL3] \right)[w_c] + \dfrac{1}{4}[KNL2][w_s] \\[4mm] [F_2] = \dfrac{2}{T} \displaystyle\int_0^T [K_{nl}][q_w]\sin(\omega t)\,\mathrm{d}t = \dfrac{1}{4}[KNL2][w_c] + \left(\dfrac{1}{4}[KNL1] + \dfrac{3}{4}[KNL3] \right)[w_s] \end{cases}$$

$$(8.38)$$

其中

$$[KNL1] = [K4(w_c,w_c)] - 2[K2(w_c)]^T[K1_p]^{-1}[K2(w_c)]$$

$$[KNL2] = [K4(w_c,w_s)] - 2[K2(w_c)]^T[K1_p]^{-1}[K2(w_s)] -$$
$$2[K2(w_s)]^T[K1_p]^{-1}[K2(w_c)]$$

$$[KNL3] = [K4(w_s,w_s)] - 2[K2(w_s)]^T[K1_p]^{-1}[K2(w_s)] \quad (8.39)$$

其中 $[K4(w_c,w_c)]$ 表示 $[K4]$ 是 w_c 的二次函数，$[KNL1]$、$[KNL2]$、$[KNL3]$、$[M_b]$ 以及 $[K1_b]$ 均为对称矩阵。广义位移向量定义为

$$[w] = \begin{bmatrix} w_c \\ w_s \end{bmatrix} \qquad (8.40)$$

当激励为垂直入射的平面谐波时，即任意点处单位面积上的力为 $P_d\cos(\omega t)$ 时（其中 P_d 为压力幅值），式(8.37)中的广义力可以表示为

$$[P] = \begin{bmatrix} \displaystyle\int_{-1}^1 P_d N^w(x)\,\mathrm{d}\Omega \\ 0 \end{bmatrix} \qquad (8.41)$$

当激励为切向入射的平面谐波时，质点在单位面积上的力可以表示为 $P_g\cos(\omega t - kx)$，其中 $k = \omega/c$，P_g 为压力幅值，k 为波数，c 为空气声速，这时广义力向量为

$$[P] = \begin{bmatrix} \displaystyle\int_{\Omega} P_g\cos(k(x\cos\alpha + y\sin\alpha))N^w\,\mathrm{d}\Omega \\ \displaystyle\int_{\Omega} P_g\sin(k(x\cos\alpha + y\sin\alpha))N^w\,\mathrm{d}\Omega \end{bmatrix}$$
$$= \begin{bmatrix} \dfrac{P_g ab}{4} \displaystyle\int_{-1}^1 \int_{-1}^1 \cos\left(\dfrac{ka\xi}{2}\cos\alpha + \dfrac{kb\eta}{2}\sin\alpha \right) N^w\,\mathrm{d}\xi\,\mathrm{d}\eta \\ \dfrac{P_g ab}{4} \displaystyle\int_{-1}^1 \int_{-1}^1 \sin\left(\dfrac{ka\xi}{2}\cos\alpha + \dfrac{kb\eta}{2}\sin\alpha \right) N^w\,\mathrm{d}\xi\,\mathrm{d}\eta \end{bmatrix} \qquad (8.42)$$

257

式中:α 为波传播方向与 x 轴的夹角,当 $\alpha = 0°$ 时,式(8.42)可以进一步简化为

$$[P] = \begin{bmatrix} \int_{\Omega} P_g \cos(kx) N^w \mathrm{d}\Omega \\ \int_{\Omega} P_g \sin(kx) N^w \mathrm{d}\Omega \end{bmatrix} = \begin{bmatrix} \dfrac{P_g ab}{4} \int_{-1}^{1} \int_{-1}^{1} \cos\left(\dfrac{ka\xi}{2}\right) N^w \mathrm{d}\xi \mathrm{d}\eta \\ \dfrac{P_g ab}{4} \int_{-1}^{1} \int_{-1}^{1} \sin\left(\dfrac{ka\xi}{2}\right) N^w \mathrm{d}\xi \mathrm{d}\eta \end{bmatrix} \quad (8.43)$$

由于式(8.42)中的数值积分对舍入误差特别敏感、对计算机字节长度要求很高,因此文献中采用符号计算的方法对其进行积分。

8.2.2 弧长法

在受迫振动中,牛顿法一般只用在非共振区。这时对于每一个频率,$[w]$ 的第一次近似选为频响函数曲线的最后一点。通过求解方程组

$$[J][\delta w] = -[F] \quad (8.44)$$

可求得 $[\delta w]$,进而修正 $[w]$。$[J]$ 为 $[F]$ 的雅可比矩阵,其表达式为

$$[J] = \partial[F]/\partial[w] \quad (8.45)$$

不断循环上述过程,直到结果达到收敛为止。

然而,由于在共振区附近往往存在多解的情况,这时如果只采用牛顿法则很难进行求解,因而常采用弧长法进行求解。该方法主要由两部分循环来构成,其中外部循环主要给出估计值,它可以通过前面得到的点 $([w]_i, \omega_i^2)$ 以及 $([w]_{i-1}, \omega_{i-1}^2)$ 来表示

$$[w]_{i+1} = [w]_i + [\Delta w]_{i+1}, \quad [\Delta w]_{i+1} = ([w]_i - [w]_{i-1}) \frac{dwaux}{w_m} \quad (8.46)$$

式中:$dwaux$ 为 $[\Delta w]_{i+1}$ 的幅值;w_m 为 $[w]_i - [w]_{i-1}$ 的幅值。类似地,ω_{i+1}^2 可通过下式进行估计

$$\omega_{i+1}^2 = \omega_{i+1}^2 + \Delta\omega_0^2, \quad \Delta\omega_0^2 = \pm s/([\delta v]_1^T [\delta w]_1)^{1/2} \quad (8.47)$$

其中 $[\delta w]_1$ 将在下文介绍。式(8.47)中正负符号的选择可根据前一步的增量确定,除非 $[J]$ 的符号发生改变。为计算 $[\delta w]_1$,可利用频响函数曲线的最后一个频率。

有了近似解之后需要对其做进一步的修正,该过程可通过内部循环来完成。通过对式(8.37)应用牛顿迭代法得

$$[J][\delta w] - [M][w]_{i+1}\delta\omega^2 = -[F] \quad (8.48)$$

式(8.48)中的位置变量包括广义位移以及频率,因此还需要补充一个方程。这可以引入约束方程

$$s^2 = \| \Delta [w]_{i+1} \|^2 \tag{8.49}$$

来实现,即令频响函数曲线上连续两个点的距离(即弧长 s)保持不变。由式 (8.48)可得

$$[\delta w] = \delta \omega^2 [\delta w]_1 + [\delta w]_2 \tag{8.50}$$

其中$[\delta w]_1$和$[\delta w]_2$可由下式得到

$$\begin{cases} [J][\delta w]_1 = [M][w]_{i+1} \\ [J][\delta w]_2 = -[F] \end{cases} \tag{8.51}$$

那么修正后的$[w]$可表示为

$$[w]_{i+1} = [w]_i + [\Delta w]_{i+1} \tag{8.52}$$

其中

$$[\Delta w]_{i+1} = ([\Delta w]_{i+1})_{\text{previous}} + [\delta w] \tag{8.53}$$

将式(8.53)代入约束方程式(8.49)可得 $\delta \omega^2$ 所满足的方程

$$a_1 (\delta \omega^2)^2 + a_2 \delta \omega^2 + a_3 = 0 \tag{8.54}$$

其中

$$a_1 = [\delta w]_1^{\text{T}}[\delta w]_1, \quad a_2 = 2 (([\Delta w]_{i+1})_{\text{previous}} + [\delta w]_2)^{\text{T}} [\delta w]_1$$

$$a_3 = (([\Delta w]_{i+1})_{\text{previous}} + [\delta w]_2)^{\text{T}} (([\Delta w]_{i+1})_{\text{previous}} + [\delta w]_2) - s^2 \tag{8.55}$$

式(8.54)有两个根,为避免得到曲线的已知部分,我们令上一步的幅值增量向量与当前幅值增量向量夹角为正。若两个角度都为正,则选择更接近方程式(8.54)线性解的根。修正后的频率可以表示为

$$\Delta \omega_{i+1}^2 = (\Delta \omega_{i+1}^2)_{\text{previous}} + \delta \omega^2$$
$$\omega_{i+1}^2 = \omega_i^2 + \Delta \omega_{i+1}^2 \tag{8.56}$$

重复上述迭代过程,直到满足如下收敛准则:

$$|\delta \omega^2 / \omega_{i+1}^2| < \text{error1}$$
$$\| [w]_{i+1} - ([w]_{i+1})_{\text{previous}} \| / \| [w]_{i+1} \| < \text{error2} \tag{8.57}$$
$$\| [F] \| < \text{error3}$$

如果式(8.54)的根是复数,或者收敛需要的迭代步数太多,或者($\omega_{i+1} - \omega_i$)比期望值大,需要减小弧长并重新开始整个计算流程。

8.2.3 解的稳定性

所谓局部稳定性即考察系统在受到微小扰动时的变化过程。当扰动发生在不稳定平衡点时,系统通常发生发散,而在稳定点施加微小扰动系统则仍然

恢复到平衡状态。在非线性系统中,方程的解一般存在多值特性,因此稳定性问题更加重要,因为只有稳定解才是实际可能发生的,而不稳定的解在实际情况下一般很难维持。为研究简谐解的局部稳定性,我们给稳态解施加一个小的扰动,即

$$[\tilde{q}] = [q_w] + [\delta q_w] \tag{8.58}$$

下面研究扰动的传播。若 $[\delta q_w]$ 逐渐耗散,那么 $[q_w]$ 是稳定的;若 $[\delta q_w]$ 逐渐变大,那么 $[q_w]$ 则是不稳定的。将式(8.58)代入式(8.35),并对非线性项在 $[q_w]$ 处进行泰勒展开,忽略高阶项可得如下方程:

$$[M_b][\delta \ddot{q}_w] + \frac{\beta}{\omega}[M_b][\delta \dot{q}_w] + [K1_b][\delta q_w] + \frac{\partial([K_{nl}][q_w])}{\partial[q_w]}[\delta q_w] = [0]$$
$$\tag{8.59}$$

其中系数 $\partial([K_{nl}][q_w])/\partial[q_w]$ 为时间的周期函数,它们可以直接通过傅里叶级数展开。若 $[q_w]$ 具有式(8.36)的形式且 $i=1$,那么

$$\frac{\partial[Knl][q_w]}{\partial[q_w]} = [p_1] + [p_2]\cos(2\omega t) + [p_3]\sin(2\omega t)$$

$$[p_1] = \frac{1}{T}\int_0^T \frac{\partial[Knl][q_w]}{\partial q_w}\mathrm{d}t$$

$$[p_2] = \frac{2}{T}\int_0^T \frac{\partial[Knl][q_w]}{\partial q_w}\cos(2\omega t)\mathrm{d}t$$

$$[p_3] = \frac{2}{T}\int_0^T \frac{\partial[Knl][q_w]}{\partial q_w}\sin(2\omega t)\mathrm{d}t \tag{8.60}$$

式(8.59)两边同乘模态矩阵 $[B]^T$,通过引入模态坐标 $[\xi]$,可得

$$[\delta \ddot{\xi}] + \frac{\beta}{\omega}[I][\delta \dot{\xi}] + [\omega_j^2][\delta \xi] + [B]^T$$

$$([p_1] + [p_2]\cos(2\omega t) + [p_3]\sin(2\omega t))[B][\delta \xi] = [0] \tag{8.61}$$

式中:$[\omega_j^2]$ 为线性频率构成的对角矩阵。其中一阶导数项可通过引入新的未知变量来消去,即

$$[\delta \xi] = e^{-(\beta/2\omega)[I]t}[\delta \bar{\xi}] \tag{8.62}$$

进而可得

$$[\delta \ddot{\bar{\xi}}] + \left([\omega_j^2] - \frac{1}{4}\left(\frac{\beta}{\omega}\right)^2[I] + [B]^T([p_1] + [p_2]\cos(2\omega t) + \right.$$

$$\left.\begin{array}{c}[p_3]\sin(2\omega t))[B]\end{array}\right\}[\delta\bar{\xi}]=[0] \qquad (8.63)$$

类似式(8.38),可设式(8.63)的解为

$$[\delta\bar{\xi}]=e^{\lambda t}([b_1]\cos\omega t+[a_1]\sin\omega t) \qquad (8.64)$$

将式(8.64)代入式(8.63),根据谐波平衡法可得

$$\begin{bmatrix} 0 & [I] \\ -[M_0] & -[M_1] \end{bmatrix}\begin{bmatrix} X \\ \Gamma \end{bmatrix}=\lambda\begin{bmatrix} X \\ \Gamma \end{bmatrix} \qquad (8.65)$$

其中

$$[X]=\begin{bmatrix} b_1 \\ a_1 \end{bmatrix},\ [M_1]=\begin{bmatrix} 0 & 2\omega[I] \\ -2\omega[I] & 0 \end{bmatrix} \qquad (8.66)$$

$$[M_0]=\begin{bmatrix} [B]^{\mathrm{T}}[J_{11}][B]-\left(\omega^2+\left(\dfrac{1}{2}\dfrac{\beta}{\omega}\right)^2\right)[I]+[\omega_{0j}^2] \\ [B]^{\mathrm{T}}[J_{21}][B] \end{bmatrix}$$

$$\begin{bmatrix} [B]^{\mathrm{T}}[J_{12}][B] \\ [R]^{\mathrm{T}}[J_{22}][B]-\left(\omega^2+\left(\dfrac{1}{2}\dfrac{\beta}{\omega}\right)^2\right)[I]+[\omega_{0j}^2] \end{bmatrix}$$

$$[J_{11}]-\frac{\partial[F_1]}{\partial[w_c]};\quad [J_{12}]=\frac{\partial[F_1]}{\partial[w_s]};\quad [J_{21}]=\frac{\partial[F_2]}{\partial[w_c]};\quad [J_{22}]=\frac{\partial[F_2]}{\partial[w_s]}$$

$$\qquad (8.67)$$

其中指数 λ 为式(8.65)的特征值,若对任意 λ 都有 $\lambda-\beta/(2\omega)$ 的实部为正,那么解是不稳定的,否则解为稳定的。对于自由度数目较大的系统,式(8.65)的求解需要大量时间,下面介绍一种简化方法。根据弗洛凯(Floquet)乘子与特征值的关系

$$\lambda=\frac{1}{T}\ln(\sigma) \qquad (8.68)$$

那么当 $\|\sigma\|=1$ 时,$[\bar{\xi}]$ 便失去稳定性,这时可以分以下三种情况:

$$\sigma=1\Leftrightarrow\lambda=0$$
$$\sigma=-1\Leftrightarrow\lambda\ \text{为纯虚数} \qquad (8.69)$$
$$\mathrm{Im}(\sigma)\neq0\Rightarrow\lambda\ \text{为复数}$$

下文中主要考虑第一式对应的转折点失稳情况。因此,由转换关系式(8.62)定义的稳定极限为

$$\lambda = \frac{1}{2}\frac{\beta}{\omega} \tag{8.70}$$

将式(8.70)代入式(8.65)得

$$\begin{bmatrix} [B]^{\mathrm{T}}[J_{11}][B] - \omega^2[I] + [\omega_{0j}^2] & [B]^{\mathrm{T}}[J_{22}][B] + \beta \\ [B]^{\mathrm{T}}[J_{21}][B] - \beta & [B]^{\mathrm{T}}[J_{22}][B] - \omega^2[I] + [\omega_{0j}^2] \end{bmatrix}\begin{bmatrix} b_1 \\ a_1 \end{bmatrix} = \begin{bmatrix} 0 \\ 0 \end{bmatrix} \tag{8.71}$$

式(8.71)等价于

$$\begin{bmatrix} [B]^{\mathrm{T}} & 0 \\ 0 & [B]^{\mathrm{T}} \end{bmatrix}[J]\begin{bmatrix} [B] & 0 \\ 0 & [B] \end{bmatrix} = \begin{bmatrix} 0 \\ 0 \end{bmatrix} \tag{8.72}$$

式(8.72)存在非平凡解的条件为

$$\det\left(\begin{bmatrix} [B]^{\mathrm{T}} & 0 \\ 0 & [B]^{\mathrm{T}} \end{bmatrix}[J]\begin{bmatrix} [B] & 0 \\ 0 & [B] \end{bmatrix}\right) = 0 \Leftrightarrow |B|^4|J| = 0 \Leftrightarrow |J| = 0 \tag{8.73}$$

因此在稳定极限内,$[F]$ 的雅可比行列式 $|J| = 0$,其中 $|J|$ 为 $[w_c]$、$[w_s]$ 和 ω 的多项式函数。所有板的非线性振动实验和数值计算均表明板的振动形状(由 $[w_c]$ 和 $[w_s]$ 确定)是关于振幅和频率的连续函数。因此,$|J|$ 也是关于频响函数曲线的连续函数,如果 $|J|$ 在两个连续点处发生符号改变,那么在这两点之间必有一点使得 $|J| = 0$,进而在该点将越过稳定极限。因此,一阶解的稳定性将通过以下步骤来研究:

(1)通过求解指数特征值确定第一次解的稳定性。该步骤对于非共振区的低幅值解不是必需的,可以通过摄动法证明这种情况下的解总是稳定的。

(2)计算 $|J|$(弧长法中需要),若 $|J|$ 改变符号或接近于 0,这时可以计算特征值来检查解的稳定性是否改变。

在所有的数值模拟中,特征值要么是纯实数,要么是纯虚数,因此以上所给系统总是稳定的,这也验证了上面稳定性推导过程的正确性。

8.2.4 算例

下面将利用上述方法分析两种板的非线性振动。板的边界均假设为固支边界,材料常数为 $E = 21.0 \times 10^{10}\mathrm{N/m^2}$,$\nu = 0.3$,$\rho = 7800\mathrm{kg/m^3}$,两种板的几何参数如表 8-4 所列。对于板 1,外部激励力为法向入射的简谐平面波,幅值为 $10\mathrm{N/m^2}$。由于外载荷以及边界条件都是对称的,因此只有对称模态形式被激励出来,因此只需要对称形式的面外形函数,然而对于面内位移,对称、非对称形函数都必须包含进来。实际上,面内位移分量为关于一个坐标轴对称而关于另一坐标轴反对称的,即 $u(x,y) = u(x, -y) = -u(-x,y)$,$v(x,y) = v(-x,y)$ $= -v(x, -y)$ 。运动方程为达芬型方程,在自由振动中没有外部激励项,而在受迫振动中激励力为纯简谐的,无常数项部分。图 8-15 给出了自由振动的幅频曲线在取不同数目谐波项时的收敛过程,计算结果由形函数数目取 $p_i = 6$,$p_o = 6$ 得到。可以看到,取一个谐波项就能得到足够精确的结果,因此在下文中均只取一个谐波项。

表 8-4　板的尺寸参数

板	a/mm	b/mm	h/mm
1	486	322.9	1.2
2	500	500	2.0833

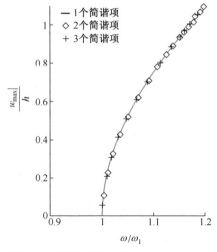

图 8-15　幅频曲线对不同谐波项的收敛过程($p_i = 6$,$p_o = 6$,$(x, y) = (0, 0)$)

表 8-5 给出了板 1 的线性频率随面外形函数数目 p_o 的收敛过程。图 8-16 给出了不同数目面外形函数(p_o)下频响函数曲线以及骨架曲线的收敛过程,其中面内形函数数目取 $p_i = 6$。可以看到,不论是线性分析还是非线性分析,当 $p_o = 2$ 时就能在第一阶模态附近给出比较准确的结果,对于第一、二阶模态,3 个面外形函数就能给出合理的计算结果,这表明对于无阻尼自由振动问题,采用 9 个自由度就能得到准确的结果;对于受迫振动,采用 18 个自由度就能得到较好的结果。图 8-17 为频响曲线随面内形函数数目 p_i 的收敛曲线,其中面外形函数数目取固定值 $p_o = 3$。可以看到 $p_i = 4$ 时的结果具有较好精度。此外,去掉面内位移($p_i = 0$)将提高模型的刚度,中面面内位移在第一阶模态附近具有明显的

影响,这主要是由于大振幅引起的。

表 8-5 板 1 的线性频率收敛过程

p_o	2	3	4	5
ω_1	487.343	487.283	487.276	487.276
ω_2	1233.04	1197.30	1195.92	1195.91
ω_3	2378.31	2267.64	2263.73	2263.69

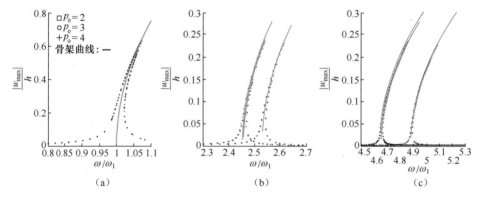

图 8-16 幅频曲线随面外形函数收敛过程$(x, y) = (0, 0)$

(a) 一阶模态附近;(b) 二阶模态附近;(c) 三阶模态附近。

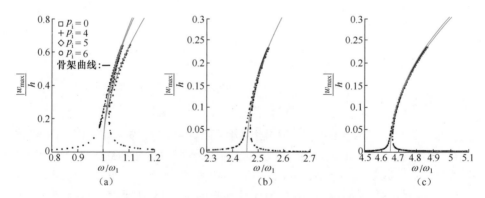

图 8-17 幅频曲线随面内形函数数目 p_i 的收敛过程$((x, y) = (0, 0))$

(a) 一阶模态附近;(b) 二阶模态附近;(c) 三阶模态附近。

下面将与实验结果以及其他数值解进行对比来验证上述高阶有限元方法的计算精度。图 8-18 所示为第一阶共振频率对比,实线代表高阶有限元方法的计算结果,"+"表示实验测量结果,可以看到除了最后一个实验点外,其余结果均吻合较好,而且实验结果与计算结果的误差几乎不随振幅的增加而变化。由于实际结构的边界都具有一定的刚度,因此计算模型中无限刚度的固支边界在实际工程中是不存在的,这可能是实验与计算的误差来源之一。作为大振幅情况,图 8-19 为前三阶双对称模态的骨架曲线,由于采用了弧长法,这些计算结果均未遇到收敛性问题。表 8-6 给出了板 2 的计算结果,其中 HFEM 代表本章的 p-型有限元方法。通过对比可以看到高阶有限元方法所需的自由度数目要远少于文献[218]中 h-型有限元方法的自由度。此外,本章方法的分析结果与文献[219]中采用高阶有限元格式的计算结果吻合良好,其中运动方程的求解采用的迭代格式与本章有所不同。由于本章方法利用了问题的对称性,因此所需的自由度数目更少。

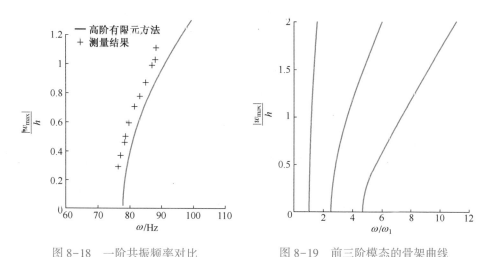

图 8-18 一阶共振频率对比
$((x, y) = (0, 0))$

图 8-19 前三阶模态的骨架曲线
$(p_o = 5, p_i = 6, (x, y) = (0, 0))$

表 8-6 固支方板的频率比 w/w_0 对比

w_{max}/h	Ref.[219]	Ref.[218]	HFEM (9DOFs, $p_o = 3$, $p_i = 6$)		HFEM (6DOFs, $p_o = 4$, $p_i = 7$)	
	49DOFs	425DOFs	w_{max}/h	ω/ω_1	w_{max}/h	ω/ω_1
0.2	1.0068	1.0095	0.2099	1.0079	0.21377	1.0082
0.6	1.0600	1.0825	0.6007	1.0632	0.60780	1.0647
1	1.1599	1.2149	1.0011	1.1670	1.0012	1.1668

下面研究在简谐平面波激励下的受迫振动。对板 1 将考虑两种平面波(垂直入射、切向入射,$\alpha = 0$)作用的情况。从图 8-20(a)以及图 8-21 可以看到,两种激励导致的最大振幅均发生在第一阶模态附近,且十分类似。然而,切向入

射的激励引起的模态不再是双对称形式了,这也解释了图 8-22 中第二阶共振频率(ω/ω_1)$\cong 1.54$ 的情形。因此在切向入射情形的计算中,对称、反对称形函数都使用了。通过采用弧长方法可以求得稳定解以及不稳定解,解的稳定性可以通过行列式符号的改变来判断,见 8.2.3 节。对于板 2,其计算结果如表 8-7 所列,其中 9 个自由度就可以得到收敛的计算结果。除了情形 $w_{max}/h = +0.2$ 以外,其余计算结果均与文献[29]的计算结果比较接近。

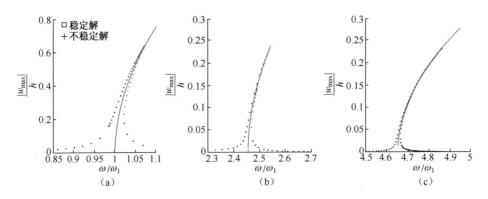

图 8-20　垂直入射平面谐波激励下前 3 阶双对称模态附近的频响曲线(x,y)=(0,0)
(a) 一阶模态;(b) 二阶模态;(c) 三阶模态。

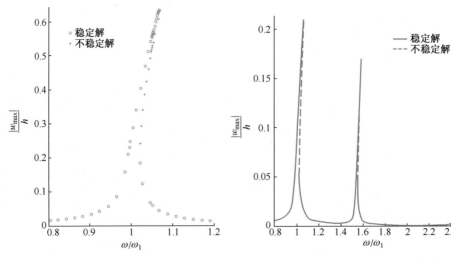

图 8-21　切向入射平面波激励下一阶模态
附近的频响曲线($P_g = 10\mathrm{N/m^2}$,
$p_0 = 5$, $p_i = 6$, (x, y)=(0, 0))

图 8-22　切向入射的简谐平面波激励下的
频响函数曲线($P_g = 10\mathrm{N/m^2}$,
$p_0 = 5$, $p_i = 6$, (x, y)=(0, 0))

表 8-7　均布简谐载荷 $P_0 = 0.2$ 作用下固支方板的频率比 w/w_0 对比

w_{max}/h	FEM 54DOFs[29]	HFEM, $p_o = 3$, $p_i = 6$, 9DOFs		HFEM, $p_o = 4$, $p_i = 7$, 16DOFs	
		w_{max}/h	ω/ω_1	w_{max}/h	ω/ω_1
±0.2	0.1180	+0.2001	0.2442	+0.2000	0.2432
	1.4195	−0.2005	1.4399	−0.2072	1.4275
±0.6	0.8905	+0.5992	0.8962	+0.6008	0.8971
	1.2083	−0.5997	1.2114	−0.59011	1.2120
±0.1	1.0700	+1.000	1.0800	1.0013	1.0803
	1.2429	−1.001	1.2491	−0.9952	1.2475

8.3　实　体　单　元

8.3.1　理论模型

下面介绍一般三维高阶单元应用于薄壁结构的弹塑性计算,其中弹塑性变形通过 J_2 流动理论来刻画,屈服准则为冯·米泽斯屈服准则,硬化模型为各向同性硬化。该模型主要基于格林应变张量的加法分解:

$$\boldsymbol{\varepsilon} = \frac{1}{2}(\nabla \boldsymbol{u} + (\nabla \boldsymbol{u})^{\mathrm{T}}) = \boldsymbol{\varepsilon}^e + \boldsymbol{\varepsilon}^p \qquad (8.74)$$

式中:$\boldsymbol{\varepsilon}^e$ 为弹性应变;$\boldsymbol{\varepsilon}^p$ 为塑性应变。依照 Simo 和 Hughes 的专著[215]中的记号约定,J_2 流动理论的微分—代数方程如表 8-8 所列。其中应力张量通过各向同性线弹性本构关系得到,且只与弹性应变部分相关。弹性张量的表达式为

$$\boldsymbol{C} = \boldsymbol{\kappa} l \otimes l + 2\mu \left[\boldsymbol{I} - \frac{1}{3} l \otimes l \right] \qquad (8.75)$$

式中:$\boldsymbol{I}$ 为 4 阶单位张量;l 为 2 阶单位张量。容许应力状态通过冯·米泽斯屈服准则定义:

$$f(\boldsymbol{\sigma}, \alpha) = \| \mathrm{dev}[\boldsymbol{\sigma}] \| - \sqrt{\frac{2}{3}} K(\alpha) \leqslant 0 \qquad (8.76)$$

式中:$\| \cdot \| = \sqrt{(\because)}$ 为二阶张量的欧几里得范数;$\mathrm{dev}[\cdot] := (\cdot) - \frac{1}{3}\mathrm{tr}[\cdot]l$ 为张量的偏量部分;$\mathrm{tr}[\cdot]$ 为张量的迹。应力状态 $f(\boldsymbol{\sigma}, \alpha) > 0$ 则是非容许状态。塑性应变的演化可通过相应的流动准则来刻画。内变量 α 通常被称为等效塑性应变,用于描述非线性各向同性硬化:

$$K(\alpha) = \sigma_0 + h\alpha + (\sigma_\infty - \sigma_0)(1 - \exp(-\omega\alpha)) \qquad (8.77)$$

式中:σ_0 为初始屈服应力;h 为线性硬化参数;σ_∞ 为饱和应力;ω 为硬化指数;$\gamma \geqslant 0$ 为相容性参数并遵循库恩–塔克(Kuhn-Tucker)条件或加—卸载条件。协调性条件表明 $\dot{f}(\boldsymbol{\sigma},\alpha)=0$ 与 $\gamma=0$ 至少一个成立,而塑性加载只有当 $\gamma>0$ 时发生,即 $f(\boldsymbol{\sigma},\alpha)=0$。为更加详细地了解相容性条件可参考文献[215]。

表 8-8　经典 J_2 流动理论及各向同性硬化模型

1. 应力—应变关系:	$\boldsymbol{\sigma} = \boldsymbol{C} : (\boldsymbol{\varepsilon} - \boldsymbol{\varepsilon}^p)$
2. 应力空间中的弹性区域:	$\mathbb{E}_\sigma = \{(\boldsymbol{\sigma},\alpha) \mid f(\boldsymbol{\sigma},\alpha) \leqslant 0\}$
3. 流动准则以及硬化模型:	$\dot{\boldsymbol{\varepsilon}}^p = \gamma \dfrac{\mathrm{dev}[\boldsymbol{\sigma}]}{\|\mathrm{dev}[\boldsymbol{\sigma}]\|};\dot{\alpha} = \gamma\sqrt{\dfrac{2}{3}}$
4. 库恩–塔克条件:	$\gamma \geqslant 0, f(\boldsymbol{\sigma},\alpha) \leqslant 0, \gamma f(\boldsymbol{\sigma},\alpha) = 0$
5. 一致性条件:	$\dot{g f}(\boldsymbol{\sigma},\alpha) = 0$

除了满足本构关系外,应力状态必须满足平衡方程。三维实体单元的平衡条件可以通过弱形式来描述,即寻找位移场 $u \in V = \{v(x) \in [H^1(\Omega)]^3$,在狄利克雷(Dirichlet)边界 Γ_D 上满足$v =0\}$满足:

$$\int_\Omega \boldsymbol{\varepsilon}(v) : \boldsymbol{\sigma}(u)\mathrm{d}\Omega = \int_\Omega v \cdot f\mathrm{d}\Omega + \int_{\Gamma_N} v \cdot \bar{t}\mathrm{d}\Gamma \quad \forall\, v \in \mathcal{V} \qquad (8.78)$$

式中:f 为体力;$\bar{t} = \boldsymbol{\sigma} \cdot n$ 为边界面力;Γ_N 为诺伊曼(Neumann)边界;$H^1(\Omega)$ 为满足导数平方可积函数构成的索布列夫(Soblev)空间。由于非线性应力—应变关系的影响以及应变的路径相关性,上述弱形式方程一般需要采用增量格式来求解。因此在计算过程中,每一载荷步的平衡方程采用牛顿–拉弗森公式来进行线性化求解,本构方程的积分则通过基于欧拉隐式向后差分的径向返回映射算法来计算。

8.3.2　算例

第一个算例为一满足平面应变的穿孔方板,板的两端受均布载荷 λp 作用,$p=100.0\mathrm{MPa}$,载荷因子 $1 \leqslant \lambda \leqslant 4.5$。由对称性,只需分析板的 1/4 部分,其几何参数以及载荷步如图 8-23 所示,其中曲边边界的模拟采用混合函数方法精确表示。材料假设为理想弹塑性的,体积模量为 $\kappa=164206.0\mathrm{MPa}$,剪切模量$\mu=80193.8\mathrm{MPa}$,屈服应力 $\sigma_0=450.0\mathrm{MPa}$。下面将主要考察载荷因子 $\lambda=4.5$ 时对应的冯·米泽斯应力的精度,其中参考结果由 5568 个阶次 $p=7$ 的张量积四边形单元得到(546755DOFs)。为对比 p-型有限元方法与 h-型有限元方法的计算精度,我们采用 12 组不同四边形网格(单元数目 $n_{el}=4\sim8400$)来分别进行计算,其中 4 组网格划分如图 8-24 所示。

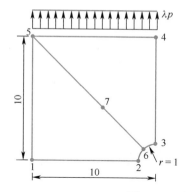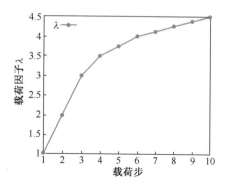

图 8-23 穿孔方板以及单调加载

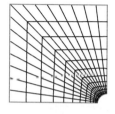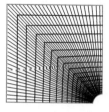

图 8-24 非均匀网格划分依次采用 4,48,192 以及 1000 个单元

为考察 h-收敛与 p-收敛的速度,计算了最后载荷步($\lambda=4.5$)时所有 12 组网格的如下冯·米泽斯应力 L_2 范数:

$$\| e_{eq} \|_{L_2} = \sqrt{\int_{\Omega} (\sigma_{eq}^{FE} - \sigma_{eq}^{ex})^2 \mathrm{d}\Omega} \tag{8.79}$$

式中:σ_{eq}^{ex} 为参考解;σ_{eq}^{FE} 为有限元数值解。图 8-25 给出了计算结果,从图中可

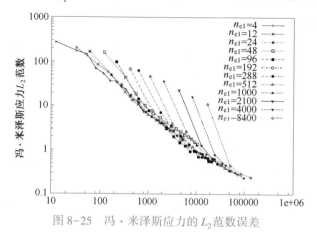

图 8-25 冯·米泽斯应力的 L_2 范数误差

269

以看到,当 $p \geqslant 4$ 时 p-型有限元方法与 h-型有限元方法的收敛速度非常接近,出现这种情况的主要可能是塑性变形使得精确解变得非常畸形。因此,在采用 h-型有限元格式时,单元的阶次建议不超过 4 次。显然,收敛最快的计算格式为 hp 格式,然而在实际应用中可以简单地使用中等密度的网格,通过均匀提高单元阶次即可得到满足工程精度要求的计算结果。

为说明高阶单元能够用于复杂模型的求解,考虑如图 8-26 所示的钢接头,该结构由 4 根梁以及圆柱壳组合而成。为提高结构刚度,壳壁中部焊接一同心圆环薄板。材料的本构模型假设如前所述,其中:$\kappa = 164206.0\text{MPa}$,$\mu = 80193.8\text{MPa}$,$\sigma_0 = 450.0\text{MPa}$,$\sigma_\infty = 715.0\text{MPa}$,$h = 129.24\text{MPa}$,$\omega = 16.93$。为降低求解规模,下面只考虑其 1/8 部分,其中位移边界条件为对称边界条件,梁的端点受到均匀拉伸的轴向力(43.5MPa)作用。考虑到装配误差,梁部分可能存在弯矩作用,这里将采用分布法向压力(0.435MPa)来近似模拟,整个载荷被分为 24 步来施加。

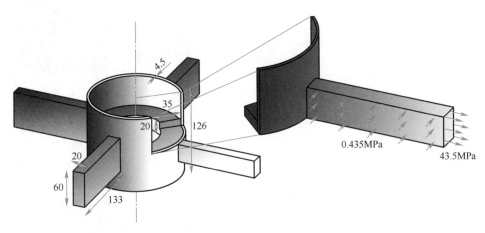

图 8-26　接头结构

值得注意的是,采用传统壳、梁单元来模拟上述结构一般需要特殊的转换单元来模拟结构交叉部分,进而需要考虑不同维单元的耦合问题。在壳与实体单元的交界处,结构一般存在应力集中,这时采用降维的壳单元来模拟一般会导致计算结果存在较大误差。为克服单元连接的困难,直接的做法也可以采用一般低阶($p=1$ 或 2)三维四面体或六面体单元来模拟整个结构,然而这种单元的计算精度对单元的几何形状依赖较大(通常让单元各方向的尺寸比尽量接近于 1),因而需要采用大量单元才能得到较好的计算结果。所幸的是,采用 p-型有限元格式能有效克服单元畸形的影响,而且薄壁结构模拟常常出现的闭锁现

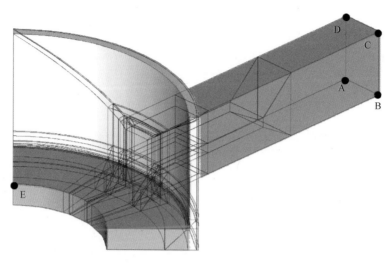

图 8-27　网格划分

象也能通过提高单元阶次来避免,因此,下面将采用高阶六面体单元来模拟该接头结构,其网格划分如图 8-27 所示。由于考虑了材料的弹-塑性变形,问题的精确解可能是不规则的,然而根据前面算例,这种情况在一定程度上仍然可以采用 p-型格式来进行计算,而且它能有效避免闭锁问题。在下面的计算中,单元基函选自树型多项式空间 $\mathscr{S}_{ts}^{p_\xi,p_\eta,p_\zeta}(\Omega_{st}^h)$,单元阶次依次为 $p = p_\xi = p_\eta = p_\zeta = 1,2,\cdots,7$,单元的几何采用混合函数方法来构造。

图 8-28 所示为 A、B、C 和 D 4 点处位移幅值的收敛曲线,其中单元阶次依

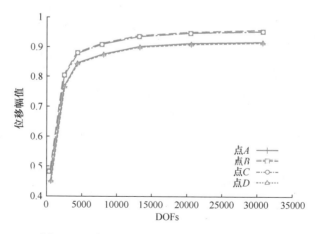

图 8-28　点 A,B,C,D 处位移幅值的收敛曲线

次为 $p=1,2,\cdots,7$。从图中可以看到，当单元阶次 $p \geqslant 4$ 时由薄壁结构引起的闭锁现象已经得到有效避免。图 8-29 所示为 E 点处的冯·米泽斯应力收敛曲线，可以看到即使对于弹塑性模型，采用 p-型有限元方法也能快速得到稳定的计算结果。

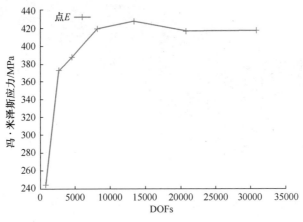

图 8-29　点 E 处冯·米泽斯应力收敛曲线

8.4　小　　结

本章总结了升阶谱方法在梁、板和实体结构的几何非线性（大变形）和材料非线性（弹塑性）问题方面的一些研究成果，虽然在板的分析中用到了符号计算，但这是常规升阶谱方法存在的困难，这些问题在微分求积升阶谱方法中已得到解决。相比低阶单元，升阶谱方法还是表现出许多优越的特性：①具有指数收敛的速度，而且对网格奇异、各种闭锁问题不敏感；②由于升阶谱方法需要的自由度数远少于常规 h-型有限元方法，因此在非线性迭代计算中可以显著减少计算量；③升阶谱单元采用三维单元模拟薄壁结构比 h-型单元采用二维单元模拟的效率都高，而且可以避免低阶单元存在的各种数值问题；④采用升阶谱单元比 h-型单元需要的自由度数更少、可以更精细地给出应力和应变的结果，等等。虽然微分求积升阶谱有限元方法在非线性问题中的应用还没有成果发表，但其与升阶谱方法同源并且克服了后者的一些困难，因此相信会有更好的表现。

第九章
高阶网格生成技术初探

高阶方法在采用高阶网格时才能充分发挥其优势。生成高阶网格有两种方法:直接法:采用经典网格生成算法直接生成所需高阶网格;间接法:首先生成一阶(直边)网格然后曲边化并根据是否存在无效单元进行矫正。间接法从已知的线性网格出发,难以与 CAD 模型交换信息,因此这里重点介绍直接法。直接法与 CAD 建模理论密切相关,因此本章前三节首先介绍曲线、曲面理论,然后第9.4节介绍 CAD 的核心技术——曲面求交算法,最后介绍高阶网格生成的关键技术和研究进展。

9.1 B 样条与 B 样条曲线曲面

9.1.1 贝塞尔基函数

由于贝塞尔形式与幂基都是多项式,采用二者表示的曲线是等价的。然而,在几何建模中采用贝塞尔方法比幂基优越。幂基的不足体现在以下几方面:

(1)在形状交互设计中不自然,幂基系数能够传达的几何信息有限;而且设计者一般喜欢指定曲线两端的条件,而不仅仅是初始点的条件。

(2)处理幂基多项式的算法仅有代数意义,而没有几何意义。

(3)数值性能不佳,包含高阶项时容易出现较大的舍入误差。

贝塞尔方法可以弥补这些不足。

一条 n 阶贝塞尔曲线定义为

$$C(u) = \sum_{i=0}^{n} B_{i,n}(u)\, \boldsymbol{P}_i, \quad 0 \leqslant u \leqslant 1 \qquad (9.1)$$

基(混合)函数 $\{B_{i,n}(u)\}$ 是经典的伯恩斯坦(Bernstein)多项式,其表达式为

$$B_{i,n}(u) = \frac{n!}{i!\,(n-i)!} u^i (1-u)^{n-i} \qquad (9.2)$$

几何系数 $\{\boldsymbol{P}_i\}$ 称作控制点。注意式(9.1)的定义要求 $u \in [0,1]$。

除了前面提到的特性,贝塞尔曲线在通常的旋转、平移、缩放等变换下具有不变性,也即对曲线的这些转换仅需施加在控制多边形上。

对于任何的曲线(曲面)表示方法,基函数的选择决定着该方法的几何特性。贝塞尔基函数具有以下特性。

(1) 非负性:对于所有的 i 和 n 以及所有的 $0 \leqslant u \leqslant 1$,都有 $B_{i,n}(u) \geqslant 0$。

(2) 单位分解特性:对所有的 $0 \leqslant u \leqslant 1$ 满足 $\sum\limits_{i=0}^{n} B_{i,n}(u) = 1$。

(3) $B_{i,n}(0) = B_{i,n}(1) = 1$。

(4) $B_{i,n}(u)$ 在区间 $[0,1]$ 上仅在 $u = i/n$ 处取最大值。

(5) 对称性:对于任何 n,多项式集合 $\{ B_{i,n}(u) \}$ 关于 $u = 1/2$ 对称。

(6) 递推定义:$B_{i,n}(u) = (1-u) B_{i,n-1}(u) + u B_{i-1,n-1}(u)$,这里规定如果 $i<0$ 或 $i>n$ 时 $B_{i,n}(u) = 0$。

(7) 线性精度:

$$u = \sum_{i=0}^{n} \frac{i}{n} B_{i,n}(u) \tag{9.3}$$

这说明单项式 t 可以用 n 阶伯恩斯坦多项式的加权和表示,全系数在区间 $[0,1]$ 上均匀分布。这个特性在 9.4 节会多次用到。

(8) 导数公式:

$$B'_{i,n}(u) = \frac{\mathrm{d}B_{i,n}(u)}{\mathrm{d}u} = n[B_{i-1,n-1}(u) - B_{i,n-1}(u)] \tag{9.4}$$

其中规定 $B_{-1,n-1}(u) = B_{n,n-1}(u) = 0$。

利用第(7)个特性,容易推导得贝塞尔曲线导数的一般计算公式:

$$
\begin{aligned}
\boldsymbol{C}'(u) &= \frac{\mathrm{d} \sum\limits_{i=0}^{n} B_{i,n}(u) \boldsymbol{P}_i}{\mathrm{d}u} = \sum_{i=0}^{n} B'_{i,n}(u) \boldsymbol{P}_i \\
&= \sum_{i=0}^{n} n[B_{i-1,n-1}(u) - B_{i,n-1}(u)] \boldsymbol{P}_i \\
&= n \sum_{i=0}^{n-1} B_{i,n-1}(u)(\boldsymbol{P}_{i+1} - \boldsymbol{P}_i)
\end{aligned} \tag{9.5}
$$

令 $n=2$,则 $\boldsymbol{C}(u) = \sum\limits_{i=0}^{2} B_{i,2}(u) \boldsymbol{P}_i$,于是

$$
\begin{aligned}
\boldsymbol{C}(u) &= (1-u)^2 \boldsymbol{P}_0 + 2u(1-u) \boldsymbol{P}_1 + u^2 \boldsymbol{P}_2 \\
&= (1-u)(\underbrace{(1-u) \boldsymbol{P}_0 + u \boldsymbol{P}_1}_{\text{线性}}) + u(\underbrace{u(1-u) \boldsymbol{P}_1 + u \boldsymbol{P}_2}_{\text{线性}})
\end{aligned} \tag{9.6}
$$

即 $C(u)$ 是两个一阶线性贝塞尔曲线的线性插值,特别是 $C(u)$ 上的任意一点是通过 3 个线性插值得到的。假设 $u=u_0$ 并令 $P_{1,0}=(1-u_0)P_0+u_0P_1$ 及 $P_{1,0}=(1-u_0)P_1+u_0P_2$,则 $P_{2,0}=(1-u_0)P_{1,0}+u_0P_{1,1}$,因此 $C(u_0)=P_{2,0}$。

把一个 n 阶的一般贝塞尔曲线记为 $C_n(P_0,\cdots,P_n)$,则

$$C_n(P_0,\cdots,P_n)=(1-u)C_{n-1}(P_0,\cdots,P_{n-1})+uC_{n-1}(P_1,\cdots,P_n) \quad (9.7)$$

这可以从贝塞尔基函数的第(6)个特性推导得。用 $P_{0,i}$ 代替 P_i,式(9.7)给出计算 n 阶贝塞尔曲线上点 $C(u_0)=P_{n,0}(u_0)$ 的一个递推算法,即

$$P_{k,i}(u_0)=(1-u_0)P_{k-1,i}(u_0)+u_0P_{k-1,i+1}(u_0) \quad (9.8)$$

其中 $k=1,2,\cdots,n;i=0,1,\cdots,n-k$。式(9.8)称为德卡斯特(deCasteljau)算法,这是一个不断地切多边形的尖角的过程。

9.1.2 B 样条基函数的定义

非均匀有理 B 样条以 B 样条理论为基础,因此首先介绍 B 样条理论及其曲线、曲面理论。B 样条基函数的定义有很多种方法,常用的一种定义方法是由 deBoor、Cox 和 Mansfield 给出的递推形式:

$$N_{i,0}(u)=\begin{cases}1, & u_i\leqslant u<u_{i+1}\\ 0, & 其他\end{cases}$$

$$N_{i,p}(u)=\frac{u-u_i}{u_{i+p}-u_i}N_{i,p-1}+\frac{u_{i+p+1}-u}{u_{i+p+1}-u_{i+1}}N_{i+1,p-1} \quad (9.9)$$

其中 $N_{i,p}$ 表示第 i 个 p 次 B 样条基函数。

$U=\{u_0,u_1,\cdots,u_m\}$ 是由一组单调不减的实数构成的结点向量,u_i 称为结点。针对上述定义,我们说明以下几点:

(1) 迭代表达式(9.9)中第二式可能出现 0/0 的情况,我们规定 0/0=0。

(2) 每一个 $N_{i,p}$ 为定义在整个实数轴上的分段多项式函数,但一般只关心它在区间 $[u_0,u_m]$ 上的部分。

(3) $N_{i,0}$ 的定义域为半开半闭区间 $[u_i,u_{i+1})$,称为第 i 个结点区间,若 $u_i<u_{i+1}$,$N_{i,0}$ 为一个阶梯函数;$u_i=u_{i+1}$ 是允许的(这时的结点区间为空集,当我们讨论一个结点区间时总假设该结点区间非空),根据定义,此时 $N_{i,0}$ 为取值为 0 的常函数。

以结点向量 $U=\{0\ 0\ 0\ 1\ 2\ 3\ 4\ 4\ 5\ 5\ 5\}$ 为例,图 9-1 和图 9-2 分别给出了一次和二次 B 样条基函数的函数曲线,其中 $N_{0,1}=N_{8,1}=0$。

B 样条基函数有许多优越的数学特性,这是其在工程中广泛应用的根本原因,掌握这些特性对更好地理解 B 样条也很有帮助。B 样条基函数的基本性质如下:

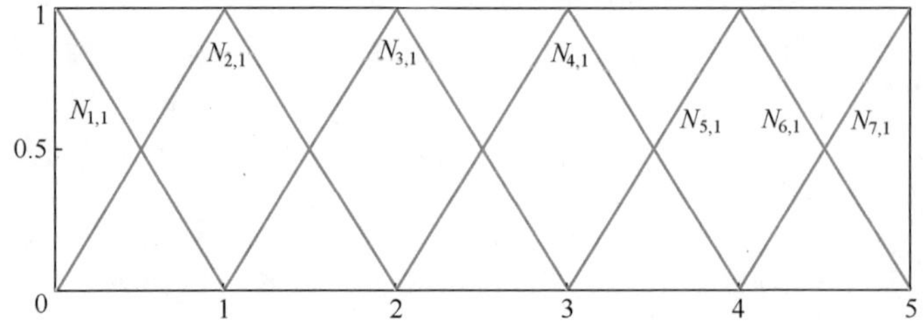

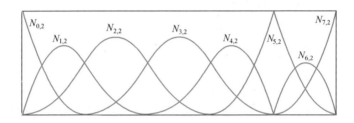

图 9-1　一次 B 样条基函数 $U=\{0\ 0\ 0\ 1\ 2\ 3\ 4\ 4\ 5\ 5\ 5\}$

图 9-2　二次 B 样条基函数 $U=\{0\ 0\ 0\ 1\ 2\ 3\ 4\ 4\ 5\ 5\ 5\}$

（1）（非负性）对于所有基函数，其取值都是非负的，这一点易由递推定义表达式得到。

（2）（局部支撑性）对于一个 p 次基函数 $N_{i,p}$，最多在 $p+1$ 个连续的结点区间 $[u_i, u_{i+p+1}]$ 上取值非 0，称该区间为 $N_{i,p}$ 的支撑区间。

（3）每一个结点区间 $[u_i, u_{i+1})$ 上，最多有 $p+1$ 个 p 次基函数的支撑域包含该区间，因此最多有 $p+1$ 个 p 次基函数在该区间上取值非 0，它们是 $N_{i-p,p}, \cdots, N_{i,p}$。

（4）（规范性）对于任意结点区间 $[u_i, u_{i+1})$，如果存在 $p+1$ 个 p 次基函数的支撑域包含该区间，那么有 $\sum\limits_{j=i-p}^{i} N_{j,p}(u) = 1$，因此给定结点向量 $U = \{u_0, u_1, \cdots, u_m\}$，满足规范性的区间为 $[u_p, u_{m-p}]$。

（5）（可微性）在结点区间内部，每一个 $N_{i,p}$ 都是无限可微的，在结点 u_s 处，$N_{i,p}$ 是 $p-k$ 次连续可微的，即 C^{p-k} 连续，其中结点 $u_s \in \{u_i, u_{i+1}, \cdots, u_{i+p+1}\}$，$k$ 是 u_s 在该结点集合中的重数。

9.1.3　B 样条基函数的求导

在曲线、曲面计算中有大量的求导计算，因此求 B 样条基函数的导数在 NURBS 计算中十分常用。B 样条基函数的求导公式为

$$N'_{i,p}(u) = \frac{p}{u_{i+p} - u_i} N_{i,p-1}(u) - \frac{p}{u_{i+p+1} - u_{i+1}} N_{i+1,p-1}(u) \qquad (9.10)$$

反复对式(9.10)两端求导可以得到一般的求导递推公式：

$$N_{i,p}^{(k)} = p\left(\frac{N_{i,p-1}^{(k-1)}}{u_{i+p} - u_i} - \frac{N_{i+1,p-1}^{(k-1)}}{u_{i+p+1} - u_{i+1}} \right) \qquad (9.11)$$

进一步可以得到用 $N_{i,p-k},\cdots,N_{i+k,p-k}$ 来计算 $N_{i,p}$ 的 k 阶导数的公式：

$$N_{i,p}^{(k)} = \frac{p!}{(p-k)!} \sum_{j=0}^{k} a_{k,j} N_{i+j,p-k} \qquad (9.12)$$

其中

$$a_{0,0} = 1$$

$$a_{k,0} = \frac{a_{k-1,0}}{u_{i+p-k+1} - u_i}$$

$$a_{k,j} = \frac{a_{k-1,j} - a_{k-1,j-1}}{u_{i+p+j-k+1} - u_{i+j}}, j = 1,2,\cdots,k-1$$

$$a_{k,k} = \frac{-a_{k-1,k-1}}{u_{i+p+1} - u_{i+k}} \qquad (9.13)$$

在式(9.12)中需要注意如下两点：

(1) $k \leqslant p$，所有高于 p 阶的导数均为0。

(2) 系数 $\alpha_{k,j}$ 可能出现分母为0的情况，这时规定 $\alpha_{k,j} = 0$。

最后给出如下求导公式：

$$N_{i,p}^{(k)} = \frac{p}{p-k}\left(\frac{u - u_i}{u_{i+p} - u_i} N_{i,p-1}^{(k)} - \frac{u_{i+p+1} - u}{u_{i+p+1} - u_{i+1}} N_{i+1,p-1}^{(k)} \right), \quad k = 0,1,\cdots,p-1$$

$$(9.14)$$

该公式利用两个 $p-1$ 次B样条基函数的 k 阶导数来插值计算 p 次基函数的 k 阶导数值。图9-3分别给出了3次B样条基函数及其导数图形。需要指出的是，

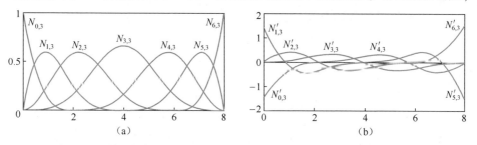

图9-3　3次B样条基函数及其导数，结点向量 $U = \{0\,0\,0\,0\,2\,4\,6\,8\,8\,8\,8\}$
(a)基函数图形；(b)基导数图形。

直接采用以上公式计算 B 样条基函数及其导数效率并不高,Piegl 与 Tiller[140] 的专著中给出了计算 B 样条及其基函数导数的高效率计算公式。

9.1.4 B 样条曲线

在 B 样条基函数的基础上便可以定义 B 样条曲线和曲面并研究二者的性质。一个 p 次 B 样条曲线定义为

$$C(u) = \sum_{i=0}^{n} N_{i,p}(u)P_i, \quad u \in [a,b] \tag{9.15}$$

这里 $P_i, i=0,1,\cdots,n$ 为 $n+1$ 个控制点,$N_{i,p}$ 为基函数,其结点向量为如下非周期的结点向量:

$$U = \{a,\cdots,a,u_{p+1},\cdots,u_{m-p-1},b,\cdots,b\} \tag{9.16}$$

其中曲线的定义域端点 a 和 b 在结点向量中的重数为 $p+1$ 次,总的结点数为 $m+1$,控制点数 $n+1=m-p$。

关于上述结点向量的构造主要基于以下考虑。由前所述,给定结点向量 $U = \{u_0,u_1,\cdots,u_m\}$,满足规范性的 p 次基函数的区间为 $[u_p,u_{m-p}]$,而规范性对于曲线曲面保持仿射不变性(见后文)是至关重要的,因此我们要求曲线的定义域为 $[u_p,u_{m-p}]$,因此式(9.16)中,结点向量 U 满足 $u_p = a, u_{m-p} = b$,而选择其重数为 $p+1$ 次的原因是由于这使得基函数满足端点插值性。对于左端点有 $N_{0,p}(a) = 1$,由规范性和非负性可知,其余基函数在该点取值为 0;同理,对于右端点有 $N_{n,p}(b) = 1$,而其他基函数则取值为 0。端点插值性表明曲线端点将与控制多边形的端点重合,且在端点相切,如图 9-4 所示,这对于设计人员控制曲线形状是十分有益的。除了定义域端点外,我们称结点 $\{u_{p+1},\cdots,u_{m-p-1}\}$ 为内部结点,如果所有内部结点都是等距离分布的,即存在常数 C 使得 $u_{i+1} - u_i = C$,$i = p \sim m-p-1$,那么 U 为均匀的,否则 U 为非均匀的。需要指出的是,端点插值并不是必需的,一些几何数据交换标准,如 IGES、STEP,都支持非端点插值的 B 样条。

由 B 样条基函数的性质,可以得到 B 样条曲线的如下特征,理解这些特性有助于更好地应用 B 样条曲线、曲面。

(1) 若取结点向量为 $U = \{a,\cdots,a,b,\cdots,b\}$,其中 a 和 b 的重数为 p,那么 $C(u)$ 为贝塞尔曲线。

(2) 控制点个数 $n+1$、曲线次数 p 和结点数 $m+1$ 满足关系 $m=n+p+1$。

(3) 曲线满足端点插值性:$C(a) = P_0, C(b) = P_n$。

(4) 仿射不变性:对曲线进行仿射变换只需要对原曲线的控制点进行仿射变换,得到的曲线仍然为 B 样条曲线。

278

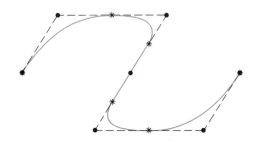

图9-4　B样条曲线与控制多边形，$U=\{0\ 0\ 0\ 0.2\ 0.4\ 0.6\ 0.8\ 1\ 1\ 1\}$

（图中，●为控制顶点，∗为区间端点）

（5）强凸包性：在结点区间$[u_i,u_{i+1}]$上定义的p次曲线包含在由控制点$\boldsymbol{P}_{i-p},\cdots,\boldsymbol{P}_i$组成的凸多边形内。

（6）局部修改性：移动点$\boldsymbol{P}_i$最多影响定义在区间$[u_i,u_{i+p+1})$上的曲线形状。

（7）通过插入结点或升阶，控制多边形将是曲线的线性逼近。

（8）变差减少性：任何一个平面（对空间曲线）或直线（对平面曲线）与曲线的交点个数不多于该平面或曲线与控制多边形的交点个数。

（9）在重复度为k的结点处，曲线至少是$p-k$次连续可微的。

可以看出这些性质对于B样条曲线、曲面的应用十分有帮助。

最后给出曲线式(9.15)的导矢曲线，这是后面介绍的NURBS曲线、曲面求导的基础。一条p次B样条曲线的一阶导数为$p-1$次B样条曲线：

$$C'(u)=\sum_{i=0}^{n-1}N_{i,p-1}(u)\boldsymbol{Q}_i \tag{9.17}$$

其结点向量为

$$\boldsymbol{U}=\{\overbrace{a,\cdots,a}^{p},u_{p+1},\cdots,u_{m-p-1},\overbrace{b,\cdots,b}^{p}\} \tag{9.18}$$

控制点为

$$\boldsymbol{Q}_i=p\frac{\boldsymbol{P}_{i+1}-\boldsymbol{P}_i}{u_{i+p+1}-u_{i+1}} \tag{9.19}$$

递归利用式(9.19)可得更高阶导矢公式：

$$C^{(k)}=\sum_{i=0}^{n-k}N_{i,p-k}\boldsymbol{P}_i^{(k)} \tag{9.20}$$

其结点向量为

$$\boldsymbol{U}^{(k)}=\{\overbrace{a,\cdots,a}^{p-k+1},u_{p+1},\cdots,u_{m-p-1},\overbrace{b,\cdots,b}^{p-k+1}\} \tag{9.21}$$

控制点为

$$\boldsymbol{P}_i^{(k)} = \begin{cases} \boldsymbol{P}_i, & k = 0 \\ \dfrac{p - k + 1}{u_{i+p+1} - u_{i+k}}(\boldsymbol{P}_{i+1}^{(k-1)} - \boldsymbol{P}_i^{(k-1)}), & k > 0 \end{cases} \tag{9.22}$$

基于这些公式的编程方法见文献[140]。

9.1.5 B 样条曲面

B 样条曲面是张量积曲面,由两个方向的控制点网格以及结点向量构成的单变量 B 样条基函数来定义:

$$S(u,v) = \sum_{i=0}^{n} \sum_{j=0}^{m} N_{i,p}(u) N_{j,q}(v) \boldsymbol{P}_{i,j} \tag{9.23}$$

其中,结点向量为

$$\begin{aligned} \boldsymbol{U} &= \{a, \cdots, a, u_{p+1}, \cdots, u_{r-p-1}, b, \cdots b\} \\ \boldsymbol{V} &= \{c, \cdots, c, v_{q+1}, \cdots, v_{s-q-1}, d, \cdots, d\} \end{aligned} \tag{9.24}$$

其结点数分别为 $u+1$ 和 $v+1$ 个,且有如下关系:

$$r = n + p + 1, \quad s = m + q + 1 \tag{9.25}$$

从定义式(9.23)易知,B 样条曲面的基函数是由两个方向的 B 样条基函数的张量积构成,因而这种张量积形式的 B 样条曲面基函数具有以下特点。

(1) 非负性:$N_{i,p}(u)N_{j,q}(v) \geqslant 0$。

(2) 规范性:$\forall (u,v) \in [a,b] \times [c,d]$,有 $\sum_{i=0}^{n} \sum_{j=0}^{m} N_{i,p}(u)N_{j,q}(v) = 1$。

(3) 若 $\boldsymbol{U} = \{a, \cdots, a, b, \cdots, b\}$,$\boldsymbol{V} = \{c, \cdots, c, d, \cdots, d\}$,那么 B 样条曲面基函数退化为贝塞尔曲面基函数。

(4) 局部性:在矩形 $[u_i, u_{i+p+1}) \times [v_j, v_{j+q+1})$ 外,基函数 $N_{i,p}(u)N_{j,q}(v)$ 的取值为 0。

(5) 在任意一个矩形区间 $[u_i, u_{i+1}) \times [v_j, v_{j+1})$ 内,最多有 $(p+1)(q+1)$ 个非 0 基函数。

(6) 若 $p > 0, q > 0$,那么基函数 $N_{i,p}(u)N_{j,q}(v)$ 精确的达到一次最大值。

(7) 在结点区间构成的矩形内部,$N_{i,p}(u)N_{j,q}(v)$ 为多项式二元函数,它们是无穷连续可微的,而在具有重数为 k 的 u 方向的结点上,曲面具有 $p-k$ 次连续偏导数,同理对 v 方向也有相同的结论。

由 B 样条曲面基函数的上述性质可得 B 样条曲面具有如下性质。

(1) 如果 $\boldsymbol{U} = \{a, \cdots, a, b, \cdots, b\}$,$\boldsymbol{V} = \{c, \cdots, c, d, \cdots, d\}$,则 $S(u,v)$ 为贝塞尔

曲面。

（2）曲面在 4 个角点处插值：$S(a,c)=\boldsymbol{P}_{0,0}$，$S(a,d)=\boldsymbol{P}_{0,m}$，$S(b,c)=\boldsymbol{P}_{n,0}$，$S(b,d)=\boldsymbol{P}_{n,m}$。

（3）仿射不变性：对 B 样条曲面进行仿射变换仍然得到 B 样条曲面，其控制点由原曲面的控制点经仿射变换得到。

（4）强凸包性：若 $(u,v)\in[u_{i_0},u_{i_0+1})\times[v_{j_0},v_{j_0+1})$，那么 $S(u,v)$ 位于控制顶点 $\boldsymbol{P}_{i,j}$，$i=i_0-p\sim i_0$，$j=j_0-q\sim j_0$ 构成的凸包内。

（5）局部修改性：移动 $\boldsymbol{P}_{i,j}$ 只影响到定义在 $[u_i,u_{i+p+1})\times[v_j,v_{j+q+1})$ 上的曲面。

（6）$S(u,v)$ 的可微性可由 B 样条曲面基函数的可微分性得到，在结点向量 U 中重复度为 k 的结点，其对应的曲面关于 u 是 $n-k$ 次连续可微的；同理对 v 方向也有类似的结论。

最后给出 B 样条曲面的偏导矢。对 u 的偏导数为

$$S_u(u,v)=\sum_{i=0}^{n-1}\sum_{j=0}^{m}N_{i,p-1}(u)N_{j,q}(v)\boldsymbol{P}_{i,j}^{(1,0)} \qquad (9.26)$$

其中 v 方向的结点向量不变，u 方向的结点向量为

$$U^{(1)}=\{\overbrace{a,\cdots,a}^{p},u_{p+1},\cdots,u_{r-p-1},\overbrace{b,\cdots b}^{p}\} \qquad (9.27)$$

控制点为

$$\boldsymbol{P}_{i,j}^{\langle1,0\rangle}=p\frac{\boldsymbol{P}_{i+1,j}-\boldsymbol{P}_{i,j}}{u_{i+p+1}-u_{i+1}} \qquad (9.28)$$

对 v 的偏导为

$$S_v(u,v)=\sum_{i=0}^{n}\sum_{j=0}^{m-1}N_{i,p}(u)N_{j,q-1}(v)\boldsymbol{P}_{i,j}^{(0,1)} \qquad (9.29)$$

其中 u 方向的结点向量不变，v 方向的结点向量为

$$V^{(1)}=\{\overbrace{c,\cdots,c}^{q},v_{q+1},\cdots,v_{s-q-1},\overbrace{d,\cdots d}^{q}\} \qquad (9.30)$$

控制点为

$$\boldsymbol{P}_{i,j}^{(0,1)}=q\frac{\boldsymbol{P}_{i,j+1}-\boldsymbol{P}_{i,j}}{v_{j+q+1}-v_{j+1}} \qquad (9.31)$$

混合偏导数为

$$S_{uv}(u,v)=\sum_{i=0}^{n-1}\sum_{j=0}^{m-1}N_{i,p-1}(u)N_{j,q-1}(v)\boldsymbol{P}_{i,j}^{(1,1)} \qquad (9.32)$$

其结点向量为

$$U^{(1)} = \{\overbrace{a,\cdots,a}^{p},u_{p+1},\cdots,u_{r-p-1},\overbrace{b,\cdots b}^{p}\}$$

$$V^{(1)} = \{\overbrace{c,\cdots,c}^{q},v_{q+1},\cdots,v_{s-q-1},\overbrace{d,\cdots d}^{q}\} \tag{9.33}$$

控制点为

$$P_{i,j}^{(1,1)} = q\,\frac{P_{i,j+1}^{(1,0)} - P_{i,j}^{(1,0)}}{v_{j+q+1} - v_{j+1}} \tag{9.34}$$

一般地可以得到任意混合偏导数的表达式：

$$\frac{\partial^{k+l}}{\partial u^k \partial v^l}S(u,v) = \sum_{i=0}^{n-k}\sum_{j=0}^{m-l} N_{i,p-k}(u)N_{j,q-l}(v)P_{i,j}^{(k,l)} \tag{9.35}$$

其控制点：

$$U^{(k)} = \{\overbrace{a,\cdots,a}^{p+1-k},u_{p+1},\cdots,u_{r-p-1},\overbrace{b,\cdots b}^{p+1-k}\}$$

$$V^{(l)} = \{\overbrace{c,\cdots,c}^{q+1-l},v_{q+1},\cdots,v_{s-q-1},\overbrace{d,\cdots d}^{q+1-l}\} \tag{9.36}$$

控制点由如下递推公式给出：

$$P_{i,j}^{(k,l)} = (q - l + 1)\,\frac{P_{i,j+1}^{(k,l-1)} - P_{i,j}^{(k,l-1)}}{v_{j+q+1} - v_{j+l}} \tag{9.37}$$

以上求导公式是随后 NURBS 曲线、曲面求导的基础。

9.2　NURBS 曲线

9.2.1　NURBS 曲线的定义

NURBS 曲线和曲面在 CAD 建模中十分常用,因此二者的算法在曲线、曲面理论中十分基础。一条 p 次 NURBS 曲线定义为

$$C(u) = \frac{\displaystyle\sum_{i=0}^{n} N_{i,p}(u)w_i P_i}{\displaystyle\sum_{i=0}^{n} N_{i,p}(u)w_i},\quad a \leqslant u \leqslant b \tag{9.38}$$

其中 P_i 是控制点,$w_i>0$ 为权因子,$N_{i,p}$ 为 p 次 B 样条基函数,其结点向量为

$$U = \{\overbrace{a,\cdots,a}^{p+1},u_{p+1},\cdots,u_{m-p-1},\overbrace{b,\cdots,b}^{p+1}\} \tag{9.39}$$

282

令

$$R_{i,p}(u) = \frac{N_{i,p}(u)w_i}{\sum_{i=0}^{n} N_{i,p}w_i} \tag{9.40}$$

那么式(9.38)可以改写为

$$C(u) = \sum_{i=0}^{n} R_{i,p}(u)\boldsymbol{P}_i, \quad a \leqslant u \leqslant b \tag{9.41}$$

称 $R_{i,p}(u)$ 为有理基函数,它具有如下性质。

(1) 非负性:$\forall u \in [a,b], R_{i,p}(u) \geqslant 0$。

(2) 规范性:$\forall u \in [a,b], \sum_{i=0}^{n} R_{i,p}(u) = 1$。

(3) $R_{0,p}(a) = 1, R_{n,p}(b) = 0$。

(4) 若 $p > 0$,所有 $R_{i,p}(u)$ 在区间 $[a,b]$ 上精确地达到一次最大值。

(5) 局部支撑性:在区间 $[u_i, u_{i+p+1})$ 外,$R_{i,p}(u)$ 取值为 0;给定结点区间 $[u_i, u_{i+1})$,至多有 $p+1$ 个非 0 基函数:$R_{i-p,p}(u) \sim R_{i,p}(u)$。

(6) $R_{i,p}(u)$ 在结点区间内部为无限连续可微的,在结点处 $R_{i,p}(u)$ 是 $p-k$ 次连续可微的,k 是结点重数。

(7) 对丁所有 ι,如果 $w_i = C$,其中 C 为任意正常数,那么 $R_{i,p}(u)$ 退化为 $N_{i,p}(u)$。

由有理基函数的上述性质可得 NURBS 曲线的如下特性。

(1) 端点插值性:$C(a) = \boldsymbol{P}_0, C(b) = \boldsymbol{P}_n$。

(2) 仿射不变性:对 NURBS 曲线进行仿射变换后得到的仍然是 NURBS 曲线,并且新曲线的控制点由原来曲线的控制点经过该仿射变换得到。

(3) 强凸包性:如果 $u \in [u_i, u_{i+1})$,那么 $C(u)$ 位于控制点 $\boldsymbol{P}_{i-p}, \cdots, \boldsymbol{P}_{i,p}$ 的凸包内。

(4) $C(u)$ 在每个结点区间内部是无限可微的,而在 k 重结点处具有 $p-k$ 阶连续可微。

(5) 变差减少性:任何一个平面(对空间曲线),或直线(对平面曲线),与 NURBS 曲线的交点数不多于与其控制多边形的交点数。

(6) 不包含内结点的 NURBS 曲线为有理贝塞尔曲线,权因子为常数的 NURBS 曲线为 B 样条曲线,因此 NURBS 曲线包含了非有理贝塞尔曲线、有理贝塞尔曲线、非有理 B 样条曲线。

(7) 局部修改性:移动控制点 $\boldsymbol{P}_i$,或改变权因子 w_i,最多影响定义在

$[u_i, u_{i+p+1})$ 上的 NURBS 曲线。

（8）增大权因子 w_i，曲线将靠近控制点 $\boldsymbol{P}_i$，反之则远离控制点 $\boldsymbol{P}_i$。

图 9-5 给出了一条 NURBS 表示的圆，该曲线无法用 B 样条曲线来表示。

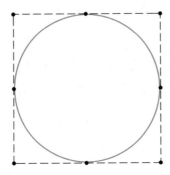

图 9-5　NURBS 表示的圆：结点向量
$\boldsymbol{U} = [0,0,0,1/4,1/4,1/2,1/2,3/4,3/4,1,1,1,]$，
控制多边形角点权系数为 $1/\sqrt{2}$，边内权系数为 1

9.2.2　NURBS 曲线的齐次坐标形式

若采用齐次坐标形式，三维空间中的控制点 $\boldsymbol{P} = (x, y, z)$ 可看成是四维空间中的点 $\boldsymbol{P}^w = (wx, wy, wz, w)$ 到超平面 $w = 1$ 的透视投影，即由四维直线 $\boldsymbol{OP}^w$ 与四维空间的超平面 $w = 1$ 的交点。记该映射为 H，那么有

$$\boldsymbol{P} = H(\boldsymbol{P}^w) = H((X, Y, Z, W)) = \left(\frac{X}{W}, \frac{Y}{W}, \frac{Z}{W} \right), \quad W > 0 \qquad (9.42)$$

定义四维空间中的一条非有理 B 样条曲线为

$$\boldsymbol{C}^w(u) = \sum_{i=0}^{n} N_{i,p}(u) \boldsymbol{P}_i^w, \quad a \leqslant u \leqslant b \qquad (9.43)$$

其中 $\boldsymbol{P}_i^w = [\boldsymbol{P}_i, w_i]$。式（9.43）写成分量形式为

$$\boldsymbol{C}^w(u) = \left[\sum_{i=0}^{n} N_{i,p}(u) w_i \boldsymbol{P}_i, \sum_{i=0}^{n} N_{i,p}(u) w_i \right], \quad a \leqslant u \leqslant b \qquad (9.44)$$

那么易知，式（9.38）表示的三维空间中的 NURBS 曲线可以由式（9.43）透视投影得到

$$\boldsymbol{C}(u) = H(\boldsymbol{C}^w(u)) \qquad (9.45)$$

称 $\boldsymbol{C}^w(u)$ 为 NURBS 曲线 $\boldsymbol{C}(u)$ 的齐次坐标形式。

9.2.3 NURBS 曲线的导矢

直接求 NURBS 曲线的导数会比较复杂,因此一般的做法是对其分子和分母分别求导数,然后用分子和分母的导数表示 NURBS 曲线的导数。令分子和分母分别等于:

$$\boldsymbol{A}(u) = \sum_{i=0}^{n} N_{i,p}(u) w_i \boldsymbol{P}_i = w(u) \boldsymbol{C}(u)$$

$$w(u) = \sum_{i=0}^{n} N_{i,p}(u) w_i \qquad (9.46)$$

那么

$$\boldsymbol{A}^{(k)}(u) = (w(u) \boldsymbol{C}(u))^{(k)} = \sum_{i=0}^{k} \binom{k}{i} w^{(i)}(u) \boldsymbol{C}^{(k-i)}(u)$$

$$= w(u) \boldsymbol{C}^{(k)}(u) + \sum_{i=1}^{k} \binom{k}{i} w^{(i)}(u) \boldsymbol{C}^{(k-i)}(u) \qquad (9.47)$$

于是

$$\boldsymbol{C}^{(k)}(u) = \frac{\boldsymbol{A}^{(k)}(u) - \sum_{i-1}^{k} \binom{k}{i} w^{(i)}(u) \boldsymbol{C}^{(k-i)}(u)}{w(u)} \qquad (9.48)$$

注意到 $w(u)$ 和 $\boldsymbol{A}(u)$ 是 $\boldsymbol{C}^w(u)$ 的分量,而 $\boldsymbol{C}^w(u)$ 为非有理 B 样条曲线,其导数已由式(9.20)~式(9.22)给出,因而式(9.48)给出了利用曲线前 $k-1$ 阶导矢求第 k 阶导矢的递推公式。作为特例,曲线的第一阶导矢公式为

$$\boldsymbol{C}'(u) = \frac{\boldsymbol{A}'(u) - w'(u) \boldsymbol{C}(u)}{w(u)} \qquad (9.49)$$

类似可以得到二阶导矢公式。一般最常用的是一阶导矢,二阶导矢也偶尔用到,高于二阶的导矢一般用不到。

9.3 NURBS 曲面

9.3.1 NURBS 曲面的定义

NURBS 曲面是张量积曲面,一张在 u 方向 p 次、在 v 方向 q 次的 NURBS 曲面由如下表达式给出:

$$S(u,v) = \frac{\sum\limits_{i=0}^{n}\sum\limits_{j=0}^{m} N_{i,p}(u) N_{j,q}(v) w_{i,j} \boldsymbol{P}_{i,j}}{\sum\limits_{i=0}^{n}\sum\limits_{j=0}^{m} N_{i,p}(u) N_{j,q}(v) w_{i,j}}, \quad (u,v) \in [a,b] \times [c,d]$$

(9.50)

式中:$\boldsymbol{P}_{i,j}$形成了两个方向的控制网格点;$w_{i,j}$为权因子;$N_{i,p}$ 和 $N_{j,q}$ 分别为定义在结点向量 U 和 V 上的 B 样条基函数,而结点向量为

$$\begin{cases} \boldsymbol{U} = \{\overbrace{a,\cdots,a}^{p+1}, u_{p+1}, \cdots, u_{r-p-1}, \overbrace{b,\cdots,b}^{p+1}\} \\ \boldsymbol{V} = \{\overbrace{c,\cdots,c}^{p+1}, v_{q+1}, \cdots, v_{s-p-1}, \overbrace{d,\cdots,d}^{p+1}\} \end{cases}$$

(9.51)

其中 $r = n + p + 1, s = m + q + 1$。引入分段有理基函数:

$$R_{i,j}(u,v) = \frac{N_{i,p}(u) N_{j,q}(v) w_{i,j}}{\sum\limits_{i=0}^{n}\sum\limits_{j=0}^{m} N_{i,p}(u) N_{j,q}(v) w_{i,j}}$$

(9.52)

式(9.50)可改写为

$$S(u,v) = \sum_{i=0}^{n}\sum_{j=0}^{m} R_{i,j}(u,v) \boldsymbol{P}_{i,j}$$

(9.53)

图 9-6 给处了一张 NURBS 曲面的示意图,同时画出了其控制网格点。可以看到曲面在控制网格的 4 个角点处是插值的。

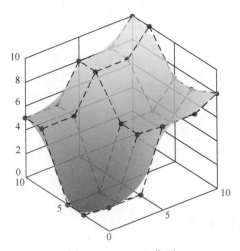

图 9-6　NRUBS 曲面

像 NURBS 曲面的基函数具有与 NURBS 曲线基函数类似的性质,这些性质对理解 NURBS 曲面的性质十分有帮助。NURBS 曲面的有理基函数 $R_{i,j}(u,v)$ 的一些基本性质如下。

(1) 非负性: $R_{i,j}(u,v) \geq 0$。

(2) 规范性: $\forall (u,v) \in [a,b] \times [c,d]$, 有 $\sum\limits_{i=0}^{n} \sum\limits_{j=0}^{m} R_{i,j}(u,v) = 1$。

(3) 局部性:在矩形区域 $[u_i, u_{i+p+1}) \times [v_j, v_{j+q+1})$ 外,基函数 $R_{i,j}(u,v)$ 的取值为 0。

(4) 在任意一个矩形区间 $[u_{i_0}, u_{i_0+1}) \times [v_{j_0}, v_{j_0+1})$ 内,最多有 $(p+1)(q+1)$ 个非 0 基函数,即 $R_{i,j}(u,v), i = i_0 - p, i_0 - p + 1, \cdots, i_0, j = j_0 - q, j_0 - q + 1, \cdots, j_0$。

(5) 若 $p > 0, q > 0$,那么基函数 $R_{i,j}(u,v)$ 精确的达到一次最大值。

(6) 角点插值: $R_{0,0}(a,c) = R_{0,m}(a,d) = R_{n,0}(b,c) = R_{n,m}(b,d) = 1$。

(7) 对于所有 i,j,如果 $w_{i,j} = c$,其中 c 为任意正常数,那么 $R_{i,j}(u,v)$ 退化为 B 样条基函数 $N_{i,p}(u)N_{j,q}(v)$。

(8) 在结点区间构成的矩形内部, $R_{i,j}(u,v)$ 是无穷连续可微的,而在具有重数为 k 的 u 方向的结点上,曲面具有 $p-k$ 次连续偏导数,同理对 v 方向也有相同的结论。

基于 NURBS 曲面的有理基函数的上述性质,可得到 NURBS 曲面的如下重要几何性质。

(1) 角点插值性: $S(a,c) = P_{0,0}, S(a,d) = P_{0,m}, S(b,c) = P_{n,0}, S(b,d) = P_{n,m}$。

(2) 仿射不变形:对 NURBS 曲面进行仿射变换仍然得到 NURBS 曲面,其控制点由原曲面的控制点经仿射变换得到。

(3) 强凸包性:若 $(u,v) \in [u_{i_0}, u_{i_0+1}) \times [v_{j_0}, v_{j_0+1})$,那么 $S(u,v)$ 位于控制顶点 $P_{i,j}, i = i_0 - p, i_0 - p + 1, \cdots, i_0, j = j_0 - q, j_0 - q + 1, \cdots, j_0$ 构成的凸包内。

(4) 局部修改性:移动 $P_{i,j}$ 或改变权因子 $w_{i,j}$ 只影响到定义在 $[u_i, u_{i+p+1}) \times [v_j, v_{j+q+1})$ 上的曲面。

(5) 非有理 B 样条曲面、贝塞尔曲面、有理贝塞尔曲面都是 NURBS 曲面的特例。

(6) $S(u,v)$ 的可微性可由 B 样条曲面基函数的可微分性得到,在结点向量 U 中重复度为 k 的结点,其对应的曲面关于 u 是 $n-k$ 次连续可微的;同理对 v 方向也有类似的结论。

(7) 增大(或减小)权因子 $w_{i,j}$,曲面靠近(或远离)控制点 $\boldsymbol{P}_{i,j}$。

同理,我们可以给出 NURBS 曲面 $\boldsymbol{S}(u,v)$ 的齐次坐标形式:

$$\boldsymbol{S}^w(u,v) = \sum_{i=0}^{n}\sum_{j=0}^{m} N_{i,p}(u) N_{j,q}(v) \boldsymbol{P}_{i,j}^w \tag{9.54}$$

式中,$\boldsymbol{P}_{i,j}^w = [w_{ij}\boldsymbol{P}_{i,j}, w_{ij}]$,在实际计算中一般采用齐次坐标形式更方便。

9.3.2 NURBS 曲面的导矢

类似 NURBS 曲线,NURBS 曲面仍然采用分别对分子和分母求导然后计算 NURBS 曲面导矢的方法,定义:

$$\begin{cases} \boldsymbol{A}(u,v) = \displaystyle\sum_{i=0}^{n}\sum_{j=0}^{m} N_{i,p}(u) N_{j,q}(v) w_{i,j}\boldsymbol{P}_{i,j} = w(u,v)\boldsymbol{S}(u,v) \\[3mm] w(u,v) = \displaystyle\sum_{i=0}^{n}\sum_{j=0}^{m} N_{i,p}(u) N_{j,q}(v) w_{i,j} \end{cases} \tag{9.55}$$

那么

$$\begin{aligned} \boldsymbol{A}^{(k,l)} &= \left[(w\boldsymbol{S})^{(k,0)} \right]^{(0,l)} = \left[\sum_{i=0}^{k}\binom{k}{i} w^{(i,0)}\boldsymbol{S}^{(k-i,0)} \right]^{(0,l)} \\ &= \sum_{i=0}^{k}\left[\binom{k}{i}\sum_{j=0}^{l}\binom{l}{j} w^{(i,j)}\boldsymbol{S}^{(k-i,l-j)} \right] \\ &= w\boldsymbol{S}^{(k,l)} + \sum_{i=1}^{k}\binom{k}{i} w^{(i,0)}\boldsymbol{S}^{(k-i,l)} + \sum_{j=1}^{l}\binom{l}{j} w^{(0,j)}\boldsymbol{S}^{(k,l-j)} + \\ &\quad \sum_{i=1}^{k}\left[\binom{k}{i}\sum_{j=1}^{l}\binom{l}{j} w^{(i,j)}\boldsymbol{S}^{(k-i,l-j)} \right] \end{aligned} \tag{9.56}$$

于是得

$$\begin{aligned} \boldsymbol{S}^{(k,l)} = \frac{1}{w}\bigg(&\boldsymbol{A}^{(k,l)} - \sum_{i=1}^{k}\binom{k}{i} w^{(i,0)}\boldsymbol{S}^{(k-i,l)} - \sum_{j=1}^{l}\binom{l}{j} w^{(0,j)}\boldsymbol{S}^{(k,l-j)} - \\ &\sum_{i=1}^{k}\left[\binom{k}{i}\sum_{j=1}^{l}\binom{l}{j} w^{(i,j)}\boldsymbol{S}^{(k-i,l-j)} \right] \bigg) \end{aligned} \tag{9.57}$$

注意到 $w(u,v)$ 和 $\boldsymbol{A}(u,v)$ 是 $\boldsymbol{S}^w(u,v)$ 的分量,而 $\boldsymbol{S}^w(u,v)$ 为非有理 B 样条曲面,其各阶导数可由式(9.35)~式(9.37)计算,因此式(9.57)给出了 NURBS 曲面各阶导矢的递推公式。作为特例,其前二阶导矢为

$$\begin{cases} \boldsymbol{S}_u = \dfrac{\boldsymbol{A}_u - w_u\boldsymbol{S}}{w} \\[4mm] \boldsymbol{S}_v = \dfrac{\boldsymbol{A}_v - w_v\boldsymbol{S}}{w} \end{cases} \tag{9.58}$$

$$\begin{cases} S_{uv} = \dfrac{A_{uv} - w_u S_v - w_v S_u - w_{uv} S}{w} \\[4mm] S_{uu} = \dfrac{A_{uu} - 2w_u S_u - w_{uu} S}{w} \\[4mm] S_{vv} = \dfrac{A_{vv} - 2w_v S_v - w_{vv} S}{w} \end{cases} \tag{9.59}$$

NURBS 曲面的前二阶导矢在实际计算中最为常用。

9.4 曲面求交问题

曲面求交问题是计算几何学、几何造型与设计、工业分析与制造应用中的基本问题。例如曲面求交问题的几个典型应用:①在显示等高线时需要求曲面与一系列平行平面或等轴柱面交线;②数控碾轧成型需要求偏移曲面与一系列平面的交线从而得到球形刀具的加工路径;③边界表示(B-Rep)模型在显示过程中有一个边界判别过程,需要把构造实体模型(CSG)转换为 B-Rep 模型,该转换过程中需要求得各基本几何体在布尔运算(联合、相交、相减)过程中表曲面之间的交线。

上面所有的操作都包含有曲面–曲面(S/S)求交问题。为了解决一般的曲面–曲面求交问题,需要考虑几个辅助的求交问题:点–点(P/P)求交、点–线(P/C)求交、点–面(P/S)求交、线–线(C/C)求交、线–面(C/S)求交。这 6 个求交问题在外形分析、机器人、防撞检测、制造仿真、科学计算可视化等中也是常用的。如果求交计算中的几何元素是非线性(曲)的,求交问题转化为求解非线性方程组,这些非线性方程可能是多项式的也可能是更一般的函数。

求解非线性方程组是数值分析中的一个复杂课题,这方面有许多专业教材可以参考。然而,几何建模对非线性方程组求解的稳健性、精度、自动化、效率提出很高的要求,因此几何建模领域的学者基于几何表达式开发出一套考虑了这些需求的专业求解器。

在研究求交问题时,我们所考虑的曲线和曲面可以分为两类:①有理多项式参数(RPP)模型;②隐式代数(IA)模型。非均匀有理 B 样条(NURBS)曲线、曲面可归类为 RPP 模型。程式(procedural)曲线和曲面是通过隐式方程给出的曲线和曲面,在此不做考虑。文献[220]有程式曲线、曲面求交问题的详细介绍。这里只讨论有理多项式参数(RPP)几何和隐式代数(IA)几何的曲面–曲面(S/S)求交问题及其辅助的曲线–曲面求交问题,文献[220]有 P/P、P/C、P/S

289

求交问题较为详细的介绍。

这一部分的结构如下:在9.4.1小节介绍求交问题的分类,在9.4.2小节介绍非线性多项式方程组的求解方法,在9.4.3小节和9.4.4小节分别介绍曲线–曲面求交和曲面–曲面求交。

9.4.1 求交问题的分类

曲面求交最关注的问题是高效率求解和描述几何建模所需高精度交线的所有信息。求交算法的可靠性是其在任何几何建模系统中有效应用的最基本的先决条件,求交算法的可靠性取决于对交线奇异性(或接近奇异)、细小交线环、曲面的局部重叠等问题的处理。即使在实际系统中已经应用的一些最新技术,由于计算过程中的数值误差使得交线的性能进一步复杂化。求交问题可以通过参与求交的几何元素的维度来分类,也可以通过几何元素的表示形式来分类,还可以通过输入或求交算法的数字系统来分类。

1. 根据维度分类

根据9.4节引言部分的缩写表示及参与求交的元素之一是点、线或面,求交问题可以分为3个子类:①P/P、P/C、P/S;②C/C、C/S;③S/S。

2. 根据几何元素表示形式分类

这里给出本书在构造各类求交问题算法中所用的点、线、面的各种表示形式,如显式、隐式代数形式和参数形式,下面分别介绍:

(1)点。

显式:$r_0 = (x_0, y_0, z_0)^T$,其中上标 T 表示向量的转置。隐式代数:3 张隐式曲面的交点,即 $f(r) = g(r) = h(r) = 0$,其中 f、g、h 是多项式函数,$r = (x, y, z)^T$。

(2)曲线。

参数形式:(有理)(分段)多项式:贝塞尔、有理贝塞尔、B 样条、NURBS,可以统一表示为 $r = r(t)$,$0 \leq t \leq 1$。

隐式代数:二维平面曲线可以用 $z = 0$,$f(x, y) = 0$ 表示,三维空间曲线需要用两张隐式曲面的交线 $f(r) = g(r) = 0$ 表示,其中 f 和 g 是多项式函数。

(3)曲面。

参数形式:(有理)(分段)多项式:贝塞尔、有理贝塞尔、B 样条、NURBS,可以统一表示为 $r = r(u, v)$,$0 \leq u, v \leq 1$。

隐式代数:$f(r) = 0$ 表示,其中 f 是多项式函数。

3. 根据数字系统分类

在这里求交问题的讨论中,我们会涉及各种类型的数字:

（1）有理数 $m/n, n \neq 0$，其中是 m 和 n 整数。

（2）计算机浮点（FP）数（是有理数的子集）。

（3）代数数（系数为整数的多项式的根）。

（4）实数，例如 e、π 等超越数、三角函数等。

（5）区间数，$[a, b]$，其中 a 和 b 是实数。

（6）取整区间数，$[c, d]$，其中 c 和 d 是浮点数。

其中浮点数与区间数对求交算法的稳健性是有影响的，这在一些文献中有讨论。

9.4.2 非线性多项式求解器概述

在 CAD/CAM 系统中的曲线和曲面通常用各种类型的分段多项式表示，因此各类求交问题的控制方程可归结为求解非线性多项式方程组。

1. 局部方法和全局方法简介

求解非线性方程组最常用的局部方法是牛顿型方法。这类方法基于局部线性化，求根时需要给定初始值，其概念较为简单。牛顿型方法的优点是其二次收敛速度和使用起来较为简单。不足之处是每个根都需要一个较好的初始值，不然该方法可能发散。而且该方法自身难以保证求得所有的根。

全局方法用来求得某些感兴趣区域的全部根。在近期计算代数几何相关的研究中，求解非线性多项式方程组的方法一般分为三类：①代数及混合法；②同伦（延续）法；③细分法。前两种方法一般适用于简单问题，第三种方法应用较多，下面将详细介绍。

2. 投影多面体（PP）方法

这部分介绍一种 n 维非线性多项式方程组迭代全局搜根算法，该方法称为投影多面体方法，属于细分法。该方法简单且易于显示，应用时只需要两个简单算法：①把多变量多项式细分为伯恩斯坦形式；②寻找二维点集的凸包。该算法是早期的自适应细分法的推广和扩展；$n=1$ 时可用于寻找多项式在某区间内的实根或极值，$n=2$ 时用于裁剪的有理多项式面片的射线求交，也称为贝塞尔裁剪。投影多面体方法在外形分析中应用很广。

设给定 n 个多项式 $f_1, f_2, \cdots, f_n$，这些多项式都是 $x_1, x_2, \cdots, x_l$ 的函数。用 $m_i^{(k)}$ 表示多项式 f_k 中 x_i 的阶次，则可以用 $M^{(k)} = (m_1^{(k)}, m_2^{(k)}, \cdots, m_l^{(k)})$ 来表示 f_k 的所有阶次信息。给定 l 维空间 R^l 的如下矩形子集：

$$B = [a_1, b_1] \times [a_2, b_2] \times \cdots \times [a_l, b_l] \qquad (9.60)$$

对集合 B 的理解对几何建模和外形分析问题都很重要。我们希望找到所有

$x = (x_1, x_2, \cdots, x_l) \in B$ 使得

$$f_1(\boldsymbol{x}) = f_2(\boldsymbol{x}) = \cdots = f_n(\boldsymbol{x}) = 0 \qquad (9.61)$$

对每个 i(从 0 到 l)做仿射变换 $x_i = a_i + u_i(b_i - a_i)$，我们把上面的问题化简为求所有的 $\boldsymbol{u} \in [0,1]^l$ 使得

$$f_1(\boldsymbol{u}) = f_2(\boldsymbol{u}) = \cdots = f_n(\boldsymbol{u}) = 0 \qquad (9.62)$$

由于所有的 f_k 是 l 个独立变量的多项式，简单的基函数改变可以将它们用多变量伯恩斯坦基函数表示，后者对系数摄动的数值稳定性比幂基好，而且可以把代数问题转换为几何问题。换句话说，对于每个 f_k 存在一个 l 维实系数矩阵 $w_{i_1 i_2 \cdots i_l}^{(k)}$ 使得对每个 $k \in \{1,2,\cdots,n\}$ 都有

$$f_k(\boldsymbol{u}) = \sum_{i_1=0}^{m_1^{(k)}} \sum_{i_2=0}^{m_2^{(k)}} \cdots \sum_{i_l=0}^{m_l^{(k)}} w_{i_1 i_2 \cdots i_l}^{(k)} B_{i_1, m_1^{(k)}}(u_1) B_{i_2, m_2^{(k)}}(u_2) \cdots B_{i_l, m_l^{(k)}}(u_l) \qquad (9.63)$$

令 $\boldsymbol{I} = (i_1, i_2, \cdots, i_l)$，式(9.63)可以改写为如下更简洁的形式：

$$f_k(\boldsymbol{u}) = \sum_{\boldsymbol{I}}^{M^{(k)}} w_{\boldsymbol{I}}^{(k)} B_{\boldsymbol{I}, M^{(k)}}(\boldsymbol{u}) \qquad (9.64)$$

假设将该问题转换为伯恩斯坦基是精确的或精度足够高，伯恩斯坦基与细分法结合的方法被公认为数值稳定性良好。然而，该转换过程容易出现数值病态，所以，如果可能的话最好从最初就把多项式精确地表示成伯恩斯坦基形式。如果需要，可以通过下式把幂基多项式转换为多变量伯恩斯坦基形式：

$$c_{i_1 i_2 \cdots i_l}^B = \sum_{j_1=0}^{i_1} \sum_{j_2=0}^{i_2} \cdots \sum_{j_l=0}^{i_l} \frac{\binom{i_1}{j_1} \binom{i_2}{j_2} \cdots \binom{i_l}{j_l}}{\binom{m_1}{j_1} \binom{m_2}{j_2} \cdots \binom{m_l}{j_l}} c_{j_1 j_2 \cdots j_l}^M \qquad (9.65)$$

式中：$c_{i_1 i_2 \cdots i_l}^B$ 和 $c_{j_1 j_2 \cdots j_l}^M$ 分别为伯恩斯坦基和幂基多项式的系数。

现在我们将该问题重新定义为 $\boldsymbol{R}^{l+1}$ 上的超曲面 f_k 与其上的超平面 u_{l+1} 的求交问题，这样做是为了给多项式的系数及其求解过程赋予几何意义。对每个 f_k 构造图形 $\boldsymbol{f}_k$ 如下：

$$\boldsymbol{f}_k(\boldsymbol{u}) = (u_1, u_2, \cdots, u_l, f_k(\boldsymbol{u})) = (\boldsymbol{u}, f_k(\boldsymbol{u})) \qquad (9.66)$$

显然，当且仅当下式成立时式(9.62)才成立：

$$\boldsymbol{f}_1(\boldsymbol{u}) = \boldsymbol{f}_2(\boldsymbol{u}) = \cdots = \boldsymbol{f}_n(\boldsymbol{u}) = (\boldsymbol{u}, 0) \qquad (9.67)$$

利用伯恩斯坦基的线性精度特性，式(9.66)中的每个 u_j 可以等价表示为

$$u_j = \sum_{\boldsymbol{I}}^{M^k} \frac{i_j}{m_j^{(k)}} B_{\boldsymbol{I}, M^{(k)}}(\boldsymbol{u}) \qquad (9.68)$$

把式(9.68)代入式(9.66)可得到f_k的一个更有用的表达式：

$$f_k(\boldsymbol{u}) = \sum_I^{M^k} \boldsymbol{v}_I^{(k)} B_{I,M^{(k)}}(\boldsymbol{u}) \qquad (9.69)$$

其中

$$\boldsymbol{v}_I^{(k)} = \left(\frac{i_1}{m_1^{(k)}}, \frac{i_2}{m_2^{(k)}}, \cdots, \frac{i_l}{m_l^{(k)}}, w_I^{(k)} \right) \qquad (9.70)$$

其中$v_I^{(k)}$称为f_k的控制点。用参数超曲面f_k取代实值函数f_k使得可以利用多变量伯恩斯坦基强大的凸包特性。

假设用多项式基给定一个有l个变量n个非线性多项式方程的方程组，其中$n \geq l$，区域$\boldsymbol{B} = [a_1, b_1] \times [a_2, b_2] \times \cdots \times [a_l, b_l]$，需要在该区域内确定所给系统的根。在该情形下我们首先需要用前面所述关于f_k的仿射参数变换将该区域映射到$[0,1]^l$，接下来用式(9.65)把转换后的多项式用伯恩斯坦基表示。下面对 PP 算法做一总结。

（1）利用凸包性找到包含所有根的$[0,1]^l$的子区域。获取该子区域算法背后的本质思想是把一个复杂的$(l+1)$维问题转换为l个二维问题。假设$\boldsymbol{R}^{l+1}$可以用$u_1, u_2, \cdots, u_{l+1}$坐标表示，可以采用如下步骤：

① 投影所有f_k的$\boldsymbol{v}_I^{(k)}$到l个不同的坐标平面，即(u_1, u_{l+1})平面、(u_2, u_{l+1})平面，直到(u_l, u_{l+1})平面。

② 在每个平面上，(i)构造n个二维凸包。第一个是f_1的投影控制点的凸包，第二个是f_2的，依此类推。(ii)每个凸包与水平坐标(即$u_{l+1} = 0$)求交。由于多边形都是凸的，因此交集可能是一个闭区间(可能退缩为一点)，也可能是空的。如果交集是空的，说明该系统在给定的搜索区域内没有根。(iii)各个区间之间相互求交。同理，如果结果是空的，说明给定的区域内没有根。

③ 依次用这些笛卡儿区间做张量积构造一个l维的区域。换句话说，该区域u_1的方向是在(u_1, u_{l+1})平面求交的结果，依此类推。

（2）根据原始区域与当前区域的缩放关系，检查新的子区域在$\boldsymbol{R}^l$中是不是足够小。如果不够小，跳到第(3)步；如果足够小，检查该超曲面在新的区间里的凸包，如果各凸包与各坐标轴相交，说明在新区域内有一个根或一个近似根，将该新区域放在根的列表里，否则丢弃该新区域。

（3）如果子区域的某个维度不是远小于单位长度(即该区域的某个或某些边还不够小)，均匀分割存在困难的维度，然后针对几个子问题进行迭代。

（4）如果没有区域存在，停止搜根进程；否则，对函数f_k做适当的仿射参数转换，把区域转换为$[0,1]^l$，将每个新区域返回到步骤(1)。在搜索过程中需要注意跟踪当前区域与初始区域的关系。

投影多面体(PP)方法对于一维问题有二次收敛速度,对于高维问题最多只能达到线性收敛。一旦采用 PP 算法将各个根隔离开来,就可以采用具有二次收敛速度的局部方法——牛顿型方法更高效地求得高精度的根。

9.4.3 曲线–曲面求交

曲线–曲面求交是曲面–曲面求交中的一个非常有用的辅助问题。直线与曲面求交在显示的射线追踪、在实体建模的点分类中也很有用。下面将分析曲线–曲面求交最常用的几种方法,即 RPP/IA、RPP/RPP、IA/IA、IA/RPP,其他方法不在这里讨论,但可以从这些方法类推出来。这里首先讨论有理多项式参数曲面与隐式代数曲面(RPP/IA)求交,该方法在体现求交问题复杂性方面很有代表性。

1. 有理多项式参数曲线与隐式代数曲面(RPP/IA)求交

该求交问题可以定义为

$$r(t) = \left(\frac{X(t)}{W(t)}, \frac{Y(t)}{W(t)}, \frac{Z(t)}{W(t)} \right)^{\mathrm{T}} \cap f(r) = 0 \tag{9.71}$$

式中:$X(t)$、$Y(t)$、$Z(t)$ 和 $W(t)$ 是阶次为 n 的多项式。考虑总阶次为 m 的隐式代数曲面:

$$f(x,y,z) = \sum_{i=0}^{m} \sum_{j=0}^{m-i} \sum_{k=0}^{m-i-j} c_{ijk} x^i y^j z^k = 0 \tag{9.72}$$

把 $x = X(t)/W(t)$,$y = Y(t)/W(t)$ 和 $z = Z(t)/W(t)$ 代入该隐式方程并乘以 $W^m(t)$ 得

$$F(t) = \sum_{i=0}^{m} \sum_{j=0}^{m-i} \sum_{k=0}^{m-i-j} c_{ijk} X^i(t) Y^j(t) Z^k(t) W^{m-i-j-k}(t) = 0 \tag{9.73}$$

该方程关于 t 的阶次 $\leqslant mn$。因此该求交问题等价于求 $F(t)$ 在 $0 \leqslant t \leqslant 1$ 上的实根。该多项式的系数可以通过代入各表达式然后合并同类项获得,如果希望获得精确的有理数系数,可以用 MAPLE 等符号计算软件计算。

除此之外,还可以采用伯恩斯坦基来表示 $F(t) = 0$,其在求实根时对多项式系数摄动的稳定性比幂基要好。这里的转换一般采用有理算术精确计算(这里假设该转换的数值特性一般不是良态的)。利用如下的线性精度特性:

$$t = \sum_{i=0}^{mn} \frac{i}{mn} B_{i,mn}(t) \tag{9.74}$$

可以构造如下的阶次为 mn 的贝塞尔曲线:

$$f(t) = (t, F(t))^{\mathrm{T}} = \sum_{i=0}^{mn} \begin{pmatrix} \dfrac{i}{mn} \\ c_i \end{pmatrix} B_{i,mn}(t) \qquad (9.75)$$

于是我们可以采用 9.4.3 节的投影多面体(PP)算法来求解该问题。投影多面体(PP)算法把多项式求根问题转换为求贝塞尔曲线与坐标轴的交点问题。

2. 有理多项式参数曲线与有理多项式参数曲面(RPP/RPP)求交

有理多项式参数曲线与有理多项式参数曲面(RPP/RPP)求交问题可以定义为

$$\boldsymbol{r} = \boldsymbol{r}_1(t) = \left(\frac{X_1(t)}{W_1(t)}, \frac{Y_1(t)}{W_1(t)}, \frac{Z_1(t)}{W_1(t)} \right)^{\mathrm{T}}, \quad 0 \leqslant t \leqslant 1$$

$$\cap \quad \boldsymbol{r} = \boldsymbol{r}_2(u,v) = \left(\frac{X_2(u,v)}{W_2(u,v)}, \frac{Y_2(u,v)}{W_2(u,v)}, \frac{Z_2(u,v)}{W_2(u,v)} \right)^{\mathrm{T}}, \quad 0 \leqslant u, \quad v \leqslant 1$$

$$(9.76)$$

该方程组由 3 个非线性方程 $\boldsymbol{r}_1(t) = \boldsymbol{r}_2(u,v)$ 组成,有 3 个未知量 t、u、v。该问题可以转换为非线性多项式系统用投影多面体方法求解。在求解之前,通过包围盒方法判断一下有无交点会很有帮助。在允许的情况下(如低阶曲面)可以把 $\boldsymbol{r}_2(u,v)$ 转换为隐式代数曲面,这样可以采用前面的(RPP/IA)求交方法求解。

3. 隐式代数曲线与隐式代数曲面(IA/IA)求交

隐式代数曲线与隐式代数曲面(IA/IA)求交问题可以定义为

$$\underbrace{f(\boldsymbol{r}) = g(\boldsymbol{r})}_{\text{曲线}} = \underbrace{h(\boldsymbol{r})}_{\text{曲面}} = 0 \qquad (9.77)$$

该式包含 3 个非线性方程和 3 个未知量($\boldsymbol{r}$ 的分量),可以采用消元法、牛顿法与最小化 $F(\boldsymbol{r}) = f^2 + g^2 + h^2$ 结合的方法、投影多面体方法等求解。

4. 隐式代数曲线与有理多项式参数曲面(IA/RPP)求交

隐式代数曲线与有理多项式参数曲面(IA/RPP)求交问题可以定义为

$$f(\boldsymbol{r}) = g(\boldsymbol{r}) = 0 \quad \cap \quad \boldsymbol{r} = \boldsymbol{r}(u,v) = \left(\frac{X(u,v)}{W(u,v)}, \frac{Y(u,v)}{W(u,v)}, \frac{Z(u,v)}{W(u,v)} \right)^{\mathrm{T}}, \quad 0 \leqslant u, \quad v \leqslant 1$$

$$(9.78)$$

把 $\boldsymbol{r}(u,v)$ 代入 $f(\boldsymbol{r}) = 0$ 和 $g(\boldsymbol{r}) = 0$ 可得两条代数曲线 $f(u,v) = 0$ 和 $g(u,v) = 0$,这是一个隐式代数曲线与隐式代数曲线求交问题,可以用投影多面体方法求解。关于代数曲线的特性会在随后 RPP/IA 曲面求交部分介绍。

9.4.4　曲面-曲面求交

曲面—曲面求交问题的结果可能是空的,可能是曲线(可能有多个分支),

可能是面片,也可能是点。下面将分析几种最常见的求交问题,即 RPP/IA、RPP/RPP 和 IA/IA。从概念上讲,RPP/IA 求交问题最为简单,可以用来介绍求交问题中的一般性的困难。

1. 有理多项式参数曲面与隐式代数曲面(RPP/IA)求交

有理多项式参数曲面与隐式代数曲面(RPP/IA)求交问题可以定义为

$$r = r(u,v) = \left(\frac{X(u,v)}{W(u,v)}, \frac{Y(u,v)}{W(u,v)}, \frac{Z(u,v)}{W(u,v)}\right)^{\mathrm{T}} \quad \cap \quad f(r) = 0, \quad 0 \leqslant u, \quad v \leqslant 1$$

(9.79)

我们得到 4 个代数方程和 5 个未知量,即 $r = (x,y,z)$,u 和 v。对于通常的低阶曲面 $f(r)$ 或低阶面片 $r(u,v)$,可以把 $r(u,v)$ 代入 $f(r) = 0$ 得到一个关于 u 和 v 的隐式代数曲线。在实际应用中常见的低阶隐式代数曲面有平面、二次曲面(柱面、球面、锥面、环面)等。据统计机械零件中 90% 以上表面的属于这些类型。众所周知,这些低阶隐式代数曲面的有理多项式参数形式也是低阶的,可以通过精确的算术方法有效地转换为隐式代数形式,从而可以采用这里的方法求解。

将总阶次为 m 的隐式代数曲面 $f(x,y,z) = 0$ 表示为

$$f(x,y,z) = \sum_{i=0}^{m} \sum_{j=0}^{m-i} \sum_{k=0}^{m-i-j} c_{ijk} x^i y^j z^k = 0$$

(9.80)

把 $x = X/W, y = Y/W, z = Z/W$ 代入式(9.80)并乘以 W^m 可得如下代数曲面,其中 X、Y、Z 和 W 都是关于 u 为 p 次、关于 v 为 q 次的多项式。

$$F(u,v) = \sum_{i=0}^{m} \sum_{j=0}^{m-i} \sum_{k=0}^{m-i-j} c_{ijk} X^i(u,v) Y^j(u,v) Z^k(u,v) W^{m-i-j-k}(u,v) = 0$$

(9.81)

其关于 u 和 v 的阶次分别为 $M = mp$ 和 $N = nq$。于是,该 RPP/IA 求交问题转换为追踪 $F(u,v) = 0$,这里不会忽略曲线的任何特征(如小环、奇点等),可以求得交线的所有分支。这是代数几何中的一个基本问题,关于这方面已经有许多深入的研究。

代数曲线:

$$F(u,v) = \sum_{i=0}^{M} \sum_{j=0}^{N} c_{ij}^M u^i v^j = 0$$

(9.82)

可以用伯恩斯坦多项式表示为

$$F(u,v) = \sum_{i=0}^{M} \sum_{j=0}^{N} c_{ij}^B B_{i,M}(u) B_{j,N}(v) = 0$$

(9.83)

其中 $(u,v) \in [0,1]^2$。伯恩斯坦形式的优点是其良好的数值稳定性和其凸包

性。如果对于所有 i,j 都有 $c_{ij}^B > 0$ 或 $c_{ij}^B < 0$，$F(u,v) = 0$ 无解，也即两张曲面没有相交。如果所有的 $c_{ij}^B = 0$，说明两张曲面完全重合。图 9-7 所示是复杂代数曲线 $F(u,v) = 0$ 的各种分支、环、奇点等。

（1）追踪法。

给定代数曲线每个分支的一个点，可以用曲线的微分特性来跟踪该曲线。把曲面上的交线表示成参数形式 $r(t) = r(u(t),v(t))$，对式（9.83）关于 t 求微分得

$$F_u \dot{u} + F_v \dot{v} = 0 \qquad (9.84)$$

这里把 u 和 v 看作参数 t 的函数。该微分方程的解为

$$\dot{u} = \xi F_v(u,v), \qquad \dot{v} = -\xi F_u(u,v) \qquad (9.85)$$

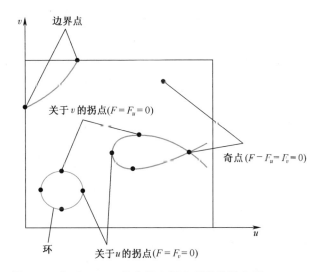

图 9-7 曲面 $r(u,v)$ 是参数空间和所得代数曲线 $F(u,v)$

式中：ξ 为任意的非零因子。例如，可以利用曲面的第一基本形式作为归一化条件把 ξ 取为弧长参数：

$$\xi = \pm \frac{1}{\sqrt{EF_v^2 - 2FF_u F_v + GF_u^2}} \qquad (9.86)$$

其中 E、F 和 G 是微分几何术语中参数曲面第一基本形式系数。注意这里的 F 与前面讨论的代数曲面没有任何关系。式（9.85）形成一个有两个方程的一阶非线性微分方程组，可以采用龙格-库塔（Runge-Kutta）法或其他步长自适应方法求解。为了使追踪法正常实施，我们必须预先提供所有分支的所有

起点。步长太大可能导致迷失或打环。在奇点处($F_u^2 + F_v^2 = 0$)的追踪也容易出问题。

（2）特征点。

追踪代数曲线的起点是通过分析如下定义的特征点来识别的：

① 边界点：$F(u,v)=0$ 与 4 条边界在参数空间 $[0,1]^2$ 上的交点，例如 $F(0,v)=0,0 \leq v \leq 1$。

② 拐点：u 向拐点定义为 $F(u,v)=0$ 与 $u=0$ 轴相切的点，满足条件 $F=F_v=0$（同时 $F_u \neq 0$）；同理，v 向拐点定义为 $F(u,v)=0$ 与 $v=0$ 轴相切的点，满足条件 $F=F_u=0$（同时 $F_v \neq 0$）。图 9-7 给出了两种拐点的图示。

③ 奇点：曲线上满足条件 $F=F_u=F_v=0$ 的点称为奇点。由于 $f(x,y,z)=0$ 及 $F(u,v)=W^m(u,v)f(x,y,z)=0$，因此

$$F_u = mW^{m-1}W_u f + W^m \left(\frac{\partial f}{\partial x}\frac{\partial x}{\partial u} + \frac{\partial f}{\partial y}\frac{\partial y}{\partial u} + \frac{\partial f}{\partial z}\frac{\partial z}{\partial u} \right) = W^m \nabla f \cdot r_u = 0 \quad (9.87)$$

所以奇点满足 $\nabla f \cdot r_u = \nabla f \cdot r_v = 0$。这就意味着 $\nabla f \| (r_u \times r_v)$ 或者两张曲面在奇点处的法线是平行的，由于 $F(u,v)=0$，两张曲面在奇异交点处是平行的。由于奇点是 u 向拐点和 v 向拐点重合的点，因此在实际应用中并不需要额外计算。

（3）奇点分析。

在代数曲线 $F(u,v)=0$ 上构造过点 (u_0,v_0) 的直线 L 的如下参数方程：

$$u = u_0 + \alpha t, \quad v = v_0 + \beta t \quad (9.88)$$

式中：α 和 β 是常数，t 为参数变量。直线 L 与代数曲线 $F(u,v)=0$ 的交点可以通过求 $F(u_0+\alpha t,v_0+\beta t)=0$ 的根获得，对其左侧做泰勒展开得

$$(\alpha F_u + \beta F_v)t + \frac{1}{2}(\alpha^2 F_{uu} + 2\alpha\beta F_{uv} + \beta^2 F_{vv})t^2 + \cdots = 0 \quad (9.89)$$

这里用到了 $F(u_0,v_0)=0$，式中关于 F 的偏导数是在 (u_0,v_0) 点计算的。

如果 F_u 和 F_v 在 (u_0,v_0) 点不是同时为零（$F_u^2 + F_v^2 > 0$），式（9.89）在 $t=0$ 仅有一个根，而且过 (u_0,v_0) 点的直线一般与代数曲线在 (u_0,v_0) 点仅有一个交点，如果 α 和 β 取某些值使得 $\alpha F_u + \beta F_v=0$ 则可能有多个交点。在该情况下，假设至少有一个二阶导数不为零（$F_{uu}^2 + F_{uv}^2 + F_{vv}^2 > 0$），而且 L 在 (u_0,v_0) 点平行于代数曲线，式（9.89）在 $t=0$ 有两个重根。

当 (u_0,v_0) 是一个奇点（$F(u_0,v_0)=F_u(u_0,v_0)=F_v(u_0,v_0)=0$），而且 F_{uu}、F_{uv} 和 F_{vv} 至少有一个非零（$F_{uu}^2 + F_{uv}^2 + F_{vv}^2 > 0$），则在 $t=0$ 处有两个重根、在 (u_0,v_0) 点有两个交点，如果 α 和 β 取某些值使得下式成立则例外：

$$\alpha^2 F_{uu} + 2\alpha\beta F_{uv} + \beta^2 F_{vv} = 0 \qquad (9.90)$$

这时,如果至少有一个三阶导数非零($F_{uuu}^2 + F_{uuv}^2 + F_{uvv}^2 + F_{vvv}^2 > 0$),则在 $t=0$ 处有三重根。这时可以求关于 α/β 或 β/α 的二次方程,可能会出现如下三种情况:①两个不同实根:这些值对应着奇点处两个不同的切线方向,即代数曲线存在一个自交点;②一对重根:该值对应着奇点处的一个切线方向,即存在尖点;③两个复根:在奇点处没有实的切线,即是孤立点。

(4) 计算各分支的起点。

追踪代数曲线时的起点可以是边界点、拐点或奇点。边界点可以通过一个单变量代数方程求得,例如用式(9.83)可得 $u=0$ 边界上边界点的方程为

$$F(0,v) = \sum_{j=0}^{N} c_{0j}^{B} B_{j,N}(v) = 0 \qquad (9.91)$$

计算拐点和奇点需要用到一阶偏导数:

$$F_u(u,v) = M\sum_{i=0}^{M-1}\sum_{j=0}^{N}(c_{i+1,j}^{B} - c_{ij}^{B})B_{i,M-1}(u)B_{j,N}(v) = 0 \qquad (9.92)$$

$$F_v(u,v) = N\sum_{i=0}^{M}\sum_{j=0}^{N-1}(c_{i,j+1}^{B} - c_{ij}^{B})B_{i,M}(u)B_{j,N-1}(v) = 0 \qquad (9.93)$$

因此,求拐点($F = F_u = 0$ 或 $F = F_v = 0$)等价于求解一个有两个变量、两个方程的非线性方程组,求奇点($F = F_u = F_v = 0$)等价于求解一个有两个变量、三个方程的过约束非线性方程组。这些非线性方程组的求解方法见9.4.3节。

2. 有理多项式参数曲面与有理多项式参数曲面(RPP/RPP)求交

有理多项式参数曲面与有理多项式参数曲面(RPP/RPP)求交问题可以定义为

$$r = r_1(\sigma,t) = \left(\frac{X_1(\sigma,t)}{W_1(\sigma,t)}, \frac{Y_1(\sigma,t)}{W_1(\sigma,t)}, \frac{Z_1(\sigma,t)}{W_1(\sigma,t)}\right)^{\mathrm{T}}, \quad 0 \leqslant \sigma, \quad t \leqslant 1$$

$$\cap \quad r = r_2(u,v) = \left(\frac{X_2(u,v)}{W_2(u,v)}, \frac{Y_2(u,v)}{W_2(u,v)}, \frac{Z_2(u,v)}{W_2(u,v)}\right)^{\mathrm{T}}, \quad 0 \leqslant u, \quad v \leqslant 1$$

$$(9.94)$$

采用投影多面体方法求解该问题的效率可能较低。对于低阶曲面,可以将其中的一张曲面转换成隐式代数曲面,然后用 RPP/IA 的方法求解。RPP/RPP 求交问题有三种主要方法,下面逐一介绍。

(1) 栅格法。

栅格法把曲面求交问题降维为一张曲面上的一定数量的等参数曲线与另一曲面的求交问题,然后把离散的交点连接起来得到各交线分支。对于参数曲

面片求交问题,该方法把该求交问题退化为求解大量的独立的非线性方程组,求解这些非线性方程组的方法参考 9.4.3 节。栅格法将问题降维时需要给定网格密度,这使得该方法可能丢失交线的一些重要特征,如小环、孤立点等相交曲面相切或接近相切的情况,从而使得交线的连接出现错误。

(2)分割法。

分割法的最基本形式是通过一系列递归分解把求交问题化简得足够简单,从而得到简单、直接的解(如平面与平面求交),然后把各独立的解连接起来得到整体的解。虽然该方法是针对多项式参数曲面求交问题提出来的,但可以推广到 RPP/IA、IA/IA 求交问题。简单的采用二分法的分割算法会得到均匀的四叉树数据结构。分割法不同于追踪法,不需要初始点,这是其重要的优势。更一般的非均匀分割允许选择性细分,从而可以实现自适应求交计算。分割法的一个不足之处是,在实际应用中分割步数是有限的,从而导致在奇点处或奇点附近可能难以得到正确的连接特性,或者丢失小环或产生不存在的环。如果分割太细会使得计算量急剧增加,从而会降低其吸引力。在许多 CAD/CAM 应用中要求高精度,这时仅仅采用分割法不现实。然而,自适应分割法与高效的局部方法结合可以得到高精度的结果,从而得到一种计算特征点的有效方法。这些点可以用作追踪法求交中的初始点。

从上面的回顾可以看出,求交方法的常见问题包括处理奇异性的困难、曲面重叠、高效识别细小特征、小环等,这些困难再加有限精度计算导致的数值误差,使得求交算法更加复杂化。

(3)追踪法。

追踪法从所求曲线上给定的一个点出发,根据局部微分几何所给方向按一定步长求得交线一个分支上的一系列点,这与前面介绍的求平面参数曲线 $F(u,v)=0$ 的追踪法类似。然而,这里方法本身具有不完整性,因为它们需要每个交线分支的起点。为了识别一条交线的各相连分段,需要定义交线上的一组特征点,例如前面所讨论的交线的边界点、拐点、奇点等,每个相交分段至少需要提供一个点、需要识别所有的奇点。对于 RPP/RPP 曲面求交问题,一组更方便、足以发现交线所有相连分段的点集是两张曲面的边界点和法向共线(Collinear Normal)点。法向共线点适用于所有的交线环和所有的奇点。

边界点是参数变量 σ、t、u 和 v 中至少有一个取 $\sigma{-}t$ 或 $u{-}v$ 参数平面的边界值的交点。计算边界点需要计算一条分段有理多项式曲线与一张分片有理多项式曲面的交点,例如 $r_1(0,t)=r_2(u,v)$,这在前面已经讨论过。

法向共线点在检测两张不同曲面是否存在封闭交线环方面有重要作用。这些点在两张不同的曲面上,这些点处的法向量是共线的。

为了方便指代,我们用 $p(\sigma,t)$ 代替 $r_1(\sigma,t)$、用 $q(u,v)$ 代替 $r_2(u,v)$,法向共线点满足如下方程:

$$(p_\sigma \times p_t) \cdot q_u = 0, \quad (p_\sigma \times p_t) \cdot q_v = 0, (p-q) \cdot p_\sigma = 0, \quad (p-q) \cdot p_t = 0 \tag{9.95}$$

这些方程形成一个由 4 个非线性多项式方程组成的方程组,可以采用 9.4.3 节的方法求解。然后在这些法向共线点沿(至少)一个参数方向分割曲面,这样起点就仅是各子区域边界上的边界点了。

为了追踪交线,必须事先确定初始点。追踪方向与交线 $c(s)$ 切向一致、垂直于两张曲面的法向。因此,追踪方向可以表示为

$$c'(s) = \frac{P(\sigma,t) \times Q(u,v)}{|P(\sigma,t) \times Q(u,v)|} \tag{9.96}$$

其中归一化力向量 $c(s)$ 是弧长参数化的,向量 P 和 Q 分别是曲面 p 和 q 的法向量:

$$P = p_\sigma \times p_t, \quad Q = q_u \times q_v \tag{9.97}$$

如果相交曲面在该点处平行,式(9.96)是不适用的,因为其分母为零,这时必须采用其他方法来确定追踪方向。

交线也可以看作是两张相交曲面上的曲线,即定义在 $\sigma-t$ 平面上的曲线 $\sigma=\sigma(s)$ 和 $t=t(s)$,这是参数曲面 $p(\upsilon,\iota)$ 上的曲线 $r=c(s)=p(\sigma(s),t(s))$;以及定义在 $u-v$ 平面上的曲线 $u=u(s)$ 和 $v=v(s)$,这是参数曲面 $q(u,v)$ 上的曲线 $r=c(s)=q(u(s),v(s))$。将交线看作参数平面上的曲线,利用微分的链式法则可得其一阶导数为

$$c'(s) = p_\sigma \sigma' + p_t t', \quad c'(s) = q_u u' + q_v v' \tag{9.98}$$

结合式(9.96)可以求得

$$\sigma' = \frac{\det(c', p_t, P(\sigma,t))}{P(\sigma,t) \cdot P(\sigma,t)}, \quad t' = \frac{\det(p_\sigma, c', P(\sigma,t))}{P(\sigma,t) \cdot P(\sigma,t)}$$

$$u' = \frac{\det(c', q_v, Q(u,v))}{Q(u,v) \cdot Q(u,v)}, \quad v' = \frac{\det(q_u, c', Q(u,v))}{Q(u,v) \cdot Q(u,v)} \tag{9.99}$$

其中 det 表示取行列式。采用标准的求解非线性常微分方程组初值问题的方法可以依次求得交线上的一系列点。

9.5　高阶网格生成

尽管在高阶数值方法方面多年来一直有广泛、深入的研究,特别是要想充

分发挥高阶方法的优势必须采用高阶网格,但在高阶网格生成方面的研究却相对较少,这已成为阻碍高阶方法发展的瓶颈问题[150,151]。到目前为止,高阶网格生成方面的研究主要集中在生成满足主流数值方法(如有限元方法、有限差分方法)的曲边网格(与 CAD 模型边界曲率吻合)。

生成高阶网格有两种方法[150]:①直接法:采用经典网格生成算法直接生成所需高阶网格;②间接法:首先生成一阶(直边)网格然后曲边化并根据是否存在无效单元进行矫正。两种方法实际上是相关的,因为都需要检测和矫正无效网格。

高阶网格检测和矫正的复杂度和计算量远远高于低阶方法,但是高阶网格的曲边特性主要集中在模型的边界。采用第二种方法可以充分利用现有的技术,因此大多数学者不采用直接法而是采用间接法[152-155]。但间接法从已知的线性网格出发,难以与 CAD 模型交换信息,因此两种方法还需要相互借鉴。

9.5.1 直接法

直接法又可以分为两类:①直接在建几何模型的时候就建成高阶网格模型;②高阶方法与网格生成算法和 CAD 建模理论结合直接生成高阶网格。第一种方法对于简单的几何模型来说比较方便,实际上许多高阶网格方面的文献都是这样做的。如果采用 NURBS 建模,在做有限元分析等时需要做积分或微分计算,这时需要注意 NURBS 分段定义特性带来的不连续。对于复杂的几何模型,第一种方法就不方便了或者会很复杂。在建 CAD 模型的过程中经常需要布尔运算等操作,因此实际的 CAD 模型包含大量的裁剪曲面,裁剪后的模型在 CAD 系统中一般采用边界表示(B-Rep)模型保存。因此对于更一般的模型,采用第二种方法较为现实。

第二种方法中用到的高阶方法参见第 7.4 节;CAD 建模的核心技术是曲面裁剪,这在第 9.4 节中有详细介绍。因此,这里只介绍网格生成算法。由于四边形和六面体单元有优良的数学特性,因此在生成边界表示(B-Rep)模型的表面网格时尽可能生成四边形网格、生成实体网格时尽可能生成六面体网格,仅对被裁剪的四边形或六面体单元做三角化。生成四边形网格的方法可以采用参数映射法,该方法较为简单。利用曲面裁剪的交线对生成的四边形网格进行裁剪,仅对被裁剪的四边形网格做三角形化。生成六面体网格时可以先对能够包围 CAD 模型的六面体包围盒生成结构化网格,然后用 B-Rep 模型裁剪六面体网格,仅对被裁剪的六面体单元做三角化生成四面体单元。值得注意的是,六面体和四面体过渡时需要金字塔单元,微分求积升阶谱有限元方法的金字塔单元目前还处于研究中。

9.5.2　间接法

间接法的挑战是如何逼近边界并处理好与内部单元的关系,如果处理不好单元的质量可能较差,甚至可能出现自相交,后一种情况一旦出现,随后的分析计算将无法进行。间接法也可以分为两类:①把网格看作实体,通过变形实体来逼近模型边界曲率。对实体变形的方法有线弹性方法、非线性超弹性方法、热弹性方法、温斯洛(Winslow)方程方法等,研究中通过对比各种变形方法的优化效果、计算效率来决定优劣。②给网格构造一个能量泛函,然后通过非线性优化方法最小化泛函来得到一个有效网格。这一类方法的研究主要集中在如何构造能量泛函。这一类方法与本书内容的关系不密切,这里不做详细介绍。

9.6　小　结

本章针对高阶网格生成问题做了初步探索。高阶网格生成与 CAD 技术密切相关,因此本章首先介绍了 CAD 中的曲线、曲面理论。在研究中,文献中高阶方法需要的高阶网格一般直接在建模的过程中生成。采用混合函数等方法建模是比较复杂的,而且交互性也不好,采用 CAD 中的曲线、曲面理论有很好的交互性,因此这部分理论对于高阶方法的研究也是有帮助的。关于曲面理论的更详细介绍参阅文献[140]。对于复杂的几何模型,研究高阶网格生成必须考虑曲面裁剪问题,因为在 CAD 建模的布尔运算中会产生大量的裁剪曲面,因此在 9.4 节介绍了曲面裁剪的相关理论。关于曲面求交更详细的介绍参阅文献[220]。最后 9.5 节介绍了高阶网格生成的一些关键技术和研究进展,这部分内容还处于研究中,因此这里仅做初步的探讨。

附录A

正交多项式

A1　正交多项式的定义与性质

定义 1　若在区间 (a,b) 上的非负连续函数 $w(x)$ 满足：

（1）对一切整数 $n \geqslant 0, \int_a^b x^n w(x) \mathrm{d}x = 0$ 存在；

（2）对区间 (a,b) 上非负连续函数 $f(x)$，若 $\int_a^b w(x)f(x)\mathrm{d}x = 0$，则在 (a,b) 上有 $f(x) \equiv 0$，则称 $w(x)$ 是区间 (a,b) 上的权函数。

定义 2　给定 $f(x), g(x) \in C[a,b], w(x)$ 是 (a,b) 上的权函数，称

$$(f,g) = \int_a^b f(x)g(x)w(x)\mathrm{d}x \tag{A.1}$$

为函数 $f(x)$ 与 $g(x)$ 在 $[a,b]$ 上的内积。内积具有以下简单性质：

（1）$\langle f,g \rangle = \langle g,f \rangle$；

（2）$\langle kf,g \rangle = \langle f,kg \rangle = k\langle f,g \rangle$，其中 k 为常数；

（3）$\langle f_1 + f_2, g \rangle = \langle f_1, g \rangle = \langle f_2, g \rangle$；

（4）若在 $[a,b]$ 上 $f(x) \neq 0$，则 $\langle f,f \rangle > 0$。

定义 3　若内积

$$\langle f,g \rangle = \int_a^b f(x)g(x)w(x)\mathrm{d}x = 0 \tag{A.2}$$

则称 $f(x)$ 与 $g(x)$ 在区间 $[a,b]$ 上带权 $w(x)$ 正交。若函数序列 $\{\varphi_i(x)\}_{i=0}^{\infty}$ 满足

$$\langle \varphi_i, \varphi_j \rangle = \int_a^b \varphi_i(x)\varphi_j(x)w(x)\mathrm{d}x = a_i\delta_{ij}, \quad a_i > 0 \tag{A.3}$$

则称 $\{\varphi_i(x)\}_{i=0}^{\infty}$ 为 $[a,b]$ 上带权 $w(x)$ 的正交函数系。特别地，若 $\varphi_i(x) = P_i(x)$ 是最高次数不为 0 的 i 次多项式，那么 $\{P_i(x)\}_{i=0}^{\infty}$ 则是 $[a,b]$ 上的带权 $w(x)$ 的正交多项式系。

定理 1 设 $P_i(x)$ 是最高次项系数非 0 的 i 次多项式,则多项式系 $\{P_i(x)\}_{i=0}^{\infty}$ 为 $[a,b]$ 上带权 $w(x)$ 的正交多项式系的充分必要条件为对任意次数不高于 $k-1$ 的多项式 $q(x)$,总有

$$\langle q,P_k \rangle = \int_a^b q(x)P_k(x)w(x)\mathrm{d}x = 0 \qquad (A.4)$$

证明:(必要性)若 $\{P_i(x)\}_{i=0}^{\infty}$ 为 $[a,b]$ 上带权 $w(x)$ 的正交多项式系,任取 $q(x)$ 为次数不高于 k 的多项式,那么

$$q(x) = \sum_{i=0}^{k-1} c_i P_i(x) \qquad (A.5)$$

由内积的线性性质得

$$\langle q,P_k \rangle = \langle \sum_{i=0}^{k-1} c_i P_i, P_k \rangle = \sum_{i=0}^{k-1} c_i \langle P_i, P_k \rangle = 0 \qquad (A.6)$$

(充分性)若对任意次数不高于 $k-1$ 的多项式 $q(x)$,总有

$$\langle q,P_k \rangle = \int_a^b q(x)P_k(x)w(x)\mathrm{d}x = 0$$

则显然任取 $i \neq j$ 有

$$\langle P_i, P_j \rangle = 0 \qquad (A.7)$$

又由 $P_i(x)$ 是最高次项系数非 0 的 i 次多项式,所有 $P_i(r) \neq 0$,由内积的定义

$$\langle P_i, P_i \rangle > 0, \quad i = 0,1,\cdots \qquad (A.8)$$

由定义 3,$\{P_i(x)\}_{i=1}^{\infty}$ 为 $[a,b]$ 上带权 $w(x)$ 的正交多项式。

正交多项式具有以下性质:

性质 1 设 $\{P_i(x)\}_{i=0}^{\infty}$ 为 $[a,b]$ 上带权 $w(x)$ 的正交多项式,那么 $\{c_i P_i(x)\}_{i=0}^{\infty}$ 也为 $[a,b]$ 上带权 $w(x)$ 的正交多项式。其中,c_i 是非零常数。

性质 2 区间 $[a,b]$ 上带权 $w(x)$ 的正交多项式系在各个多项式的最高次项系数为 1 的情况下是唯一的。

证明:设 $\{P_i(x)\}_{i=0}^{\infty}$,$\{\phi_i(x)\}_{i=1}^{\infty}$ 为 $[a,b]$ 上带权 $w(x)$ 的正交多项式系,且最高次项系数都为 1,下证 $P_i = \phi_i$。

(1)当 $i=0$ 时,显然有 $P_0(x) = \phi_0(x) = 1$;

(2)当 $i \geq 1$ 时,由于 $P_i(x) - \phi_i(x)$ 是次数不超过 $i-1$ 的多项式,由定理 1 有

$$\langle \varphi_i - \phi_i, \varphi_i \rangle = \langle \varphi_i - \phi_i, \phi_i \rangle = 0 \qquad (A.9)$$

由内积的性质易得

$$\langle \varphi_i - \phi_i, \varphi_i - \phi_i \rangle = \langle \varphi_i - \phi_i, \phi_i \rangle - \langle \varphi_i - \phi_i, \phi_i \rangle = 0 \qquad (A.10)$$

由 $P_i(x) - \phi_i(x)$ 的连续性知 $P_i(x) \equiv \phi_i(x)$,$x \in [a,b]$。

性质 3 设 $\{P_i(x)\}_{i=0}^{\infty}$ 是区间 $[a,b]$ 上带权 $w(x)$ 的正交多项式系,那么当 $i \geqslant 1$ 时,i 次多项式 $P_i(x)$ 有 i 个不同的零点,且全部位于开区间 (a,b) 内。

证明:当 $k \geqslant 1$ 时,由于

$$\int_a^b P_i(x)P_0(x)w(x)\mathrm{d}x = \int_a^b P_i(x)w(x)\mathrm{d}x = 0 \qquad (\text{A.}11)$$

这说明 $P_i(x)$ 在区间 (a,b) 上必变号,且变号点一定是 $P_i(x) = 0$ 的奇数重根,因此 $P_i(x)$ 在区间上 (a,b) 存在奇数重 0 点。设 $\xi_1,\xi_2,\cdots,\xi_m$ 是 $P_i(x)$ 在区间 (a,b) 上的所有不同的奇数重 0 点,由代数基本定理知 $m \leqslant i$。若 $m < i$,令

$$q(x) = (x-\xi_1)(x-\xi_2)\cdots(x-\xi_m) \qquad (\text{A.}12)$$

则根据定理 1,有

$$\int_a^b q(x)P_i(x)w(x)\mathrm{d}x = 0 \qquad (\text{A.}13)$$

而注意到函数 $q(x)P_i(x)$ 在 $[a,b]$ 内无奇数重根,因此 $q(x)P_i(x)$ 在区间 (a,b) 上不变号,显然 $q(x)P_i(x) \neq 0$,故根据权函数的性质,有

$$\int_a^b q(x)P_i(x)w(x)\mathrm{d}x \neq 0 \qquad (\text{A.}14)$$

矛盾,因此 $m=i$。

性质 4 设 $\{P_i(x)\}_{i=0}^{\infty}$ 是区间 $[a,b]$ 上带权 $w(x)$ 的正交多项式系,则有如下递推公式:

$$P_{n+1} = A_n(x+B_n)P_n + C_n P_{n-1} \qquad (\text{A.}15)$$

其中

$$A_n = \frac{a_{n+1}}{a_n}, \quad n = 0,1,2,\cdots$$

$$B_n = -\frac{\langle xP_n, P_n\rangle}{\langle P_n, P_n\rangle} \qquad (\text{A.}16)$$

$$C_n = -\frac{A_n}{A_{n-1}}\frac{\langle P_n, P_n\rangle}{\langle P_{n-1}, P_{n-1}\rangle}$$

式中:a_n 为多项式 P_n 的最高次项系数。

A2 几种常用的正交多项式

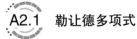

A2.1 勒让德多项式

定义:勒让德多项式定义为

$$L_n(x) = \begin{cases} 1, & n = 0 \\ \dfrac{1}{2^n n!} \dfrac{\mathrm{d}^n}{\mathrm{d}x^n}[(x^2-1)^n], & n = Z^+ \end{cases} \quad (\mathrm{A}.17)$$

或

$$L_n(x) = \frac{1}{2^n} \sum_{k=0}^{\left[\frac{n}{2}\right]} \frac{(-1)^k (2n-2k)!}{k!(n-k)!(n-2k)!} x^{n-2k}, \quad n = 0,1,\cdots \quad (\mathrm{A}.18)$$

根据定义可以得到勒让德多项式的前几项为

$$\begin{cases} L_0(x) = 1 \\ L_1(x) = x \\ L_2(x) = \dfrac{1}{2}(3x^2-1) \\ L_3(x) = \dfrac{1}{2}(5x^3-3x) \\ L_4(x) = \dfrac{1}{8}(35x^4-30x^2+3) \\ \vdots \end{cases} \quad (\mathrm{A}.19)$$

其图形如图 A-1 所示。

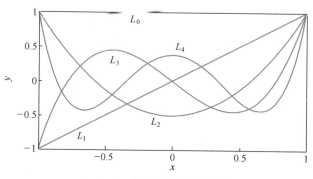

图 A-1　勒让德正交多项式

性质 1　勒让德多项式系 $\{L_n(x)\}_{n=0}^{\infty}$ 是区间 $[-1,1]$ 上的正交多项式。

证明:考查

$$I_{mn} = \int_{-1}^{1} L_m L_n \mathrm{d}x = \frac{1}{2^{m+n} m! \, n!} \int_{-1}^{1} \frac{\mathrm{d}^m[(x^2-1)^m]}{\mathrm{d}x^m} \frac{\mathrm{d}^n[(x^2-1)^n]}{\mathrm{d}x^n} \mathrm{d}x$$

$$(\mathrm{A}.20)$$

当 $m \neq n$ 时,不妨假设 $m < n$。式(A.20)使用一次分部积分有

$$I_{mn} = \frac{1}{2^{m+n}m!\ n!}\left[\frac{\mathrm{d}^m\left[(x^2-1)^m\right]}{\mathrm{d}x^m}\frac{\mathrm{d}^{n-1}\left[(x^2-1)^n\right]}{\mathrm{d}x^{n-1}}\bigg|_{-1}^1 -\right.$$

$$\left.\int_{-1}^1\frac{\mathrm{d}^{m+1}\left[(x^2-1)^m\right]}{\mathrm{d}x^{m+1}}\frac{\mathrm{d}^{n-1}\left[(x^2-1)^n\right]}{\mathrm{d}x^{n-1}}\mathrm{d}x\right]$$

$$= (-1)^1\frac{1}{2^{m+n}m!\ n!}\int_{-1}^1\frac{\mathrm{d}^{m+1}\left[(x^2-1)^m\right]}{\mathrm{d}x^{m+1}}\frac{\mathrm{d}^{n-1}\left[(x^2-1)^n\right]}{\mathrm{d}x^{n-1}}\mathrm{d}x$$

$$\text{(A.21)}$$

连续使用 m 次分部积分有

$$I_{mn} = (-1)^m\frac{1}{2^{m+n}m!\ n!}\int_{-1}^1\frac{\mathrm{d}^{2m}\left[(x^2-1)^m\right]}{\mathrm{d}x^{2m}}\frac{\mathrm{d}^{n-m}\left[(x^2-1)^n\right]}{\mathrm{d}x^{n-m}}\mathrm{d}x$$

$$\text{(A.22)}$$

注意到

$$\frac{\mathrm{d}^{2m}\left[(x^2-1)^m\right]}{\mathrm{d}x^{2m}} = (2m)!\tag{A.23}$$

则

$$I_{mn} = (-1)^m\frac{(2m)!}{2^{m+n}m!\ n!}\frac{\mathrm{d}^{n-m-1}\left[(x^2-1)^n\right]}{\mathrm{d}x^{n-m-1}}\bigg|_{-1}^1 = 0\qquad\text{(A.24)}$$

当 $m=n$ 时,有

$$I_{nn} = \int_{-1}^1 L_n L_n\mathrm{d}x = \left(\frac{1}{2^n n!}\right)^2(-1)^n(2n)!\int_{-1}^1(x^2-1)^n\mathrm{d}x$$

$$= \frac{(2n)!}{2^{2n-1}(n!)^2}\int_0^{\frac{\pi}{2}}\cos^{2n+1}(t)\mathrm{d}t\tag{A.25}$$

注意到

$$\int_0^{\frac{\pi}{2}}\cos^{2n+1}(t)\mathrm{d}t = \frac{(2n)!!}{(2n+1)!!} = \frac{(2n)!!\ (2n+2)!!}{(2n+2)!} = \frac{2^{2n+1}n!\ (n+1)!}{(2n+2)!}$$

$$\text{(A.26)}$$

则

$$I_{nn} = \frac{2}{2n+1}$$

综上

$$I_{mn} = \frac{2}{2n+1}\delta_{mn}\tag{A.27}$$

性质 2 $L_n(x)$ 的最高次项系数为

308

$$a_n = \frac{(2n)!}{2^n (n!)^2} \qquad (\text{A}.28)$$

这个结论是明显的。

性质3 n 为奇数时，$L_n(x)$ 为奇函数；n 为偶数时，$L_n(x)$ 为偶函数，或

$$L_n(-x) = (-1)^n L_n(x) \qquad (\text{A}.29)$$

证明：由

$$(x^2 - 1)^n = \sum_{i=0}^{n} (-1)^i \binom{n}{i} x^{2n-2i} \qquad (\text{A}.30)$$

故

$$\frac{\mathrm{d}^n}{\mathrm{d}x^n} (x^2 - 1)^n = \sum_{i=0}^{m} (-1)^i \binom{n}{i} (2n-2i)(2n-2i-1)\cdots(2n-2i-n+1)x^{n-2i}$$

$$(\text{A}.31)$$

其中

$$m = \begin{cases} \dfrac{n}{2}, & n \text{ 为偶数} \\[2mm] \dfrac{n-1}{2}, & n \text{ 为奇数} \end{cases} \qquad (\text{A}.32)$$

从式(A.31)可以看出，该式右边要么全为奇次项，要么全为偶次项，由此易得性质成立。

下面给出关于勒让德多项式的相关递推性质。

性质4 满足递推关系：

$$L_{n+1} = \frac{2n+1}{n+1}x L_n - \frac{n}{n+1}L_{n-1}, \qquad (x^2-1)\frac{\mathrm{d}L_n}{\mathrm{d}x} = nx L_n - n L_{n-1},$$

$$\frac{\mathrm{d}}{\mathrm{d}x}\left[(1-x^2)\frac{\mathrm{d}}{\mathrm{d}x}L_n\right] = -n(n+1)L_n, \qquad (2n+1)L_n = \frac{\mathrm{d}}{\mathrm{d}x}(L_{n+1}-L_{n-1}),$$

$$\frac{\mathrm{d}L_{n+1}}{\mathrm{d}x} = x\frac{\mathrm{d}L_n}{\mathrm{d}x} + (n+1)L_n, \qquad x\frac{\mathrm{d}L_n}{\mathrm{d}x} - \frac{\mathrm{d}L_{n-1}}{\mathrm{d}x} = n L_n,$$

$$\frac{\mathrm{d}L_{n+1}}{\mathrm{d}x} - \frac{\mathrm{d}L_{n-1}}{\mathrm{d}x} = (2n+1)L_n$$

$$(\text{A}.33)$$

性质5 对于区间端点有

$$L_n(\pm 1) = (\pm 1)^n$$

$$L_n'(\pm 1) = (\pm 1)^{n+1}\frac{n(n+1)}{2} \qquad (\text{A}.34)$$

性质 6 积分性质:

$$\begin{cases} \int_{-1}^{x} L_n(x)\,\mathrm{d}x = \dfrac{x^2-1}{n(n+1)}L_n' = \dfrac{1}{n+1}(xL_n - L_{n-1}) \\ \int_{-1}^{x}\left[\int_{-1}^{x}L_n(x)\,\mathrm{d}x\right]\mathrm{d}x = \dfrac{(x^2-1)^2}{(n-1)n(n+1)(n+2)}L_n''(x) \end{cases} \tag{A.35}$$

A2.2 雅可比多项式

定义:给定区间$(-1,1)$上的权函数,即

$$w_{\alpha,\beta}(x) = (1-x)^{\alpha}(1+x)^{\beta}, \quad \alpha > -1, \beta > -1, \quad x \in (-1,1) \tag{A.36}$$

则标准的雅可比多项式的罗德里克表达式为

$$J_n^{(\alpha,\beta)}(x) = \frac{(-1)^n}{n!\,2^n}(1-x)^{-\alpha}(1+x)^{-\beta}\left[(1-x)^{\alpha+n}(1+x)^{\beta+n}\right]^{(n)} \tag{A.37}$$

或

$$J_n^{(\alpha,\beta)}(x) = \frac{\Gamma(\alpha+n+1)\Gamma(\beta+n+1)}{n!\,2^n}\sum_{k=0}^{n}\binom{n}{k}\frac{(x-1)^{n-k}(x+1)^{k}}{\Gamma(\alpha+n+1-k)\Gamma(\beta+k+1)} \tag{A.38}$$

性质 1 雅可比多项式 $\{J_n^{(\alpha,\beta)}(x)\}_{n=0}^{\infty}$ 是区间$(-1,1)$上的正交多项式。

证明:当 $m \neq n$ 时,不妨设 $m < n$,这时

$$I_{mn} = \int_{-1}^{1}(1-x)^{\alpha}(1+x)^{\beta}J_m^{(\alpha,\beta)}J_n^{(\alpha,\beta)}\,\mathrm{d}x$$

$$= \frac{(-1)^n}{n!\,2^n}\int_{-1}^{1}J_m^{(\alpha,\beta)}\left[(1-x)^{\alpha+n}(1+x)^{\beta+n}\right]^{(n)}\mathrm{d}x$$

$$= \frac{(-1)^n}{n!\,2^n}\left\{\begin{array}{l} J_m^{(\alpha,\beta)}\left[(1-x)^{\alpha+n}(1+x)^{\beta+n}\right]^{(n-1)}\big|_{-1}^{1} - \\ \int_{-1}^{1}\left[(1-x)^{\alpha+n}(1+x)^{\beta+n}\right]^{(n-1)}\dfrac{\mathrm{d}}{\mathrm{d}x}J_m^{(\alpha,\beta)}\,\mathrm{d}x \end{array}\right\}$$

$$= \frac{(-1)^n}{n!\,2^n}(-1)^1\int_{-1}^{1}\left[(1-x)^{\alpha+n}(1+x)^{\beta+n}\right]^{(n-1)}\frac{\mathrm{d}}{\mathrm{d}x}J_m^{(\alpha,\beta)}\,\mathrm{d}x \tag{A.39}$$

再进行 $n-1$ 次分部积分,有

$$I_{mn} = \frac{1}{n!\,2^n}\int_{-1}^{1}(1-x)^{\alpha+n}(1+x)^{\beta+n}\frac{\mathrm{d}^n}{\mathrm{d}x^n}J_m^{(\alpha,\beta)}\,\mathrm{d}x \tag{A.40}$$

由于 $J_m^{(\alpha,\beta)}$ 是 m 次多项式,故

$$\frac{\mathrm{d}^n}{\mathrm{d}x^n}J_m^{(\alpha,\beta)} = 0 \tag{A.41}$$

因此

$$I_{mn} = 0 \tag{A.42}$$

当 $m=n$ 时,有

$$
\begin{aligned}
I_{nn} &= \int_{-1}^1 (1-x)^\alpha (1+x)^\beta \left[J_n^{(\alpha,\beta)}\right]^2 \mathrm{d}x \\
&= \frac{(-1)^n}{n!\,2^n} \int_{-1}^1 J_n^{(\alpha,\beta)} \left[(1-x)^{\alpha+n}(1+x)^{\beta+n}\right]^{(n)} \mathrm{d}x \\
&= \frac{1}{n!\,2^n} \int_{-1}^1 \left[(1-x)^{\alpha+n}(1+x)^{\beta+n}\right] \frac{\mathrm{d}^n}{\mathrm{d}x^n} J_n^{(\alpha,\beta)} \mathrm{d}x \\
&= \frac{1}{n!\,2^{2n}} \frac{\Gamma(\alpha+\beta+2n+1)}{\Gamma(\alpha+\beta+n+1)} \int_{-1}^1 (1-x)^{\alpha+n}(1+x)^{\beta+n}\mathrm{d}x \\
&= \frac{2^{\alpha+\beta+2n+1}}{n!\,2^{2n}} \frac{\Gamma(\alpha+\beta+2n+1)}{\Gamma(\alpha+\beta+n+1)} \frac{\Gamma(\beta+n+1)\Gamma(\alpha+n+1)}{\Gamma(\alpha+\beta+2n+2)} \\
&= \frac{2^{\alpha+\beta+1}}{n!\,(\alpha+\beta+2n+1)} \frac{\Gamma(\beta+n+1)\Gamma(\alpha+n+1)}{\Gamma(\alpha+\beta+n+1)}
\end{aligned} \tag{A.43}
$$

性质2 当 $\alpha=\beta=0$ 时,雅可比正交多项式就成为勒让德正交多项式。

性质3 递推性质:

$$\frac{\mathrm{d}}{\mathrm{d}x}J_n^{(\alpha,\beta)}(x) = \frac{n+\alpha+\beta+1}{2}J_{n-1}^{(\alpha+1,\beta+1)}(x),\text{定义 }J_{-1}^{(\alpha,\beta)}(x)=0$$

$$
\begin{aligned}
J_n^{(\alpha,\beta)}(x) =& \frac{(\alpha+\beta+2n-1)\left[(\alpha+\beta+2n)(\alpha+\beta+2n-2)x+\alpha^2-\beta^2\right]}{2n(\alpha+\beta+n)(\alpha+\beta+2n-2)}J_{n-1}^{(\alpha,\beta)}(x) - \\
& \frac{2(\alpha+n-1)(\beta+n-1)(\alpha+\beta+2n)}{2n(\alpha+\beta+n)(\alpha+\beta+2n-2)}J_{n-2}^{(\alpha,\beta)}(x)
\end{aligned} \tag{A.44}
$$

性质4 对称性:

$$J_n^{(\alpha,\beta)}(-x) = (-1)^n J_n^{(\beta,\alpha)}(x) \tag{A.45}$$

性质5 由性质4易得

$$
\begin{cases}
J_n^{(\alpha,\beta)}(1) = \dfrac{\Gamma(n+\alpha+1)}{n!\,\Gamma(\alpha+1)} \\
J_n^{(\alpha,\beta)}(-1) = (-1)^n J_n^{(\beta,\alpha)}(1) = (-1)^n \dfrac{\Gamma(n+\beta+1)}{n!\,\Gamma(\beta+1)}
\end{cases} \tag{A.46}
$$

高阶方法常见问题解答

在会议上作报告经常有同行问到关于高阶单元的一些问题,在此将一些常见的问题整理出来,希望打消一些同行对高阶单元的疑虑,更清楚高阶单元的适应范围,从而更从容、更放心地使用和推广高阶单元。

问题1:很多问题低阶单元都可以算,为什么要使用高阶单元?

这个问题可以从三个方面来回答。①低阶单元通过加密网格来提高精度,网格生成是低阶方法的瓶颈难题,据统计工程分析中80%左右的时间用于处理网格;而高阶单元通过提高阶次来得到收敛的结果,提高阶次是可以完全自动化的,因此升阶比生成网格容易。②低阶单元通过加密网格来提高精度,其收敛速度是线性的;而高阶单元通过提高阶次来提高精度,是指数收敛。对于一些问题采用低阶单元的计算量是难以让人接受的,最好采用高阶单元。③低阶单元容易出现各种闭锁问题,对单元奇异很敏感,高阶单元对各种闭锁问题及单元奇异不敏感。综上所述,高阶单元目前没有得到广泛应用是因为高阶单元不成熟,如果高阶单元成熟了,显然使用高阶单元更方便。

问题2:什么是高阶单元或阶次多高算高阶单元?

一般来说线性以上的单元都可以称为高阶单元。但考虑到低阶单元前处理(生成网格)的难题,为了避免网格加密,阶次能够升得越高越理想。

问题3:高阶单元的计算量大,为什么要使用高阶单元?

计算量跟精度相关,采用低阶单元可以很容易获得一般精度的结果,如果想提高精度必须付出很大的计算量。相比较而言高阶单元采用很少的自由度就能得到很高精度的结果,因此如果对计算精度期望较高,采用高阶单元计算量更小。低阶单元是高阶单元在阶次较低的时候的特例,因此高阶单元的适用范围更广。

问题4:高阶单元的矩阵很稠密,因此计算量是否很大?

这和问题3是相关的。实际上阶次升高一阶就可以显著提高计算精度,这增加的计算量并不大。网格加密1倍精度并不会显著提高,但计算量会急剧增加,相比较而言高阶方法的计算量并不大,组装后的矩阵也不稠密。大家对高阶单元矩阵稠密的印象应该来自高阶单元可以用一个单元算单块的板等结构,实际上在同样精度的前提下高阶单元的计算量还是要小很多,而且低阶单元还需要划分网格、组装单元、采用稀疏矩阵算法等额外计算开销。

问题5:高阶单元是否容易出现数值问题,大家很害怕高阶单元?

高阶单元和解析方法比较接近,因此高阶方法比低阶方法要复杂一些,一些在低阶方法中常用的计算方法是不能直接用于高阶方法的,高阶方法形函数的写法、形函数及单元矩阵的计算过程等都有特定的要求,不然容易出现数值问题或产生额外的计算量。

问题6:高阶单元是否只适合线性问题,不适合非线性问题?

从文献中来看,高阶单元用于非线性计算的论文很多,并没有看到高阶方法不适合于非线性问题的说法。相反,高阶方法由于自由度数少,算非线性问题可以显著降低计算量;高阶方法由于高阶连续,得到的应力等结果更光滑,因此用高阶方法算非线性问题似乎更有优势。而且,非线性问题都是通过不断线性化迭代计算的,因此线性问题和非线性问题并没有本质上的区别。

问题7:为什么大家很少用高阶方法?

实际上大家很喜欢用高阶方法,高阶方法用得很多而不是很少。高阶方法算简单的模型十分简单,如果将数值方法的论文分为低阶和高阶两类,学术论文中使用高阶方法的论文占比可能在50%以上,也就是说采用高阶方法的论文可能比低阶方法都多。实际上很多新的数值方法,如等几何分析、微分求积方法、无网格方法等都借鉴了高阶方法的一些思想才表现出各种优异的特性,这些方法本身也属于高阶方法。

问题8:高阶方法和解析方法有什么关系?

在科学发展的今天已离不开计算机,所有的计算都是计算机上算的,所有的计算都需要理论推导,因此解析和数值实际上已难分彼此。近似解和精确解有时也难分彼此——精确解往往有高阶多项式、超越函数等,其计算容易出现问题,虽然有解析表达式但可能算出来的结果都不如近似解。但解析方法有一个解析的表达式,其计算效率很高。高阶方法也被称作半解析数值方法,在计算中需要采用解析方法中的分离变量、递推等方法,这样会显著提高计算效率和数值稳定性。

问题9:在工业中为什么还没有高阶方法的软件?

实际上许多商业软件中包含一些高阶单元,高阶单元正在受到重视,高阶网格生成技术近些年也在成长,现在已经有一些专门的高阶单元软件。近些年高阶方法和高阶网格方面的论文在迅速增长,因此高阶方法在工业界的推广和普及正在发展中,随着高阶单元技术的迅速成熟,这个过程可能很快。低阶单元是高阶单元在阶次较低的时候的特例,因此高阶单元的适用范围更广、性能也更强大。如果技术成熟了,开发基于高阶单元的软件完全是必要的。

问题 10:高阶单元还有哪些问题有待解决?

主要有三个方面的问题。①高阶单元最迫切需要解决的是高阶网格生成问题,这会使得高阶方法的优势得以充分发挥,这也有利于奠定高阶方法在实际应用中的恰当的、应有的地位。②高阶方法在非线性问题中的应用虽然已经很多,但已发表的论文数量远不及低阶方法。因此这方面的研究还有待深入。③金字塔单元可以衔接六面体和四面体单元,这对生成六面体占优网格很有意义,但高阶金字塔单元似乎并不成熟。此外,随着高阶方法的逐渐成熟,高阶单元方面的宣传和推广也有待开展,有必要逐渐改变人们对高阶单元的传统看法,使人们更乐意使用高阶单元和从事这方面的研究。

参考文献

[1] 曹志远. 半解析数值方法[M].北京:国防工业出版社,1992.

[2] Liu C, Liu B, Xing Y, et al. In-plane vibration analysis of plates in curvilinear domains by a differential quadrature hierarchical finite element method[J]. Meccanica, 2016, 52(4): 1017-1033.

[3] Liu C, Liu B, Zhao L, et al. A differential quadrature hierarchical finite element method and its applications to vibration and bending of Mindlin plates with curvilinear domains[J]. International Journal for Numerical Methods in Engineering, 2016, 109(2): 174-197.

[4] Xing Y F, Liu B. High-accuracy differential quadrature finite element method and its application to free vibrations of thin plate with curvilinear domain[J]. International Journal for Numerical Methods in Engineering, 2009, 80(13): 1718-1742.

[5] Xing Y F, Liu B, Liu G. A differential quadrature finite element method[J]. International Journal of Applied Mechanics, 2010, 2(1): 207 – 227.

[6] 诸德超. 升阶谱有限元法[M]. 北京: 国防工业出版社, 1993.

[7] 邢誉峰, 刘波. 板壳自由振动的精确解[M]. 北京: 科学出版社, 2015.

[8] Xing Y F, Liu B. New exact solutions for free vibrations of thin orthotropic rectangular plates[J]. Composite Structures, 2009, 89(4): 567-574.

[9] Xing Y F, Liu B. Exact solutions for the free in-plane vibrations of rectangular plates[J]. International Journal of Mechanical Sciences, 2009, 51(3): 246-255.

[10] Xing Y F, Liu B. Characteristic equations and closed-form solutions for free vibrations of rectangular mindlin plates[J]. Acta Mechanica Solida Sinica, 2009, 22(2): 125-136.

[11] Xing Y F, Liu B. Closed form solutions for free vibrations of rectangular Mindlin plates[J]. Acta Mechanica Sinica, 2009, 25(5): 689-698.

[12] Liu B, Xing Y F. Comprehensive exact solutions for free in-plane vibrations of orthotropic rectangular plates[J]. European Journal of Mechanics-A/Solids, 2011, 30(3): 383-395.

[13] Liu B, Xing Y F. Exact solutions for free in-plane vibrations of rectangular plates[J]. Acta Mechanica Solida Sinica, 2011, 24(6): 556-567.

[14] Liu B, Xing Y F. Exact solutions for free vibrations of orthotropic rectangular Mindlin plates[J]. Composite Structures, 2011, 93(7): 1664-1672.

[15] Xing Y F, Liu B, Xu T. Exact solutions for free vibration of circular cylindrical shells with classical boundary conditions[J]. International Journal of Mechanical Sciences, 2013, 75

（0）:178-188.

[16] Liu B, Xing Y F, Eisenberger M, et al. Thickness-shear vibration analysis of rectangular quartz plates by a numerical extended Kantorovich method[J]. Composite Structures,2014, 107(0):429-435.

[17] Liu B, Xing Y F, Reddy J N. Exact compact characteristic equations and new results for free vibrations of orthotropic rectangular Mindlin plates[J]. Composite Structures,2014,118(0): 316-321.

[18] Liu B, Xing Y F, Qatu M S, et al. Exact characteristic equations for free vibrations of thin orthotropic circular cylindrical shells[J]. Composite Structures,2012,94(2):484-493.

[19] Turner M J. Stiffness and Deflection Analysis of Complex Structures[J]. Journal of the Aeronautical Sciences (Institute of the Aeronautical Sciences),1956,23(9):805-823.

[20] Petyt M. Introduction to Finite Element Vibration Analysis[M]. 2rd ed. NewYork: Cambridge University Press,2010.

[21] Zienkiewicz O C, Irons B M, Scott F C, et al. Three-dimensional stress analysis[C]// Proc. IUTAM Symp. Liege,1970:413-431.

[22] 诸德超. 论升阶谱有限元技术[J]. 计算结构力学及其应用,1985(03):1-10.

[23] Beslin O, Nicolas J. A hierarchical functions set for predicting very high order plate bending modes with any boundary conditions[J]. Journal of Sound and Vibration,1997,202(5): 633-655.

[24] Campion S D, Jarvis J L. An investigation of the implementation of the p-version finite element method[J]. Finite Elements in Analysis and Design,1996,23(1):1-21.

[25] 李晓军,朱合华. 有限元可视化软件设计及其快速开发[J]. 同济大学学报(自然科学版),2001(4):500-504.

[26] Zienkiewicz O C, De S R, Gago J P, et al. The hierarchical concept in finite element analysis [J]. Computers & Structures,1983,16(1-4):53-65.

[27] Zhu D C. Hierarchal finite elements and their application to structural natural vibration problems[C].23rd Structures, Structural Dynamics and Materials Conference,Reston,1982:206-211.

[28] Ribeiro P, Petyt M. Non-linear vibration of beams with internal resonance by the hierarchical finite-element method[J]. Journal of Sound and Vibration,1999,224(4): 591-624.

[29] Han W, Petyt M. Geometrically nonlinear vibration analysis of thin, rectangular plates using the hierarchical finite element method—I: The fundamental mode of isotropic plates[J]. Computers & Structures,1997,63(2):295-308.

[30] Ribeiro P. Hierarchical finite element analyses of geometrically non-linear vibration of beams and plane frames[J]. Journal of Sound and Vibration,2001,246(2):225-244.

[31] Webb J P, Abouchacra R. Hierarchal triangular elements using orthogonal polynomials[J].

International Journal for Numerical Methods in Engineering,1995,38(2):245-257.

[32] Houmat A. Free vibration analysis of membranes using the h-p version of the finite element method[J]. Journal of Sound and Vibration,2005,282(1-2):401-410.

[33] Houmat A. Free vibration analysis of arbitrarily shaped membranes using the trigonometric pversion of the finite-element method [J]. Thin-Walled Structures, 2006, 44 (9): 943-951.

[34] Bardell N S. An engineering application of the h-p Version of the finite element method to the static analysis of a Euler-Bernoulli beam[J]. Computers & Structures,1996,59(2): 195-211.

[35] 柯栗, 孙秦. 薄壁结构固有频率的 p 型有限元数值计算收敛性研究[J]. 航空计算技术,2010(2):65-68,72.

[36] Zhong H. Triangular differential quadrature[J]. Communications in Numerical Methods in Engineering,2000,16(6):401-408.

[37] Zhong H, Hua Y, He Y. Localized triangular differential quadrature[J]. Numerical Methods for Partial Differential Equations,2003,19(5):682-692.

[38] Liu B, Zhao L, Ferreira A J M,et al. Analysis of viscoelastic sandwich laminates using a unified formulation and a differential quadrature hierarchical finite element method[J]. Composites Part B Engineering,2017,110:185-192.

[39] Liu B, Lu S, Wu Y, et al. Three dimensional micro/macro-mechanical analysis of the interfaces of composites by a differential quadrature hierarchical finite element method[J]. Composite Structures,2017,176:654-663.

[40] Liu C, Liu B, Kang T,et al. Micro/macro-mechanical analysis of the interface of composite structures by a differential quadrature hierarchical finite element method [J]. Composite Structures,2016,154:39-48.

[41] Liu B, Xing Y F, Wang W,et al. Thickness-shear vibration analysis of circular quartz crystal plates by a differential quadrature hierarchical finite element method[J]. Composite Structures,2015,131:1073-1080.

[42] Courant R. Variational methods for the solution of problems of equilibrium and vibrations[J]. Bulletin of the American Mathematical Society,1943,49(1943):1-23.

[43] Clough R W. The finite element in plane stress analysis[C]//Proceedings of the second ASCE Conference on Electronic Computation, Pittsburgh,1960.

[44] Clough R W. The finite element method in plane stress analysis[C]//Proceedings of the Second ASCE Conference on Electronic Computation,Pittsburgh,1960.

[45] Argyris J H, Kelsey S. Energy Theorems and Structural Analysis[M].New York:Springer US,1960.

[46] Zienkiewicz O C, Cheung Y K. The Finite Element Method in Structural and Continuum Mechanics[M].New York:McGRAW-HILL,1967.

[47] Zienkiewicz O C, Taylor R L, Zhu J Z. The Finite Element Method: Its Basis and Funda-mentals[M].7th.New York: Elsevier,2013.

[48] 胡海昌. 论弹性体力学与受范性体力学中的 一般变分原理[J]. 物理学报,1954,10(3):259-290.

[49] 钱伟长. 变分法及有限元[M]. 北京:科学出版社,1980.

[50] 钱令希. 余能理论[J]. 中国科学,1950(Z1):449-456.

[51] 田宗漱,卞学鐄. 多变量变分原理与多变量有限元方法[M]. 北京:科学出版社,2011.

[52] Hughes T J R, Cottrell J A, Bazilevs Y. Isogeometric analysis: CAD, finite elements, NURBS, exact geometry and mesh refinement[J]. Computer Methods in Applied Mechanics and Engineering,2005,194(39-41):4135-4195.

[53] Babuška I, Szabo B A, Katz I N. The p-Version of the Finite Element Method[J]. SIAM Journal on Numerical Analysis,1981,18(3):515-545.

[54] Solin P, Segeth K, Dolezel I. Higher-Order Finite Element Methods [M].Washington D. C. : CRC Press,2003.

[55] Zhu D C. Development of hierarchical finite element methods at BIAA[C].The International Conference on Computational Mechanics, Tokyo,1986.

[56] Bardell N S. The application of symbolic computing to the hierarchical finite element method[J]. International Journal for Numerical Methods in Engineering,1989,28(5):1181-1204.

[57] West L J, Bardell N S, Dunsdon J M, et al. Some limitations associated with the use of K-orthogonal polynomials in hierarchical versions of the finite element method[J]. Vibra-tions,1997,1:217-231.

[58] Bardell N S. The free vibration of skew plates using the hierarchical finite element method[J]. Computers & Structures,1992,45(5-6):841-874.

[59] Bardell N S. Free vibration analysis of a flat plate using the hierarchical finite element method[J]. Journal of Sound & Vibration ,1991,151(2):263-289.

[60] Han W, Petyt M, Hsiao K M. An investigation into geometrically nonlinear analysis of rec-tangular laminated plates using the hierarchical finite element method[J]. Finite Elements in Analysis & Design,1994,18(1):273-288.

[61] Han W, Petyt M. Linear vibration analysis of laminated rectangular plates using the hierar-chical finite element method—II. Forced vibration analysis[J]. Computers & Structures,1996,61(4):713-724.

[62] Han W, Petyt M. Linear vibration analysis of laminated rectangular plates using the hierar-chical finite element method—I. Free vibration analysis[J]. Computers & Structures,1996,61(4):705-712.

[63] Houmat A. An alternative hierarchical finite element formulation applied to plate vibrations[J]. Journal of Sound and Vibration,1997,206(2):201-215.

[64] Houmat A. In-plane vibration of plates with curvilinear plan-forms by a trigonometrically enriched curved triangular p-element[J]. Thin-Walled Structures,2008,46(2):103-111.

[65] Rossow M P, Katz I N. Hierarchal finite elements and precomputed arrays[J]. International Journal for Numerical Methods in Engineering,1978,12(6):977-999.

[66] Carnevali P, Morris R B, Tsuji Y,et al. New basis functions and computational procedures for p-version finite element analysis[J]. International Journal for Numerical Methods in Engineering,1993,36(22):3759-3779.

[67] Webb J P. Hierarchal vector basis functions of arbitrary order for triangular and tetrahedral finite elements [J]. IEEE Transactions on Antennas & Propagation, 1999, 47 (8): 1244-1253.

[68] Villeneuve D, Webb J P. Hierarchical universal matrices for triangular finite elements with varying material properties and curved boundaries[J]. International Journal for Numerical Methods in Engineering,1999,44(2):215-228.

[69] Shen J, Tang T, Wang L L. Spectral methods : algorithms, analysis and applications[M]. New York:Springer, 2011.

[70] Karniadakis G E, Sherwin S J. Spectral/hp Element Methods for Computational Fluid Dynamics[M]. 2rd ed. New York: Oxford University Press,2005.

[71] Adjerid S, Aiffa M, Flaherty J E. Hierarchical finite element bases for triangular and tetrahedral elements[J]. Computer Methods in Applied Mechanics and Engineering,2001,190(22-23):2925-2941.

[72] Szabó B, Babuška I. Finite Element Analysis[M]. New York: John Wiley & Sons,1991.

[73] Ferreira L J F, Bittencourt M L. Hierarchical High-Order Conforming C1 Bases for Quadrangular and Triangular Finite Elements[J]. International Journal for Numerical Methods in Engineering,2016(7):936-964.

[74] Peano A. Hierarchies of conforming finite elements for plane elasticity and plate bending[J]. Computers & Mathematics with Applications,1976,2(3/4):211-224.

[75] Wang D W, Katz I N, Szabo B A. Implementation of a C-1 triangular element based on the Pversion of the finite element method[J]. Computers & Structures,1984,19(3):381-392.

[76] Chinosi C, Scapolla T, Sacchi G. A hierarchic family of C1 finite elements for 4th order elleptic problems[J]. Computational Mechanics,1991,8(3):181-191.

[77] Bellman R, Casti J. Differential quadrature and long term integration[J]. Journal of Mathematical Analysis and Applications,1971(34):235-238.

[78] Bellman R, Kashef B G, Casti J. Differential quadrature: A technique for the rapid solution of nonlinear partial differential equations [J]. Journal of Computational Physics, 1972, 10 (1):40-52.

[79] Bellman R, Kashef B, Le E S,et al. Solving hard problems by easy methods: Differential and integral quadrature [J]. Computers & Mathematics with Applications, 1975, 1 (1):

133-143.

[80] Bellman R, Kashef B, Lee E S,et al. Differential quadrature and splines[J]. Computers & Mathematics with Applications,1975,1(3):371-376.

[81] Bellman B K R. Solution of the partial differential equation of the Hodgkin-Huxley model using differential quadrature[J]. Mathematical Biosciences,1974,19(1):1-8.

[82] Wang K M. Solving the model of isothermal reactors with axial mixing by the differential ouadrature method[J]. International Journal for Numerical Methods in Engineering,2010,18 (1):111-118.

[83] Civan F, Sliepcevich C M. Application of differential quadrature to transport processes[J]. Journal of Mathematical Analysis & Applications,1983,93(1):206-221.

[84] Civan F. Differential cubature for multidimensional problems[C].The 20th Annual Pittsburgh Conference on Modeling and Simulation,North Carolina,1989.

[85] Bjorck À, Pereyra V. Solution of Vandermonde systems of equations[J]. Mathematics of Computation,1970,24(112):893-903.

[86] Quan J R, Chang C T. New insights in solving distributed system equations by the quadrature method—I. Analysis[J]. Computers & Chemical Engineering,1989,13(7):779-788.

[87] Quan J R, Chang C T. New insights in solving distributed system equations by the quadrature method—II. Numerical experiments[J]. Computers & Chemical Engineering,1989,13(9): 1017-1024.

[88] Shu C. Generalized differential-integral quadrature and application to the simulation of incompressible viscous flows including parallel computation[J]. Journal of the Electrochemical Society,1991,158(5):148-157.

[89] Shu C, Richards B E. High resolution of natural convection in a square cavity by generalized differential quadrature [C]. The 3rd International Conference on Advances in Numeric Methods in Engineering:Theory and Application,Swansea,1990:978-985.

[90] Shu C, Xue H. Explicit computation of weighting coefficients in the harmonic differential quadrature[J]. Journal of Sound & Vibration,1997,204(47):385-398.

[91] Sherbourne A N, Pandey M D. Differential quadrature method in the buckling analysis of beams and composite plates[J]. Computers & Structures,1991,40(4):903-913.

[92] Wang X, Striz A G, Bert C W. Buckling and Vibration Analysis of Skew Plates by the DQ Method[J]. Aiaa Journal,1994,32(4):886-888.

[93] Wang X. Differential quadrature and applications to analysis of anisotropic plates [C]// Proc. of the 1st Postdoctora Academic,Beijing,1993.

[94] Bert C W, Wang X, Striz A G. Differential quadrature for static and free vibration analyses of anisotropic plates [J]. International Journal of Solids & Structures, 1993, 30 (13): 1737-1744.

[95] Shu C, Chen W. On optimal selection of interior points for applying discretized boundary

conditions in DQ vibration analysis of bearms and plates[J]. Journal of Sound & Vibration, 1999,222(2):239-257.

[96] Bert C W, Jang S K, Striz A G. New methods for analyzing vibration of structural components[J]. Aiaa Journal,1988,26(5):612-618.

[97] Jang S K. Application of differential quadrature to the analysis of structural components[D]. Norman:University of Oklahoma,1987.

[98] 王永亮,王鑫伟. 边缘弹性约束圆薄板的大挠度分析[J]. 江苏力学,1995(10):6-12.

[99] 王永亮,王鑫伟. 多外载联合作用下圆板的非线性弯曲[J]. 南京航空航天大学学报, 1996(1):53-58.

[100] Bert C W, Malik M. Differential Quadrature Method in Computational Mechanics: A Review[J]. Applied Mechanics Reviews,1996,49(1):1-28.

[101] Wang X, Bert C W. A new approach in applying differential quadrature to static and free vibrational analyses of beams and plates[J]. Journal of Sound & Vibration,1993,162(3): 566-572.

[102] Chen W L, Striz A G, Bert C W. A new approach to the differential quadrature method for forth order equations [J]. International Journal for Numerical Methods in Engineering, 1997,40:1941-1956.

[103] Wang X, Gu H. Static analysis of frame structures by the differential quadrature element method[J]. International Journal for Numerical Methods in Engineering, 1997,40(4): 759-772.

[104] Wang X, Liu F, Wang X,et al. New approaches in application of differential quadrature method to fourth-order differential equations[J]. International Journal for Numerical Methods in Biomedical Engineering,2005,21(2):61-71.

[105] Malik M, Bert C W. Three-dimensional elasticity solutions for free vibrations of rectangular plates by the differential quadrature method[J]. International Journal of Solids and Structures 1998,35(3-4):299-318.

[106] Moradi S, Taheri F. Application of differential quadrature method to the delamination buckling of composite plates[J]. Computers & Structures,1999,70(6):615-623.

[107] Malik M, Bert C W. Vibration analysis of plates with curvilinear quadrilateral planforms by DQM using blending functions [J]. Journal of Sound and Vibration, 2000, 230 (4): 949-954.

[108] Striz A G, Wang X, Bert C W. Harmonic differential quadrature method and applications to analysis of structural components[J]. Acta Mechanica,1995,111(1-2):85-94.

[109] Tornabene F, Fantuzzi N, Ubertini F, et al. Strong Formulation Finite Element Method Based on Differential Quadrature: A Survey[J]. Applied Mechanics Reviews, 2015, 67 (2):55.

[110] Fantuzzi N, Tornabene F, Viola E, et al. A strong formulation finite element method

(SFEM) based on RBF and GDQ techniques for the static and dynamic analyses of lami-
nated plates of arbitrary shape[J]. Meccanica,2014,49(10):2503-2542.

[111] Bert C W, Malik M. The differential quadrature method for irregular domains and applica-
tion to plate vibration[J]. International Journal of Mechanical Sciences, 1996, 38(6):
589-606.

[112] Zhong H Z. Triangular differential quadrature and its application to elastostatic analysis of
Reissner plates[J]. International Journal of Solids and Structures, 2001, 38(16):2821-
2832.

[113] Zhong H Z, Yu T. A weak form quadrature element method for plane elasticity problems
[J]. Applied Mathematical Modelling,2009,33(10):3801-3814.

[114] Jin C, Wang X. Weak form quadrature element method for accurate free vibration analysis
of thin skew plates[J]. Computers & Mathematics with Applications, 2015, 70(8):
2074-2086.

[115] Zhong H Z, Yue Z G. Analysis of thin plates by the weak form quadrature element method
[J]. Science China Physics, Mechanics and Astronomy,2012,55(5):861-871.

[116] Wang X, Yuan Z, Jin C. Weak Form Quadrature Element Method and Its Applications in
Science and Engineering: A State-of-the-Art Review[J]. Applied Mechanics Reviews,
2017,69(3):19.

[117] Houmat A. Hierarchical finite element analysis of the vibration of membranes[J]. Journal of
Sound and Vibration,1997,201(4):465-472.

[118] Ribeiro P, Petyt M. Non-linear vibration of composite laminated plates by the hierarchical
finite element method[J]. Composite Structures,1999,46(3):197-208.

[119] Liu B, Lu S, Wu Y, et al. A differential quadrature hierarchical finite element method u-
sing Fekete points for triangles and tetrahedrons and its applications to structural vibration
[J].Computer Methods in Applied Mechanics and Engineering,2019,349:798-838.

[120] Sherwin S J, Karniadakis G E. A triangular spectral element method; applications to the in-
compressible Navier-Stokes equations[J]. Computer Methods in Applied Mechanics and
Engineering,1995,123(1-4):189-229.

[121] Taylor M A, Wingate B A, Vincent R E. An Algorithm for Computing Fekete Points in the
Triangle[J]. SIAM Journal on Numerical Analysis,2000,38(5):1707-1720.

[122] Briani M, Sommariva A, Vianello M. Computing Fekete and Lebesgue points: Simplex,
square, disk[J]. Journal of Computational and Applied Mathematics, 2012, 236(9):
2477-2486.

[123] Blyth M G, Pozrikidis C. A Lobatto interpolation grid over the triangle[J]. IMA Journal of
Applied Mathematics,2006,71(1):153-169.

[124] Blyth M G, Luo H, Pozrikidis C. A comparison of interpolation grids over the triangle or
the tetrahedron[J]. Journal of Engineering Mathematics,2006,56(3):263-272.

[125] Luo H, Pozrikidis C. A Lobatto interpolation grid in the tetrahedron[J]. IMA Journal of Applied Mathematics,2006,71(2):298-313.

[126] Warburton T. An explicit construction of interpolation nodes on the simplex[J]. Journal of Engineering Mathematics,2006,56(3):247-262.

[127] Pozrikidis C. A spectral collocation method with triangular boundary elements[J]. Engineering Analysis with Boundary Elements,2006,30(4):315-324.

[128] Zhong H, Xu J. A non-uniform grid for triangular differential quadrature[J]. Science China Physics, Mechanics & Astronomy,2016,59(12):124611.

[129] Kiendl J, Bletzinger K U, Linhard J,et al. Isogeometric shell analysis with Kirchhoff-Love elements[J]. Computer Methods in Applied Mechanics and Engineering,2009,198(49-52):3902-3914.

[130] Kiendl J, Bazilevs Y, Hsu M C,et al. The bending strip method for isogeometric analysis of Kirchhoff-Love shell structures comprised of multiple patches[J]. Computer Methods in Applied Mechanics and Engineering,2010,199(37-40):2403-2416.

[131] Shojaee S, Izadpanah E, Valizadeh N,et al. Free vibration analysis of thin plates by using a NURBS-based isogeometric approach[J]. Finite Elements in Analysis and Design,2012,61:23-34.

[132] Boisserie B J M. Curved finite elements of class C1: Implementation and numerical experiments. Part 1: Construction and numerical tests of the interpolation properties[J]. Computer Methods in Applied Mechanics & Engineering,1993,106(1-2):229-269.

[133] Ribeiro P, Petyt M. Nonlinear vibration of plates by the hierarchical finite element and continuation methods[J]. International Journal of Mechanical Sciences, 1997, 41 (4-5):437-459.

[134] Ribeiro P, Petyt M. Nonlinear vibration of plates by the hierarchical finite element and continuation methods[J]. International Journal of Mechanical Sciences, 1999, 41 (4-5):437-459.

[135] Düster A, Niggl A, Nübel V,et al. A Numerical Investigation of High-Order Finite Elements for Problems of Elastoplasticity[J]. Journal of Scientific Computing,2002,17(1):397-404.

[136] Ribeiro P, van der Heijden G H M. Elasto-plastic and geometrically nonlinear vibrations of beams by the p-version finite element method[J]. Journal of Sound and Vibration,2009,325(1-2):321-337.

[137] Szabo B, Düster A, Rank E. The p-version of the Finite Element Method[M].New Jersey: John Wiley & Sons, 2004.

[138] Gordon W, Hall C. Transfinite element methods: Blending-function interpolation over arbitrary curved element domains[J]. Numerische Mathematik,1973,21(2):109-129.

[139] Cottrell J A, Hughes T J R, Bazilevs Y. Isogeometric analysis: toward integration of CAD

and FEA[M]. Singapore: John Wiley & Sons,2009.

[140] Piegl L, Tiller W. The NURBS Book[M]. 2rd ed. Berlin: Springer,1997.

[141] Schillinger D, Düster A, Rank E. The hp-d-adaptive finite cell method for geometrically nonlinear problems of solid mechanics[J]. International Journal for Numerical Methods in Engineering,2012,89(9):1171-1202.

[142] Breitenberger M, Apostolatos A, Philipp B,et al. Analysis in computer aided design: Nonlinear isogeometric B-Rep analysis of shell structures[J]. Computer Methods in Applied Mechanics and Engineering,2015,284:401-457.

[143] Schmidt R, Wüchner R, Bletzinger K U. Isogeometric analysis of trimmed NURBS geometries[J]. Computer Methods in Applied Mechanics and Engineering,2012,241-244:93-111.

[144] Engvall L, Evans J A. Isogeometric triangular Bernstein-Bézier discretizations: Automatic mesh generation and geometrically exact finite element analysis[J]. Computer Methods in Applied Mechanics and Engineering,2016,304:378-407.

[145] Wang H, Zeng Y, Li E,et al, "Seen Is Solution" a CAD/CAE integrated parallel reanalysis design system[J]. Computer Methods in Applied Mechanics and Engineering 2016,299:187-214.

[146] Rank E, Ruess M, Kollmannsberger S,et al. Geometric modeling, isogeometric analysis and the finite cell method[J]. Computer Methods in Applied Mechanics and Engineering, 2012,249-252:104-115.

[147] Kim H J, Seo Y D, Youn S K. Isogeometric analysis for trimmed CAD surfaces[J]. Computer Methods in Applied Mechanics and Engineering,2009,198(37-40):2982-2995.

[148] 徐岗,李新,黄章进, 等. 面向等几何分析的几何计算[J]. 计算机辅助设计与图形学学报,2015(4):570-581.

[149] Marussig B, Hughes T J R. A Review of Trimming in Isogeometric Analysis: Challenges, Data Exchange and Simulation Aspects[J]. Archives of Computational Methods in Engineering,2017,25(8):1-69.

[150] Xie Z Q, Sevilla R, Hassan O,et al. The generation of arbitrary order curved meshes for 3D finite element analysis[J]. Computational Mechanics,2013,51(3):361-374.

[151] Vincent P E, Jameson A. Facilitating the Adoption of Unstructured High-Order Methods Amongst a Wider Community of Fluid Dynamicists[J]. Math. Model. Nat. Phenom,2011, 6(3):97-140.

[152] Weatherill N P, Hassan O. Efficient three-dimensional Delaunay triangulation with automatic point creation and imposed boundary constraints[J]. International Journal for Numerical Methods in Engineering,1994,37(12):2005-2039.

[153] Turner M, Peiró J, Moxey D. A Variational Framework for High-order Mesh Generation [J]. Procedia Engineering,2016,163:340-352.

[154] Turner M, Moxey D, Peiró J, et al, Bucklow H. A framework for the generation of high-order curvilinear hybrid meshes for CFD simulations[J]. Procedia Engineering, 2017, 203: 206-218.

[155] Turner M, Peiró J, Moxey D. Curvilinear mesh generation using a variational framework [J]. Computer-Aided Design, 2018, 103: 73-91.

[156] Wei G W, Zhao Y B, Xiang Y. A novel approach for the analysis of high-frequency vibrations[J]. Journal of Sound & Vibration, 2002, 257(2): 207-246.

[157] Park C I. Frequency equation for the in-plane vibration of a clamped circular plate[J]. Journal of Sound and Vibration, 2008, 313(1-2): 325-333.

[158] Mohazzab A H, Dozio L. A spectral collocation solution for in-plane eigenvalue analysis of skew plates[J]. International Journal of Mechanical Sciences, 2015, 94-95: 199-210.

[159] Ferreira A J M. Analysis of Composite Plates Using a Layerwise Theory and Multiquadrics Discretization[J]. Mechanics of Advanced Materials and Structures, 2005, 12(2): 99-112.

[160] Timoshenko S, Woinowsky-Krieger S. Theory of Plates and Shells[M]. 2rd ed. Yew York: McGraw-Hill, 1959.

[161] Muhammad T, Singh A V. A p-type solution for the bending of rectangular, circular, elliptic and skew plates[J]. International Journal of Solids and Structures, 2004, 41(15): 3977-3997.

[162] Liu B, Ferreira A J M, Xing Y F, et al. Analysis of composite plates using a layerwise theory and a differential quadrature finite element method[J]. Composite Structures, 2016, 156: 393-398.

[163] Reddy J N. A Simple Higher-Order Theory for Laminated Composite Plates[J]. Journal of Applied Mechanics, 1984, 51(4): 745-752.

[164] Ferreira A J M, Roque C M C Pedro Alexandre Lopes de Sousa Martins. Analysis of composite plates using higher-order shear deformation theory and a finite point formulation based on the multiquadric radial basis function method[J]. Composites Part B: Engineering, 2003, 34(7): 627-636.

[165] Srinivas S. A refined analysis of composite laminates[J]. Journal of Sound and Vibration, 1973, 30(4): 495-507.

[166] Hashemi S H, Arsanjani M. Exact characteristic equations for some of classical boundary conditions of vibrating moderately thick rectangular plates [J]. International Journal of Solids and Structures, 2005, 42(3-4): 819-853.

[167] Liew K M, Xiang Y, Kitipornchai S, et al. Vibration of thick skew plates based on Mindlin shear deformation plate theory[J]. Journal of Sound & Vibration, 1993, 168(1): 39-69.

[168] Shufrin I, Eisenberger M. Stability and vibration of shear deformable plates—first order and higher order analyses[J]. International Journal of Solids and Structures, 2005, 42(3-4): 1225-1251.

[169] Liew K M, Xiang Y, Kitipornchai S, et al. Vibration of Mindlin Plates: Programming the p-Version Ritz Method[M]. London:Elsevier,1998.

[170] Sakata T, Takahashi K, Bhat R B. Natural frequencies of orthotropic rectangular plates obtained by iterative reduction of the partial differential equation[J]. Journal of Sound and Vibration,1996,189(1):89-101.

[171] Ferreira A J M, Araújo A L, Neves A M A, et al. A finite element model using a unified formulation for the analysis of viscoelastic sandwich laminates[J]. Composites Part B: Engineering,2013,45(1):1258-1264.

[172] Araújo A, Mota Soares C, Mota Soares C. A Viscoelastic Sandwich Finite Element Model for the Analysis of Passive, Active and Hybrid Structures [J]. Applied Composite Materials,2010,17(5):529-542.

[173] Johnson C D, Kienholz D A. Finite Element Prediction of Damping in Structures with Constrained Viscoelastic Layers[J]. AIAA Journal,1982,20(9):1284-1290.

[174] Trindade M A, Benjeddou A, Ohayon R. Modeling of Frequency-Dependent Viscoelastic Materials for Active-Passive Vibration Damping[J]. Journal of Vibration and Acoustics, 1999,122(2):169-174.

[175] Bilasse M, Azrar L, Daya E M. Complex modes based numerical analysis of viscoelastic sandwich plates vibrations[J]. Computers & Structures,2011,89(7-8):539-555.

[176] Tornabene F, Fantuzzi N. Mechanics of Laminated Composite Doubly-Curved Shell Structures The Generalized Differential Quadrature Method and the Strong Formulation Finite Element Method[M].Bologna:Societa Editrice Esculapio,2014.

[177] Cui X Y, Liu G R, Li G Y,et al. A thin plate formulation without rotation DOFs based on the radial point interpolation method and triangular cells[J]. International Journal for Numerical Methods in Engineering,2011,85(8):958-986.

[178] Owen D R J, Figueiras J A. Anisotropic elasto-plastic finite element analysis of thick and thin plates and shells [J]. International Journal for Numerical Methods in Engineering, 2010,19(4):541-566.

[179] Oñate E. Structural Analysis with the Finite Element Method[M]//Linear Statics: Volume 2: Beams, Plates and Shells. New York:Springer,2013.

[180] Roh H Y, Cho M. The application of geometrically exact shell elements to B-spline surfaces[J]. Computer Methods in Applied Mechanics and Engineering,2004,193(23-26):2261-2299.

[181] Scordelis A, Lo K. Computer Analysis of Cylindrical Shells[J]. Journal of the American Concrete Institute,1969,61(5):539-562.

[182] Macneal R H, Harder R L. A proposed standard set of problems to test finite element accuracy[J]. Finite Elements in Analysis & Design,1985,1(1):3-20.

[183] Qing G, Qiu J, Liu Y. Free vibration analysis of stiffened laminated plates [J].

International Journal of Solids and Structures,2006,43(6):1357-1371.

[184] Olson M D, Hazell C R. Vibration studies on some integral rib-stiffened plates[J]. Journal of Sound & Vibration,1977,50(1):43-61.

[185] Zeng H, Bert C W. A differential quadrature analysis of vibration for rectangular stiffened plates[J]. Journal of Sound and Vibration,2001,241(2):247-252.

[186] Viola E, Tornabene F, Fantuzzi N. General higher-order shear deformation theories for the free vibration analysis of completely doubly-curved laminated shells and panels[J]. Composite Structures,2013,95(1):639-666.

[187] Qu Y, Long X, Wu S,et al. A unified formulation for vibration analysis of composite laminated shells of revolution including shear deformation and rotary inertia[J]. Composite Structures,2013,98(3):169-191.

[188] Jin G, Ye T, Jia X,et al. A general Fourier solution for the vibration analysis of composite laminated structure elements of revolution with general elastic restraints[J]. Composite Structures,2014,109(1):150-168.

[189] Pagano N J. Exact Solutions for Rectangular Bidirectional Composites and Sandwich Plates [J]. Journal of Composite Materials,1970,4(1):20-34.

[190] Carrera E. Developments, ideas, and evaluations based upon Reissner's Mixed Variational Theorem in the modeling of multilayered plates and shells [J]. Applied Mechanics Reviews,2001,54(4):301-329.

[191] Pandya B N, Kant T. Higher-order shear deformable theories for flexure of sandwich plates—Finite element evaluations [J]. International Journal of Solids and Structures, 1988,24(12):1267-1286.

[192] Bhimaraddi A. Three-dimensional elasticity solution for static response of orthotropic doubly curved shallow shells on rectangular planform[J]. Composite Structures, 1993, 24(1): 67-77.

[193] Khare R K, Kant T, Garg A K. Closed-form thermo-mechanical solutions of higher-order theories of cross-ply laminated shallow shells[J]. Composite Structures, 2003, 59(3): 313-340.

[194] Srinivas S, Joga Rao C V, Rao A K. An exact analysis for vibration of simply-supported homogeneous and laminated thick rectangular plates[J]. Journal of Sound and Vibration, 1970,12(2):187-199.

[195] Huang K H, Dasgupta A. A layer-wise analysis for free vibration of thick composite cylindrical shells[J]. Journal of Sound & Vibration,1995,186(2):207-222.

[196] Srinivas S, Rao A K. Bending, vibration and buckling of simply supported thick orthotropic rectangular plates and laminates[J]. International Journal of Solids & Structures,1970,6 (11):1463-1481.

[197] Kant T, Mallikarjuna. Vibrations of unsymmetrically laminated plates analyzed by using a

higher order theory with a C° finite element formulation[J]. Journal of Sound and Vibration,1989,134(1):1–16.

[198] Nguyen–Van H, Mai–Duy N, Karunasena W, et al. Buckling and vibration analysis of laminated composite plate/shell structures via a smoothed quadrilateral flat shell element with in–plane rotations[J]. Computers & Structures,2011,89(7):612–625.

[199] Garg A K, Khare R K, Kant T. Free Vibration of Skew Fiber–reinforced Composite and Sandwich Laminates using a Shear Deformable Finite Element Model[J]. Journal of Sandwich Structures & Materials,2006,8(1):33–53.

[200] Wang S. Free vibration analysis of skew fibre–reinforced composite laminates based on first–order shear deformation plate theory[J]. Computers & Structures, 1997, 63(3): 525–538.

[201] Tornabene F, Fantuzzi N, Bacciocchi M. The GDQ method for the free vibration analysis of arbitrarily shaped laminated composite shells using a NURBS–based isogeometric approach [J]. Composite Structures,2016,154:190–218.

[202] Cheung Y K, Zhou D. Three–dimensional vibration analysis of cantilevered and completely free isosceles triangular plates[J]. International Journal of Solids and Structures,2002,39 (3):673–687.

[203] Kitipornchai S, Liew K M, Xiang Y, et al. Free vibration of isosceles triangular mindlin plates[J]. International Journal of Mechanical Sciences,1993,35(35):89–102.

[204] Dawe B J. Aspects of the analysis of plate structures[M].Oxford:Clarendon,1985.

[205] Hung K C. A treatise on three–dimensional vibration of a class of elastic solids[D]. Singapore:Nanyang Technological University,1996.

[206] Liew K M, Teo T M. Three–dimensional vibration analysis of rectangular plates based on differential quadrature method[J]. Journal of Sound & Vibration,1999,220(4):577–599.

[207] Dawe D J, Roufaeil O L. Rayleigh–Ritz vibration analysis of Mindlin plates[J]. Journal of Sound & Vibration,1980,69(3):345–359.

[208] Liu C F, Lee Y T. Finite Element Analysis of Three–Dimensional Vibrations of Thick Circular and Annular Plates[J]. Journal of Sound & Vibration,2000,233(1):63–80.

[209] So J, Leissa A W. Three–dimensional vibrations of thick circular and annular plates[J]. Journal of Sound & Vibration,1998,209(1):15–41.

[210] Lim C W, Liew K M. A higher order theory for vibration of shear deformable cylindrical shallow shells[J]. International Journal of Mechanical Sciences,1995,37(3):277–295.

[211] Liew K M, Peng L X, Ng T Y. Three–dimensional vibration analysis of spherical shell panels subjected to different boundary conditions[J]. International Journal of Mechanical Sciences,2002,44(10):2103–2117.

[212] Yang S, Cho M. A scale–bridging method for nanoparticulate polymer nanocomposites and their nondilute concentration effect[J]. Applied Physics Letters,2009,94(22):223104.

328

［213］ Zhou J, Li Y, Zhu R, Zhang Z. The grain size and porosity dependent elastic moduli and yield strength of nanocrystalline ceramics［J］. Materials Science and Engineering: A, 2007,445-446:717-724.

［214］ Dobosz R, Lewandowska M, Kurzydlowski K J. The effect of grain size diversity on the flow stress of nanocrystalline metals by finite-element modelling［J］. Scripta Materialia,2012, 67(4):408-411.

［215］ Simo J C, Hughes T J R. Computational inelasticity［M］.New York:Springer,1998.

［216］ Belytschko T, Liu W K, Moran B. Nonlinear finite elements for continua and structures ［M］.New Jersey:John Wiley & Sons,2014.

［217］ Manoach E, Karagiozova D. Dynamic response of thick elastic-plastic beams［J］. International Journal of Mechanical Sciences,1993,35(11):909-919.

［218］ McEwan M I, Wright J R, Cooper J E,et al. A combined modal/finite element analysis technique for the dynamic response of a non-linear beam to harmonic excitation［J］. Journal of Sound and Vibration,2001,243(4):601-624.

［219］ Rao S R, Sheikh A H, Mukhopadhyay M. Large-amplitude finite element flexural vibration of plates/stiffened plates［J］. Journal of the Acoustical Society of America,1993,93(6): 3250-3257.

［220］ Patrikalakis N M, Maekawa T. Shape Interrogation for Computer Aided Design and Manufacturing［M］.Berlin:Springer,2010.

内 容 简 介

微分求积升阶谱有限元方法综合了升阶谱方法、微分求积方法和等几何分析的优点和最新研究成果,是一种兼具三者特色并克服了三者诸多不足或困难的新方法。该方法具有高阶方法收敛速度快、计算精度高、前处理简单、对网格奇异不敏感等诸多优点,同时克服了其计算量大、容易出现数值不稳定、不易于组装单元和施加边界条件等困难,并且易于实现自适应分析。本书系统介绍了各类常用几何形状微分求积升阶谱有限单元的构造方法并给出了大量算例,一维单元有杆单元和梁单元,二维单元有 C^0 和 C^1 三角形和四边形单元,三维体单元有四面体、三棱柱和六面体单元。给出的算例有静力学问题也有动力学问题,有各向同性材料也有各向异性材料和叠层复合材料,有线性问题也有非线性问题,有平板也有壳体和实体结构。本书主要侧重算法,但也对高阶网格生成做了介绍。

本书可作为科研人员、工程技术人员的参考书,也可以作为研究生和高年级本科生的教材。

The differential quadrature hierarchical finite element method (DQHFEM) is a new simulation method that incorporated the advantages and the latest research achievements of the hierarchical finite element method (HFEM), the differential quadrature method (DQM) and isogeometric analysis (IGA). The DQHFEM also overcame many limitations or difficulties of the three methods. The DQHFEM has the advantages of fast convergence rate, high accuracy, simplicity in pre-processing, not sensitive with mesh distortion, etc. of high order methods. The DQHFEM overcomes the difficulties of element assembly and boundary conditions imposition, high computational cost, high possibility of numerical instability, etc. of high order methods. Moreover, the DQHFEM can easily carry out adaptive analysis. This book systemically introduces the construction of various DQHFEM elements of commonly used geometric shapes and provides abundant examples. The one dimensional elements include bar and beam elements; the two dimensional elements include C^0 and C^1 triangular and quadrilateral elements; the three dimensional solid element include tetrahedral, wedge and hexahedral elements. The provided examples include static problems as well as dynamic problems, isotropic material as well as anisotropic materials and laminated composites, linear problems as well as nonlinear problems, plates as well as shells and solid structures. This book mainly focuses on numerical algorithm. However, high order mesh generation was also introduced.

The book can be used as reference for scientific researchers as well as engineering technicians. The book can also be used as textbook for graduates and senior undergraduates.